U0223594

国家出版基金资助项目

现代数学中的著名定理纵横谈丛书

丛书主编　王梓坤

HAMMING CODE AND ERROR CORRECTING CODE

Hamming码与纠错码

刘培杰数学工作室　编译

哈爾濱工業大學出版社
HARBIN INSTITUTE OF TECHNOLOGY PRESS

内 容 简 介

本书共分为七章，从关于一道高考试题的背景开始讲述，介绍了 Hamming 码、Hamming 距离、纠错码等概念，并且着重介绍了线性码、BCH 码、Golay 码等其他重要码类，以及线性分组码中的若干定理、射影几何码和 Hamming 码的推广等. 内容丰富，叙述详尽.

本书可供从事这一数学分支相关学科的工作者、大学生以及数学爱好者研读.

图书在版编目(CIP)数据

Hamming 码与纠错码/刘培杰数学工作室编译. —哈尔滨：哈尔滨工业大学出版社，2018. 1
(现代数学中的著名定理纵横谈丛书)
ISBN 978 - 7 - 5603 - 7060 - 6

Ⅰ. ①H… Ⅱ. ①刘… Ⅲ. ①汉明距离
Ⅳ. ①O157. 4

中国版本图书馆 CIP 数据核字(2017)第 293442 号

策划编辑 刘培杰 张永芹
责任编辑 张永芹 陈雅君
封面设计 孙茵艾
出版发行 哈尔滨工业大学出版社
社 址 哈尔滨市南岗区复华四道街 10 号 邮编 150006
传 真 0451 - 86414749
网 址 http://hitpress. hit. edu. cn
印 刷 哈尔滨市石桥印务有限公司
开 本 787mm × 960mm 1/16 印张 27. 75 字数 286 千字
版 次 2018 年 1 月第 1 版 2018 年 1 月第 1 次印刷
书 号 ISBN 978 - 7 - 5603 - 7060 - 6
定 价 138. 00 元

代序

读书的乐趣

你最喜爱什么——书籍.

你经常去哪里——书店.

你最大的乐趣是什么——读书.

这是友人提出的问题和我的回答.真的,我这一辈子算是和书籍,特别是好书结下了不解之缘.有人说,读书要费那么大的劲,又发不了财,读它做什么?我却至今不悔,不仅不悔,反而情趣越来越浓.想当年,我也曾爱打球,也曾爱下棋,对操琴也有兴趣,还登台伴奏过.但后来却都一一断交,"终身不复鼓琴".那原因便是怕花费时间,玩物丧志,误了我的大事——求学.这当然过激了一些.剩下来唯有读书一事,自幼至今,无日少废,谓之书痴也可,谓之书橱也可,管它呢,人各有志,不可相强.我的一生大志,便是教书,而当教师,不多读书是不行的.

读好书是一种乐趣,一种情操;一种向全世界古往今来的伟人和名人求教的方法，一种和他们展开讨论的方式；一封出席各种活动、体验各种生活、结识各种人物的邀请信；一张迈进科学宫殿和未知世界的入场券；一股改造自己、丰富自己的强大力量．书籍是全人类有史以来共同创造的财富，是永不枯竭的智慧的源泉．失意时读书，可以使人重整旗鼓；得意时读书，可以使人头脑清醒；疑难时读书，可以得到解答或启示；年轻人读书，可明奋进之道；年老人读书，能知健神之理．浩浩乎！洋洋乎！如临大海，或波涛汹涌，或清风微拂，取之不尽，用之不竭．吾于读书，无疑义矣，三日不读，则头脑麻木，心摇摇无主．

潜能需要激发

我和书籍结缘，开始于一次非常偶然的机会．大概是八九岁吧，家里穷得揭不开锅，我每天从早到晚都要去田园里帮工．一天，偶然从旧木柜阴湿的角落里，找到一本蜡光纸的小书，自然很破了．屋内光线暗淡，又是黄昏时分，只好拿到大门外去看．封面已经脱落，扉页上写的是《薛仁贵征东》．管它呢，且往下看．第一回的标题已忘记，只是那首开卷诗不知为什么至今仍记忆犹新：

日出遥遥一点红，飘飘四海影无踪．

三岁孩童千两价，保主跨海去征东．

第一句指山东，二、三两句分别点出薛仁贵(雪、人贵)．那时识字很少，半看半猜，居然引起了我极大的兴趣，同时也教我认识了许多生字．这是我有生以来独立看的第一本书．尝到甜头以后，我便千方百计去找书，向小朋友借，到亲友家找，居然断断续续看了《薛丁山征西》《彭公案》《二度梅》等，樊梨花便成了我心中的女英雄.我真入迷了.从此,放牛也罢,车水也罢,我总要带一本书,还练出了边走田间小路边读书的本领,读得津津有味,不知人间别有他事.

当我们安静下来回想往事时,往往会发现一些偶然的小事却影响了自己的一生.如果不是找到那本《薛仁贵征东》,我的好学心也许激发不起来.我这一生,也许会走另一条路.人的潜能,好比一座汽油库,星星之火,可以使它雷声隆隆、光照天地;但若少了这粒火星,它便会成为一潭死水,永归沉寂.

抄,总抄得起

好不容易上了中学,做完功课还有点时间,便常光顾图书馆.好书借了实在舍不得还,但买不到也买不起,便下决心动手抄书.抄,总抄得起.我抄过林语堂写的《高级英文法》,抄过英文的《英文典大全》,还抄过《孙子兵法》,这本书实在爱得狠了,竟一口气抄了两份.人们虽知抄书之苦,未知抄书之益,抄完毫末俱见,一览无余,胜读十遍.

始于精于一,返于精于博

关于康有为的教学法,他的弟子梁启超说:"康先生之教,专标专精、涉猎二条,无专精则不能成,无涉猎则不能通也."可见康有为强烈要求学生把专精和广博(即"涉猎")相结合.

在先后次序上,我认为要从精于一开始.首先应集中精力学好专业,并在专业的科研中做出成绩,然后逐步扩大领域,力求多方面的精.年轻时,我曾精读杜布(J. L. Doob)的《随机过程论》,哈尔莫斯(P. R. Halmos)的《测度论》等世界数学名著,使我终身受益.简言之,即"始于精于一,返于精于博".正如中国革命一样,必须先有一块根据地,站稳后再开创几块,最后连成一片.

丰富我文采,澡雪我精神

辛苦了一周,人相当疲劳了,每到星期六,我便到旧书店走走,这已成为生活中的一部分,多年如此.一次,偶然看到一套《纲鉴易知录》,编者之一便是选编《古文观止》的吴楚材.这部书提纲挈领地讲中国历史,上自盘古氏,直到明末,记事简明,文字古雅,又富于故事性,便把这部书从头到尾读了一遍.从此启发了我读史书的兴趣.

我爱读中国的古典小说,例如《三国演义》和《东周列国志》.我常对人说,这两部书简直是世界上政治阴谋诡计大全.即以近年来极时髦的人质问题(伊朗人质、劫机人质等),这些书中早就有了,秦始皇的父亲便是受害者,堪称"人质之父".

《庄子》超尘绝俗,不屑于名利.其中"秋水""解牛"诸篇,诚绝唱也.《论语》束身严谨,勇于面世,"己所不欲,勿施于人",有长者之风.司马迁的《报任少卿书》,读之我心两伤,既伤少卿,又伤司马;我不知道少卿是否收到这封信,希望有人做点研究.我也爱读鲁迅的杂文,果戈理、梅里美的小说.我非常敬重文天祥、秋瑾的人品,常记他们的诗句:"人生自古谁无死,留取丹心照汗青""休言女子非英物,夜夜龙泉壁上鸣".唐诗、宋词、《西厢记》《牡丹亭》,丰富我文采,澡雪我精神,其中精粹,实是人间神品.

读了邓拓的《燕山夜话》,既叹服其广博,也使我动了写《科学发现纵横谈》的心.不料这本小册子竟给我招来了上千封鼓励信.以后人们便写出了许许多多的“纵横谈”.

从学生时代起,我就喜读方法论方面的论著.我想,做什么事情都要讲究方法,追求效率、效果和效益,方法好能事半而功倍.我很留心一些著名科学家、文学家写的心得体会和经验.我曾惊讶为什么巴尔扎克在51年短短的一生中能写出上百本书,并从他的传记中去寻找答案.文史哲和科学的海洋无边无际,先哲们的明智之光沐浴着人们的心灵,我衷心感谢他们的恩惠.

读书的另一面

以上我谈了读书的好处,现在要回过头来说说事情的另一面.

读书要选择.世上有各种各样的书:有的不值一看,有的只值看20分钟,有的可看5年,有的可保存一辈子,有的将永远不朽.即使是不朽的超级名著,由于我们的精力与时间有限,也必须加以选择.决不要看坏书,对一般书,要学会速读.

读书要多思考.应该想想,作者说得对吗?完全吗?适合今天的情况吗?从书本中迅速获得效果的好办法是有的放矢地读书,带着问题去读,或偏重某一方面去读.这时我们的思维处于主动寻找的地位,就像猎人追找猎物一样主动,很快就能找到答案,或者发现书中的问题.

有的书浏览即止,有的要读出声来,有的要心头记住,有的要笔头记录.对重要的专业书或名著,要勤做笔记,“不动笔墨不读书”.动脑加动手,手脑并用,既可加深理解,又可避忘备查,特别是自己的灵感,更要及时抓住.清代章学诚在《文史通义》中说:“札记之功必不可少,如不札记,则无穷妙绪如雨珠落大海矣.”

许多大事业、大作品,都是长期积累和短期突击相结合的产物.涓涓不息,将成江河;无此涓涓,何来江河?

爱好读书是许多伟人的共同特性,不仅学者专家如此,一些大政治家、大军事家也如此.曹操、康熙、拿破仑、毛泽东都是手不释卷,嗜书如命的人.他们的巨大成就与毕生刻苦自学密切相关.

王梓坤

目录

第四编　定 理 篇

第五编　推广及文献

第一编
引　言

关于一道高考试题的背景

第1章

§1 引　　言

2015年福建理科卷第15题是一个新类型题目：一个二元码是由0和1组成的数字串 $x_1x_2\cdots x_n(n\in\mathbf{N}_+)$，其中 $x_k(k=1,2,3,\cdots,n)$ 称为第 k 位码元. 二元是通信中常用的码，但在通信过程中有时会发生码元错误（即码元由0变为1，或者由1变为0）. 已知某种二元码 $x_1x_2\cdots x_7$ 的码元满足如下校验方程组

$$\begin{cases}x_4\oplus x_5\oplus x_6\oplus x_7=0\\x_2\oplus x_3\oplus x_6\oplus x_7=0\\x_1\oplus x_3\oplus x_5\oplus x_7=0\end{cases}$$

其中运算"$\oplus$"定义为

$$0\oplus 0=0,0\oplus 1=1,1\oplus 0=1,1\oplus 1=0$$

现已知一个这种二元码在通信过程中仅在第 k 位发生码元错误后变成了1101101，

那么利用上述校验方程组可判定 k 等于多少?

分析 只要理解题目就能解答出问题. 根据七位二元码 1101101,用 $x_4 \oplus x_5 \oplus x_6 \oplus x_7 = 0$ 检验知,4,5,6,7 码元应该都是正确的,又因为 $x_2 \oplus x_3 \oplus x_6 \oplus x_7 = 1$,$x_1 \oplus x_3 \oplus x_5 \oplus x_7 = 1$,故 x_1,x_4 都错误或 x_5 错误,由题意仅在第 k 位发生码元错误. 因此,只有 x_5 错误,所以 k 等于 5.

有一点通信及信息学知识的老师都会发现,本题的背景是编码理论中的纠错码问题,此类问题十分重要,而且已经形成了一整套的理论,无独有偶.

2010 年在北京高考试卷中也出现了这样一道试题.

题目 1 (2010 年北京卷理科 20 题)已知集合

$$S_n = \{\boldsymbol{X} \mid \boldsymbol{X} = (x_1, x_2, \cdots, x_n),\ x_i \in \{0,1\}, i = 1,2,\cdots,n\} \quad (n \geqslant 2)$$

对于 $\boldsymbol{A} = (a_1, a_2, \cdots, a_n)$,$\boldsymbol{B} = (b_1, b_2, \cdots, b_n) \in S_n$,定义 $\boldsymbol{A}$ 与 $\boldsymbol{B}$ 的差为

$$\boldsymbol{A} - \boldsymbol{B} = (|a_1 - b_1|, |a_2 - b_2|, \cdots, |a_n - b_n|)$$

$\boldsymbol{A}$ 与 $\boldsymbol{B}$ 之间的距离为

$$d(\boldsymbol{A}, \boldsymbol{B}) = \sum_{i=1}^{n} |a_i - b_i|$$

(Ⅰ)证明:$\forall \boldsymbol{A}, \boldsymbol{B}, \boldsymbol{C} \in S_n$,有 $\boldsymbol{A} - \boldsymbol{B} \in S_n$,且 $d(\boldsymbol{A} - \boldsymbol{C}, \boldsymbol{B} - \boldsymbol{C}) = d(\boldsymbol{A}, \boldsymbol{B})$;

(Ⅱ)证明:$\forall \boldsymbol{A}, \boldsymbol{B}, \boldsymbol{C} \in S_n$,$d(\boldsymbol{A}, \boldsymbol{B})$,$d(\boldsymbol{A}, \boldsymbol{C})$,$d(\boldsymbol{B}, \boldsymbol{C})$三个数中至少有一个是偶数;

(Ⅲ)设 $P \subseteq S_n$,P 中有 $m(m \geqslant 2)$ 个元素,记 P 中所有两元素间距离的平均值为 $\overline{d}(P)$,证明:$\overline{d}(P) \leqslant$

$\frac{mn}{2(m-1)}$.

有一千个读音就有一千个哈姆雷特. 对此试题不同层次的读者给出了不同的背景. 一位中学教师评析道:本题以泛函分析中的距离空间为背景编制试题,用数学符号语言给出了 $\boldsymbol{A}$ 与 $\boldsymbol{B}$ 的“差”和“距离”的新定义,把中学所学的差和距离的定义由二维、三维扩展到 n 维. 考查了学生的知识整合能力、抽象思维能力、分析问题和解决问题的能力. 该题难度较大,展示给考生较大的思维空间,有利于考查考生进一步学习高等数学的能力及数学潜质.

我们再看一下解答.

证明　(Ⅰ)设 $\boldsymbol{A}=(a_1,a_2,\cdots,a_n)$,$\boldsymbol{B}=(b_1,b_2,\cdots,b_n)$,$\boldsymbol{C}=(c_1,c_2,\cdots,c_n)\in S_n$.

因为 $a_i,b_i\in\{0,1\}$,所以 $|a_i-b_i|\in\{0,1\}(i=1,2,\cdots,n)$,从而

$$\boldsymbol{A}-\boldsymbol{B}=(|a_1-b_1|,|a_2-b_2|,\cdots,|a_n-b_n|)\in S_n$$

又

$$d(\boldsymbol{A}-\boldsymbol{C},\boldsymbol{B}-\boldsymbol{C})=\sum_{i=1}^{n}||a_i-c_i|-|b_i-c_i||$$

由题意知,$a_i,b_i,c_i\in\{0,1\}(i=1,2,\cdots,n)$.

当 $c_i=0$ 时

$$||a_i-c_i|-|b_i-c_i||=|a_i-b_i|$$

当 $c_i=1$ 时

$$\begin{aligned}||a_i-c_i|-|b_i-c_i||&=|(1-a_i)-(1-b_i)|\\&=|a_i-b_i|\end{aligned}$$

所以

$$d(\boldsymbol{A}-\boldsymbol{C},\boldsymbol{B}-\boldsymbol{C})=\sum_{i=1}^{n}|a_i-b_i|=d(\boldsymbol{A},\boldsymbol{B})$$

（Ⅱ）设 $\boldsymbol{A}=(a_1,a_2,\cdots,a_n)$，$\boldsymbol{B}=(b_1,b_2,\cdots,b_n)$，$C=(c_1,c_2,\cdots,c_n)\in S_n$，且

$$d(\boldsymbol{A},\boldsymbol{B})=k,d(\boldsymbol{A},\boldsymbol{C})=l,d(\boldsymbol{B},\boldsymbol{C})=h$$

记 $\boldsymbol{O}=(0,0,\cdots,0)\in S_n$，由（Ⅰ）可知

$$d(\boldsymbol{A},\boldsymbol{B})=d(\boldsymbol{A}-\boldsymbol{A},\boldsymbol{B}-\boldsymbol{A})=d(\boldsymbol{O},\boldsymbol{B}-\boldsymbol{A})=k$$

$$d(\boldsymbol{A},\boldsymbol{C})=d(\boldsymbol{A}-\boldsymbol{A},\boldsymbol{C}-\boldsymbol{A})=d(\boldsymbol{O},\boldsymbol{C}-\boldsymbol{A})=l$$

$$d(\boldsymbol{B},\boldsymbol{C})=d(\boldsymbol{B}-\boldsymbol{A},\boldsymbol{C}-\boldsymbol{A})=h$$

所以 $|b_i-a_i|(i=1,2,\cdots,n)$ 中 1 的个数为 k，$|c_i-a_i|(i=1,2,\cdots,n)$ 中 1 的个数为 l.

设 t 是使 $|b_i-a_i|=|c_i-a_i|=1$ 成立的 i 的个数，则 $h=l+k-2t$.

由此可知，k,l,h 三个数不可能都是奇数，即 $d(\boldsymbol{A},\boldsymbol{B}),d(\boldsymbol{A},\boldsymbol{C}),d(\boldsymbol{B},\boldsymbol{C})$ 三个数中至少有一个是偶数.

（Ⅲ）$\bar{d}(P)=\dfrac{1}{C_m^2}\sum\limits_{\boldsymbol{A},\boldsymbol{B}\in P}d(\boldsymbol{A},\boldsymbol{B})$，其中 $\sum\limits_{\boldsymbol{A},\boldsymbol{B}\in P}d(\boldsymbol{A},\boldsymbol{B})$ 表示 P 中所有两个元素间距离的总和，设 P 中所有元素的第 i 个位置的数字中共有 t_i 个 1，$m-t_i$ 个 0，则

$$\sum_{\boldsymbol{A},\boldsymbol{B}\in P}d(\boldsymbol{A},\boldsymbol{B})=\sum_{i=1}^{n}t_i(m-t_i)$$

由于 $t_i(m-t_i)\leqslant\dfrac{m^2}{4}(i=1,2,\cdots,n)$，所以

$$\sum_{\boldsymbol{A},\boldsymbol{B}\in P}d(\boldsymbol{A},\boldsymbol{B})\leqslant\frac{nm^2}{4}$$

从而

$$\bar{d}(P)=\frac{1}{C_m^2}\sum_{\boldsymbol{A},\boldsymbol{B}\in P}d(\boldsymbol{A},\boldsymbol{B})\leqslant\frac{nm^2}{4C_m^2}=\frac{mn}{2(m-1)}$$

这种联想是有一定合理性的，而且在目前中学数学教学及考试中已经开始有所渗透. 这种问题对中学教师向学生进一步普及近代数学是有益的. 下面我们给出两个函数之间的距离不是范数的情况.

问题 1. 假设 a 与 b 是非负数，证明

$$\frac{a+b}{1+a+b}\leqslant\frac{a}{1+a}+\frac{b}{1+b}$$

2. 设 $f(x)$ 是区间 $[\alpha,\beta]$ 上的可积函数，令

$$L(f)=\int_{\alpha}^{\beta}\frac{|f(x)|}{1+|f(x)|}\mathrm{d}x$$

证明

$$L(f+g)\leqslant L(f)+L(g)$$

能否借助于泛函 L 来定义两个函数之间的距离？

3. 设 u 与 v 是任意两个实数序列，它们的值分别是 $u_1,\cdots,u_n,\cdots$ 与 $v_1,\cdots,v_n,\cdots$. 设 a_n 是一个收敛的正项序列的一般项.

令

$$L(u)=\sum_{n}a_n\frac{|u_n|}{1+|u_n|}$$

$$L(v)=\sum_{n}a_n\frac{|v_n|}{1+|v_n|}$$

用 $u+v$ 来表示一般项为 u_n+v_n 的序列. 证明

$$L(u+v)\leqslant L(u)+L(v)$$

解答 1. 因为 a 与 b 是非负数，所以由明显的不等式

$$\frac{a}{1+a+b}\leqslant\frac{a}{1+a}$$

$$\frac{b}{1+a+b}\leqslant\frac{b}{1+b}$$

就可推出不等式

$$\frac{a+b}{1+a+b} \leqslant \frac{a}{1+a} + \frac{b}{1+b} \tag{1}$$

等式成立仅当 a 或 b 是零.

2. 因为 f 是区间 $[\alpha,\beta]$ 上的可积函数,所以泛函 L 将 f 映为正数

$$L(f) = \int_{\alpha}^{\beta} \frac{|f(x)|}{1+|f(x)|}\mathrm{d}x \quad (\alpha < \beta)$$

我们来证明泛函 L 满足三角不等式

$$L(f+g) \leqslant L(f) + L(g) \tag{2}$$

首先,我们有

$$|f+g| \leqslant |f| + |g|$$

因为函数 $\frac{x}{1+x}$ 是一个递增函数,所以基于不等式(1)我们得到

$$\frac{|f+g|}{1+|f+g|} \leqslant \frac{|f|+|g|}{1+|f|+|g|} \leqslant \frac{|f|}{1+|f|} + \frac{|g|}{1+|g|}$$

这就证明了不等式(2).

现在我们来回忆一下两个函数之间的距离的定义:两个函数 f 与 g 之间的距离 $l(f,g)$ 是一个实数,它满足下列公理:

(1) $l(f,g) > 0$,当 $f \neq g$ 时;

(2) $l(f,f) = 0$;

(3) $l(f,g) = l(g,f)$;

(4) $l(f,g) \leqslant l(f,h) + l(h,g)$,对任意的函数 f,g,h.

如果约定当 $L(f-g)=0$ 时,就认为函数 f 与 g 相等,并且只要简单地令

$$l(f,g) = L(f-g)$$

那么我们就会看到泛函 L 定义了两个函数 f 与 g 之间的距离. 这个定义对于定义在区间 $[\alpha,\beta]$ 上的可积函数是合理的. 泛函 $L(f)$ 可用来定义两个函数之间的距离,但不可用来定义由 $[\alpha,\beta]$ 上的可积函数所形成的向量空间的范数. 为了看出这一点,考虑实函数的向量空间. 如果 m 是实数,那么齐次性的条件 $L(mf)=|m|L(f)$ 是不满足的.

3. 我们已经看到

$$\frac{|u_n+v_n|}{1+|u_n+v_n|}\leqslant\frac{|u_n|}{1+|u_n|}+\frac{|v_n|}{1+|v_n|}$$

因为 $\frac{|u_n|}{1+|u_n|}\leqslant 1$,所以级数 $\sum a_n\frac{|u_n|}{1+|u_n|}$ 是收敛的.

如果我们用 a_n 乘上述不等式的两端,并对 n 求和,那么就得到

$$L(u+v)\leqslant L(u)+L(v)$$

其中

$$L(u)=\sum a_n\frac{|u_n|}{1+|u_n|}$$

我们可将泛函 $L(u-v)$ 视为两个序列 u 与 v 之间的距离 $L(u-v)$ 是正的,除非对一切 $n,u_n=v_n$,这时它是零. $L(u-v)$ 关于 u 与 v 是对称的. 最后,它满足三角不等式. 有趣的是,距离的这一定义对无穷序列也是合理的,不管它们是收敛还是发散.

如果具有了线性泛函的观点,我们就可以居高临下地看一些例子.

例1　信号盘上有若干个指示灯亮着. 盘上有一些按钮,按动各个按钮,可以改变与之相连的各个指示灯的亮灭状态. 现知,对于任何一组指示灯,都能找到

一个按钮，它与该组中的奇数个指示灯相连. 证明：通过按动按钮，可以熄灭所有的指示灯.

解法 1 首先指出，相继按动若干个按钮的最终结果与按动的先后顺序无关. 设信号盘上共有 n 个指示灯. 我们来对 n 做归纳以证明题中结论.

当 $n=1$ 时，题中结论显然成立，因为所有的指示灯就此一个，作为一组，可以找到一个按钮与该组中的奇数个指示灯相连，那么恰好就是连着该指示灯. 假设题中结论已经对 $n=k-1$ 成立，我们来证明它对 $n=k$ 也成立.

观察第 i 号指示灯. 根据归纳假设，我们可以熄灭除了第 i 号指示灯以外的所有 $k-1$ 个指示灯. 将为此所必须按动的所有按钮的集合记作 S_i. 如果有某个 i，使得我们连第 i 号指示灯也熄灭了，那么我们的归纳过渡已经完成. 否则，对于每个 i 按动 S_i 的结果，都是使得仅有第 i 号指示灯亮着.

设 $i \neq j$，如果我们先按动 S_i，再按动 S_j，会有什么结果呢？易知，此时只有第 i 号与第 j 号这两个指示灯的状态被改变（其余指示灯都保持原状态）. 这样，我们便找到了改变任何一对指示灯状态的办法.

根据题意，存在一个按钮 T，它连着奇数个指示灯. 观察除了一个与 T 相连的指示灯 A 之外的其余 $k-1$ 个指示灯. 根据归纳假设，我们可以熄灭这 $k-1$ 个指示灯. 如果此时指示灯 A 也不亮，那么我们的过渡已经完成. 否则，我们再一对一对地改变与 T 相连的其他指示灯的状态，让它们全都亮起来. 最后再按一次按钮 T，于是所有指示灯全被熄灭.

解法2(运用线性代数知识)　将所有指示灯从1到n编号.以向量

$$\boldsymbol{x}=(x_1,x_2,\cdots,x_n)$$

表示信号盘的状态,其中$x_i=1$,如果第i号指示灯亮着,否则$x_i=0$.所有这些向量的全体称为二元数域上的n维向量空间.对于每一个按钮,我们也用一个这样的向量$\boldsymbol{a}=(a_1,a_2,\cdots,a_n)$表示,其中$a_i=1$,如果该按钮连着第$i$号指示灯,否则$a_i=0$.显然,按动该按钮,使得信号盘由状态$\boldsymbol{x}$变为状态$\boldsymbol{x}+\boldsymbol{a}$.于是,为了能从任何起始状态出发,经过一系列这样的变换,都能最后得到向量$\boldsymbol{0}$,我们只需证明,所有的按钮所对应的向量集合能够张成我们的整个线性空间.

对于每一组指示灯,都对应一个泛函

$$(x_1,x_2,\cdots,x_n)\rightarrow\sum x_i$$

其中x_i参与求和,如果第i号指示灯属于一组.

以这种方式得到所有的泛函.泛函值在这样的向量外变为$\boldsymbol{0}$,当且仅当相应的按钮与该组中偶数个指示灯相连.而题中断言变为任何一个向量都不在所有按钮上变为$\boldsymbol{0}$,而这在线性代数上就等价于与按钮所对应的向量集合是完全系,而这种等价在线性代数上通常称为弗雷德霍姆互斥性.

上述试题和下面这道题都是俄罗斯的中学奥数题.

例2　正八面体的每个面都被染为黑色与白色中的一种颜色,并且任何两个有公共棱的面都颜色互异.证明:正八面体内部的任何一点到各个黑色面的距离之和都等于它到各个白色面的距离之和.

解法 1　黑色的面所在的平面围成一个正四面体,白色的面所在的平面也围成一个正四面体,而且这两个正四面体全等. 我们可以通过如下方式看出这一点:

如图 1,观察正方体 $ABCDEFGH$ 以及两个正四面体 $ACFH$ 和 $BDEG$. 这两个正四面体的交就是一个正八面体. 事实上,交的顶点是正方体的各个面的中心,而正方体的各个面的中心就是一个正八面体的顶点.

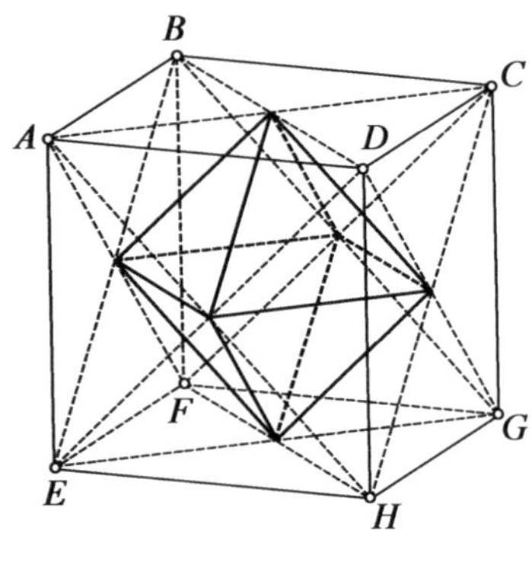

图 1

这样一来,由如下断言就可以推出题中结论:正四面体内部一点到各个面的距离之和为定值,即等于该四面体的体积除以一个面的面积的商的三倍.

我们来证明这一断言. 设正四面体的各个顶点为 A,B,C,D,而 O 是其内部一点. 将点 O 到面 BCD, ACD, ABD 和 ABC 的距离分别记为 h_A,h_B,h_C 和 h_D. 设正四面体 $ABCD$ 的一个面的面积为 S. 于是,四面体 $BCDO$, $ACDO$, $ABDO$ 和 $ABCO$ 的体积分别是 $\frac{1}{3}Sh_A$,

$\frac{1}{3}Sh_B$，$\frac{1}{3}Sh_C$ 和 $\frac{1}{3}Sh_D$. 因此，正四面体 $ABCD$ 的体积即为

$$\frac{1}{3}S(h_A+h_B+h_C+h_D)$$

由此即可得出欲证的断言.

解法 2(非初等解法)　我们来考察点到平面的有向距离. 确切地说，如果点与八面体位于平面的同一侧，则距离前面取正号，否则，就取负号.

下面来证明比题中结论更强的命题：从任何一点到各个黑面所在的平面的有向距离的和都与该点到各个白面所在的平面的有向距离的和相等. 注意，这里并不要求点在八面体内部.

点到平面的有向距离可以表示为空间的线性泛函，这意味着，到任一颜色的面所在平面的有向距离的和也是线性泛函. 将点 A 到各白面所在平面的有向距离的和记为 $l_w(A)$，到各黑面所在平面的有向距离的和记为 $l_b(A)$. 我们希望证明，对任何 A，都有 $l_w(A)-l_b(A)=0$. 假若不是如此，那么集合 $\{A\mid l_w(A)-l_b(A)=0\}$ 就是一个平面. 然而，对于正八面体的 8 个顶点 $A_1,A_2,\cdots,A_8$，都有 $l_w(A_i)-l_b(A_i)=0$，此为矛盾. 所以必对任何 A，都有 $l_w(A)-l_b(A)=0$.

泛函分析中的范数当然是远比初等数学中的距离有更大的适用性. 作为开始提到的高考试题的背景也算适当. 但正是由于泛函的这种普适性使我们觉得它与题目 1 的血缘关系还不是太近. 换句话说，如果硬将泛函分析作为题目 1 的背景总觉得有些牵强. 那么题目 1 最恰当的背景是什么呢？换言之，命题者究竟是以什么为原型开发出的题目呢？当然这种由题目追溯背景的工作是需要广博的知识储备和联想的. 如果命题者自己不出来公布,读者是很难发现的. 所以距离试题考完 5 年后,终于真相大白.

2016 年第 55 卷第 4 期《数学通报》上发表了一篇题为《从高中数学试题到纠错码理论》的论文,作者是北京师范大学数学科学学院的李启超和北京市顺义牛栏山第一中学数学教研组的荣贺. 如果我们再看两个题目,就会发现一定另有其他更为贴切的背景.

题目 2(2008 年上海交大冬令营试题)　通信工程中常用 n 元数组$(a_1,a_2,\cdots,a_n)$表示信息,其中 $a_i\in\{0,1\},i,n\in\mathbf{N}$. 设 $u=(u_1,u_2,\cdots,u_n),v=(v_1,v_2,\cdots,v_n),d(u,v)$表示 u 和 v 中相对应位置上不同“元”的个数.

①若 $u=(0,0,0,0,0)$,问存在多少个 5 元数组 v,使得 $d(u,v)=1$?

②若 $u=(1,1,1,1,1)$,问存在多少个 5 元数组 v,使得 $d(u,v)=3$?

③令 $w=(0,0,\cdots,0),u=(u_1,u_2,\cdots,u_n),v=(v_1,v_2,\cdots,v_n)$,求证

$$d(u,w)+d(v,w)\geqslant d(u,v)$$

题目 3(改编自 2013 年湖南省高中数学竞赛题)通信工程中常用 n 元数组$(a_1,a_2,\cdots,a_n)$表示信息,其中 $a_i\in\{0,1\}(i,n\in\mathbf{N})$. 设

$$u=(u_1,u_2,\cdots,u_n)$$
$$v=(v_1,v_2,\cdots,v_n)$$
$$w=(w_1,w_2,\cdots,w_n)$$

$d(u,v)$表示u和v中相对应位置上不同“元”的个数.
证明:$d(u,w)+d(v,w)\geqslant d(u,v)$.

题目4(改编自2010年北京卷理科20题)　已知集合

$$S_n=\{\boldsymbol{X}|\boldsymbol{X}=(x_1,x_2,\cdots,x_n),x_i\in\{0,1\},\\ i=1,2,\cdots,n\}\quad(n\geqslant 2)$$

对于

$$\boldsymbol{A}=(a_1,a_2,\cdots,a_n),\boldsymbol{B}=(b_1,b_2,\cdots,b_n)\in S_n$$

定义$\boldsymbol{A}$与$\boldsymbol{B}$之间的距离为

$$d(\boldsymbol{A},\boldsymbol{B})=\sum_{i=1}^{n}|a_i-b_i|$$

设$P\subseteq S_n$,并且P中有m个元素,对任意$\boldsymbol{A},\boldsymbol{B}\in P$,$d(\boldsymbol{A},\boldsymbol{B})\geqslant 5$,求$m$的最大值.

他们指出以上3个题目的命题背景都是信息论中的纠错码理论.题目中出现的空间

$$S_n=\{\boldsymbol{X}|\boldsymbol{X}=(x_1,x_2,\cdots,x_n),x_i\in\{0,1\},\\ i=1,2,\cdots,n\}\quad(n\geqslant 2)$$

是二元有限域F_2上的n维线性空间,而距离$d(\boldsymbol{A},\boldsymbol{B})$即为两个向量$\boldsymbol{A},\boldsymbol{B}$之间的Hamming(汉明)距离.

题目3实质上是证明空间S_n上的Hamming距离满足“三角不等式”.题目4的实质是二元纠错码码字数的Plotkin(普洛特金)上界.有了这些基础准备,不难顺利解答以上三道题目.

纠错码的概念和理论要从信息的编码和传输谈起.

所谓编码过程是将要传送的信息(比如图片、文字、视频等)按照一定的格式转换为0/1比特串,也就是二元域$F_2=(\{0,1\},+,\cdot)$上n维线性空间F_2^n中

的向量. 例如我们可以把“***BEST***”这条信息转换成如下比特串,并发送出去

$$\boldsymbol{B}=(0000000000),\boldsymbol{E}=(0101010101)$$
$$\boldsymbol{S}=(1010101010),\boldsymbol{T}=(1111111111)$$

但是由于传输技术或电磁干扰等原因,接收方收到的信息可能会出错,比如某个字母的某个数位上“1”变成了“0”. 但是我们注意到,以上 4 个向量中任意两个都至少有五个数位不同,这样一来即使某个字母 $\boldsymbol{T}$ 在传输过程中有一或两位出现错误变成了 $\widetilde{\boldsymbol{T}}$,这时 $\widetilde{\boldsymbol{T}}$ 与其他三个字母至少有三位不同,我们仍然可以就近将 $\widetilde{\boldsymbol{T}}$ 翻译成 $\boldsymbol{T}$,从而纠正了错误.

这个例子从一定程度上说明了纠错码的本质:编码时,发信方和收信方约定好不使用 F_2^n 中所有的向量,只使用其中某个平均距离比较大的子集 P,这个子集就称为所使用的纠错码. 事实上,纠错码理论是 20 世纪中期信息领域的一个重要发现,它使得计算机能够自动发现信息传输过程中的错误甚至予以纠正.

下面我们给出纠错码等概念的严格定义.

记 F_p(p 为素数)是 p 元有限域. 所有分量属于 F_p 的 n 维向量 $\boldsymbol{X}=(x_1,x_2,\cdots,x_n)$ 组成的集合构成数域 F_p 上的 n 维线性空间,记作 F_p^n. 本节中我们只讨论 $p=2$ 的情形. 此时,F_2^n 中每个向量共有 n 个分量 $x_i(1\leqslant i\leqslant n)$,每个分量可以取 0 或 1,所以线性空间 F_2^n 中共有 2^n 个向量.

纠错码,码字,码长 称 n 维线性空间 F_2^n 中任意一个非空子集 P 为一个二元纠错码(后面我们简称纠

错码），P 中任意一个向量称为一个码字，向量的分量个数 n 称为码长.

Hamming **距离**　记 $\boldsymbol{A}=(a_1,a_2,\cdots,a_n)$，$\boldsymbol{B}=(b_1,b_2,\cdots,b_n)\in P$ 为纠错码 P 中任意两个码字，我们称 $d(\boldsymbol{A},\boldsymbol{B})=\sum_{i=1}^{n}|a_i-b_i|$ 为码字 $\boldsymbol{A},\boldsymbol{B}$ 之间的 Hamming 距离.

Hamming 距离给出了 F_2^n 中两个向量差异程度的一个衡量标准. 任意两个向量之间的 Hamming 距离一定是非负整数，与高中生熟知的三维欧氏空间中的距离概念类似，Hamming 距离也满足数学上距离的定义性质.

定理 1　对于任意 $\boldsymbol{A},\boldsymbol{B},\boldsymbol{C}\in F_2^n$，我们有：

（1）非负性：$d(\boldsymbol{A},\boldsymbol{B})\geqslant 0$，并且 $d(\boldsymbol{A},\boldsymbol{B})=0$ 当且仅当 $\boldsymbol{A}=\boldsymbol{B}$.

（2）对称性：$d(\boldsymbol{A},\boldsymbol{B})=d(\boldsymbol{B},\boldsymbol{A})$. 这与我们的直觉是一样的.

（3）三角不等式：$d(\boldsymbol{A},\boldsymbol{C})+d(\boldsymbol{C},\boldsymbol{B})\geqslant d(\boldsymbol{A},\boldsymbol{B})$，类似于熟知的三角形两边之和大于（等于）第三边.

证明　性质（1）（2）的证明可以直接从 Hamming 距离的定义得出. 对于性质（3），我们首先说明对于 $\boldsymbol{A},\boldsymbol{B},\boldsymbol{C}\in F_2^n$，$d(\boldsymbol{A}-\boldsymbol{C},\boldsymbol{B}-\boldsymbol{C})=d(\boldsymbol{A},\boldsymbol{B})$. 记 a_i,b_i,c_i 分别为向量 $\boldsymbol{A},\boldsymbol{B},\boldsymbol{C}$ 的第 $i(1\leqslant i\leqslant n)$ 个分量. 易知对于 $c_i=0$ 或 1，都有

$$||a_i-c_i|-|b_i-c_i||=|a_i-b_i|$$

由Hamming距离的定义知

$$d(\boldsymbol{A}-\boldsymbol{C},\boldsymbol{B}-\boldsymbol{C})=d(\boldsymbol{A},\boldsymbol{B})$$

接下来只需证 $d(\boldsymbol{A}-\boldsymbol{C},\boldsymbol{\theta})+d(\boldsymbol{\theta},\boldsymbol{B}-\boldsymbol{C})\geqslant d(\boldsymbol{A}-\boldsymbol{C},$

$B-C$)，其中 $\boldsymbol{\theta}=(0,0,\cdots,0)$. 记 r,s 分别为 $A-C$, $B-C$中"1"的个数，记 t 为向量 $A-C,B-C$ 中处于相同位置上的"1"的个数，显然 $0\leqslant t\leqslant r,s\leqslant n$. 容易观察到

$$\begin{aligned}&d(\boldsymbol{A}-\boldsymbol{C},\boldsymbol{\theta})+d(\boldsymbol{\theta},\boldsymbol{B}-\boldsymbol{C})\\=&r+s\geqslant r+s-2t\\=&d(\boldsymbol{A}-\boldsymbol{C},\boldsymbol{B}-\boldsymbol{C})\end{aligned}$$

说明 定理1(3)实质上包含了本节题目2和题目3的解答. 从证明过程中可以看出，$d(\boldsymbol{A},\boldsymbol{B})+d(\boldsymbol{B},\boldsymbol{C})+d(\boldsymbol{C},\boldsymbol{A})=2(r+s-t)$是偶数.

如果我们能够设计一个 n 元纠错码，或者说在 F_2^n 中找到一个子集 P，使得其中任意两个码字 $\boldsymbol{A},\boldsymbol{B}$ 之间的 Hamming 距离都不小于 $\bar{d}$，假设其中某个码字 $\boldsymbol{I}$ 在传输过程中即使变成了 $\tilde{\boldsymbol{I}}$($\tilde{\boldsymbol{I}}$ 可能不在纠错码 P 中)，并且假设 $\boldsymbol{I}$ 与 $\tilde{\boldsymbol{I}}$ 之间的 Hamming 距离小于 $\bar{d}$ 的一半，我们不难用三角不等式证明 $\boldsymbol{I}$ 是 P 中唯一一个与 $\tilde{\boldsymbol{I}}$ 最接近的码字，根据就近原则我们就可以把 $\tilde{\boldsymbol{I}}$ 纠正为原来的 $\boldsymbol{I}$. 形式地讲便是下面的重要结论：

定理2 设 $P\subseteq F_2^n$ 是码长为 n 的二元纠错码，记

$$\bar{d}=\min\{d(\boldsymbol{A},\boldsymbol{B})\mid \boldsymbol{A},\boldsymbol{B}\in P,\boldsymbol{A}\neq\boldsymbol{B}\}$$

为 P 中不同的码字之间 Hamming 距离的最小值. 那么使用纠错码 P 可以发现不多于 $\bar{d}-1$ 位的传输错误，也可以纠正不多于$\left[\frac{\bar{d}-1}{2}\right]$位的错误.

注 这里$\left[\frac{\bar{d}-1}{2}\right]$表示不超过$\frac{\bar{d}-1}{2}$的最大整数，容

易验证$\frac{\bar{d}}{2}-1\leqslant\left[\frac{\bar{d}-1}{2}\right]<\frac{\bar{d}}{2}$.

证明　假设发信方发送信息 $\boldsymbol{X}\in P$，输送过程中信息出现错误变成 $\boldsymbol{Y}$. 如果 $d(\boldsymbol{X},\boldsymbol{Y})\leqslant\bar{d}-1$，那么知道 $\boldsymbol{Y}\notin P$（因为 P 中两个不同向量间 Hamming 距离至少是 $\bar{d}$），于是收信方知道传输过程中出现错误. 这表明纠错码 P 可以检测出不大于 $\bar{d}-1$ 位错误. 如果 $d(\boldsymbol{X},\boldsymbol{Y})\leqslant\left[\frac{\bar{d}-1}{2}\right]$，我们证明对任意 $\boldsymbol{X}'\in P$ 且 $\boldsymbol{X}'\neq\boldsymbol{X}$ 满足 $d(\boldsymbol{X}',\boldsymbol{Y})>\left[\frac{\bar{d}-1}{2}\right]$. 用反证法. 假设存在 $\boldsymbol{X}'\in P,\boldsymbol{X}'\neq\boldsymbol{X}$，并且$d(\boldsymbol{X}',\boldsymbol{Y})\leqslant\left[\frac{\bar{d}-1}{2}\right]$，根据三角不等式

$$\begin{aligned}d(\boldsymbol{X},\boldsymbol{X}')&\leqslant d(\boldsymbol{X}',\boldsymbol{Y})+d(\boldsymbol{X},\boldsymbol{Y})\\&\leqslant 2\left[\frac{\bar{d}-1}{2}\right]<2\cdot\frac{\bar{d}}{2}=\bar{d}\end{aligned}$$

这与 P 中任意两个码字之间的最小距离是 $\bar{d}$ 相矛盾. 所以 $\boldsymbol{X}$ 是 P 中唯一一个与 $\boldsymbol{Y}$ 距离不大于$\left[\frac{\bar{d}-1}{2}\right]$的向量，我们可以唯一地就近纠正 $\boldsymbol{Y}$ 为 $\boldsymbol{X}$. 证毕.

说明　一个纠错码 $P\subseteq F_2^n$ 中两个不同向量之间的最小距离反映了它的检错能力和纠错能力. 一个纠错码最小距离越大，码字越多就越有实际应用价值. 现代通信技术借助计算机程序早已实现自动检错和纠错功能.

编码领域一个自然的问题是怎样去构造“好的”

纠错码. 在给定码长 n 和最小距离 $\bar{d}$ 的情况下,如何构造纠错码使得码字数(记作 $m=|P|$)尽量大? 人们运用组合数学中的算两次、覆盖原理、极端原理等策略给出了很多 $m,\bar{d},n$ 三者之间的限制条件,我们统称这类关系为上下界估计. 以下我们选取两个有代表性的结果加以介绍.

定理 3(二元纠错码的 Plotkin 上界) 设 $P\subseteq F_2^n$ 是码长为 n 的二元纠错码,P 中所有不同的码字之间的最小距离为

$$\bar{d}=\min\{d(\boldsymbol{A},\boldsymbol{B})\mid \boldsymbol{A},\boldsymbol{B}\in P,\boldsymbol{A}\neq\boldsymbol{B}\}$$

并且 $2\bar{d}>n$. 记 P 中码字数量为 m,则

$$m\leqslant 2\left[\frac{\bar{d}}{2\bar{d}-n}\right]$$

证明 我们用两种不同的方式计算

$$M=\sum_{\boldsymbol{A}\in P}\sum_{\boldsymbol{B}\in P}d(\boldsymbol{A},\boldsymbol{B})$$

一方面,当 $\boldsymbol{A}\neq\boldsymbol{B}$ 时,$d(\boldsymbol{A},\boldsymbol{B})\geqslant\bar{d}$,所以 $M\geqslant m(m-1)\bar{d}$ 成立. 另一方面,P 中 m 个码字向量组成 $m\times n$ 矩阵,其中每个码字为一个行向量. 对于这个矩阵的任意一个列向量,例如第 $i(1\leqslant i\leqslant n)$ 列,如果其中有 k_i 个"0"分量,$m-k_i$ 个"1"分量,则这一列对和式 M 的贡献为 $2k_i(m-k_i)$,所以我们有

$$M=\sum_{i=1}^{n}2k_i(m-k_i)$$

由基本不等式,我们有

$$m(m-1)\bar{d}\leqslant M=\sum_{i=1}^{n}2k_i(m-k_i)$$

$$\leqslant \sum_{i=1}^{n} \frac{m^2}{2} = \frac{m^2 n}{2}$$

即

$$m \leqslant \frac{2\bar{d}}{2\bar{d}-n} \Leftrightarrow \bar{d} \leqslant \frac{mn}{2m-2} \tag{1}$$

当 m 是偶数时，$\frac{m}{2}$为整数，由式(1)知

$$\frac{m}{2} \leqslant \frac{\bar{d}}{2\bar{d}-n}$$

从而

$$\frac{m}{2} \leqslant \left[\frac{\bar{d}}{2\bar{d}-n}\right]$$

故 $m \leqslant 2\left[\frac{\bar{d}}{2\bar{d}-n}\right]$成立.

当 m 为奇数时，当且仅当集合 $\{k_i, m-k_i\} = \left\{\frac{m-1}{2}, \frac{m+1}{2}\right\}$时，和式 M 取最大值$\frac{n(m^2-1)}{2}$，我们有

$$m(m-1)\bar{d} \leqslant \frac{n(m^2-1)}{2}$$

从而

$$m \leqslant \frac{n}{2\bar{d}-n} = \frac{2\bar{d}}{2\bar{d}-n} - 1$$

由于 m 是整数，我们仍然有

$$m \leqslant \left[\frac{2\bar{d}}{2\bar{d}-n}\right] - 1 \leqslant 2\left[\frac{\bar{d}}{2\bar{d}-n}\right]$$

这里运用了 Gauss 取整函数的性质$[2x] \leqslant 2[x]+1$.

证毕.

例 3 本节题目 4 的解答：直接套用定理 3 的结论，得 $m\leqslant 2\times\left[\frac{5}{2}\right]=4$. 一个满足最小距离为 5，码字数量为 4 的纠错码的例子是

$$P=\{(00000000),(00011111),(11111000),(11100111)\}$$

定理 4（二元纠错码的 Hamming 界） 设 $P\subseteq F_2^n$ 是码长为 n 的二元纠错码，P 中所有不同码字之间的最小距离为

$$\bar{d}=\min\{d(\boldsymbol{A},\boldsymbol{B})\mid \boldsymbol{A},\boldsymbol{B}\in P,\boldsymbol{A}\neq\boldsymbol{B}\}$$

记 P 中码字数量为 m，$k=\left[\frac{\bar{d}-1}{2}\right]$，则

$$m(\mathrm{C}_n^0+\mathrm{C}_n^1+\cdots+\mathrm{C}_n^k)\leqslant 2^n \qquad (2)$$

证明 以纠错码 P 中任意向量 $\boldsymbol{X}$ 为球心，$r=\left[\frac{\bar{d}-1}{2}\right]$为半径作闭球体，球体中向量与 $\boldsymbol{X}$ 有 $0,1,\cdots,k$ 个不同分量的向量个数分别为 $\mathrm{C}_n^0,\mathrm{C}_n^1,\cdots,\mathrm{C}_n^k$. 另一方面，由定理 2 知，这些球体两两不相交，从而所有球体中所含向量不超过 $|F_2^n|=2^n$ 个. 所以 $m(\mathrm{C}_n^0+\mathrm{C}_n^1+\cdots+\mathrm{C}_n^k)\leqslant 2^n$. 证毕.

说明 本例证明过程运用了“算两次”和“覆盖”的策略. 当所有这些闭球体恰好可以铺满整个 F_2^n 时，不等式(2)取到等号. 能够使得不等式(2)取到等号的纠错码 P 称为完全码.

例 4 以下是一个完全码的例子

$$P=\{(0000000),(1111111),(1010001),(0101110),(0100011),(1011100),$$

(1000110),(0111001),(0001101),
(1110010),(0011010),(1100101),
(1001011),(0110100),(1101000),
(0010111)}

可以看出,这些向量分量数 $n=7$,码字数 $m=|P|=16$,不同码字之间最小 Hamming 距离是 $\bar{d}=3$,从而可以使不等式(2)取到等号.

以上给出的 Plotkin 上界和 Hamming 上界是纠错码的参数 $(m,n,\bar{d})$ 之间需要满足的必要条件,人们还给出过其他必要条件,我们将在下面以习题的形式加以介绍.

寻找"好的"纠错码无论从理论角度还是从实际应用角度来说都是一个非常有意义的问题,也是一个困难的问题.经典的纠错码包括线性码和循环码,需要用到更多线性代数和有限域的理论知识.随着信息爆炸时代的需要,近年来人们借助更尖端的数学理论发展了代数几何码、量子纠错码等,这些理论至今方兴未艾,仍带来更多的问题与挑战.

模仿2010年北京卷高考数学压轴题给出了两个改编题,实践证明,有了本节前面的讲解基础后,给予适当提示,这些题目高二年级的同学也是可以做出来的.

改编题1　已知集合 $S_n=\{\boldsymbol{X}|\boldsymbol{X}=(x_1,x_2,\cdots,x_n),x_i\in\{0,1\},i=1,2,\cdots,n\}(n\geqslant 2)$.对于 $\boldsymbol{A}=(a_1,a_2,\cdots,a_n)$,$\boldsymbol{B}=(b_1,b_2,\cdots,b_n)\in S_n$,定义 $\boldsymbol{A}$ 与 $\boldsymbol{B}$ 之间的距离为 $d(\boldsymbol{A},\boldsymbol{B})=\sum\limits_{i=1}^{n}|a_i-b_i|$.

①证明:对任意 $\boldsymbol{A},\boldsymbol{B}\in S_n$,有 $d(\boldsymbol{A},\boldsymbol{B})\leqslant n$;

②任取固定的元素 $\boldsymbol{I}\in S_n$,计算集合 $M_k=\{\boldsymbol{A}\in S_n\mid d(\boldsymbol{A},\boldsymbol{I})\leqslant k\}(1\leqslant k\leqslant n)$ 中元素的个数;

③设 $P\subseteq S_n$,P 中有 $m(m\geqslant 2)$ 个元素,记 P 中所有不同元素间的距离的最小值为 $\bar{d}$. 证明:$m\leqslant 2^{n-\bar{d}+1}$.

说明 本题第③小问的背景是二元纠错码理论中的 Singleton 上界,本题前两小问对第③小问给出了一定的铺垫与提示.

解 第①小问是简单的不等式性质,高二的学生不难做出来.

第②小问 $|M_k|=\mathrm{C}_n^0+\mathrm{C}_n^1+\cdots+\mathrm{C}_n^k$,特别地,$|M_n|=2^n$.

我们给出第③小问的解答. 记

$$P'=\{(c_1,c_2,\cdots,c_{n-\bar{d}+1})\mid(c_1,c_2,\cdots,c_{n-\bar{d}+1},\cdots,c_n)\in P\}$$

我们证明 $|P'|=|P|$. 一方面,显然有 $|P'|\leqslant|P|$. 另一方面,对任意 $\boldsymbol{A},\boldsymbol{B}\in S_n$ 且 $\boldsymbol{A}\neq\boldsymbol{B}$,假设它们满足

$$a_1=b_1,a_2=b_2,\cdots,a_{n-\bar{d}+1}=b_{n-\bar{d}+1}$$

则由定义有

$$d(\boldsymbol{A},\boldsymbol{B})\leqslant\bar{d}-1$$

与 P 中不同元素间距离至少为 $\bar{d}$ 相矛盾. 从而

$$(a_1,a_2,\cdots,a_{n-\bar{d}+1})\neq(b_1,b_2,\cdots,b_{n-\bar{d}+1})$$

这表明 P' 中任意两元素不相等. 从而 $|P'|=|P|=m$. 又 P' 中元素有 $n-\bar{d}+1$ 个分量,则至多有 $2^{n-\bar{d}+1}$ 个元素,从而 $m\leqslant 2^{n-\bar{d}+1}$. 证毕.

改编题 2 已知集合 $S_n=\{\boldsymbol{X}\mid\boldsymbol{X}=(x_1,x_2,\cdots,x_n),x_i\in\{0,1\},i=1,2,\cdots,n\}(n\geqslant 2)$. 对于 $\boldsymbol{A}=(a_1,$

$a_2,\cdots,a_n)$,$\boldsymbol{B}=(b_1,b_2,\cdots,b_n)\in S_n$,定义$\boldsymbol{A}$与$\boldsymbol{B}$之间的距离为$d(\boldsymbol{A},\boldsymbol{B})=\sum\limits_{i=1}^{n}|a_i-b_i|$.

①记$\boldsymbol{I}=(1,1,\cdots,1)\in S_n$,问存在多少个$\boldsymbol{A}\in S_n$,使得$d(\boldsymbol{I},\boldsymbol{A})=k(k\leqslant n)$?

②记$\boldsymbol{I}=(1,1,\cdots,1)\in S_n$,若$\boldsymbol{A},\boldsymbol{B}\in S_n$,并且$d(\boldsymbol{I},\boldsymbol{A})=d(\boldsymbol{I},\boldsymbol{B})=p\leqslant n$,求$d(\boldsymbol{A},\boldsymbol{B})$的最大值;

③设$P\subseteq S_n$,$\bar{d}=\min\{d(\boldsymbol{A},\boldsymbol{B})|\boldsymbol{A},\boldsymbol{B}\in P,\boldsymbol{A}\neq\boldsymbol{B}\}$是给定的数,$|P|$表示集合$P$中元素的个数. 证明:$\max\{|P|\}\geqslant\dfrac{2^n}{\mathrm{C}_n^0+\mathrm{C}_n^1+\cdots+\mathrm{C}_n^{\bar{d}-1}}$.

说明　本题第③小问的背景是二元纠错码理论中的 Gilbert-Varshamov 下界,证明过程运用了极端原理、覆盖原理和算两次的思想.

解　第①小问的本质是简单的组合数,高二的学生不难做出来.

第②小问$\max\{d(\boldsymbol{A},\boldsymbol{B})\}=\min\{2p,2n-2p\}$,分类讨论后不难得解.

我们给出第③小问的解答. 不妨设P是满足条件的最大集合,即对任意$\boldsymbol{A},\boldsymbol{B}\in P$,且$\boldsymbol{A}\neq\boldsymbol{B}$,$d(\boldsymbol{A},\boldsymbol{B})\geqslant\bar{d}$. 对任意$\boldsymbol{C}\in P$,记

$$\boldsymbol{B}(\boldsymbol{C},\bar{d}-1)=\{\boldsymbol{X}\in S_n|d(\boldsymbol{X},\boldsymbol{C})\leqslant\bar{d}-1\}$$

由第①小问的结论得

$$|\boldsymbol{B}(\boldsymbol{C},\bar{d}-1)|=\mathrm{C}_n^0+\mathrm{C}_n^1+\cdots+\mathrm{C}_n^{\bar{d}-1}$$

我们断言对任意$\boldsymbol{X}\in S_n$,存在$\boldsymbol{C}\in P$使得$d(\boldsymbol{X},\boldsymbol{C})\leqslant\bar{d}-1$. 否则,我们可以把$\boldsymbol{X}$添加到$P$中,这与$P$是最大

的相矛盾. 这样一来,S_n 中每个元素必与 P 中某个元素的距离不超过 $\overline{d}-1$,从而

$$\bigcup_{C\in P}\boldsymbol{B}(\boldsymbol{C},\overline{d}-1)=S_n$$

又 $|S_n|=2^n$,由此不难得出结论. 证毕.

§2　几个简单的概念

本节介绍几个纠错码理论中的简单概念.

1. Hamming **距离**

定义 1　设 $\boldsymbol{X}=(x_1,x_2,\cdots,x_n)$,$\boldsymbol{Y}=(y_1,y_2,\cdots,y_n)$为两个码长为 n 的二元码字,则码字 $\boldsymbol{X}$ 和 $\boldsymbol{Y}$ 之间的 Hamming 距离定义为

$$D(\boldsymbol{X},\boldsymbol{Y})=\sum_{k=1}^{n}x_k\oplus y_k \tag{1}$$

其中,“$\oplus$”表示模 2 和运算.

式(1)的含义是,两个码字之间的 Hamming 距离就是它们在相同位上不同码符号的数目总和.

不难证明,如上定义的距离满足距离公理,即 Hamming 距离满足以下性质.

(1)非负性

$$D(\boldsymbol{X},\boldsymbol{Y})\geqslant 0$$

当且仅当 $\boldsymbol{X}=\boldsymbol{Y}$ 时等号成立.

(2)对称性

$$D(\boldsymbol{X},\boldsymbol{Y})=D(\boldsymbol{Y},\boldsymbol{X})$$

(3)三角不等式

$$D(\boldsymbol{X},\boldsymbol{Z})+D(\boldsymbol{Y},\boldsymbol{Z})\geqslant D(\boldsymbol{X},\boldsymbol{Y})$$

例1　设有

$$\boldsymbol{X}=(101111),\boldsymbol{Y}=(111100)$$

则

$$D(\boldsymbol{X},\boldsymbol{Y})=3$$

定义2　在二元码 C 中,任意两个码字的 Hamming 距离的最小值,称为码 C 的最小距离,即

$$D_{\min}=\min[D(\boldsymbol{C}_i,\boldsymbol{C}_j)],\boldsymbol{C}_i\neq\boldsymbol{C}_j,\boldsymbol{C}_i,\boldsymbol{C}_j\in C \quad (2)$$

例2　设有 $n=3$ 的两组码

	$\boldsymbol{C}_1$	$\boldsymbol{C}_2$
α_1	000	000
α_2	011	001
α_3	101	010
α_4	110	100

则对于码 $\boldsymbol{C}_1$ 有

$$D_{\min}=2$$

对于码 $\boldsymbol{D}_2$ 有

$$D_{\min}=1$$

很明显,最小码间距离 $D_{\min}$越大,则平均错误概率 p_E 越小. 在输入消息符号个数 M 相同的情况下,同样地 $D_{\min}$越大,p_E 越小. 概括地讲,码组中最小距离越大,受干扰后,越不容易把一个码字错译成另一个码字,因而平均错误概率 p_E 越小. 如果最小码间距离 $D_{\min}$小,受干扰后很容易把一个码字错译成另一个码字,因而平均错误概率大. 这意味着,在选择编码规则时,应使码字之间的距离越大越好.

下面我们用 Hamming 距离来表示极大似然译码

规则.

极大似然译码规则为

$$F(\boldsymbol{y}_j)=\boldsymbol{x}^*$$

$$p(\boldsymbol{y}_j|\boldsymbol{x}^*)\geqslant p(\boldsymbol{y}_j|\boldsymbol{x}_i),i\text{ 任意} \tag{3}$$

式中 $\boldsymbol{x}_i$——信道输入端作为消息的码字,码长为 n;

$\boldsymbol{y}_j$——信道输出端接收到的可能有的码字,码长亦为 n;

$p(\boldsymbol{y}_j|\boldsymbol{x}_i)$——似然函数.

设码字 $\boldsymbol{x}_i$ 与 $\boldsymbol{y}_j$ 的距离为 D,则表示在传输过程中有 D 个位置发生错误,$n-D$ 个位置没有发生错误,即

$$\boldsymbol{x}_i=x_{i_1}x_{i_2}\cdots x_{i_n}\quad(i=1,2,\cdots,r)$$

$$\boldsymbol{y}_j=y_{j_1}y_{j_2}\cdots y_{j_n}\quad(j=1,2,\cdots,s)$$

当信道无记忆时,有

$$\begin{aligned}p(\boldsymbol{y}_j|\boldsymbol{x}_i)&=p(y_{j_1}|x_{i_1})p(y_{j_2}|x_{i_2})\cdots p(y_{j_n}|x_{i_n})\\&=p^D\bar{p}^{(n-D)}\end{aligned} \tag{4}$$

从式(4)看出,当 $p<\frac{1}{2}$时,D 越大,则 $p(\boldsymbol{y}_j|\boldsymbol{x}_i)$越小;$D$ 越小,则 $p(\boldsymbol{y}_j|\boldsymbol{x}_i)$越大. 因此,极大似然译码规则式(3)就变成了这样一个含义:当接收到码字 $\boldsymbol{y}_j$ 后,在输入码字集$\{\boldsymbol{x}_i,i=1,2,\cdots,r\}$中寻找一个 $\boldsymbol{x}^*$,使之与 $\boldsymbol{y}_j$ 的 Hamming 距离为最短,即选取译码函数

$$F(\boldsymbol{y}_j)=\boldsymbol{x}^*$$

使之满足

$$D(\boldsymbol{x}^*,\boldsymbol{y}_j)=D_{\min}(\boldsymbol{x}_i,\boldsymbol{y}_j) \tag{5}$$

综上所述,在有噪信道中,传输的平均错误概率 p_E 和各种编、译码方法有关. 可采用使码的最小距离尽可能增大的编码方法,又采用将接收序列 $\boldsymbol{y}_j$ 译成与

之距离最短的码字 $\boldsymbol{x}^*$ 的译码方法，则只要 n 足够长时，适当选择输入符号个数 M，就可以使平均错误概率很小，而信息传输率又能保持一定.

2. 差错控制编码

在数字式集成电路高度发展的今天，信息传输系统和计算机信息存储系统均采用二进制的数字形式(图 2).

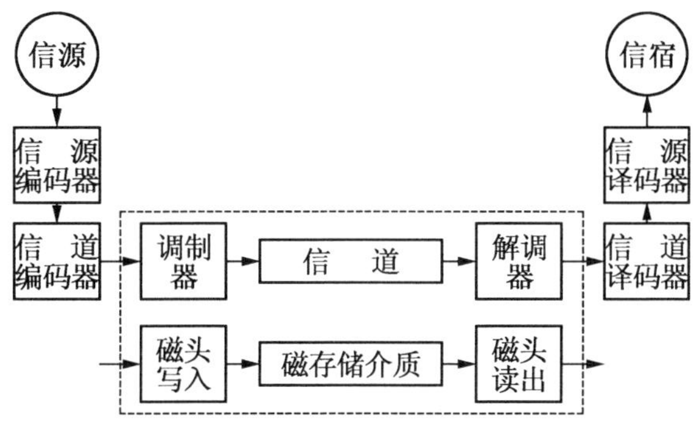

图 2　数字信息传输系统和信息存储系统

为了使信息具有抗噪声干扰的能力，可以将信源编码器输出的数字信息，先经过信道编码器进行编码后送往信道. 受到噪声干扰影响的二进制接收序列，经过信道译码器尽可能正确地检出或纠正噪声干扰所造成的误码(即“1”误为“0”，或“0”误为“1”)现象，恢复原来发送的数字信息面貌后，经信源译码器输出至接收者(即信宿).

定义 3　二进对称信道 BSC (Binary Symmetric Channel)，是指信道中传送的是二进制符号“0”和“1”，且在噪声干扰的作用下，符号“0”错成“1”的条

件概率 $p(1|0)$，和符号"1"错成"0"的条件概率 $p(0|1)$ 相等（图 3），即

$$p(1|0)=p(0|1)=p \tag{6}$$

$$p(0|0)=p(1|1)=1-p \tag{7}$$

或者用矩阵形式表示为

$$(P(Y|X))=\begin{pmatrix} p(0|0) & p(1|0) \\ p(0|1) & p(1|1) \end{pmatrix}=\begin{pmatrix} 1-p & p \\ p & 1-p \end{pmatrix} \tag{8}$$

图 3　二进对称信道

我们称 p 为二进对称信息的转移概率，或一个码元的错误概率，简称码元误码率. 在传送的二进序列足够长，且各码元发生误码的概率相同时，误码率 p 又可表示为

$$p=\frac{\text{发生错误的码元数}}{\text{传送的总码元数}} \tag{9}$$

§3　线性代码简介

1. Hamming 距离

（1）纠错方法

错误检测只是判断接收字是否能够作为代码字.纠错还可以把接收字估计为“好像(或类似)”代码字.为了能够经常对容易发生的错误进行检测纠正,编码理论在简化方法方面下了很大功夫.

把接收字译成“好像(或类似)”代码字,还要稍微深入此方面进行考察.发送字为代码字 $\boldsymbol{w}_1=(000)$ 或 $\boldsymbol{w}_2=(111)$.设接收字得到了 $\boldsymbol{y}=(010)$.如果发送字是 $\boldsymbol{w}_1$,那么,第 1 比特和第 3 比特就是正确的,第 2 比特被错误地作为 $\boldsymbol{y}$ 接收.发生这种情况的概率是

$$\begin{aligned}P(\text{接收字}=\boldsymbol{y}\mid\text{发送字}=\boldsymbol{w}_1)&=P(\boldsymbol{y}\mid\boldsymbol{w}_1)\\&=(1-p)^2p\end{aligned}\tag{1}$$

$P(\mid)$ 称为“条件概率”,根据“|”后面的条件,表示“|”前面的概率.同样,如果发送字是 $\boldsymbol{w}_2$,那么,第 1 比特和第 3 比特就是错的,这种概率是

$$P(\boldsymbol{y}\mid\boldsymbol{w}_2)=(1-p)p^2\tag{2}$$

在错误多的信道中,即便是作为元件出错率 $p=10^{-2}$,也是不同比特个数少的前者的概率高

$$\begin{aligned}P(\boldsymbol{y}\mid\boldsymbol{w}_1)&\approx10^{-2}\\P(\boldsymbol{y}\mid\boldsymbol{w}_2)&\approx10^{-4}\end{aligned}\tag{3}$$

(根据发生概率高的意思).

例 1　重复码.

根据前面所述的代码,考虑译码器的估计规则.作为接收字 $\boldsymbol{y}$,如果对有可能性的全部类型(pattern)译成带有式(3)条件概率高的代码字,该估计规则就构成表 1.代码字可以计算接收字中的 1 和 0 的个数,作为数目多的符号估计报文.如果译码器按此规则进行估计,就可以纠正 3 比特接收字中的任意一处的错误.

但是,在存在两处以上错误时,例如,发送 $\boldsymbol{w}_1$,接收了(110)时,就判断是错误的,称为译码错误(或纠正错误).

表1 估计规则

接收字 $\boldsymbol{y}$	估计字	接收字 $\boldsymbol{y}$	估计字
000 001 010 100	$\widehat{w}=000$ $\widehat{i}=0$	110 101 011 111	$\widehat{w}=111$ $\widehat{i}=1$

一般是对接收字 $\boldsymbol{y}$ 和发送字 $\boldsymbol{w}_1,\boldsymbol{w}_2,\cdots,\boldsymbol{w}_M$ 计算相当于式(1)和式(2)的带有条件的概率,将码译成最大概率代码字的译码方法称为最优译码方法. 它是译码错误概率最小的译码方法. 但是,在 M 大的块代码,计算量大且不实用.

(2) Hamming 距离

用简单的数量表示"好像(或类似)"关系的是 Hamming 距离.

(i)**Hamming 距离** 两个比特串 $\boldsymbol{u},\boldsymbol{v}$ 对应的位置比特不同的位置数称为 Hamming 距离,用 $d(\boldsymbol{u},\boldsymbol{v})$ 表示. Hamming 距离具有作为距离的性质,满足以下三个距离的公理.

以下三式对任意的比特串 $\boldsymbol{u},\boldsymbol{v},\boldsymbol{w}$ 成立,即:

①当 $\boldsymbol{u}=\boldsymbol{v}$ 时,$d(\boldsymbol{u},\boldsymbol{v})=0$,当 $\boldsymbol{u}\neq\boldsymbol{v}$ 时,$d(\boldsymbol{u},\boldsymbol{v})>0$;

②$d(\boldsymbol{u},\boldsymbol{v})=d(\boldsymbol{v},\boldsymbol{u})$;

③$d(\boldsymbol{u},\boldsymbol{v})+d(\boldsymbol{v},\boldsymbol{w})\geqslant d(\boldsymbol{u},\boldsymbol{w})$.

已知③作为三角不等式,意味着 $\boldsymbol{u},\boldsymbol{w}$ 间的直接距离比经由 $\boldsymbol{v}$,从 $\boldsymbol{u}$ 到 $\boldsymbol{w}$ 所测的距离小或者相等. 下面把 Hamming 距离简称为距离.

例 2　在

$$\begin{cases} \boldsymbol{y}=(1\ 0\ 1\ 0\ 0) \\ \boldsymbol{w}_1=(1\ 1\ 1\ 0\ 0) \\ \boldsymbol{w}_2=(0\ 1\ 1\ 1\ 1) \end{cases} \tag{4}$$

时,$\boldsymbol{y}$ 和 $\boldsymbol{w}_1$ 有一处不同,$\boldsymbol{y}$ 和 $\boldsymbol{w}_2$ 有四处不同,即

$$\begin{cases} d(\boldsymbol{y},\boldsymbol{w}_1)=1 \\ d(\boldsymbol{y},\boldsymbol{w}_2)=4 \end{cases} \tag{5}$$

在此例中,把 $\boldsymbol{y}$ 作为接收字,把 $\boldsymbol{w}_1$ 和 $\boldsymbol{w}_2$ 作为代码字,考虑 $\boldsymbol{y}$ 与哪个相似. 码长为 5,$\boldsymbol{y}$ 和 $\boldsymbol{w}_1$ 有 1 比特不同,$\boldsymbol{y}$ 和 $\boldsymbol{w}_2$ 有 4 比特不同,由于剩余比特和 1 比特相同,所以,条件概律分别为

$$P(\boldsymbol{y}|\boldsymbol{w}_1)=(1-p)^4p^1 \tag{6}$$

$$P(\boldsymbol{y}|\boldsymbol{w}_2)=(1-p)^1p^4 \tag{7}$$

如果考虑 $0\leqslant p<\frac{1}{2}$,前者 $P(\boldsymbol{y}|\boldsymbol{w}_1)$ 就大,判断 $\boldsymbol{w}_1$ 与 $\boldsymbol{y}$ 相似. 这里值得注意的是,作为(6)(7)的取幂指数,给出了 Hamming 距离 $d(\boldsymbol{y},\boldsymbol{w}_1)=1$ 以及 $d(\boldsymbol{y},\boldsymbol{w}_2)=4$.

如果作为普通的例子考虑,就可以得知距离越小,概率就越大. 因此,二元对称信道时的最优译码方法就翻译成了 Hamming 距离最近的代码字,称为最小 Hamming 距离译码方法.

(ii)**Hamming 重量**　比特串 $\boldsymbol{u}$ 的非零比特数称为 Hamming 重量,表示为 $w(\boldsymbol{u})$. 这个是全部零的比特串

$\boldsymbol{0}$ 和 $\boldsymbol{u}$ 之间的 Hamming 距离. 以下简称为“重量”[①].

例 3　在例 2 的比特串 $\boldsymbol{y}, \boldsymbol{w}_1$ 中,非零的比特分别有 2 处和 3 处,即

$$w(\boldsymbol{y})=2, w(\boldsymbol{w}_1)=3 \tag{8}$$

作者发送字 $\boldsymbol{w}=\boldsymbol{w}_1$,在信道中进入了错误类型 $\boldsymbol{e}$,就成为接收字 $\boldsymbol{y}$,即

$$\begin{array}{r} \boldsymbol{w}=(1\ 1\ 1\ 0\ 0) \\ +\ \boldsymbol{e}=(0\ 1\ 0\ 0\ 0) \\ \hline \boldsymbol{y}=(1\ 0\ 1\ 0\ 0) \end{array} \tag{9}$$

由于 $\boldsymbol{w}$ 和 $\boldsymbol{y}$ 只是第 2 比特的一个地方不同,所以距离 $d(\boldsymbol{w},\boldsymbol{y})=1$. 还有,由于只有 $\boldsymbol{e}$ 的第 2 比特不是零,所以,$\boldsymbol{e}$ 的重量 $w(\boldsymbol{e})=1$,与 $d(\boldsymbol{w},\boldsymbol{y})$ 相等.

此例子最后要讲的是一般由距离、重量的定义构成的公式,即

$$d(\boldsymbol{y},\boldsymbol{w})=w(\boldsymbol{y}-\boldsymbol{w})=w(\boldsymbol{e}) \tag{10}$$

也就是说,发送字和接收字之间的距离与错误类型的重量相等. 在此式中,$\boldsymbol{y}-\boldsymbol{w}$ 表示每个比特的模 2 的减法. 这种计算正如模 2 的计算中所介绍的那样,与加法 $\boldsymbol{y}+\boldsymbol{w}$ 相等.

2. 错误检测及纠正原理

(1)最小距离

在 n(比特)的比特串中,作为代码串使用的是 $\boldsymbol{w}_1, \boldsymbol{w}_2, \cdots, \boldsymbol{w}_M$ 的 M 种类. 其最小值称为代码最小距离

---

① 作为 Hamming 距离以外的距离有李(Lie)距离和欧几里得距离. 除非特别强调 Hamming 距离,以下都简称为距离. 有关 Hamming 重量也是一样.

(minimum distance),表示为 $d_{\min}$,也就是

$$d_{\min} = \min d(\boldsymbol{w}_i, \boldsymbol{w}_j) \quad (i \neq j, i, j = 1, \cdots, M) \tag{11}$$

例 4　码长 $n = 5$,代码字数 $M = 4$ 的代码如图 4 所示. 图中的"×"是代码字. 如果求出 $\boldsymbol{w}_1, \boldsymbol{w}_2, \boldsymbol{w}_3, \boldsymbol{w}_4$ 相互间的距离,就构成

$$d(\boldsymbol{w}_1, \boldsymbol{w}_2) = 3, d(\boldsymbol{w}_1, \boldsymbol{w}_3) = 3$$

$$d(\boldsymbol{w}_1, \boldsymbol{w}_4) = 4, d(\boldsymbol{w}_2, \boldsymbol{w}_3) = 4$$

$$d(\boldsymbol{w}_2, \boldsymbol{w}_4) = 3, d(\boldsymbol{w}_3, \boldsymbol{w}_4) = 3$$

所以,这种代码的最小距离为

$$d_{\min} = 3 \tag{12}$$

从最小距离及 Hamming 距离的定义看出,在任意不同的代码字之间,必须注意 $d_{\min}$处出现的不同比特.

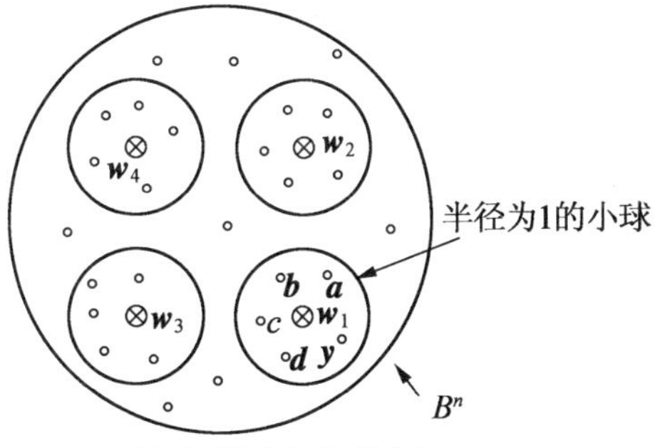

***n*(比特)的全部比特例**

代码字		代码字以外	
$\boldsymbol{w}_1$	0 0 0 0 0	$\boldsymbol{a}$	0 0 0 0 1
$\boldsymbol{w}_2$	1 0 0 1 1	$\boldsymbol{b}$	0 0 0 1 0
$\boldsymbol{w}_3$	1 1 1 0 0	$\boldsymbol{c}$	0 0 1 0 0
$\boldsymbol{w}_4$	0 1 1 1 1	$\boldsymbol{d}$	0 1 0 0 0
		$\boldsymbol{y}$	1 0 0 0 0

图 4　代码字的配置

(2)纠错、检测原理

在图 4 的例子中,对 $n(n=5)$(比特)比特串的集合 B^n,用"×"表示代码字. 由于接收字也是相同比特数的比特串,所以,用 B^n 中的一个点表示. 各代码字周围的小圆是由距离各代码 1 以下的比特串. 在这里圆称为半径为 1 的小球.

假设用图 4 的代码发出了发送字 $\boldsymbol{w}_1$,信道收到了发生一处错误的接收字 $\boldsymbol{y}$. 由于这种 $\boldsymbol{y}$ 和 $\boldsymbol{w}_1$ 之间的距离是 1,所以,$\boldsymbol{y}$ 处于发送字半径为 1 的小球内. 只是这种小球含有 $\boldsymbol{y}$,其他代码字周围的小球不包括 $\boldsymbol{y}$. 因此,$\boldsymbol{y}$ 从 $\boldsymbol{w}_1$ 起,距离在 1 以下,从代码字开始,距离在 2 以上,最接近 $\boldsymbol{y}$ 的代码字为 $\boldsymbol{w}_1$. 如果翻译成最相近的代码字,就可纠正在 $\boldsymbol{y}$ 发生的一处错误.

下面按照一般情况说明.

(i)**纠错原理**　用以 $\boldsymbol{w}_i$ 为中心的半径为 t 的小球表示从代码字 $\boldsymbol{w}_i$ 起,距离 t 以下的比特串的集合(图 5).

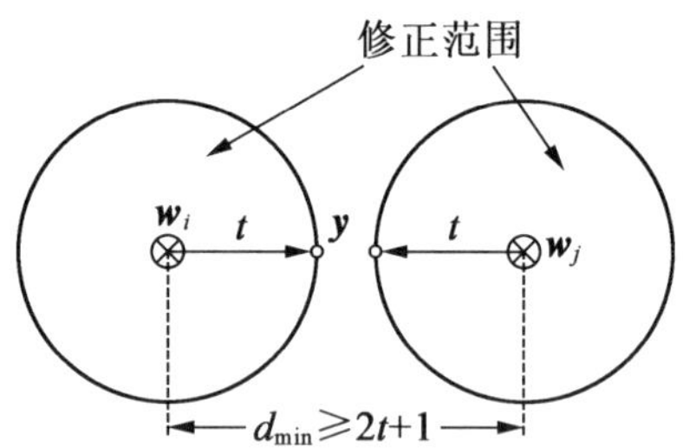

图 5　最小距离与纠错能力

如果以各种代码字为中心的半径为 t 的小球的球

心距离是

$$d_{\min} \geqslant 2t+1 \tag{13}$$

就不具有共同部分. 假设作为发送字发送 $\boldsymbol{w}_i$,发生 t 处以下错误(称为 t 重复错误),接收了 $\boldsymbol{y}$,即

$$\begin{cases} \boldsymbol{y} = \boldsymbol{w}_i + \boldsymbol{e} \\ w(\boldsymbol{e}) \leqslant t \end{cases} \tag{14}$$

由于 $\boldsymbol{y}$ 和 $\boldsymbol{w}_i$ 之间的距离是 t 以下,所以,最接近 $\boldsymbol{y}$ 的代码字是 $\boldsymbol{w}_i$,如果翻译成最接近于接收方的代码字,就可以纠正错误. 由于可以用这种代码纠正任意的 t 重错误,所以称为 t 重纠错码. t 为 1 时称为单一纠错(SEC:Single Error Correction)码,t 为 2 时称为双重纠错(DEC:Double Error Correction)码.

这样,代码字之间的距离就是表示可以基本纠错的区域,对于最小距离 $d_{\min}$,可以纠正到满足式(3)达到 t 为止的个数错误. 对此,要选择满足式(13)的 t,只是以 t 处以下错误为纠正对象的译码方法称为界限距离译码方法.

(ii)**错误检测原理**　如果接收字不可作为代码字,就判断为错误. 对于发送字 $\boldsymbol{w}_i$ 加 d 个以下错误(d 重错误),构成接收字 $\boldsymbol{y}$. $\boldsymbol{y}$ 处于以 $\boldsymbol{w}_i$ 为中心的半径为 d 的小球内. 这种半径为 d 的小球如果满足

$$d_{\min} \geqslant d+1 \tag{15}$$

那么里面就没有其他代码字(图 6).

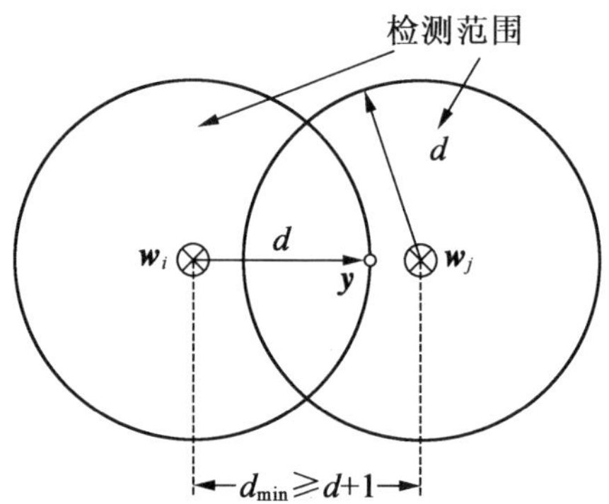

图 6　最小距离和错误检测能力

因此,$\boldsymbol{y}$ 不与其他代码字一致,可在接收方作为错误检测.

这样,在使用最小距离 d_{min} 的代码进行错误检测的场合,可以检测满足式(14)的 d 个以下的全部错误. 在发生了超出此数的错误与其他代码字一致时,不能进行错误检测,产生错误遗漏.

为了尽量检测出多个错误,与纠错的场合一样,需要最小距离 d_{min} 越大.

(iii)纠错同时检测原理　考虑对少数的错误进行纠正、对多数的错误进行检测的情况. 例如,纠正到 t 重为止的错误,想要检测到 $D=t+d$ 重为止的错误. 各代码字 $\boldsymbol{w}_i$ 的周围半径为 t 的小球内的接收字翻译成中心代码字,这种小球称为修正区. 为了能在加入 D 重错误而得到接收字 $\boldsymbol{y}$ 时进行错误检测,$\boldsymbol{y}$ 可以不在修正区内. 正因如此,以各代码字为中心的半径为 D 的小球可以不具有以其他代码字为中心的半径为 t 的小球和重复部分(图 7).

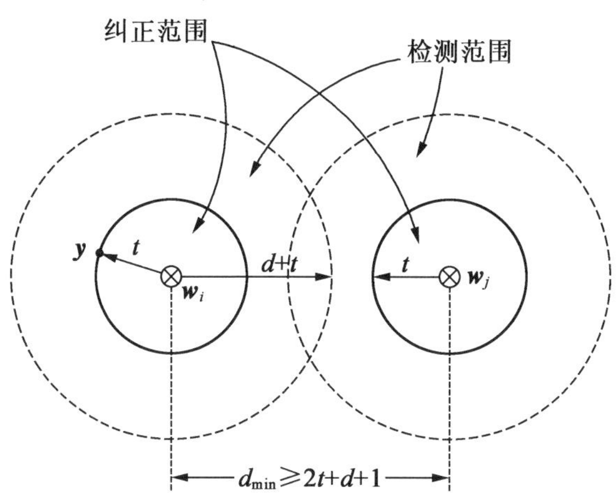

图7　纠错同时检测和最小距离

如果把这个进行归纳，就形成了以下定理.

定理1　在把最小距离 $d_{\min}$ 设为满足式(15)的 t 和 d 范围内，可以纠正 t 重错误，同时检测 $D=t+d$ 重错误，故有

$$d_{\min}\geqslant 2t+d+1 \tag{16}$$

例5　$d_{\min}=5$ 的代码有以下三种使用方法：

①双重纠错，$t=2$；

②单一纠错，并且三重错误检测，$t=1,D=1+d=3$；

③四重错误检测，$d=4$.

这样，纠错码和错误检测码也就不存在本质上的差别，只是如何根据纠正和检测能力分配最小距离的问题. 最小距离越大，这些能力就越高.

3. 简单线性代码例

(1)单一奇偶校验码

作为线性代码的具体例子，给出单一奇偶校验码.

例 6 单一奇偶校验码.

根据模 2 的计算方法考虑以下方程式. 此方程式是关于 x_i 的线性方程式

$$x_i + x_2 + x_3 + x_4 = 0 \tag{17}$$

对($x_1x_2x_3$)的 x_k 给予信息比特串(报文)$\boldsymbol{i}$ = (i_1，i_2，i_3)的值 i_k，为满足式(17)的方程式规定 x_4，如果代码字 $\boldsymbol{w}$ = ($x_1x_2x_3x_4$)，那么就为码长 4 的代码. 如果$\boldsymbol{i}$ = (1 1 1)，那么

$$1 + 1 + 1 + 1 = 0 \tag{18}$$

所以，代码字 $\boldsymbol{w}$ = (1 1 1 1)(注意模 2 的计算).

由(0 0 0)到(1 1 1)的 8 种报文 $\boldsymbol{i}$ 的代码字为单一奇偶校验码. 由于模 2 的加法是排他逻辑和，所以，报文 $\boldsymbol{i}$ 的发送字 $\boldsymbol{w}$ 由图 8 的译码器构成.

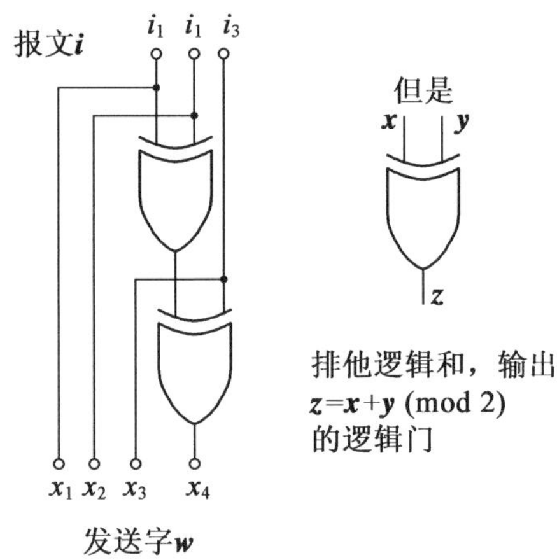

图 8 单一奇偶校验码并行编码器

由于编码器发送满足式(17)的代码字 $\boldsymbol{w}$，所以，

译码器用相同的方程式对接收字 $\boldsymbol{y}=(y_1y_2y_3y_4)$ 进行确认

$$y_1+y_2+y_3+y_4=? \tag{19}$$

例如,如果 $\boldsymbol{y}=(1\ 1\ 1\ 1)$,那么“?”就是 0,$\boldsymbol{y}$ 是满足式(17)的代码字. 如果 $\boldsymbol{y}=(1\ 0\ 1\ 1)$,则“?　=1”,不是代码字. 此时判断为“有错”. 计算式(19)的译码器就构成了图 9. 如果考虑模 2 的计算规则,那么“?”为 0 还是为 1 的判断,要对接收字 $\boldsymbol{y}$ 检验 1 是奇数还是偶数. 这种检验称为奇偶校验.

图 9　单一奇偶校验码并行译码器

(2) Hamming 码

在(1)中的单一奇偶校验码中,方程式只是式(17)的一个,试考虑由多个线性方程式构成的联立方程式.

例 7　Hamming 码.

根据模 2 的计算规则,考虑以下联立方程式

$$\begin{cases} x_4+x_5+x_6+x_7=0 \\ x_2+x_3+x_6+x_7=0 \\ x_1+x_3+x_5+x_7=0 \end{cases} \tag{20}$$

对$(x_3\ x_5\ x_6\ x_7)$的 4 比特给予报文 $\boldsymbol{i}=(i_1i_2i_3i_4)$,为满足这些方程式规定 x_4, x_2, x_1. 在模 2 中,由于 $x=-x$,所以,根据式(20)构成

$$\begin{cases} x_4=x_5+x_6+x_7 \\ x_2=x_3+x_6+x_7 \\ x_1=x_3+x_5+x_7 \end{cases} \tag{21}$$

从现在起,规定 x_4,x_2,x_1. 如果把这 3 比特和报文并列作为代码字 $\boldsymbol{w}=(x_1x_2x_3x_4x_5x_6x_7)$,就构成了码长 7 的代码. 这种代码称为(7,4)Hamming 码. 例如,如果报文$\boldsymbol{i}=(1\ 0\ 1\ 1)$,就构成代码字 $\boldsymbol{w}=(0\ 1\ 1\ 0\ 0\ 1\ 1)$.

现在根据 0,1 的数字和模 2 的计算方法进行讨论. 这个在代数学中称为 Galois 域(Galois 有限域)GF(2),数字 0 和 1 称为“GF(2)的元”.

4. 线性代码与奇偶校验矩阵

(1)矢量与矩阵

线性代码是把满足 3 小节中的 $\boldsymbol{w}$ 作为代码字. 下面说明最小限度所需的线性代数术语和概念.

(2)矢量与纯量

多个比特(数字)的集合汇总称为比特串 $\boldsymbol{i},\boldsymbol{w},\boldsymbol{y}$,或称为矢量 $\boldsymbol{i},\boldsymbol{w},\boldsymbol{y}$[①]. 想要指 n(比特)的比特串时,称

① 严密地讲,单纯的 n(比特)的比特串称为 n 字组. 给出了满足 n 字组的性质的计算方法时称为矢量.

为 n 次元矢量.

矢量是多个比特的一个集合,一个比特(数字)是指纯量.

(3)矢量要素

替代比特串的第 j 比特称为矢量第 j 要素.

$$\boldsymbol{w}=(0\ 1\ 1\ 0\ 0\ 1\ 1)\leftarrow \text{七元矢量}$$

$$\uparrow$$

第 2 要素

这里把各要素作为两种数字 0 或 1,一般可以是 q 类数字. 如果用数学用语讲,各要素就可以是 Galois 域(有限域)GF(q)($q=p^i$,p 是要素,i 是正整数)的元. 前面所述的 $\boldsymbol{w}$ 是二元矢量.

(4)矢量的加法和减法

矢量加法作为各要素的加法进行. 在采用 3 小节第 2 项的例 7 代码的通信系统中,在发送字 $\boldsymbol{w}=(x_1x_2\cdots x_7)$ 中添加 $\boldsymbol{e}=(e_1e_2\cdots e_7)$,则构成接收字 $\boldsymbol{y}=(y_1y_2\cdots y_7)$,且

$$\boldsymbol{y}=\boldsymbol{w}+\boldsymbol{e}$$

§4　Hamming 码简介

Hamming 码是分别由 Marcel Golay 于 1949 年和 Richard Hamming 于 1950 年独立发现的. Hamming 码有许多很好的性质,它可以用一种简洁有效的方法进行译码. Hamming 码是完备的线性码.

1. Hamming **码的定义**

我们首先介绍一般的 Hamming 码,然后讨论二元 Hamming 码并给出它们的译码方案.

下面通过构造一个校验矩阵来得到 q 元 Hamming 码. 对 $r\geqslant 2$ 的整数,我们希望校验矩阵的任意两列线性无关并且列数达到最大.

首先,任取一个非零向量 $\boldsymbol{y}_1\in Y_1,Y_1=V(r,q)$. 令

$$Y_2=Y_1-\{\alpha\boldsymbol{y}_1\mid\alpha\in F_q,\alpha\neq 0\}$$

任取一个非零向量 $\boldsymbol{y}_2\in Y_2$. 一般地,任取 $V(r,q)$ 中的一个非零向量 $\boldsymbol{y}_i$,但 $\boldsymbol{y}_i$ 不是前面已取的 $i-1$ 个向量中任何一个的非零数乘. 此过程一直进行到 $V(r,q)$ 中没有具有此性质的向量为止. 以 $\boldsymbol{y}_1^{\mathrm{T}}$ 为第一列,$\boldsymbol{y}_2^{\mathrm{T}}$ 为第二列,依此类推,$\boldsymbol{y}_i^{\mathrm{T}}$ 为第 i 列所构成的矩阵 $\boldsymbol{H}$ 称为 r 阶 Hamming 矩阵. 以 $\boldsymbol{H}$ 为校验矩阵的线性码称为 r 阶 q 元 Hamming 码,记为 $\mathrm{Ham}(r,q)$.

因为

$$|\{\alpha\boldsymbol{y}_i\mid\alpha\in F_q,\alpha\neq 0\}|=q-1$$

所以校验矩阵总共有$\dfrac{q^r-1}{q-1}$列,即 Hamming 码的码长为 $\dfrac{q^r-1}{q-1}$.

事实上,上述过程相当于把 $V(r,q)$ 中 q^r-1 个非零向量分成$\dfrac{q^r-1}{q-1}$个类,使得 $V(r,q)$ 中任意两个非零向量线性相关的充分必要条件是它们在同一类中. 在每类中任取一个向量作为校验矩阵的列.

应当指出,对于给定的参数 r 和 q,可以选取不同的校验矩阵来定义 q 元 Hamming 码 $\mathrm{Ham}(r,q)$,但通

过列的置换以及某些列与 F_q 中非零元素的数乘,任意两个不同的校验矩阵可以相互转化. 因此,在等价的意义下,q 元 Hamming 码 $\mathrm{Ham}(r,q)$ 是唯一的.

例 1　矩阵

$$G=\begin{pmatrix}1&0&0&0&0&1&1\\0&1&0&0&1&0&1\\0&0&1&0&1&1&0\\0&0&0&1&1&1&1\end{pmatrix}$$

是 Hamming 码 $\mathrm{Ham}(3,2)$ 的生成矩阵. 注意到 $\boldsymbol{G}$ 是标准型,Hamming 码可以把 $V(4,2)$ 中的向量编码变成码字

$$\begin{aligned}\boldsymbol{xG}&=(x_1,x_2,x_3,x_4)\begin{pmatrix}1&0&0&0&0&1&1\\0&1&0&0&1&0&1\\0&0&1&0&1&1&0\\0&0&0&1&1&1&1\end{pmatrix}\\&=(x_1,x_2,x_3,x_4,x_2+x_3+x_4,\\&\quad x_1+x_3+x_4,x_1+x_2+x_4)\end{aligned}$$

例 2　把 $V(2,3)$ 中的向量写成列的形式,$V(2,3)$ 中的非零向量所构成的类如下

$$\left\{\begin{pmatrix}0\\1\end{pmatrix},\begin{pmatrix}0\\2\end{pmatrix}\right\},\left\{\begin{pmatrix}1\\0\end{pmatrix},\begin{pmatrix}2\\0\end{pmatrix}\right\},\left\{\begin{pmatrix}1\\1\end{pmatrix},\begin{pmatrix}2\\2\end{pmatrix}\right\},\left\{\begin{pmatrix}1\\2\end{pmatrix},\begin{pmatrix}2\\1\end{pmatrix}\right\}$$

因此,Hamming 码 $\mathrm{Ham}(2,3)$ 的校验矩阵是

$$\begin{pmatrix}0&1&2&2\\1&0&2&1\end{pmatrix}$$

例 3　$\mathrm{Ham}(2,11)$ 的校验矩阵是

$$\begin{pmatrix}0&1&1&1&1&1&1&1&1&1&1&1\\1&0&1&2&3&4&5&6&7&8&9&10\end{pmatrix}$$

例 4　Ham(3,3)的校验矩阵是

$$\begin{pmatrix} 0 & 0 & 0 & 0 & 1 & 1 & 1 & 1 & 1 & 1 & 1 & 1 & 1 \\ 0 & 1 & 1 & 1 & 0 & 0 & 0 & 1 & 1 & 1 & 2 & 2 & 2 \\ 1 & 0 & 1 & 2 & 0 & 1 & 2 & 0 & 1 & 2 & 0 & 1 & 2 \end{pmatrix}$$

2. Hamming **码的性质**

定理 1　q 元 Hamming 码 Ham(r,q)是 q 元$[n, n-r,3]$线性码,其中 $n=\dfrac{q^r-1}{q-1}$.

证明　因为 Ham$(r,q)^{\perp}$是 q 元$[n,r]$线性码,所以 Ham(r,q)是 q 元$[n,n-r]$线性码. 由 Ham(r,q)的校验矩阵 $\boldsymbol{H}$ 的构造可知,$\boldsymbol{H}$ 的任意两列线性无关,而且存在某三列线性相关. 譬如,$\boldsymbol{H}$ 的第一列 $\boldsymbol{h}_1$ 与第二列 $\boldsymbol{h}_2$ 的和一定不等于零向量,而且 $\boldsymbol{h}_1+\boldsymbol{h}_2$ 与 $\boldsymbol{h}_1,\boldsymbol{h}_2$ 不在同一类中. 因此,$\boldsymbol{h}_1+\boldsymbol{h}_2$ 一定是 $\boldsymbol{H}$ 的第 i 列的非零倍数,$i\neq 1,2$. 从而 $\boldsymbol{H}$ 的第 $1,2,i$ 列线性相关. Ham(r,q)的最小距离是 3.

定理 2　q 元 Hamming 码 Ham(r,q)是完备码.

证明　因为 Ham(r,q)的最小距离 $d=3$,所以 Hamming 码可以纠正一个错误,即 $t=1$. 因此,我们有

$$\begin{aligned} & M\left[\binom{n}{0}+\binom{n}{1}(q-1)+\cdots+\binom{n}{t}(q-1)^t\right] \\ & =q^{n-1}\left[1+\binom{n}{1}(q-1)\right] \\ & =q^{n-1}\left[1+\frac{q^r-1}{q-1}(q-1)\right] \\ & =q^{(n)} \end{aligned}$$

即 Hamming 码 Ham(r,q)是完备码.

3. Hamming **码的译码方法**

下面我们来介绍 q 元 Hamming 码的译码方法.

因为 Ham(r,q) 是 q 元 $[n,n-r,3]$ 线性码,其中 $n=\frac{q^r-1}{q-1}$,所以 $M=q^{n-r}$,$V(n,q)$ 中不同的 Ham (r,q) 的陪集个数是 $\frac{q^{(n)}}{M}=q^r$,并且 Ham(r,q) 是恰好可纠正一个错误的纠错码. 因此,非零的陪集头的个数为 q^r-1. 令

$$A=\{(0\cdots 0x_i0\cdots 0)\in V(n,q)\mid x_i\neq 0,1\leqslant i\leqslant n\}$$

任取 $\boldsymbol{x}=(0\cdots 0x_i0\cdots 0)\in A$,$\boldsymbol{y}=(0\cdots 0x_j0\cdots 0)\in A$,$i\neq j$,则

$$\boldsymbol{x}\boldsymbol{H}^{\mathrm{T}}=x_i\boldsymbol{h}_i^{\mathrm{T}}\neq\boldsymbol{0}$$

$$(\boldsymbol{x}-\boldsymbol{y})\boldsymbol{H}^{\mathrm{T}}=x_i\boldsymbol{h}_i^{\mathrm{T}}+x_j\boldsymbol{h}_j^{\mathrm{T}}\neq\boldsymbol{0}$$

其中 $\boldsymbol{h}_i$ 和 $\boldsymbol{h}_j$ 分别为校验矩阵 $\boldsymbol{H}$ 的第 i 列和第 j 列.

这说明 A 中两个不同的向量属于不同的陪集,每个向量不在 Ham(r,q) 中. 因为

$$|A|=n(q-1)=q^r-1$$

所以 A 中的向量就是标准阵的全部陪集头.

q 元 Hamming 码 Ham(r,q) 的译码过程如下:

(1)设 $\boldsymbol{x}$ 是收到的码字,计算 $S(\boldsymbol{x})=\boldsymbol{x}\boldsymbol{H}^{\mathrm{T}}$;

(2)如果 $S(\boldsymbol{x})=\boldsymbol{0}$,那么认为没有错误发生,$\boldsymbol{x}$ 是发送的码字;

(3)如果 $S(\boldsymbol{x})\neq\boldsymbol{0}$,则 $S(x)=b\boldsymbol{h}_i^{\mathrm{T}}$,其中 $b\neq 0$,$b\in F_q$,$1\leqslant i\leqslant n$. 这时第 i 个位置发生错误,$\boldsymbol{x}$ 被译成 $\boldsymbol{x}-\boldsymbol{a}_i$,其中

$$\boldsymbol{a}_i=(\underbrace{0\cdots 0}_{i-1}b0\cdots 0)$$

例 5　Ham(2,5)的校验矩阵是

$$\begin{pmatrix} 0 & 1 & 1 & 1 & 1 & 1 \\ 1 & 0 & 1 & 2 & 3 & 4 \end{pmatrix}$$

设收到的向量 $\boldsymbol{x}=(203031)$，则

$$S(\boldsymbol{x})=\boldsymbol{x}\boldsymbol{H}^{\mathrm{T}}=(2,3)=2(1,4)$$

$\boldsymbol{x}$ 被译为(203034).

特别地，当 $q=2$ 时，Ham$(r,2)$是一个二元$[2^r-1,2^r-1-r,3]$线性码，其校验矩阵的列向量是$V(r,2)$中所有的非零向量. $V(r,2)$中所有非零向量是1 到2^r-1之间的所有整数的二进制表示.

例 6　设 Ham(2,2)的校验矩阵是

$$\boldsymbol{H}=\begin{pmatrix} 1 & 1 & 0 \\ 1 & 0 & 1 \end{pmatrix}$$

则它的生成矩阵

$$\boldsymbol{G}=(1\ 1\ 1)$$

因此，Ham(2,2)是码长为 3 的二元重复码.

例 7　Ham(3,2)的校验矩阵是

$$\boldsymbol{H}=\begin{pmatrix} 0 & 0 & 0 & 1 & 1 & 1 & 1 \\ 0 & 1 & 1 & 0 & 0 & 1 & 1 \\ 1 & 0 & 1 & 0 & 1 & 0 & 1 \end{pmatrix}$$

其中 $\boldsymbol{H}$ 的第 i 列是 i 的二进制表示，$1\leqslant i\leqslant 7$. 如果对 $\boldsymbol{H}$ 的列重新排列，可得 $\boldsymbol{H}$ 的标准型

$$\boldsymbol{H}'=\begin{pmatrix} 0 & 1 & 1 & 1 & 1 & 0 & 0 \\ 1 & 0 & 1 & 1 & 0 & 1 & 0 \\ 1 & 1 & 0 & 1 & 0 & 0 & 1 \end{pmatrix}$$

因此，Ham(3,2)的生成矩阵是

$$G=\begin{pmatrix}1&0&0&0&0&1&1\\0&1&0&0&1&0&1\\0&0&1&0&1&1&0\\0&0&0&1&1&1&1\end{pmatrix}$$

当 $q=2$ 时，二元 Hamming 码 Ham$(r,2)$ 的非零陪集头的集合是

$A=\{(0\cdots010\cdots0)\in V(n,2)\mid$ 第 i 个分量为 $1, 1\leqslant i\leqslant n\}$

而

$$S(0\cdots010\cdots0)=(0\cdots010\cdots0)\boldsymbol{H}^{\mathrm{T}}=\boldsymbol{h}_i^{\mathrm{T}}$$

其中 $\boldsymbol{h}_i^{\mathrm{T}}$ 是 $\boldsymbol{H}$ 的第 i 列的转置.

因此，如果校验矩阵 $\boldsymbol{H}$ 的第 i 列是 i 的二进制表示，$1\leqslant i\leqslant n$，那么二元 Hamming 码的译码过程非常简明有效，其译码过程如下：

(1) 如果 $\boldsymbol{x}$ 是接收的向量，那么计算其伴随式 $S(\boldsymbol{x})=\boldsymbol{x}\boldsymbol{H}^{\mathrm{T}}$；

(2) 如果 $S(\boldsymbol{x})=\boldsymbol{0}$，那么假定没有发生错误，$\boldsymbol{x}$ 是发送的码字；

(3) 如果 $S(\boldsymbol{x})\neq\boldsymbol{0}$，那么假定有一个错误发生，而且 $S(\boldsymbol{x})$ 是错误位置的二进制表示.

例 8　设 Ham$(3,2)$ 的校验矩阵是

$$H=\begin{pmatrix}0&0&0&1&1&1&1\\0&1&1&0&0&1&1\\1&0&1&0&1&0&1\end{pmatrix}$$

如果 $\boldsymbol{x}=(0110110)$，那么

$$S(\boldsymbol{x})=\boldsymbol{x}\boldsymbol{H}^{\mathrm{T}}=(010)$$

这说明第 2 个位置发生错误. 因此，$\boldsymbol{x}$ 被译为 (0010110).

4. **极长码**

定义 1 q 元 Hamming 码 Ham(r,q)的对偶码称为极长码.

本小节主要讨论二元 Hamming 码 Ham$(r,2)$的对偶码,记为 Σ_r.

因为 Ham$(r,2)$是一个$[2^r-1,2^r-1-r]$线性码,所以极长码 Σ_r 是一个$[2^r-1,r]$ 线性码,而且它的生成矩阵 $\boldsymbol{G}_r$ 正好是二元 Hamming 码 Ham$(r,2)$ 的校验矩阵.

例 9 极长码 Σ_2 的生成矩阵 $\boldsymbol{G}_2$ 和它的码字列表如下

$$\boldsymbol{G}_2=\begin{pmatrix}0&1&1\\1&0&1\end{pmatrix},\ \Sigma_2=\begin{pmatrix}0&0&0\\0&1&1\\1&0&1\\1&1&0\end{pmatrix}$$

极长码 Σ_3 的生成矩阵 $\boldsymbol{G}_3$ 和它的码字列表如下,它与 $\boldsymbol{G}_2$ 和 Σ_2 存在着一种特殊的关系

$$\boldsymbol{G}_3=\left(\begin{array}{ccc|c|ccc}0&0&0&1&1&1&1\\\hline 0&1&1&0&0&1&1\\1&0&1&0&1&0&1\end{array}\right)=\left(\begin{array}{c|c|c}0\ 0\ 0&1&1\ 1\ 1\\\hline \boldsymbol{G}_2&0&\boldsymbol{G}_2\end{array}\right)$$

$$\Sigma_3=\left(\begin{array}{ccc|c|ccc}0&0&0&0&0&0&0\\0&1&1&0&0&1&1\\1&0&1&0&1&0&1\\1&1&0&0&1&1&0\\\hline 0&0&0&1&1&1&1\\0&1&1&1&1&0&0\\1&0&1&1&0&1&0\\1&1&0&1&0&0&1\end{array}\right)=\left(\begin{array}{c|c|c}\Sigma_2&\begin{matrix}0\\0\\0\\0\end{matrix}&\Sigma_2\\\hline \Sigma_2&\begin{matrix}1\\1\\1\\1\end{matrix}&\Sigma_2^c\end{array}\right)$$

其中 Σ_2^c 是 Σ_2 中码字的补集，即把 Σ_2 中码字的0和1互换构成的集合.

关于极长码字 Σ_r 有下列重要的结论.

定理3　极长码 Σ_r 具有下列性质：

(1) Σ_r 中任意一个非零码字的重量都是 2^{r-1}；

(2) Σ_r 中任何两个码字的距离都等于 2^{r-1}.

因此，Σ_r 是一个 $[2^r-1,r,2^{r-1}]$ 线性码.

证明　(1)设 Σ_r 的生成矩阵，即二元 Hamming 码 Ham$(r,2)$ 的校验矩阵

$$\boldsymbol{H}=\begin{pmatrix} h_{11} & h_{12} & \cdots & h_{1n} \\ h_{21} & h_{22} & \cdots & h_{2n} \\ \vdots & \vdots & & \vdots \\ h_{r1} & h_{r2} & \cdots & h_{rn} \end{pmatrix}=\begin{pmatrix} \boldsymbol{h}_1 \\ \boldsymbol{h}_2 \\ \vdots \\ \boldsymbol{h}_r \end{pmatrix}$$

其中 $n=2^r-1$，$\boldsymbol{h}_1,\boldsymbol{h}_2,\cdots,\boldsymbol{h}_r$ 表示 $\boldsymbol{H}$ 的 r 个行向量.

任取一个非零码字 $\boldsymbol{c}\in\Sigma_r$，则 $\boldsymbol{c}$ 一定是 $\boldsymbol{h}_1$，$\boldsymbol{h}_2,\cdots,\boldsymbol{h}_r$ 的非零线性组合，即存在不全为零的数 λ_1，$\lambda_2,\cdots,\lambda_r\in F_2$，使得

$$\boldsymbol{c}=\sum_{i=1}^{r}\lambda_i\boldsymbol{h}_i$$

因此，$\boldsymbol{c}$ 的第 j 个坐标为

$$0\Leftrightarrow\sum_{i=1}^{r}\lambda_i h_{ij}=0\Leftrightarrow\sum_{i=1}^{r}\lambda_i x_i=0$$

其中 $(x_1,x_2,\cdots,x_r)^{\mathrm{T}}$ 是 $\boldsymbol{H}$ 的第 j 列.

设 $C_1\subseteq V(r,2)$ 是以 $(\lambda_1,\lambda_2,\cdots,\lambda_r)$ 为校验矩阵的线性码，则 C_1 是二元 $[r,r-1]$ 线性码，并且

$$C_1=\{(x_1x_2\cdots x_r)\in V(r,2)\mid\sum_{i=1}^{r}\lambda_i x_i=0\}$$

因为 $\boldsymbol{H}$ 的列向量是 $V(r,2)$ 中所有的非零向量，

所以码字 $\boldsymbol{c}$ 中为零的分量个数 $n_0(\boldsymbol{c})$ 就是 C_1 中所有非零向量的个数，即

$$n_0(\boldsymbol{c}) = |C_1| - 1$$

由于 $|C_1| = 2^{r-1}$，所以 $n_0(\boldsymbol{c}) = 2^{r-1} - 1$. 因此

$$w(\boldsymbol{c}) = n - n_0(\boldsymbol{c}) = 2^r - 1 - 2^{r-1} + 1 = 2^{r-1}$$

(2) 设 $\boldsymbol{x},\boldsymbol{y} \in \Sigma_r$，且 $\boldsymbol{x} \neq \boldsymbol{y}$，则

$$d(\boldsymbol{x},\boldsymbol{y}) = w(\boldsymbol{x} - \boldsymbol{y}) = 2^{r-1}$$

推论 1 设 L 是二元 Hamming 码 $\mathrm{Ham}(r,2)$，则 L 的重量分布多项式

$$W_L(z) = \frac{1}{2^r}\left[(1+z)^n + n(1-z^2)^{\frac{n-1}{2}}(1-z)\right]$$

证明 因为 L 是二元 $[2^r-1, 2^r-1-r]$ 线性码，$L^{\perp}$ 是一个二元 $[2^r-1, r]$ 线性码，且 $L^{\perp}$ 中非零码字的重量为 2^{r-1}，所以

$$W_{L^{\perp}}(z) = \sum_{\boldsymbol{x} \in L^{\perp}} z^{w(\boldsymbol{x})} = (2^r - 1)z \cdot 2^{r-1} + 1$$

我们有

$$\begin{aligned} W_L(z) &= \frac{1}{2^{n-k}}(1+z)^n W_{L^{\perp}} + \left(\frac{1-z}{1+z}\right) \\ &= \frac{1}{2^r}(1+z)^n\left[1 + n\left(\frac{1-z}{1+z}\right)^{2^{r-1}}\right] \\ &= \frac{1}{2^r}\left[(1+z)^n + n(1-z^2)^{\frac{n-1}{2}}(1-z)\right] \end{aligned}$$

§5 纠错码初步

纠错编码技术是 20 世纪 50 年代提出，60 年代发

展起来的.近年来,由于数字通信,特别是卫星通信的发展,以及在数字计算机和数据处理等新兴科学技术中广泛应用,纠错码开拓了新的发展前景.

本节主要讨论线性分组码,并给出构造能纠单错的群码的方法.

1. 通信模型和纠错的基本概念

人类社会中,为了加强交往,需要交换各种信息,于是产生了交换信息的各种方法,例如写一封信,通一次电话,发一份电报,通过广播等多种手段.上述这些通信方法,除了写信外,其他三种通信手段都要经过三个必要步骤:

(1)在发送端将所要传送的信息转换成电信号;

(2)通过可靠的信道,传输电信号;

(3)在接收端将接收到的电信号还原成原来的信息.

电信号可分为模拟信号和数字信号两种.例如电话机话筒输出的电压,其幅值随说话人的语言连续变化,它与信息直接对应,且可取无限多个值,这种信号称为模拟信号.又如电报,是以四个数字代表一个汉字,且代表每个数字的脉冲信号,其高度只取两个值,分别表示空号和传号(通常用0或1表示),这种信号不仅在取值上有限和离散,而且在时间上也是离散的,它称为离散信号或数字信号.这里,我们限于讨论数字信号.

在现代数学通信系统和计算机中,信号都采用二进制,即用一个由“0”或“1”组成的符号串来表示传输的信息.例如,五位二进制:00000,00001,00010,…,

11111 可表示 32 个不同的符号，因此，26 个英文字母及六个附加的必要符号就可用它们来表示. 例如，“北京”的拼音“BEIJING”，其电传码是

10011(B),10000(E),01100(I),11010(J)
01100(I),00110(N),01011(G)

“北京”的英语“PEKING”，其电传码为

01101(P),10000(E),11110(K)
01100(I),00110(N),01011(G)

表 2 给出了 5 单位电传码和 3:4 等重码.

表 2

号码	字母	5 单位码	3:4 码
—	A	11000	0011010
?	B	10011	0011001
:	C	01110	1001100
你是谁	D	10010	0011100
3	E	10000	0111000
%	F	10110	0010011
‰	G	01011	1100001
	H	00101	1010010
8	I	01100	1110000
ɳ	J	11010	0100011
(	K	11110	0001011
)	L	01001	1100010
.	M	00111	1010001
,	N	00110	1010100

续表 2

号码	字母	5 单位码	3:4 码
9	O	00011	1000110
0	P	01101	1001010
1	Q	11101	0001101
4	R	01010	1100100
’	S	10100	0101010
5	T	00001	1000101
7	U	11100	0110010
=	V	01111	1001001
2	W	11001	0100101
/	X	10111	0010110
6	Y	10101	0010101
”	Z	10001	0110001
回行〉		00010	1000011
换行≡		01000	1011000
字母键		11111	0100110
数学键		11011	0001110
间　隔		00100	1101000
		00000	0000111
RQ			0110100
α			0101001
β			0101100

下面讨论信息传输中纠错的概念.

一个典型的通信系统模型如图 10 所示.

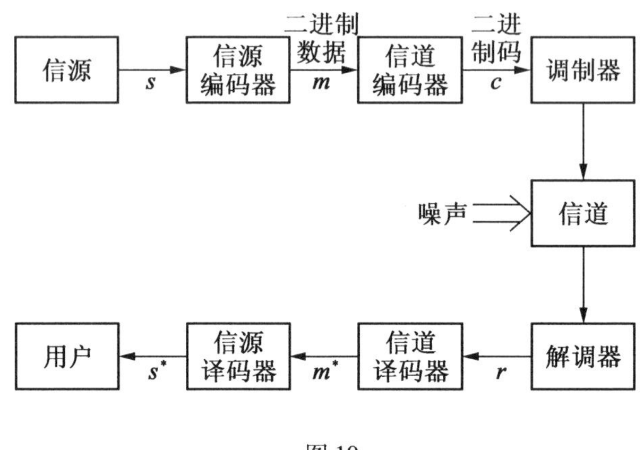

图 10

此系统的第一单元是信源,它可以是人或机器(例如电子计算机). 信源的输出可以是一个连续波形,或者是离散的符号序列. 信源编码器将信源的输出信号 s 变换成二进制序列 m,它称为信息序列. 信道编码器将信息序列 m 变换成比 m 更长的二进制序列 c,c 称为码字. 二进制码不能在实际信道上传输,调制器将二进制码 c 的每位数字编码成持续时间为 T 的正、负脉冲. 调制器输出信号通过信道传输并被噪声干扰. 解调器对每个持续时间为 T 的接收信号进行判决,以确定发送的是 1 还是 0. 于是,解调器的输出是二进制序列 r,r 称为接收序列. 由于信道噪声的干扰,接收序列 r 与码字 c 可能不一致. 例如,若发送的是 $c=000110$,收到的是 $r=100010$,那么,在第一位和第四位发生了错误. 信道译码器就是要试图纠正 r 中的传输错误,并产生真正发送的码字 c 的估值 c^*,并将 c^* 转换为 m

的估值 m^*. 而信源译码器将 m^* 转换成真正信源输出 s 的估值 s^*，并送至用户. 如果信道无噪声干扰，则 c^*，m^*，s^* 分别是 c，m，s 的重现. 如果噪声很大，s^* 可能与真正信源输出 s 差别十分大.

数字通信中一个重要的问题是设计信道的编码器——译码器对，使得信道译码器的输出端能够可靠地重现信息序列 m. 信道编码器通常是将信源编码器输出的二进制数据 m 变换成一个更长的二进制码，使它具备对付噪声干扰的能力，上述设计方法的根据是 1948 年 Shannon 所提出的编码定理. 该定理指出，在一定的条件下，只要码的长度充分大时，一定存在一种编码、译码方法，使得错误译码的概率充分小.

定义 1　任一由 0，1 组成的字符串称为字. 一些字的集合称为码. 码中的字称为码字，不在码中的字称为废码. 码字中的每一个 0 或 1 称为码元.

例如，长度为 2 的字集 $S_2=\{00,01,10,11\}$ 有 2^2 个不同的字，它们可用一个正方形表示，如图 11(a) 所示. 其中，每一个字占据正方形的一个顶点，两个字之间如果只有一个字母不同，它们就在一条边的两端. 两个字如果两个字母都不同，它们就在对角线的两端，反之亦然. 由此可知，两个字中不同字母的个数恰等于从一个字出发沿着正方形边到另一个字所经过的最少边数. S_2 的任一非空子集都是一个码，故共有 2^4-1 个码.

又如长度为 3 的字集 $S_3=\{000,001,010,011,100,101,110,111\}$ 有 2^3 个不同的字，它们可用一个立

方体表示出来,如图 11(b)所示. 每个字占据立方体的一个顶点,两个字之间如果只有一个字母不同,它们就在一条棱的两端. 两个字如果有两个字母不同,它们就在正方形的一条对角线的两端. 如果三位都不同,它们就在正方体的对角线的两端,反之亦然. 同样,两个字中不同字母的个数恰等于从一个字出发沿着立方体棱到另一个字所经过的最少棱数. V_3 的任一非空子集都是一个码,共有 2^8-1 个码.

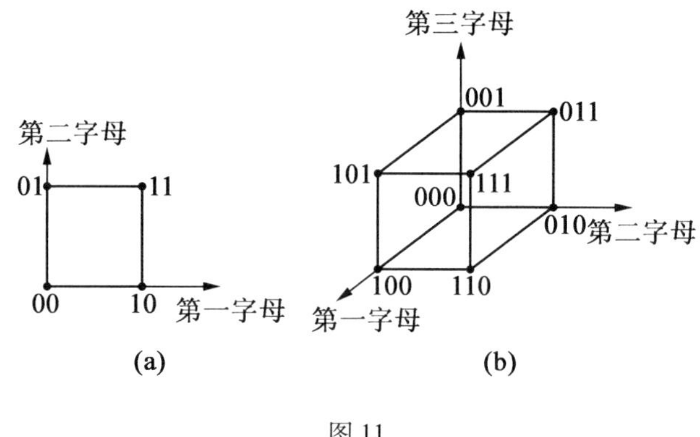

图 11

一般地,字长为 n 的不同字共有 2^n 个,它们分别是 n 立方的顶点. 两个字中不同字母的个数恰等于从一个字出发沿着 n 立方棱到另一个字所经过的最少棱数.

例 1　考察 2 立方中的一个编码 $C_1=\{00,01,10,11\}$,如果在信息传送过程中,由于噪声的干扰,可能产生一位信息错误,那么,码字 00 在第一位出错就变成 10,在第二位出错就变为 01,它们仍是码字. 一般地,码 C_1 中任一码字一位出错后仍是码字. 它们的关

系如图 12 所示. 由于一个码字出现单错后仍是码字，因此这种编码根本无法查错.

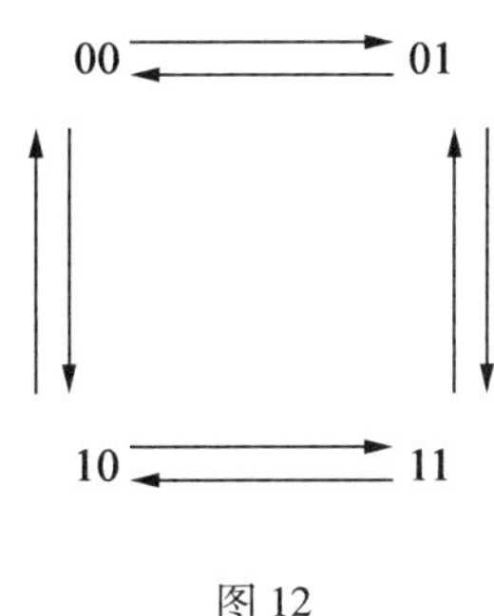

图 12

例 2　考察 2 立方中的另一个编码 $C_2=\{00,11\}$，码字 00 在第一位出错或码字 11 在第二位出错都变为 10，码字 00 在第二位出错或码字 11 在第一位出错都变为 01，而 01，10 是废码. 所以，当接收到 01 或 10 时，就可知道传输中发生了单错，但不能判断是 00 出错还是 11 出错，因此，对于这种编码，虽然我们可以检查出单错，但不能纠错.

例 3　考察 3 立方中的一个编码 $C_3=\{001,110\}$，码字 001 出现单错后将变为 000，011，101. 而 110 出现单错后将变为 111，100，010. 由于这两个码字出现单错后，废码是不同的，因此，从接收到的字就可以确定发送字. 例如，接收到 010，就可确定发送字是 110. 对于这种编码，我们不仅可以检查出单错，还可以纠单错.

现在来考虑信息传送的出错概率.

设 p 表示一个字母在信道中正确传送的概率,那么,由于噪声干扰,产生错误传送的概率是 $q=1-p$. 假设各位字母的传送是相互独立的. 那么,一个 n 位的码字中出现 r 个错误的概率是 $C_n^r p^{n-r} q^r$. 其中

$$C_n^r=\frac{n!}{(n-r)!\ r!}$$

是从 n 位中任取 r 位的不同组合数.

2. 线性分组码的纠错能力

在讨论线性码的纠错能力之前,先来看一个例子.

例 4 对于长度为 2 的二进制编码 $C_1=\{00,01,10,11\}$,在前面已讨论过,它不能发现单错. 将每一码字增加一位,使每一码字中所含 1 的个数为偶数,它们分别变成 000,011,101,110,如果在传送过程中有码字发生单错,那么,它就变成含有奇数个 1 的废码. 如 011 发生单错,就变成 111,001 或 010. 同样,如果在传送过程中一个码字出现三个错,那么,它也变成含有奇数个 1 的废码. 因此,对于这种码,我们很容易发现奇数个错误. 但由于 011 在第二位出错,000 在第三位出错,101 在第一位出错都变成 001,所以不能纠正单错.

类似地,若每一码字增加一位,使每一码字中所含 1 的个数为奇数,它们分别变成 001,010,100,111,则也能发现奇数个错误,但不能纠正.

像这种增加奇偶校验位的码称为奇偶校验码,增加的位称为校验位,校验位是信息位的模 2 和,且每一码字都是等长的,这种码称为线性分组码.

为了进一步讨论编码的查错和纠错能力,下面再

引进一些基本概念.

定义 2　设 S_n 是长度为 n 的二进制串组成的集合

$$S_n = \{x_1x_2x_3\cdots x_n \mid x_i \in \{0,1\}, 1 \leqslant i \leqslant n\}$$

定义 S_n 上的一个二元运算"$\oplus$",使得对任意 $\boldsymbol{X},\boldsymbol{Y} \in S_n$,有

$$\boldsymbol{X} = x_1x_2\cdots x_n, \boldsymbol{Y} = y_1y_2\cdots y_n$$

$$\boldsymbol{X} \oplus \boldsymbol{Y} = z_1z_2\cdots z_n$$

其中 $z_i = x_i + y_i$,集合$\{0,1\}$上运算" + "是按位加,如表 3 所示.

表 3

+	0	1
0	0	1
1	1	0

定理 1　代数系统$\langle S_n, \oplus\rangle$是群.

证明　由于$\{0,1\}$上二元运算" + "是封闭和可结合的,所以,S_n 上二元运算"$\oplus$"是封闭和可结合的.

$\overbrace{00\cdots0}^{n}$是幺元. S_n 中任一元素的逆元是自身. 因此$\langle S_n, \oplus\rangle$是群.

定义 3　S_n 的任一子集 C,如果$\langle C, \oplus\rangle$是群,那么称码 C 是群码.

定义 4 对于 S_n 中任两元素 $\boldsymbol{X}=x_1x_2\cdots x_n$，$\boldsymbol{Y}=y_1y_2\cdots y_n$，$\boldsymbol{X}$ 和 $\boldsymbol{Y}$ 中对应位字母不同的个数，称为 $\boldsymbol{X}$ 和 $\boldsymbol{Y}$ 的 Hamming 距，记作 $H(\boldsymbol{X},\boldsymbol{Y})$，即

$$H(\boldsymbol{X},\boldsymbol{Y})=\sum_{i=1}^{n}(x_i+y_i)$$

例 5 设 $n=3$，码 $\{000,111\}$ 对运算"$\oplus$"构成群，它是群码，000 与 111 三个字母都不同，它们的 Hamming 距是 3.

例 6 设 $n=4$，$\boldsymbol{X}=1001$，$\boldsymbol{Y}=0100$，$\boldsymbol{Z}=1000$. 集合 $\{\boldsymbol{X},\boldsymbol{Y},\boldsymbol{Z}\}$ 对运算"$\oplus$"不构成群，因为在此集合中无幺元. $H(\boldsymbol{X},\boldsymbol{Y})=3$，$H(\boldsymbol{Y},\boldsymbol{Z})=2$，$H(\boldsymbol{Z},\boldsymbol{X})=1$.

定理 2 设 $\boldsymbol{X},\boldsymbol{Y},\boldsymbol{Z}\in S_n$，那么：

(1) $H(\boldsymbol{X},\boldsymbol{X})=0$；

(2) $H(\boldsymbol{X},\boldsymbol{Y})=H(\boldsymbol{Y},\boldsymbol{X})$；

(3) $H(\boldsymbol{X},\boldsymbol{Y})+H(\boldsymbol{Y},\boldsymbol{Z})\geqslant H(\boldsymbol{X},\boldsymbol{Z})$.

证明 令 $\boldsymbol{X}=x_1x_2\cdots x_n$，$\boldsymbol{Y}=y_1y_2\cdots y_n$，$\boldsymbol{Z}=z_1z_2\cdots z_n$.

(1) 因为 $x_i+x_i=0$，所以

$$H(\boldsymbol{X},\boldsymbol{X})=\sum_{i=1}^{n}(x_i+x_i)=0$$

(2) 因为 $x_i+y_i=y_i+x_i$，所以

$$\begin{aligned}H(\boldsymbol{X},\boldsymbol{Y})&=\sum_{i=1}^{n}(x_i+y_i)\\&=\sum_{i=1}^{n}(y_i+x_i)=H(\boldsymbol{Y},\boldsymbol{X})\end{aligned}$$

(3)因为$(x_i+y_i)+(y_i+z_i)\geqslant x_i+z_i$[①],所以

$$\begin{aligned}&H(\boldsymbol{X},\boldsymbol{Y})+H(\boldsymbol{Y},\boldsymbol{Z})\\=&\sum_{i=1}^{n}(x_i+y_i)+\sum_{i=1}^{n}(y_i+z_i)\\=&\sum_{i=1}^{n}((x_i+y_i)+(y_i+z_i))\\\geqslant&\sum_{i=1}^{n}(x_i+z_i)=H(\boldsymbol{X},\boldsymbol{Z})\end{aligned}$$

定义5　一个码C中所有不同码字的Hamming距的极小值称为码C的极小距,记作$d_{\min}(C)$.

$$d_{\min}(C)=\min_{\boldsymbol{X},\boldsymbol{Y}\in C,\boldsymbol{X}\neq\boldsymbol{Y}}H(\boldsymbol{X},\boldsymbol{Y})$$

例5中的码的极小距是3,例6中的码的极小距是1.

下面两条定理,分别说明一个码的查错和纠错的能力.

定理3　一个码C能查出不超过k个错误的充要条件是此码的极小距至少是$k+1$.

证明　充分性

设码C的极小距$d_{\min}(C)\geqslant k+1$,$\boldsymbol{X}\in C$是任一码字,经过传送后,接收字为$\boldsymbol{X}'$,如果传送过程中,产生了错误且错误的位数小于或等于k,那么

$$0<H(\boldsymbol{X},\boldsymbol{X}')=\text{错误的位数}\leqslant k,\boldsymbol{X}'\neq\boldsymbol{X}$$

又C中任一不同于$\boldsymbol{X}$的码字$\boldsymbol{Y}$,有

---

①　不等式左边两个括弧式中间的“+”是普通加号,每个括弧式内的“+”是按位加.

$$H(\boldsymbol{X},\boldsymbol{Y}) \geqslant d_{\min}(C) \geqslant k+1 > H(\boldsymbol{X},\boldsymbol{X}')$$

所以,$\boldsymbol{X}'$不能是码 C 中不同于 $\boldsymbol{X}$ 的码字,即 $\boldsymbol{X}' \notin C$,$\boldsymbol{X}'$是废码. 因此,能查出不超过 k 个错误.

必要性

设码 C 能查出不超过 k 个错误,这表示与一个码字的 Hamming 距不超过 k(且 >0)的所有字都是废码,故码 C 中任两个码字的 Hamming 距至少是 $k+1$,即

$$d_{\min}(C) \geqslant k+1$$

由上述定理可知例 5 中的码,极小距是 3,所以能查出单错和两个错. 例 6 中的码,极小距是 1,所以不能查出单错. 如码字 1001 在第四位出错,就成为另一码字 1000,不是废码.

接着讨论纠错,为此先建立一条译码准则:

最小距离译码准则:给定码 C,设接收字为 $\boldsymbol{X}'$,在 C 中找一个码字 $\boldsymbol{X}$,使 $\boldsymbol{X}'$与 $\boldsymbol{X}$ 的 Hamming 距是 $\boldsymbol{X}'$与 C 中所有码字 Hamming 距的极小值,即

$$H(\boldsymbol{X},\boldsymbol{X}') = \min_{\boldsymbol{Y} \in C} H(\boldsymbol{Y},\boldsymbol{X}')$$

则我们将 $\boldsymbol{X}'$译为码字 $\boldsymbol{X}$.

定理 4　一个码能纠 k 个错的充要条件是此码的极小距至少是 $2k+1$.

证明　充分性

设 $d_{\min}(C) \geqslant 2k+1$. 发送字是 $\boldsymbol{X}$,接收字是 $\boldsymbol{X}'$,且 $H(\boldsymbol{X},\boldsymbol{X}')=k$. 对 C 中任一码字 $\boldsymbol{Y} \neq \boldsymbol{X}$,因为

$$H(\boldsymbol{X},\boldsymbol{Y}) \geqslant d_{\min}(C) \geqslant 2k+1$$

所以

$$\begin{aligned} H(\boldsymbol{X}',\boldsymbol{Y}) &\geqslant H(\boldsymbol{X},\boldsymbol{Y})-H(\boldsymbol{X},\boldsymbol{X}') \\ &\geqslant (2k+1)-k=k+1 \end{aligned}$$

根据最小距离译码准则，$\boldsymbol{X}'$只能译成 $\boldsymbol{X}$，不能译成其他码字，所以能纠正 k 个错.

必要性

设码 C 能纠正 k 个错. 用反证法. 如果 $d_{\min}(C)\leqslant 2k$，那么，存在码字 $\boldsymbol{X},\boldsymbol{Y}\in C$，$H(\boldsymbol{X},\boldsymbol{Y})\leqslant 2k$. 由定理 3 可知

$$H(\boldsymbol{X},\boldsymbol{Y})\geqslant k+1$$

$\boldsymbol{X}$ 与 $\boldsymbol{Y}$ 中至少有 $k+1$ 位不同，设发送字 $\boldsymbol{X}$ 经传送后，得接收字 $\boldsymbol{X}'$，而 $\boldsymbol{X}'$ 与 $\boldsymbol{X}$ 中有 k 位不同，且这 k 位恰是 $\boldsymbol{X}$ 与 $\boldsymbol{Y}$ 不同位的一部分. 又因为$H(\boldsymbol{X},\boldsymbol{Y})\leqslant 2k$，故 $\boldsymbol{X}'$ 与 $\boldsymbol{Y}$ 的不同位数小于或等于 k，即 $H(\boldsymbol{X}',\boldsymbol{Y})\leqslant k$. 根据最小距离译码准则，如果 $H(\boldsymbol{X}',\boldsymbol{Y})<k$，那么 $\boldsymbol{X}'$将被误译为 $\boldsymbol{Y}$. 如果 $H(\boldsymbol{X}',\boldsymbol{Y})=k$，那么 $\boldsymbol{X}'$既可译为 $\boldsymbol{X}$，又可译为 $\boldsymbol{Y}$. 因此，不能纠正 k 个错，与假设矛盾.

根据这条定理可以知道，例 5 中的码可以纠正单错.

例 7　给定码 $C=\{000000,001101,010011,011110,100110,101011,110101,111000\}$，那么 $d_{\min}(C)=3$，可以纠单错. 如接收字是 110001，应译为 110101. 设接收字 001001 是由发送字 000000 在第三和第六位出错而得到，但按照最小距离译码准则将误译为 001101，因此码 C 不能纠两个错.

定理 3 和定理 4 有个简单的几何解释. 以任一码字 $\boldsymbol{X}$ 为球心, 以 k 为半径, 作 n 维空间中的球. 当 $d_{\min}(C) \geqslant k+1$ 时, 说明 C 中所有其他码字都落在这种球的外面, 如图 13(a) 所示. 设码字 $\boldsymbol{X}$ 在传送过程中, 产生的错误不超过 k 个, 它的接收字 $\boldsymbol{X}'$ 必在此球内, 所以, 我们可以查出 k 个或少于 k 个错. 此外, 若接收字 $\boldsymbol{X}'$ 落在分别以 $\boldsymbol{X}$ 和 $\boldsymbol{Y}$ 为球心, k 为半径的两个球的公共部分, 如图 13(b) 所示. 若 $H(\boldsymbol{X}', \boldsymbol{Y}) < H(\boldsymbol{X}', \boldsymbol{X})$, 根据最小距离译码准则, $\boldsymbol{X}'$ 将误译为 $\boldsymbol{Y}$, 因此, 在这种情况下, 码 C 不能纠 k 个错.

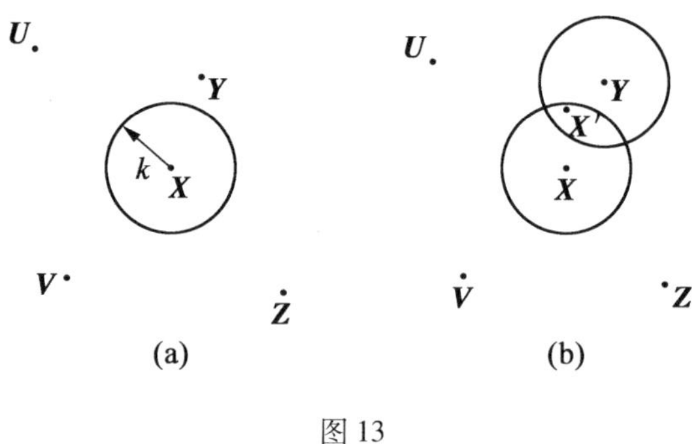

图 13

如果 $d_{\min}(C) \geqslant 2k+1$, 那么, 以任意码字为球心, 半径为 k 的球都不相交, 如图 14 所示, 此时, 如有传送错误小于或等于 k 的接收字, 它只能落在一个球内, 根据最小距离译码准则, 此接收字只能译为此球的球心码字, 即它能纠 k 个错.

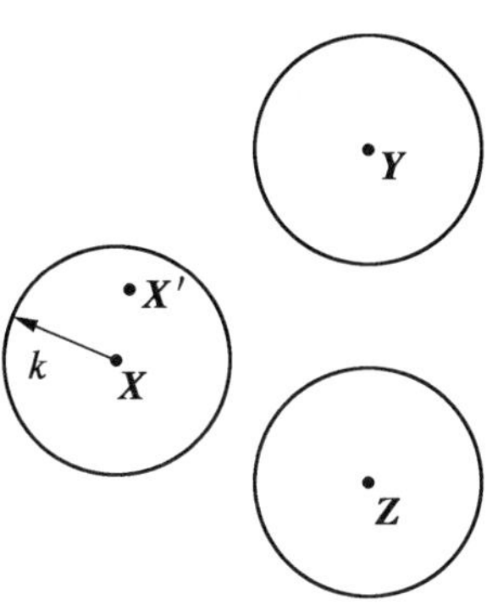

图 14

3. Hamming 码

Hamming 在 1950 年提出了一种能纠单错的线性分组码,称为 Hamming 码,这种编码很简单、直观、易于实现,目前在计算机系统中经常使用. 在讨论如何构造 Hamming 码之前,先看一个例子.

例 8　对于 S_4 中每一字 $a_1a_2a_3a_4$,若增加三位校验位 a_5, a_6, a_7, 使其成为字长为 7 的码字 $a_1a_2a_3a_4a_5a_6a_7$,其中校验位 a_5,a_6,a_7 满足下列方程组

$$a_1+a_2+a_3+a_5=0 \tag{1}$$

$$a_1+a_2+a_4+a_6=0 \tag{2}$$

$$a_1+a_3+a_4+a_7=0 \tag{3}$$

它等价于下列方程组

$$a_5=a_1+a_2+a_3$$

$$a_6=a_1+a_2+a_4$$

$$a_7=a_1+a_3+a_4$$

故当 a_1,a_2,a_3,a_4 给定后,就可唯一确定校验位 a_5,

a_6,a_7. 这样,就构成了一个字长为 7 的码 C,如表 4 所示.

表 4

a_1	a_2	a_3	a_4	a_5	a_6	a_7
0	0	0	0	0	0	0
0	0	0	1	0	1	1
0	0	1	0	1	0	1
0	0	1	1	1	1	0
0	1	0	0	1	1	0
0	1	0	1	1	0	1
0	1	1	0	0	1	1
0	1	1	1	0	0	0
1	0	0	0	1	1	1
1	0	0	1	1	0	0
1	0	1	0	0	1	0
1	0	1	1	0	0	1
1	1	0	0	0	0	1
1	1	0	1	0	1	0
1	1	1	0	1	0	0
1	1	1	1	1	1	1

考虑方程(1)到(3). 显然,对于 C 中任一码字,如果在传送过程中发生了单错,那么,这些方程中必有一个或几个不满足. 为了根据出错的方程决定码字的出

错位. 先定义如下

$$P_1(a_1, a_2, \cdots, a_7): a_1 + a_2 + a_3 + a_5 = 0$$

$$P_2(a_1, a_2, \cdots, a_7): a_1 + a_2 + a_4 + a_6 = 0$$

$$P_3(a_1, a_2, \cdots, a_7): a_1 + a_3 + a_4 + a_7 = 0$$

对任一字 $a_1a_2a_3a_4a_5a_6a_7$，当右端方程满足时，则 P_i 为真，否则为假. 例如对于字 0001101，$P_1(0,0,0,1,1,0,1)$ 为假，$P_2(0,0,0,1,1,0,1)$ 为假，$P_3(0,0,0,1,1,0,1)$ 为真.

令 S_i 是 P_i 中所出现的变元组成的集合，即

$$S_1 = \{a_1, a_2, a_3, a_5\}$$

$$S_2 = \{a_1, a_2, a_4, a_6\}$$

$$S_3 = \{a_1, a_3, a_4, a_7\}$$

因为 S_i 中任一元素是字 $a_1a_2a_3a_4a_5a_6a_7$ 中的一个字母，显然 S_i 就是使 P_i 为假的所有可能出错字母的集合. 上述三个集合可组成七个互不相交的非空集合如下

$$S_1 \cap S_2 \cap S_3 = \{a_1\}$$

$$S_1 \cap S_2 \cap \sim S_3 = \{a_2\}$$

$$S_1 \cap \sim S_2 \cap S_3 = \{a_3\}$$

$$S_1 \cap \sim S_2 \cap \sim S_3 = \{a_5\}$$

$$\sim S_1 \cap S_2 \cap S_3 = \{a_4\}$$

$$\sim S_1 \cap S_2 \cap \sim S_3 = \{a_6\}$$

$$\sim S_1 \cap \sim S_2 \cap S_3 = \{a_7\}$$

从这七个集合我们可决定出错位. 例如 $\sim S_1 \cap S_3 \cap S_3 = \{a_4\}$，即 $a_4 \notin S_1, a_4 \in S_2, a_4 \in S_3$，所以，如果 a_4 位出错，则 P_1 为真，而 P_2, P_3 为假，反之亦然，以此类推，

我们就可得到译码表如表 5 所示.

表 5

P_1	P_2	P_3	出错字母
T	T	T	无
T	T	F	a_7
T	F	T	a_6
T	F	F	a_4
F	T	T	a_5
F	T	F	a_3
F	F	T	a_2
F	F	F	a_1

例如,接收字是 1000011,代入方程(1)(2)和(3),可知方程(1)不满足,方程(2)和(3)满足,P_1 为 F,P_2 和 P_3 为 T,由表 5 可知出错字母是 a_5,因此,发送字是 1000111. 又如接收字是 0111111,代入方程(1)(2)和(3),可知这些方程都不满足,P_1,P_2,P_3 都为 F,由表 5 可知出错字母是 a_1,因此发送字是 1111111.

例 8 所构造的单错可纠码,它由方程(1)(2)和(3)决定. 这三个方程的矩阵形式为

$$\boldsymbol{X}\cdot\boldsymbol{H}^{\mathrm{T}}=\boldsymbol{0}$$

其中,$\boldsymbol{X}=(a_1,a_2,\cdots,a_7)$,它是码字 $\boldsymbol{X}=a_1a_2\cdots a_7$ 所对应的向量,且

$$H=\begin{pmatrix}1&1&1&0&1&0&0\\1&1&0&1&0&1&0\\1&0&1&1&0&0&1\end{pmatrix}$$

$\boldsymbol{H}^{\mathrm{T}}$ 是 $\boldsymbol{H}$ 的转置矩阵.

因此,一个线性分组码就由矩阵 $\boldsymbol{H}$ 确定,而它的纠错能力可由 $\boldsymbol{H}$ 的特性来决定. 下面就来讨论矩阵 $\boldsymbol{H}$ 的构造.

定义6　一个码字 $\boldsymbol{X}$ 中所含1的个数,称为此码字的重量,记作 $W(\boldsymbol{X})$.

例如码字11010和01100的重量分别为3和2. 又如码字000…0的重量是0,为了方便起见,将码字000…0记作 $\mathbf{0}$.

定理5　给定码 C,对于任两个码字 $\boldsymbol{X},\boldsymbol{Y}\in C$,有

$$H(\boldsymbol{X},\boldsymbol{Y})=H(\boldsymbol{X}\oplus\boldsymbol{Y},\mathbf{0})=W(\boldsymbol{X}\oplus\boldsymbol{Y})$$

证明　设

$$\boldsymbol{X}=x_1x_2\cdots x_n,\boldsymbol{Y}=y_1y_2\cdots y_n$$

$$\boldsymbol{Z}=\boldsymbol{X}\oplus\boldsymbol{Y}=z_1z_2\cdots z_n$$

$$z_i=x_i+y_i,1\leqslant i\leqslant n$$

$$\begin{aligned}H(\boldsymbol{X},\boldsymbol{Y})&=\sum_{i=1}^{n}(x_i+y_i)\\&=\sum_{i=1}^{n}z_i=\sum_{i=1}^{n}(z_i+0)\\&=H(\boldsymbol{X}\oplus\boldsymbol{Y},\mathbf{0})\end{aligned}$$

因为 $\sum\limits_{i=1}^{n}z_i=W(\boldsymbol{Z})$,所以

$$H(\boldsymbol{X},\boldsymbol{Y}) = H(\boldsymbol{X} \oplus \boldsymbol{Y},\boldsymbol{0}) = W(\boldsymbol{X} \oplus \boldsymbol{Y})$$

定理6 群码 C 中非零码字的最小重量等于此群码的最小距，即

$$\min_{\boldsymbol{Z} \in C,\boldsymbol{Z} \neq \boldsymbol{0}} W(\boldsymbol{Z}) = d_{\min}(C)$$

证明 因为$\langle C,\oplus\rangle$是群，幺元 $\boldsymbol{0} \in C$. 对于任一非零码字 $\boldsymbol{Z}$，有

$$\begin{aligned} W(\boldsymbol{Z}) &= W(\boldsymbol{Z} \oplus \boldsymbol{0}) = H(\boldsymbol{Z},\boldsymbol{0}) \\ &\geqslant \min_{\boldsymbol{X},\boldsymbol{Y} \in C,\boldsymbol{X} \neq \boldsymbol{Y}} H(\boldsymbol{X},\boldsymbol{Y}) \\ &= d_{\min}(C) \end{aligned}$$

所以

$$\min_{\boldsymbol{Z} \in C,\boldsymbol{Z} \neq \boldsymbol{0}} W(\boldsymbol{Z}) \geqslant d_{\min}(C)$$

此外，对于 C 中任两个不同码字 $\boldsymbol{X},\boldsymbol{Y}$，由于“$\oplus$”封闭性，$\boldsymbol{X} \oplus \boldsymbol{Y} \in C$，且 $\boldsymbol{X} \oplus \boldsymbol{Y} \neq \boldsymbol{0}$，有

$$H(\boldsymbol{X},\boldsymbol{Y}) = W(\boldsymbol{X} \oplus \boldsymbol{Y}) \geqslant \min_{\boldsymbol{Z} \in C,\boldsymbol{Z} \neq \boldsymbol{0}} W(\boldsymbol{Z})$$

所以

$$d_{\min}(C) = \min_{\boldsymbol{X},\boldsymbol{Y} \in C,\boldsymbol{X} \neq \boldsymbol{Y}} H(\boldsymbol{X},\boldsymbol{Y}) \geqslant \min_{\boldsymbol{Z} \in C,\boldsymbol{Z} \neq \boldsymbol{0}} W(\boldsymbol{Z})$$

因此

$$\min_{\boldsymbol{Z} \in C,\boldsymbol{Z} \neq \boldsymbol{0}} W(\boldsymbol{Z}) = d_{\min}(C)$$

例9 (1) $C_1 = \{0000,1111\}$ 是群码

$$\begin{aligned} \min_{\boldsymbol{Z} \in C_1,\boldsymbol{Z} \neq \boldsymbol{0}} W(\boldsymbol{Z}) &= W(1111) = 4 \\ &= H(0000,1111) \\ &= d_{\min}(C) \end{aligned}$$

(2) $C_2 = \{001,010,100\}$ 不是群码，而

$$\min_{Z \in C_2, Z \neq 0} W(\boldsymbol{Z}) = 1, d_{\min}(C_2) = 2$$

所以

$$\min_{Z \in C_2, Z \neq 0} W(\boldsymbol{Z}) < d_{\min}(C_2)$$

(3) $C_3 = \{110, 111\}$ 不是群码,而

$$\min_{Z \in C_3, Z \neq 0} W(\boldsymbol{Z}) = \mathbf{2}, d_{\min}(C_3) = \mathbf{1}$$

所以

$$\min_{Z \in C_3, Z \neq 0} W(\boldsymbol{Z}) > d_{\min}(C_3)$$

定理7　设 $\boldsymbol{H}$ 是 k 行 n 列矩阵,$X = x_1x_2\cdots x_n$ 是 n 位二进制串,那么集合

$$G = \{\boldsymbol{X} | \boldsymbol{X} \cdot \boldsymbol{H}^{\mathrm{T}} = \mathbf{0}\}$$

对于运算"$\oplus$"构成群,即 G 是群码.

证明　因为$\langle S_n, \oplus\rangle$是有限群,设 $\boldsymbol{X}, \boldsymbol{Y} \in G$,那么

$$\boldsymbol{X} \cdot \boldsymbol{H}^{\mathrm{T}} = \mathbf{0}, \boldsymbol{Y} \cdot \boldsymbol{H}^{\mathrm{T}} = 0$$

$$(\boldsymbol{X} \oplus \boldsymbol{Y}) \cdot \boldsymbol{H}^{\mathrm{T}} = (\boldsymbol{X} \cdot \boldsymbol{H}^{\mathrm{T}}) \oplus (\boldsymbol{Y} \cdot \boldsymbol{H}^{\mathrm{T}}) = \mathbf{0} \oplus \mathbf{0} = \mathbf{0}$$

所以,$\boldsymbol{X} \oplus \boldsymbol{Y} \in G$,即 G 是群码.

由本定理可知例8的码是群码.

定义7　群码 $G = \{\boldsymbol{X} | \boldsymbol{X} \cdot \boldsymbol{H}^{\mathrm{T}} = \mathbf{0}\}$ 称为由 $\boldsymbol{H}$ 生成的群码,G 中每一码字,称为由 $\boldsymbol{H}$ 生成的码字,矩阵 $\boldsymbol{H}$ 称为一致校验矩阵.

矩阵 $\boldsymbol{H}$ 的 n 个列向量分别记为 $\boldsymbol{h}_1, \boldsymbol{h}_2, \cdots, \boldsymbol{h}_n$,其中 $\boldsymbol{h}_i$ 是第 i 个列向量,即

$$\boldsymbol{H} = (\boldsymbol{h}_1\boldsymbol{h}_2\cdots\boldsymbol{h}_n)$$

其中

$$\boldsymbol{h}_i=\begin{pmatrix}h_{1i}\\h_{2i}\\\vdots\\h_{ki}\end{pmatrix}$$

定义列向量 $\boldsymbol{h}_i$ 与 $\boldsymbol{h}_j$ 的和 $\boldsymbol{h}_i \oplus \boldsymbol{h}_j$ 为

$$\boldsymbol{h}_i \oplus \boldsymbol{h}_j=\begin{pmatrix}h_{1i}+h_{1j}\\h_{2i}+h_{2j}\\\vdots\\h_{ki}+h_{kj}\end{pmatrix}$$

定理 8 一致校验矩阵 $\boldsymbol{H}$ 生成一个重量为 q 的码字的充要条件是在 $\boldsymbol{H}$ 中存在 q 个列向量,它们的和为 $\mathbf{0}$.

证明 充分性

如果在 $\boldsymbol{H}$ 中有 q 个列向量 $\boldsymbol{h}_{i_1},\boldsymbol{h}_{i_2},\cdots,\boldsymbol{h}_{i_q}$,满足

$$\boldsymbol{h}_{i_1}\oplus\boldsymbol{h}_{i_2}\oplus\cdots\oplus\boldsymbol{h}_{i_q}=\mathbf{0}$$

构造一个字 $\boldsymbol{X}=x_1x_2\cdots x_n$,其中 $x_{i_1}=x_{i_2}=\cdots=x_{i_q}=1$,其他为 0,显然,对此字 $\boldsymbol{X}$,有

$$\boldsymbol{X}\cdot\boldsymbol{H}^{\mathrm{T}}=(\boldsymbol{h}_{i_1}\oplus\boldsymbol{h}_{i_2}\oplus\cdots\oplus\boldsymbol{h}_{iq})^{\mathrm{T}}=\mathbf{0}$$

所以,$\boldsymbol{X}$ 是由 $\boldsymbol{H}$ 生成的重量为 q 的码字.

必要性

如果 $\boldsymbol{H}$ 生成重量为 q 的码字 $\boldsymbol{X}$,$\boldsymbol{X}=x_1x_2\cdots x_n$,其中 $x_{i_1}=x_{i_2}=\cdots=x_{i_q}=1$,其余为 0,那么,由 $\boldsymbol{X}\cdot\boldsymbol{H}^{\mathrm{T}}=\mathbf{0}$ 得到

$$\boldsymbol{h}_{i_1}\oplus\boldsymbol{h}_{i_2}\oplus\boldsymbol{h}_{i_3}\oplus\cdots\oplus\boldsymbol{h}_{i_q}=\mathbf{0}$$

因此,q 个列向量 $\boldsymbol{h}_{i_1},\boldsymbol{h}_{i_2},\cdots,\boldsymbol{h}_{i_q}$,它们的和为 0.

推论　由 $\boldsymbol{H}$ 生成的群码中非零码字的最小重量等于矩阵 $\boldsymbol{H}$ 中列向量和为 $\mathbf{0}$ 的最小向量数.

如果矩阵 $\boldsymbol{H}$ 中列向量和为 $\mathbf{0}$ 的最小向量数是 1,则在 $\boldsymbol{H}$ 中恰存在一个列向量为零向量.

如果矩阵 $\boldsymbol{H}$ 中列向量和为 $\mathbf{0}$ 的最小向量数是 2,则在 $\boldsymbol{H}$ 中恰存在两个相同的列向量.

例 8 中矩阵 $\boldsymbol{H}$ 没有零向量且各个列向量互不相同,但它的第二、三、四列向量之和为 $\mathbf{0}$,所以,列向量和为 $\mathbf{0}$ 的最小向量数是 3,由推论可知,此 $\boldsymbol{H}$ 生成的群码的非零码字最小重量是 3,因此,由定理 6 可知,此群码的最小距是 3,再由定理 4 可知,此群码必可纠单错.

此外,线性分组码 C 中每一个码字 $\boldsymbol{X}$ 形成

$$\boldsymbol{X}=\underbrace{x_1x_2\cdots x_m}_{\text{信息位}}\underbrace{x_{m+1}\cdots x_{m+k}}_{\text{校验位}}$$

k 位校验位与 m 位信息位之间有如下关系

$$x_{m+i}=q_{i1}x_1+q_{i2}x_2+\cdots+q_{im}x_m,1\leqslant i\leqslant k$$

其中 $q_{ij}\in\{0,1\}$,$1\leqslant j\leqslant m$.

令

$$\boldsymbol{H}=(\boldsymbol{Q}_{k\times m}\quad \boldsymbol{I}_{k\,k\times k})$$

其中

$$\boldsymbol{Q}=\begin{pmatrix} q_{11}\cdots q_{1m}\\ \vdots \quad\ \vdots\\ q_{k1}\cdots q_{km}\end{pmatrix}_{k\times m},\boldsymbol{I}_k=\begin{pmatrix}1 & & 0\\ & \ddots & \\ 0 & & 1\end{pmatrix}_{k\times k}$$

那么,码 C 中任一码字满足方程

$$X \cdot H^{T} = 0$$

记 $n = m + k$，这种码简称为(n, m)码.

为了要使码 C 能纠正单错，由定理 4,7 及定理 8 的推论可知，要求 $\boldsymbol{H}$ 中的列向量均不相同且无零向量，即矩阵 $\boldsymbol{Q}$ 的列向量不能为 $\boldsymbol{0}$ 且不能出现 $\boldsymbol{I}_k$ 中的 k 个列向量. 因为 $\boldsymbol{Q}$ 的每一列向量都是 k 维的，可有 2^k 个不同的列向量，因此，可从 2^k-1-k 个列向量中任取 m 个来组成 $\boldsymbol{Q}$.

故必须满足 $m \leqslant 2^k-1-k$ 或 $2^k \geqslant (m+k)+1=n+1$.

例 10　$n=7$，则 $2^k \geqslant 7+1=8$，$k \geqslant 3$，若取 $k=3$，则 $m=n-k=4$，即每一码字中四位是信息位，三位是校验位，且一致校验矩阵为

$$\boldsymbol{H}=\begin{pmatrix} & 1 & 0 & 0 \\ \boldsymbol{Q}_{3\times 4} & 0 & 1 & 0 \\ & 0 & 0 & 1 \end{pmatrix}$$

其中矩阵 $\boldsymbol{Q}$ 有四个列向量，而 $2^k-1-k=2^3-1-3=4$，因此 $\boldsymbol{Q}$ 的四个列向量是唯一确定的，它们只能是

$$\begin{pmatrix}1\\1\\1\end{pmatrix},\begin{pmatrix}1\\1\\0\end{pmatrix},\begin{pmatrix}1\\0\\1\end{pmatrix},\begin{pmatrix}0\\1\\1\end{pmatrix}$$

如果选取

$$\boldsymbol{Q}=\begin{pmatrix}1 & 1 & 1 & 0\\1 & 1 & 0 & 1\\1 & 0 & 1 & 1\end{pmatrix}$$

此时

$$H=\begin{pmatrix}1&1&1&0&1&0&0\\1&1&0&1&0&1&0\\1&0&1&1&0&0&1\end{pmatrix}$$

就是例 8 中的矩阵.

此外,若将上述矩阵 $\boldsymbol{Q}$ 中列向量做交换,则也不能构成新的码,因此,例 8 中的(7,4)码是唯一的.

若取 $k=4$,则 $m=n-k=3$,故

$$H=\begin{pmatrix} & 1&0&0&0\\ & 0&1&0&0\\ \boldsymbol{Q}_{4\times3} & 0&0&1&0\\ & 0&0&0&1\end{pmatrix}$$

矩阵 $\boldsymbol{Q}$ 有三个列向量,而 $2^4-1-4=11$,可有 $\mathrm{C}_{11}^3=165$ 种组成 $\boldsymbol{Q}$ 的方法,即可有 165 个不同的(7,3)码.

例如,下面都是一致校验矩阵

$$H_1=\begin{pmatrix}1&0&0&1&0&0&0\\1&1&0&0&1&0&0\\0&1&1&0&0&1&0\\0&0&1&0&0&0&1\end{pmatrix}$$

$$H_2=\begin{pmatrix}1&0&1&1&0&0&0\\1&1&0&0&1&0&0\\0&1&0&0&0&1&0\\0&0&1&0&0&0&1\end{pmatrix}$$

$$H_3=\begin{pmatrix}1&0&1&1&0&0&0\\1&1&0&0&1&0&0\\1&1&1&0&0&1&0\\0&1&1&0&0&0&1\end{pmatrix}$$

矩阵 $\boldsymbol{H}_1$ 中第一列,第四列,第五列三个列向量之和为零向量,所以,它对应的码只能纠单错. 同样,矩阵 $\boldsymbol{H}_2$, $\boldsymbol{H}_3$ 对应的码也只能纠单错.

例 11 $n=9, 2^k\geqslant 9+1=10, k\geqslant 4$. 若取 $k=4$, 则 $m=9-4=5$. 一致校验矩阵 $\boldsymbol{H}$ 中 $\boldsymbol{Q}$ 有五个列向量,而 $2^k-1-k=2^4-1-4=11$, 构成 $\boldsymbol{Q}$ 就可有 $C_{11}^5=462$ 种组成 $\boldsymbol{Q}$ 的方法,即可有 462 个不同的(9,5)码.

第二编

历 史 篇

纠错码发展概况及其进展

第2章

早在1982年西北电讯工程学院的王新梅教授就在《通信学报》上撰文,回顾了纠错码20世纪70年代以前的发展概况,并着重谈了20世纪70年代以后的发展情况及其趋势.

1948～1949年Shannon提出著名的信道编码定理,奠定了现代通信特别是纠错码的理论基础.该定理虽然仅是存在性的,但对通信的指导意义十分明显,它给通信工作者指出了进行可靠通信的新方向和新途径.纠错码正是在该定理的指导下发展起来的.

自Golay和Hamming分别于1949年和1950年发表第一批纠错码文章以来,纠错码的发展大致经历了以下三个阶段:自1949年至20世纪60年代初是纠错码的提出、发展一直到奠定线性分组码的理论基础阶段,即早期阶段.在此期间最重要的成果是提出了纠正多个随机错误的BCH码、卷积码的序列译码等,并出版了第一本系统叙述纠错码理论基础的书——《纠错码》(W. W. Peterson 著). 第二阶段为 20 世纪 60 年代初至 20 世纪 60 年代末,这是纠错码发展最为活跃的时期,是编码理论,特别是代数编码理论日趋成熟完整,卷积码的编译码得到极大发展,纠错码的实际应用问题开始受到重视,并取得一定成果的重要阶段. 这也是纠错码发展最为迅速,成果最多的阶段. 最主要的成果有门限译码、BCH 码的迭代译码、卷积码的 Viterbi 译码算法等. 在此期间内最有代表性的专著是 Berlekamp 写的《代数编码理论》及其他专著.

自 20 世纪 70 年代初至今,纠错码处在发展中的第三阶段. 在此期间,代数编码理论已成熟,而纠错码的实用问题日益受到重视,与实用有关的编译码方法如快速译码、软判决译码、多址信道编码以及信道模化等都得到迅速发展,并取得了不少成果. 但代数编码理论的发展,在中间似乎有些停顿. 在这期间最重要的进展是发现了一类渐近性能很好的码——Goppa 码和 Justesen 码. 一些有关纠错码理论与实用问题的专著、书集也如雨后春笋般地涌现出来. 此外,还发表了几辑专刊,专门介绍纠错码的重要成果及其在实际中应用的情况.

纠错码理论中发展得最为迅速,理论上比较成熟的是分组码的代数编码和译码,码的重量分布和码限等. 在卷积码方面,由于缺乏较完整和统一的数学工具进行描述,显得比较零乱,但取得的成果还是很多的. 至于非线性码部分,由于数学上的困难,近几年来没有

取得特别重要的成果,进展比较缓慢.

由于 1975 年以前纠错码的发展概况和理论成果在前面提及的书和专辑中已有详尽描述,并有不少很好的综述性文章进行介绍. 因此,本章仅对近几年的发展概况进行介绍,而对以前的发展情况仅做简略回顾. 此外,这里介绍的主要是西方国家和日本的发展情况,关于苏联对纠错码研究的情况可参阅相关文献.

§1　分组码的构造

纠错码理论中最重要的研究课题之一,是构造一定 R 下具有极大最小距离的码. 具体构造出能达到或接近信道编码定理所要求的码——渐近好码或 Shannon码,则更是编码工作者梦寐以求的. 分组码编码理论的发展,正是围绕这个问题,沿着两条构造码的方向及其有关问题(如码限、码的重量分布等)展开讨论并逐步深入和发展的.

其中最主要的一个方向是用分析方法,以代数作为工具构造好码. 1950 年 Hamming 和 1956 年 Slepain 的文章,奠定了线性分组码的理论基础. Prange 于 1957 年引入的循环码概念及码字的多项式表示方法,则把编码理论完全地引入到现代代数领域中,引起了很多数学工作者的兴趣. 自此以后,线性分组码的理论,特别是循环码的理论得到了飞速的进展. 其中最重要的突破是 1959 年和 1960 年分别由 Hocqulenghem, Bose, Ray-Chaudnuri 等提出的,纠正多个随机错误的 BCH 码. BCH 码不仅构造容易,更重要的是引入了码多项式的根与距离之间的关系,从而为以后进一步构造各种好码打下基础. 由于 BCH 码在中、短码长下具有良好性能,且构造简单,因此自该码提出后,有关 BCH 码的性质、推广、重量分布、译码等方面的文章大量涌现,掀起了线性分组码理论研究中的第一个高潮.

1967 年 Srivastava 首先构造了一类非循环的线性分组码——Srivastava 码,并首次用 GF(q^m)有限域上的有理分式表示码字,突破了用多项式表示码的方法,在理论上为构造新码迈出了有意义的一步. 正是在该码的基础上,1970 年 Goppa 构造出了一类有理分式码——Goppa 码(也称(l,g)码). Goppa 码不仅包含了当时已知的大部分线性分组码:本原 BCH 码、Srivastava 码等,更为重要的是非循环的Goppa码有良好的渐近特性,第一次做到了 Shannon 信道编码定理所要求的 R 保持一定,$n\to\infty$ 时,$\frac{d}{n}>0$,并接近 V-G 限. 这是自 1949 年以来在构造 Shannon 码方面的第一次突破. 但遗憾的是,当 n 很大时,要真正构造出这种码还是比较困难的.

由于 Goppa 码是第一次构造出的 Shannon 码,因而自此码问世以来,引起了编码工作者的极大兴趣,纷纷研究它的性质、扩张及其循环码和其他码类的关系,自此以后掀起了线性分组码研究中的第二次热潮.

1975 年 Chien 和 Choy 利用 Mattson-Solomon(MS)多项式,对 BCH 码和 Goppa 码进行了推广,构造了一类 GBCH 码,稍后 Delsarte 指出 GBCH 码和 Goppa 码都是 RS 码的子域子码. 但最重要的推广是 1972 年由 Helgert 提出的交替码(Alternate code),它包含了前面所述的所有码类:BCH 码、Goppa 码、GBCH 码、Srivastava 码和广义 Srivastava 码等. Helgert 的文章不仅给出了一种构造码的方法,得到了一批性能好的码,更重要的是它明确地指出了构造好码时矩阵 $\boldsymbol{H}$ 各列元素之间的关系.

1976 年 Tzeng 和 Zimmerman 利用 Lagrange 内插公式,对 Goppa 码等进行了推广,详细分析了 L 内插与 MS 多项式、交替矩阵、孙子定理等之间的关系,在孙子定理基础上构造了一类超码——GCR 码,它包括了前面所述所有的码类. 用 L 内插变换构造码最初是由 Reed 和 Solomon 于 1960 年构造 RS 码时提出的. 最近 Mandelbaum 用 L 内插和 Hermite 内插变换,指出了构造极大最小距离码的统一方法. 可以预料,今后沿着这个方向,可能找到一些性能很好的码.

从 Hamming 码、BCH 码、Srivastava 码、Goppa 码、GBCH 码、交替码,以及 GCR 码等的发展过程可以看出,这是一条用现代代数构造码的方向,目前讨论得较多较深入,是很有前途的一个方向.

另一条构造码的方向,是用已知的几个性能好的短码,应用各种组合方法构造长的好码,这个方向在构造 Shannon 码方面取得了较大的成功. 1954 年 Elias 首先开辟了用两个短码合成一个长码的路径，提出了累积码. 1965 年 Foreny 提出的级连码，为构造 Shannon 码指出了方向. 1971 年 Зяσлов 给出了级连码的渐近性能限，指出能用级连码构造出 Shannon 码. 1972 年 Justesen 终于用二级级连码具体的构造了一类Shannon 码——Justesen 码. 稍后，他又把这种构造方法应用于卷积码，构造了一类有良好渐近特性的卷积码. Justesen 码是 20 世纪 70 年代以来除 Goppa 码以外，在构造码方面所取得的最重要突破，它首次实现了Shannon编码定理所指出的码. 由于当 $R<0.3$ 时该码性能较差，所以自 1974 年以后，很多作者对该码进行了一系列改进，取得了不少成果.

除了用级连码构造 Shannon 码外，很多作者还对 BCH 码的渐近特性进行讨论，证明长的 BCH 码渐近特性不好. Kasami，Mceliece 等还讨论了 Shannon 码存在的条件. 此外，很多作者还证明了利用缩短码、准循环码、自对偶码能构造出渐近好码，但遗憾的是迄今为止尚未找到. 因此，在构造Shannon码方面还有大量工作要做.

用组合方法构造码，除了上面提及的码以外，还有乘积码、交替码等. 此外，Sloane，Kasahara，Sygiyama等在 20 世纪 70 年代中期，用几个分组码（Goppa 码或 Srivastava 码）构造了一批性能较好的码.

除了上面提到的码以外，自 1965 年以来 Macwillias，Берман 等还引入了一类范围更广的线性分组码——Abelian 码. 类似于 Abelian 码，Blake 于

1972 年又引入了一类群环码. 这些码类由于按模进行运算,特别适用于计算机之间的通信.

纠随机错误分组码的分析和构造,是目前研究得最多的课题之一,取得的成果也较丰富. 到目前为止凡是 $n \leqslant 512$,$d \leqslant 30$ 的好码,基本上均已找到. 但是,自构造出 BCH 码、Goppa 码、Justesen 码和交替码以来,在构造线性分组码方面并没有取得任何重大突破,因此除了继续用代数方法深入研究码以外,如何寻找新的数学工具如:F 氏级数、walsh 函数、模糊数学来分析和构造码,可能是今后的探讨方向. 此外,继续深入地分析 Goppa 码与各码类之间的关系,特别是寻找它的最小距离的紧致下限,也很有意义,在这方面冯贵良做了不少工作.

除了纠随机错误线性分组码以外,纠突发错误分组码的研究也是很有实际意义的. 纠突发错误分组码的构造始于 1959 年的 Abramson 码和 Fire 码,稍后 Riger,Gallager 等证明了(n,k)线性分组码纠突发错误能力 b 的上限是:$b \leqslant \left[\frac{n-k}{2}\right]$. 1969 年 Chien 等对 Fire 码进行了推广,得到了一类适合高速译码的广义 Fire 码. 自此以后,在构造纠突发错误码方面(除级连码、乘积码、交替码以外)并没有取得任何重大进展. 至于专门用来纠突发和随机错误的分组码,则可参阅相关文献.

除了专门构造纠突发错误的码以外,如何确定已有纠随机错误分组码特别是 BCH 码、Goppa 等码的纠突发错误能力是非常有意义的. Matt 等用计算机搜索了 $n \leqslant 511$ 二进制 BCH 码的实际纠突发能力,稍后作者从理论上证明了 GF(q)上绝大部分($n, k, d \geqslant 3$) BCH 码的纠突发能力 $b \geqslant d - 2$,并确立了 BCH 码、生成多项式 $g(x)$的根或次数与 b 的关系,从而说明了 BCH 码不仅是一类很好的纠随机错误码,而且也是一类很好的极易构造的纠突发错误分组码.

1963 年 wolf 和 Elspas 提出了一类纠错能力介于纠错和检错之间的错误定位码(EL 码). 这类码特别适合于重传反馈差错控制系统,有关这类码的进展可参阅相关文献.

在分组码构造中,另一类值得重视的码是应用于计算机容错系统的码,它分为两类:一是应用于存贮系统的码如 Fire 码等,另一类是应用于数值运算系统的算术纠错码,有关这两类码的发展概况及在计算机中的使用情况可参阅相关文献.

自 20 世纪 60 年代以来由于计算机运算速度不断提高,因此利用余数系统(RNS)运算应运而生. 如何对这种系统进行纠、检错便成为一个很重要的课题. 1966 年 Watson 和 Hastings 等首先介绍了纠、检单个错误的余数运算系统码. 在 20 世纪 70 年代初期和中期,这类纠错码发展很快.

上面我们扼要介绍了线性分组码构造方面的发展过程,除了前面提到的码类以外,还有一些很重要的码类如:自对偶码、平方剩余码、纠同步错误码等,由于篇幅所限,这里不能一一介绍.

§2　分组码的译码

纠错码理论中最关键的问题之一是译码. 译码算法的运算速度及其实现的复杂性,往往成为纠错码能否实际应用的关键. 研究出快速、简单、经济和错误概率小的译码方法,仍是当今编码理论中最重要的研究课题之一.

纠错码的译码分为两类:代数译码和概率译码. 代数译码最初始于 1950 年 Hamming 码的译码方法,自 1959 年提出 BCH 码以后,如何解决该码的译码,便成为中心课题. 1961 年 Peterson 从理论上解决了二进制 BCH 码的译码问题. 后来,Gorenstein 和 Zierler 把它推广到多进制情况. 1964 年 Chien 给出了求错误位置多项式 $\sigma(x)$根的方法,1965 年 Foreny 得到了 BCH 码的纠删译码法. 1966 年 Berlekamp 提出了迭代译码算法,极大地提高了译码速度,从而实际上解决了 BCH 码的译码. 利用迭代译码算法只能纠正 BCH 码设计距离所给出的纠错能力,但事实上不少 BCH 码的实际距离往往较设计距离大(Goppa 码与交替码也同样存在这种情况),这就带来了 BCH 码超设计距离译码问题. 该问题的研究最初始于 1966 年,以后不少作者对 BCH 码以及 Goppa 码和交替码的超设计距离译码进行研究,取得了不少成果.

1973 年 Berlekamp 指出,可以用迭代译码算法译 Goppa 码. 1975 年 Sygiyama 等利用 Eucliden 算法, 1977 年 Mandelbaum 利用连分式译 Goppa 码、交替码. 但事实上由于迭代码算法比较简单、速度较快,因此目前用得较为普遍.

近几年来由于实际需要,对快速译码和概率译码中的软判决译码讨论得很多. 快速译码主要是针对 RS 码,主要是加快迭代译码算法中的卷积运算和求错误位置. 1973 年 Afunasyev 首先应用 FFT 实现了 RS 码的快速卷积运算,1975 年 Agarwal 等利用 NNT 实现了速度更快的算法. 快速求得错误位置,就是译码中无 Chien 搜索快速译码. 1969 年 Gore 利用广义门限译码算法,1971 年 Mandelbam 利用孙子定理的大数逻辑译码算法实现了 RS 码的无 Chién 搜索快速译码,1975 年 Michelson 实现了这种快速译码器. 后来冯贵良对这种算法做了进一步改进.

在代数译码中除了上述译码算法外,大数逻辑译码、置换译码、逐步译码等也用得较为普遍. 特别在纠突发错误译码以及在低码率低纠错能力码的译码中,几乎都采用置换译码. 这几种译码算法在 20 世纪 60 年代和 70 年代初期曾得到迅速进展,但后来似乎有些停顿.

在 BCH 码译码中,虽然迭代译码算法比较简单,但工程上还比较复杂. 如何用其他数学工具寻找更为简便的译码算法,是一个很有意义的课题. 此外,寻找能达到 Goppa 码码限的译码方法,在理论上的意义非

常重大,需进一步研究. 多址信道编译码,近几年来初露头角,显得异常活跃,需引起我们足够重视.

概率译码(相关译码)在性能上比代数译码要好二至三分贝,但实际比较复杂. 软判决译码就是在解决性能与复杂性之间的矛盾中发展起来的一种算法. 软判决译码算法始于 20 世纪 50 年代,但真正开始得到重视并应用于实际,则在 60 年代中期,而在 70 年代得到迅速发展. 目前应用的软判决译码方法主要有两种:一种是 1971 年 Weldon 提出的重量删除译码算法(WED),另一种是 1972 年 Chase 提出的算法. 这两种算法的基本出发点就是充分利用信道输出的波形信息,或者利用分层量化或者输出信道干扰的有关信息序列,供给译码器进行译码,以提高译码器的判决精度. 一般情况下,应用八电平量化时,大约可得二分贝的软判增益. 自 1977 年以来,对 Hamming 码的软判决译码也进行了很多研究,指出 $n=7$ 的码,四电平量化时大约可得一分贝的软判增益. 由于受到卷积码 Viterbi 译码算法的影响,后来也利用分组码篱笆图进行最大似然译码,它的性能接近相关译码但复杂性却要小得多,因此是一种很有前途的译码算法.

总之,利用模 - 数转换技术,充分利用解调器输出的有用信息进行软判决译码讨论得很多. 试验表明,当用八或十六电平量化时,一般就可达到相关译码的性能,而复杂性却要小得多. 但目前一般仅讨论短和中等码长时的情况,而对长码的讨论、分析以及计算机模拟还未展开.

由于通信速度的不断增长和对通信质量要求的不断提高,可以预料,在今后各类差错控制系统的译码器中,几乎都要采用快速和软判决译码.

§3 卷 积 码

自 1955 年 Elias 引入卷积码概念以来,主要沿着两个方向发展:一是代数译码及其码的构造(自正交与可正交码);另一是概率译码(序列译码和 Viterbi 译码)及其码的构造. 此外,还讨论了各种译码算法的性质和距离量度等.

1963 年 Massey 奠定了卷积码大数逻辑可译码——自正交码与可正交码的基础. 此后很多作者构造了许多好的大数逻辑可译码,并讨论了卷积码所特有的误差传播问题. 1975 年 Wu 用计算机搜索方法得到了一批不同码率的高效自正交码,提出了自正交码与 RS 码级连的多级级连码. 最近,在卷积码的大数逻辑译码中,也开始应用软判决译码. 计算机模拟表明,八电平量化时大约能得到 1. 8dB 的软判增益. 但总的说来,近几年来在大数逻辑译码方面没有取得显著进展.

1968 年 Mceliece 和 Rumsey 尝试用分组循环码来构造卷积码,自此以后 Costello, Piret, Justesen 等构造了一批性能好的卷积码. 后来 Piret 等进一步阐明了这

类码的代数结构,并构造了一批具有最大自由距离 d_f 的码.

1957 年 Wozencraft 首先研究了卷积码的概率译码方法——序列译码. 1963 年 Fano 将 Wozencraft 的算法加以改正,从而使得序列译码在工程上更为实用. 自此以后 Fano, Savage, Viterbi, Пинскер 等详细讨论了序列译码的各种性能,指出影响序列译码器输出误码率的主要因素是缓存器溢出,而译码器的平均计算次数与码的约束长度无关,计算分布属 Pareto 分布. 1969 年 Falconer 提出了分组码与卷积码级连的方案,用来克服序列译码抗突发错误较弱的缺点. 此后 Jelinek 等还提出了很多其他修改方案.

1966 年 Загамгиров, 1969 年 Jelinek 各自发表了不同于 Fano 算法的一种算法——迭式存贮(stack)译码算法. 自 1975 年以来有关这种算法的特点、推广及其与 Fano 算法的比较讨论得很多.

卷积码概率译码中最重要的成就之一是 1967 年由 Viterbi 提出的译码算法——Viterbi 算法. Viterbi算法是一种最大似然译码,它的运算速度很高,同步方法简单,对似然函数值的量化和信号相位变化不太敏感,特别适合于软判决,因此在用同一卷积码时,其性能比序列译码要好二至三分贝. 但由于其译码复杂性和计算量与 $2^{k_c m}$ 成正比,故仅适用于短约束长度的码. 由于 Viterbi 算法的这些特点,它特别适用于高速、大容量数字通信系统,而在卫星通信或深空通信中,它几乎已成为标准技术而广泛使用. 计算机模拟和实际使用表明,在 BSC 中若要求输出误码率为 10^{-5},则使用 Viterbi 译码后大约能得到 5dB 的纯编码增益.

针对 Viterbi 译码器的缺点,后来很多作者做了不少工作,如加快译码速度、减少译码器复杂性等,并取得了一定成果.

除了序列译码、Viterbi 译码算法以外,后来还提出了其他几种最大似然译码算法,如 1975 年 Schalkwijk 等提出的伴随式译码,1978 年 Ng 和 Goodman 提出的最小距离译码等. 这些方法的译码器均可做得较简单,值得今后注意.

计算机模拟、实际使用以及理论上均已证明,应用列距离增长越快,自由距离越大的卷积码,序列译码器和 Viterbi 译码器的性能越好. 因此自 20 世纪 70 年代以来,Johannesson,Piret 等用计算机搜索和分析方法得到了一批有上述特点的好码. 此后在我国,章照止、周尔本、赵仲祥在搜索好码方面也取得了一些成果.

纠突发错误卷积码的构造主要沿三个方向:一是用分析法构造一般的码如 B_{I} 型与 B_{II} 型码;二是与交错技术结合;三是构造能适应信道干扰变化的自适应码. 由于实际上自适应码用得较多,故这里仅谈这类码的发展概况,而其他两类码的情况可参阅相关文献.

1965 年 Gallager 首次构造了一类自适应码——Gallager码,1968 年 Kohlenberg 提出了扩散卷积码的思想,1969 年 Tong 构造了捕获突发译码,稍后 Burton 等对这些码进行了推广. 1973 年 Chase 在捕获突发码的基础上构造了一类多速率码,此后,还有很多作者利用

分组码和卷积码的组合构造了几类自适应码. 所有这些码类特别是扩散卷积码由于实际使用效果较好,因此日益受到工程界欢迎. 我国也有不少单位试制成了一些用扩散卷积码的纠错设备,经各种信道试验表明能获得较好的纠错效果.

上面我们大致回顾了卷积码发展概况,由于至今仍未找到合适的数学工具进行描述,因此在理论上它比分组码显得零乱. 另一方面从实用观点来看,卷积码比分组码用得更普遍. 在卫星通信的 FEC 系统中,几乎都采用 Viterbi 译码或纠突发错误的自适应码,而在误码率要求特别低的信道中采用序列译码. 可以预料今后在实际中,卷积码会起着越来越大的作用. 从理论上说,卷积码及其概率译码算法也是实现 Shannon 信道编码定理最有前途的方法之一.

为了能使纠错码在各种实际系统中充分发挥作用,就必须研究与实用有关的各种问题:信道模型、各种编译码方案的性能分析与比较、实现的成本、计算机模拟等. 纠错码实用问题的研究几乎与纠错码理论的研究同时进行,但仅仅只是在半导体器件,特别是大、中规模集成电路问世以后,才真正为纠错码在实际中应用开辟了广阔前景,实用问题的研究才得到了较为迅速的发展.

信道模化即信道模型的研究是实用问题研究中一个最基本课题. BSC 模型是一个用得最早、最普遍的模型,但由于过于简单故并不适合大部分实际信道. 1960 年 Gilbert 提出了双状态的 Markov 模型(也称 Gilbert

模型),1967 年 Frichtman 提出了分群 Markov 链模型,以后还有不少作者提出一些模型. 但由于上述这些模型均属 Markov 链模型,实际应用起来很不方便,计算也很复杂,故并不完全实用.

20 世纪 60 年代末,有人在 BSC 模型基础上,增加了一个能反映信道错误密集或随时间变化的参数,从而使 BSC 模型更适用于实际信道,这就是修正 BSC (GBSC)模型和时变 BSC(TBSC)模型. 由于这两个模型特别是 GBSC 模型,使用方便、计算简单,且有一定精度,故受到工程技术人员的欢迎. 但自 20 世纪 70 年代以来,有关信道模型的文章不多,这主要是由于实际信道差错分布情况非常复杂,很难用一个简单模型描述. 若用比较复杂的模型,则由于计算上的繁杂而难以实用. 此外,一般对差错性能的估计,往往在数量级上进行,因此用现有的比较粗糙但很简单的模型也就够了.

利用计算机模拟和比较在不同或相同信道模型下,各种差错控制方案的性能,是差错控制系统设计者设计一个系统的重要一步,这方面的工作国外始于 20 世纪 60 年代中,在 BSC 中模拟序列译码和 Viterbi 译码的性能,20 世纪 70 年代初模拟各种分组码的性能. 我国这方面的工作始于 20 世纪 70 年代初,目前已用计算机模拟了序列译码,Viterbi 译码、BCH 码在 BSC 中的性能,取得了一批成果. 从今后发展趋势看来,用计算机利用简单模型模拟实际信道 ,比较各种编译码方案,是设计一个实际差错控制系统所必须进行的第

一步. 今后我们必须大力加强这方面的工作.

另一方面,在目前运行的大多数差错控制系统中,往往采用反馈重传纠错(ARQ 或 HEC)方式,而很少采用 FEC 方式. 这由于 ARQ 方式不仅译码设备简单,而且在信道干扰情况变化异常激烈的情况下,也能保持一定的通信质量. 所以自 20 世纪 60 年代初特别自 70 年代以来,有关 ARQ 方式在各种信道模型下使用各种码时的性能比较非常多,对 ARQ 方式的各种修正方案大量涌现,显得非常活跃. 在卫星通信差错控制系统中,用 ARQ 或 HEC 方式似乎有取代 Viterbi 译码的趋势,而计算机之间的通信,则更是 ARQ 的天下.

到此为止我们简略地回顾了纠错码的发展概况. 纠错码从问世至今已有多年历史,代数编码理论也已基本成熟. 但无论在哪一方面,至今纠错码这一门学科仍表现出旺盛的活力,很多作者不断提出各种新的编译码思想. 从目前研究趋势来看,不仅需要从代数结构上对码做更深入的研究,而且似乎正在探求用其他数学工具来研究码,如用图论 F 氏变换、Walsh 函数、模糊数学等. 但用这些方法能否得到比用代数方法得到的结果更好,值得我们继续深入研究和探讨.

第三编

概 念 篇

第3章 Hamming 码及其他码

A. Einstein 指出:纯数学使我们能够发现概念和联系这些概念的规律,这些概念和规律给了我们理解自然现象的钥匙.

本章我们将从数学角度从新严格定义并推导 Hamming 码的有关定义及定理.

§1 Hamming 距离

考虑二元码,字母表示 $A=\{0,1\}$. 把 A 作为模 2 剩余系,那么在 A 上有两个运算:加法和乘法,而且构成一个域,即加、减、乘、除(除数不为 0)都能做;而定长为 8 的码的每个码字就是 A 上的一个 8 维向量. 从这个简单的观察出发,引入如下定义.

定义 1 设 F 是含 q 个元的有限域, $F^n=\{(x_1,x_2,\cdots,x_n)\mid x_i\in F\}$ 是 F 上的 n 维数组构成的向量空间. F^n 的任一个非空子集 C 称为 F 上的一个 (n,M) 码,其中 $M=|C|$

为 C 的基数,或称长为 n 的 q 元码. 进一步,若 C 是 F^n 的一个 k 维子空间(从而 $M=q^k$),则称 C 是 F 上的一个$[n,k]$线性码,其中 n 称为 C 的长度,而 k 称为 C 的维数.

F^n 的两个码 C 与 C'称为等价,记作 $C\cong C'$,如果有一个 n 级置换矩阵 $\boldsymbol{P}$ 使得对于任意 $\boldsymbol{c}=(c_1,c_2,\cdots,c_n)\in C$,$\boldsymbol{cP}\in C'$且 $\boldsymbol{c}\to\boldsymbol{cP}$ 给出 C 到 C'的双射.

以下记$\boldsymbol{0}=(0,0,\cdots,0)$,$\boldsymbol{1}=(1,1,\cdots,1)$;零子空间称为零码.

注 1 回想,向量空间 F^n 是一个加群连同一个"系数乘法". 然而当 $F=F_2$ 时,F^n 的系数乘法被包括在加群结构之中,子空间就是子群,等等. 换言之,F^n 仅仅就是一个群. 所以有的文献把线性码称为群码.

一个简单的几何观念可帮了我们的大忙.

定义 2 规定 F^n 上的二元非负整值函数 d 为

$$d(\boldsymbol{x},\boldsymbol{y})=|\{i\mid 1\leqslant i\leqslant n,x_i\neq y_i\}|$$

$$\forall\boldsymbol{x}=(x_1,x_2,\cdots,x_n),\boldsymbol{y}=(y_1,y_2,\cdots,y_n)\in F^n$$

称 $d(\boldsymbol{x},\boldsymbol{y})$为 $\boldsymbol{x}$ 与 $\boldsymbol{y}$ 之间的 Hamming 距离,简称距离.

规定 F^n 上的一元非负整值函数 w 为

$$w(\boldsymbol{x})=d(\boldsymbol{x},\boldsymbol{0}),\ \forall\boldsymbol{x}\in F^n$$

称 $w(\boldsymbol{x})$为 $\boldsymbol{x}$ 的 Hamming 重量,简称重量,或称权. 令

$$\mathrm{Supp}(\boldsymbol{x})=\{i\mid 1\leqslant i\leqslant n,x_i\neq 0\}$$

称 $\mathrm{Supp}(\boldsymbol{x})$为 $\boldsymbol{x}$ 的支撑指标集,则

$$w(\boldsymbol{x})=|\mathrm{Supp}(\boldsymbol{x})|$$

显然 $d(\boldsymbol{x},\boldsymbol{y})=w(\boldsymbol{x}-\boldsymbol{y})$.

距离和重量的直观意义很清楚,如

$$d((0011),(1010))=2, w(0111)=3$$

从数字的角度来说，他们确实分别满足距离和重量的基本要求.

命题 1　(1) 对函数 d 下述两条成立: $\forall \boldsymbol{x},\boldsymbol{y},\boldsymbol{z}\in F^n$, 有:

①$d(\boldsymbol{x},\boldsymbol{y})\geqslant 0$ 且仅在 $\boldsymbol{x}=\boldsymbol{y}$ 时有 $d(\boldsymbol{x},\boldsymbol{y})=0$;

②$d(\boldsymbol{x},\boldsymbol{y})\leqslant d(\boldsymbol{x},\boldsymbol{z})+d(\boldsymbol{y},\boldsymbol{z})$.

(2) 对函数 w 下述两条成立: $\forall \boldsymbol{x},\boldsymbol{y}\in F^n$, 有:

①$w(\boldsymbol{x})\geqslant 0$ 且仅在 $\boldsymbol{x}=\boldsymbol{0}$ 时有 $w(\boldsymbol{x})=0$;

②$w(\boldsymbol{x}+\boldsymbol{y})\leqslant w(\boldsymbol{x})+w(\boldsymbol{y})$.

定义 3　设 $C\subseteq F^n$ 是一个码. 称

$$d=d(C)=\min\{d(\boldsymbol{x},\boldsymbol{y})\mid \boldsymbol{x}\neq\boldsymbol{y}\in C\}$$

为 C 的极小距离; 称

$$\min\{w(\boldsymbol{x})\mid \boldsymbol{0}\neq\boldsymbol{x}\in C\}$$

为 C 的极小重量. 此时, 称 C 是 (n,M,d) 码, 其中 $M=|C|$. 进一步, 若 C 是 k 维线性码, 则说 C 是 $[n,k,d]$ 线性码.

命题 2　线性码的极小距离等于极小重量.

证明　由于 $d(\boldsymbol{x},\boldsymbol{y})=w(\boldsymbol{x}-\boldsymbol{y})$, 故

$$\begin{aligned}&\min\{d(\boldsymbol{x},\boldsymbol{y})\mid \boldsymbol{x}\neq\boldsymbol{y}\in C\}\\=&\min\{w(\boldsymbol{x}-\boldsymbol{y})\mid \boldsymbol{x}\neq\boldsymbol{y}\in C\}\\=&\min\{w(\boldsymbol{x})\mid \boldsymbol{0}\neq\boldsymbol{x}\in C\}\end{aligned}$$

定义 4　(1) (极大相似译码法 (maximal likelihood decoding)) 设 C 为 F 上的码. 把收到的字 $\boldsymbol{r}$ 译为与其距离最小的码字 $\boldsymbol{c}\in C$; 若有几个码字与 $\boldsymbol{r}$ 的距离都达到最小, 则取其一, 这称为极大相似译码法. 数学描写

如下:令

$$L(\boldsymbol{r}) = \{\boldsymbol{c} \in C \mid d(\boldsymbol{r},\boldsymbol{c}) \leqslant d(\boldsymbol{r},\boldsymbol{c}'),\ \forall \boldsymbol{c}' \in C\}$$

则显然 $L(\boldsymbol{r}) \neq \varnothing$;把 $\boldsymbol{r}$ 译为 $\boldsymbol{c} \in L(\boldsymbol{r})$. 当 $|L(\boldsymbol{r})| = 1$ 时,这个 $\boldsymbol{c}$ 是唯一的.

(2)发送码字 $\boldsymbol{c} \in C$,收到字 $\boldsymbol{r} \in F^n$,如果在传送中发生错误不超过 k 位,即 $d(\boldsymbol{r},\boldsymbol{c}) \leqslant k$ 时,极大相似译码法恒把 $\boldsymbol{r}$ 唯一地译为 $\boldsymbol{c}$,则称 C 是纠 k 错码.

类似地可定义检 k 错码.

命题 3 设 C 为 F 上的一个(n,M,d)码,设 $e = \left[\dfrac{d-1}{2}\right]$,这里$[x]$表示实数 x 的整数部分. 则 C 是纠 e 错码,是检$(d-1)$错码.

证明 设 $\boldsymbol{r} \in F^n, \boldsymbol{c} \in C$ 使得 $d(\boldsymbol{r},\boldsymbol{c}) \leqslant e$. 对于任意 $\boldsymbol{c}' \in C, \boldsymbol{c}' \neq \boldsymbol{c}$,我们有

$$\begin{aligned} d(\boldsymbol{r},\boldsymbol{c}') &\geqslant d(\boldsymbol{c},\boldsymbol{c}') - d(\boldsymbol{r},\boldsymbol{c}) \\ &\geqslant d - e \geqslant d - \frac{d-1}{2} \\ &= \frac{d+1}{2} > \left[\frac{d-1}{2}\right] = e \end{aligned}$$

所以 $L(\boldsymbol{r}) = \{\boldsymbol{c}\}$ 含唯一一个元 $\boldsymbol{c}$,从而极大相似译码法把 $\boldsymbol{r}$ 唯一地译为 $\boldsymbol{c}$.

另外易见,如果发生了错误但发生错误数小于 d,即 $0 < d(\boldsymbol{r},\boldsymbol{c}) < d$,则 $\boldsymbol{r} \notin C$,那么接收者立即知道肯定出错.

注 2 显然,纠 k 错码也是纠$(k-1)$错码,因此一个码有其最大纠错能力. 有的文献说纠 k 错码是指它的最大纠错能力为纠 k 个错. 以上命题中的码的最大

纠错能力就是纠 $e=\left[\frac{d-1}{2}\right]$ 个错. 因为:由极小距离的定义知,存在 $\boldsymbol{c}\neq\boldsymbol{c}'\in C$ 使得 $d(\boldsymbol{c},\boldsymbol{c}')=d$,即 $\boldsymbol{c}$ 与 $\boldsymbol{c}'$ 恰有 d 个坐标互不相同,不妨设

$$\boldsymbol{c}=(c_1,\cdots,c_d,c_{d+1},\cdots,c_n)$$

$$\boldsymbol{c}'=(c'_1,\cdots,c'_d,c_{d+1},\cdots,c_n)$$

其中 $c_i\neq c'_i,i=1,2,\cdots,d$. 令

$$\boldsymbol{r}=(c'_1,\cdots,c'_e,c'_{e+1},c_{e+2},\cdots,c_d,c_{d+1},\cdots,c_n)$$

则 $d(\boldsymbol{r},\boldsymbol{c})=e+1$;另一方面,由 $e+1>\frac{d-1}{2}$ 可得

$$d(\boldsymbol{r},\boldsymbol{c}')=d-(e+1)<d-\frac{d-1}{2}$$

$$=\frac{d+1}{2}\leqslant e+1$$

因此当码字 $\boldsymbol{c}$ 经传送被错为码字 $\boldsymbol{r}$ 时,极大相似译码法不会把 $\boldsymbol{r}$ 译为 $\boldsymbol{c}$.

上述论证中的关键思想可用几何语言描述如下. 如图 1,设 $\boldsymbol{c}\in F^n$,k 为非负整数,则点的集合

$$S(\boldsymbol{c},k)=\{\boldsymbol{x}\in F^n\mid d(\boldsymbol{c},\boldsymbol{x})\leqslant k\}$$

称为以 $\boldsymbol{c}$ 为球心以 k 为半径的球. 命题 3 的证明的关键点是对两个不同的码字 $\boldsymbol{c},\boldsymbol{c}'\in C$,球 $S(\boldsymbol{c},e)\cap S(\boldsymbol{c}',e)=\varnothing$,因为 $d(\boldsymbol{c},\boldsymbol{c}')\geqslant d>2e$.

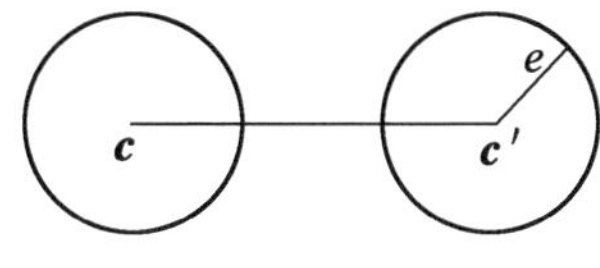

图 1

另一方面,当 $d(\boldsymbol{c},\boldsymbol{c}')=d$ 时,球 $S(\boldsymbol{c},e+1)\cap S(\boldsymbol{c}',e+1)\neq\varnothing$,因为$(e+1)+(e+1)>d$.

实际上,容易确定球 $S(\boldsymbol{c},k)$. 设 $\boldsymbol{c}=(c_1,c_2,\cdots,c_n)\in F^n$. 对 $0\leqslant i\leqslant k$,任选定 i 个下标 $1\leqslant\alpha_1<\cdots<\alpha_i\leqslant n$. 在字 $\boldsymbol{c}$ 中把 c_{α_1} 换为与 c_{α_1} 不同的任一元,把 c_{α_2} 换为与 c_{α_2} 不同的任一元,等等,至 c_{α_i} 为止,其他坐标(位)不变. 这样得到的字与 $\boldsymbol{c}$ 的距离恰好是 i. 反之,任一个与 $\boldsymbol{c}$ 的距离为 i 的字都可如此得到. 这样,让 i 从 0 跑到 k,就可得到球 $S(\boldsymbol{c},k)$的全部点. 特别地,我们得到:F^n 中半径为 k 的球所含点的个数 $V_q(n,k)$是与球心无关而只与 n,k 有关的函数

$$V_q(n,k)=|S(\boldsymbol{c},k)|=|\{x\in F^n|d(\boldsymbol{c},\boldsymbol{x})\leqslant k\}|$$
$$=\sum_{i=0}^{k}\binom{n}{i}(q-1)^i \tag{1}$$

结合上述分析我们马上得到下述结果.

命题 4 设$|F|=q$,C 是 F 上的(n,M,d)码,其中 $M=|C|$. 令 $e=\left[\dfrac{d-1}{2}\right]$,则

$$M\cdot V_q(n,e)=|C|\cdot\sum_{i=0}^{e}\binom{n}{i}(q-1)^i\leqslant q^n$$

此命题告诉我们 $M\leqslant\dfrac{q^n}{V_q}(n,e)$. 由此引入下述概念.

定义 5 以 $M_q(n,d)$记极小距离 d 的长为 n 的 q 元码能达到的最大的基数. 则

$$M_q(n,d)\leqslant\frac{q^n}{V_q}(n,e)$$

其中

$$e=\left[\frac{d-1}{2}\right]$$

这称为码的 Hamming 界或球填充界. 如果 F^n 上的 (n,M,d) 码 C 使得命题4中的等号成立,则称 C 为完全码.

因为对 $\boldsymbol{c}\neq\boldsymbol{c}'\in C$,球 $S(\boldsymbol{c},e)\cap S(\boldsymbol{c}',e)=\varnothing$,所以 $\bigcup\limits_{\boldsymbol{c}\in C}S(\boldsymbol{c},e)\subseteq F^n$ 是用 M 个半径为 e 的球填充空间 F^n. 当命题4中的等号成立时,这是完全填充. 显然,如果 C 是完全码,则 $d=2e+1$. 这个条件并不是充分的.

与此相对的有球覆盖问题. 无疑地,只要 ρ 足够大,以码字为球心以 ρ 为半径的所有球能覆盖空间 F^n,即 $\bigcup\limits_{\boldsymbol{c}\in C}S(\boldsymbol{c},\rho)=F^n$. 下述概念与极小距离是对偶的.

定义6　使 $\bigcup\limits_{\boldsymbol{c}\in C}S(\boldsymbol{c},\rho)=F^n$ 成立的最小的 ρ 称为码 C 的覆盖半径(covering radius),记作 $\rho(C)$.

很容易给出 $M_q(n,d)$ 的另一个上界.

命题5　$M_q(n,d)\leqslant q^{n-d+1}$. 这个界称为单字界(singleton bound). 如果 (n,M,d) 码 C 使得 $M=q^{n-d+1}$,则称 C 是极大距离可分码(maximal distance separate code),简称 MDS 码.

证明　对 d 归纳. 当 $d=1$ 时它显然成立. 设 $d>1$,那么存在下标 j 使得有两个码字它们的 j 位不相等;对每个 $\boldsymbol{c}\in C$,把 $\boldsymbol{c}$ 的 j 位删去得到一个长 $n-1$ 的字 $\tilde{\boldsymbol{c}}\in F^{n-1}$,因为 $d>1$,只要 $\boldsymbol{c}\neq\boldsymbol{c}'\in C$ 就有 $\tilde{\boldsymbol{c}}\neq\widetilde{\boldsymbol{c}'}\in F^{n-1}$. 这样我们就得到一个 $(n-1,M,d-1)$ 码 $\tilde{C}=\{\tilde{\boldsymbol{c}}\mid\boldsymbol{c}\in$

$C\}$. 按归纳法,得

$$M \leqslant q^{n-1-(d-1)+1} = q^{n-d+1}$$

注 3 这里的技巧是从长为 n 的码 C 通过截去若干位构造新码,这样得到的码 $\widetilde{C}$ 称为截断码(punctured code).

这个思想启发我们逐位考虑一个码的各个码字. 为此把 F 上的(n,M,d)码 C 的 M 个码字排成 M 行得到一个 $M\times n$ 矩阵

$$\boldsymbol{M}(C)=\begin{pmatrix} c_{11} & c_{12} & \cdots & c_{1n} \\ c_{21} & c_{22} & \cdots & c_{2n} \\ \vdots & \vdots & & \vdots \\ c_{M1} & c_{M2} & \cdots & c_{Mn} \end{pmatrix}$$

称为码 C 的码矩阵. 按如下方式计算所有的互异码字对(共有$\frac{M(M-1)}{2}$对)的距离的总和. 考虑各个码字的第 j 位,即考虑矩阵 $\boldsymbol{M}(C)$的第 j 列. 对 $\lambda\in F$,设 λ 在第 j 列出现 m_λ 次. 那么 $\sum\limits_{\lambda\in F} m_\lambda = M$. 另一方面,若 $\lambda_1\neq\lambda_2\in F$,而码字 $\boldsymbol{c}_1$ 的第 j 位是 λ_1,码字 $\boldsymbol{c}_2$ 的第 j 位是 λ_2,则在计算距离 $d(\boldsymbol{c}_1,\boldsymbol{c}_2)$ 时,第 j 位上的差别贡献了 1. 这样,在计算所有的互异码字对的距离的总和时,第 j 位上的差异所用的贡献共有

$$\begin{aligned}\sum_{\lambda\neq\lambda'\in F} m_\lambda m_{\lambda'} &= \frac{1}{2}\Big(\Big(\sum_{\lambda\in F} m_\lambda\Big)^2 - \sum_{\lambda\in F} m_\lambda^2\Big) \\ &= \frac{1}{2}\Big(M^2 - \sum_{\lambda\in F} m_\lambda^2\Big)\end{aligned}$$

但是$\sum_{\lambda\in F} m_\lambda^2 \geqslant \frac{(\sum_{\lambda\in F} m_\lambda)^2}{q} = \frac{M^2}{q}$,所以距离总和为

$$\begin{aligned}\sum_{c\neq c'\in C} d(\boldsymbol{c},\boldsymbol{c}') &= n\cdot\sum_{\lambda\neq\lambda\in F} m_\lambda m_\lambda{}' \\ &= \frac{n}{2}(M^2-\sum_{\lambda\in F} m_\lambda^2) \\ &\leqslant \frac{n}{2}(M^2-\frac{M^2}{q}) \\ &= \frac{n(q-1)M^2}{2q}\end{aligned}$$

因此对平均距离我们有

$$\begin{aligned}&\frac{2}{M(M-1)}\sum_{c\neq c'\in C} d(\boldsymbol{c},\boldsymbol{c}') \\ &\leqslant \frac{2}{M(M-1)}\cdot\frac{n(q-1)M^2}{2q} \\ &= \frac{n(q-1)M}{q(M-1)}\end{aligned}$$

极小距离 d 显然不超过平均距离.

命题 6　设 C 是(n,M,d)的 q 元码. 则

$$d\leqslant\frac{n(q-1)M}{q(M-1)}$$

这称为 Plotkin 界.

显然,要使上面的等号成立,至少极小距离 d 要等于平均距离. 这种码具有以下特征.

定义 7　如果码 C 的任意两对码字的距离相等(从而任意一对码字的距离等于极小距离 d),则 C 称为等距码(equidistantcode).

Plotkin 界　令 $\theta=1-q^{-1}$. 如果 $d>\theta n$,那么

$$M_q(n,d) \leqslant \frac{d}{d-\theta n}$$

§2　线　性　码

恒设 F 是一个 q 元的有限域. 回想定义 1,线性码是向量空间 F^n 的子空间. 通常有两种决定子空间的方式:一是给出它的一个基底;二是把它作为一个线性方程组的解子空间. 实际上这两种方式可以容易地互相转化.

回顾线性代数中的一个概念. 在向量空间 F^n 上有典型对称双线性型 $\langle -,- \rangle$,即

$$\langle \boldsymbol{x},\boldsymbol{y} \rangle = x_1y_1 + x_2y_2 + \cdots + x_ny_n$$

$$\forall \boldsymbol{x} = (x_1,x_2,\cdots,x_n), \boldsymbol{y} = (y_1,y_2,\cdots,y_n) \in F^n \quad (1)$$

它是非退化的,因为它在 F^n 的典型基底下的矩阵是单位矩阵.

定义 1　设 $C \subseteq F^n$ 是一个码,其正交子空间 $C^{\perp} = \{\boldsymbol{x} \in F^n \mid \langle \boldsymbol{x},\boldsymbol{c} \rangle = 0, \forall \boldsymbol{c} \in C\}$ 称为 C 的对偶码.

当 C 是线性码时,即 C 是 F^n 的子空间时,对偶码 $C^{\perp}$ 也是线性码,而且

$$\dim C + \dim C^{\perp} = n, (C^{\perp})^{\perp} = C \quad (2)$$

命题 1　设 C 是 F^n 上的 $[n,k]$ 线性码. $C^{\perp}$ 是其对偶码. 令 $k' = \dim C^{\perp} = n-k$. 令 $x \in F^n$. 则有:

(1) 设

$$\boldsymbol{g}_1=(g_{11},g_{12},\cdots,\boldsymbol{g}_{1n}),\cdots,\boldsymbol{g}_k=(g_{k1},g_{k2},\cdots,g_{kn})$$

是码 C 的一个基底,令矩阵

$$\boldsymbol{G}=\begin{pmatrix} g_{11} & \cdots & g_{1n} \\ \vdots & & \vdots \\ g_{k1} & \cdots & g_{kn} \end{pmatrix}$$

则 $\boldsymbol{x}\in C$ 当且仅当 $\boldsymbol{x}=\boldsymbol{a}\boldsymbol{G}$ 对某 $\boldsymbol{a}=(a_1,a_2,\cdots,a_k)\in F^k$. 称 $\boldsymbol{G}$ 为码 C 的生成矩阵(generating matrix).

(2)设

$$\boldsymbol{h}_1=(h_{11},h_{12},\cdots,\boldsymbol{h}_{1n}),\cdots,\boldsymbol{h}_{k'}=(h_{k'1},h_{k'2},\cdots,h_{k'n})$$

是对偶码 $C^{\perp}$ 的一个基底,令矩阵

$$\boldsymbol{H}=\begin{pmatrix} h_{11} & \cdots & h_{1n} \\ \vdots & & \vdots \\ h_{k'1} & \cdots & h_{k'n} \end{pmatrix}$$

则 $\boldsymbol{x}\in C$ 当且仅当 $\boldsymbol{x}\boldsymbol{H}^{\mathrm{T}}=\boldsymbol{0}$,这里 $\boldsymbol{H}^{\mathrm{T}}$ 表示 $\boldsymbol{H}$ 的转置矩阵. 称 $\boldsymbol{H}$ 为码 C 的检验矩阵(parity check matrix).

证明　结论(1)显然,因为 $\boldsymbol{x}\in C$ 当且仅当 $\boldsymbol{x}$ 是 $\boldsymbol{g}_1,\boldsymbol{g}_2,\cdots,\boldsymbol{g}_k$ 的线性组合.

(2)令 $\boldsymbol{x}=(x_1,x_2,\cdots,x_n)$,则 $\boldsymbol{x}\boldsymbol{H}^{\mathrm{T}}=\boldsymbol{0}$ 是以 $\boldsymbol{H}$ 为系数矩阵的线性方程组. 由于 $\boldsymbol{H}$ 的行向量是 $C^{\perp}$ 的基底,因此线性方程组的解子空间是 $(C^{\perp})^{\perp}=C$.

注 1　反之,由此命题的证明,任给一个域 F 上秩为 k 的 $k\times n$ 矩阵 $\boldsymbol{G}$(或秩为 $n-k$ 的 $(n-k)\times n$ 矩阵 $\boldsymbol{H}$),有唯一线性码 C 以 $\boldsymbol{G}$ 为生成矩阵(以 $\boldsymbol{H}$ 为检验矩阵).

定理 1　设 $\boldsymbol{H}$ 是线性码 C 的检验矩阵,设 $\boldsymbol{H}_1,\boldsymbol{H}_2,\cdots,\boldsymbol{H}_n$ 是 $\boldsymbol{H}$ 的全部列向量,则 C 的极小距离 $d(C)$

等于 $\boldsymbol{H}$ 的列向量的极小线性相关组的基数的极小值,即

$$d(C)=\min\{|I| \mid I\subseteq\{1,2,\cdots,n\},\ \text{向量组 } \boldsymbol{H}_i, i\in I, \text{线性相关}\}$$

证明 对于 $\boldsymbol{x}=(x_1,x_2,\cdots,x_n)\in F^n$,检验等式 $\boldsymbol{x}\boldsymbol{H}^{\mathrm{T}}=\boldsymbol{0}$,即

$$x_1\boldsymbol{H}_1+x_2\boldsymbol{H}_2+\cdots+x_n\boldsymbol{H}_n=\boldsymbol{0}$$

令 $\mathrm{Supp}(\boldsymbol{x})=\{i \mid x_i\neq 0\}$. 若 $\boldsymbol{x}\boldsymbol{H}^{\mathrm{T}}=\boldsymbol{0}$,则向量组 $\boldsymbol{H}_i, i\in\mathrm{Supp}(\boldsymbol{x})$ 线性相关. 反之,若向量组 $\boldsymbol{H}_i, i\in I\subseteq\{1,2,\cdots,n\}$ 是极小线性相关组,则存在 $x_i\in F, i\in I$,它们全不为零,使得

$$\sum_{i\in I}x_i\boldsymbol{H}_i=0$$

令 $\boldsymbol{x}=(x_1,x_2,\cdots,x_n)$,其中 $x_j=0$ 对 $j\notin I$,则 $\mathrm{Supp}(\boldsymbol{x})=I$,且 $\boldsymbol{x}\boldsymbol{H}^{\mathrm{T}}=\boldsymbol{0}$.

注 2 由此可知,线性码 C 可纠 1 个错当且仅当 $d(C)\geqslant 3$,当且仅当 C 的检验矩阵 $\boldsymbol{H}$ 的任意两列线性无关.

而且有一种很简单的办法纠正错误,描述如下:设 C 就是一个这样的线性码,它的检验矩阵 $\boldsymbol{H}$ 的任意两列线性无关. 把检验矩阵 $\boldsymbol{H}$ 按列分块为 $\boldsymbol{H}=(\boldsymbol{H}_1,\boldsymbol{H}_2,\cdots,\boldsymbol{H}_n)$,即

$$\boldsymbol{H}_j=\begin{pmatrix}h_{1j}\\ \vdots\\ h_{n-k,j}\end{pmatrix}, j=1,2,\cdots,n$$

是 $\boldsymbol{H}$ 的各列向量. 设 $\boldsymbol{c}\in C$ 传送时发生错误 $\boldsymbol{e}\in F^n$(称

为差错向量),即接收到的字为 $\boldsymbol{x}=\boldsymbol{c}+\boldsymbol{e}$;并且设只在第 j 位发生一个错误,所以 $\boldsymbol{e}=(0,\cdots,0,\lambda_j,0,\cdots,0)$. 因为 $\boldsymbol{c}\boldsymbol{H}^{\mathrm{T}}=0$,所以

$$\boldsymbol{x}\boldsymbol{H}^{\mathrm{T}}=(\boldsymbol{c}+\boldsymbol{e})\boldsymbol{H}^{\mathrm{T}}=\boldsymbol{e}\boldsymbol{H}^{\mathrm{T}}=\lambda_j\boldsymbol{H}_j$$

这个字被称为接收到的字 $\boldsymbol{x}$ 的和声(syndrome,有的文献称它为伴随式). 上式表明和声一定是 $\boldsymbol{H}$ 的唯一一个列向量的倍数,j 就是这个列向量的列标号,而这个倍数系数就是 λ_j. 换言之,把接收到的字的和声计算出来就得到了差错向量 $\boldsymbol{e}$,也就知道了发送码字 $\boldsymbol{c}=\boldsymbol{x}-\boldsymbol{e}$.

从群论的同态基本定理或向量空间的同态基本定理,可以对此过程做一个更理论化的分析,为我们提供了一个极大相似译码法在线性码中的实施办法.

设 $C\subseteq F^n$ 为一个 $[n,k,d]$ 线性码,设 $\boldsymbol{H}=(\boldsymbol{H}_1,\boldsymbol{H}_2,\cdots,\boldsymbol{H}_n)$ 是它的检验矩阵. 则有线性映射

$$\varphi:F^n\to F^{n-k},\boldsymbol{x}\to\boldsymbol{x}\boldsymbol{H}^{\mathrm{T}}$$

由命题1(2),φ 的核正好是 C,所以 φ 诱导从码 C 的全体陪集 $C+e,e\in F^n$,即商空间 F^n/C 到 F^{n-k} 的同构映射

$$\overline{\varphi}:F^n/C\xrightarrow{\cong}F^{n-k},C+\boldsymbol{e}\to\boldsymbol{e}\boldsymbol{H}^{\mathrm{T}}$$

因此我们有如下定义.

定义2　称 $\boldsymbol{x}\boldsymbol{H}^{\mathrm{T}}\in F^{n-k}$ 为 $\boldsymbol{x}\in F^n$ 的和声. 换言之,商空间 $\{C+\boldsymbol{x}\mid\boldsymbol{x}\in F^n\}$,其元素是陪集 $C+\boldsymbol{x}$ 与和声的集合 $\{\boldsymbol{x}\boldsymbol{H}^{\mathrm{T}}\mid\boldsymbol{x}\in F^n\}$ 之间的一一对应;$\boldsymbol{x}_1$ 与 $\boldsymbol{x}_2$ 属于 C 的同一陪集当且仅当它们的和声相等

$$\boldsymbol{x}_1\boldsymbol{H}^{\mathrm{T}}=\boldsymbol{x}_2\boldsymbol{H}^{\mathrm{T}}$$

发送码字 $\boldsymbol{c}\in C$,收到字 $\boldsymbol{r}=\boldsymbol{c}+\boldsymbol{e}$,其中 $\boldsymbol{e}$ 就是差错向量,而 $\boldsymbol{e}=\boldsymbol{r}-\boldsymbol{c}\in C+\boldsymbol{r}$,它与收到字 $\boldsymbol{r}$ 属于 C 的同一陪集,也就是具有同样的和声. 用极大相似译码法译码时考虑使得距离 $d(\boldsymbol{r},\boldsymbol{c}_r)$ 最小的 $\boldsymbol{c}_r$,也就是寻找使得重量

$$w(\boldsymbol{e}_r)=w(\boldsymbol{r}-\boldsymbol{c}_r)=d(\boldsymbol{r},\boldsymbol{c}_r)$$

最小的 $w(\boldsymbol{e}_r)$,这种 $\boldsymbol{e}_r=\boldsymbol{r}-\boldsymbol{c}_r$ 在陪集 $C+\boldsymbol{r}$ 之中,也就是在和声 $\boldsymbol{r}\boldsymbol{H}^{\mathrm{T}}$ 对应的陪集之中. 这样就把搜索 C 中使得 $d(\boldsymbol{r},\boldsymbol{c}_r)$ 最小的字转换为搜索陪集 $C+\boldsymbol{r}$ 中使得 $d(\boldsymbol{r},\boldsymbol{c}_r)$ 最小的字. 总结上述我们得以下命题:

命题 2 符号如上. 假设收到字 $\boldsymbol{r}$. 设 $\boldsymbol{e}^r$ 是和声 $\boldsymbol{r}\boldsymbol{H}^{\mathrm{T}}$ 对应的陪集

$$\{\boldsymbol{v}\in F^n \mid \boldsymbol{v}\boldsymbol{H}^{\mathrm{T}}=\boldsymbol{r}\boldsymbol{H}^{\mathrm{T}}\}=C+\boldsymbol{r}$$

中的重量最小的元,则极大相似译码法把 $\boldsymbol{r}$ 译为 $\boldsymbol{r}-\boldsymbol{e}_r$. 又若 $w(\boldsymbol{e}_r)\leqslant e=\left[\dfrac{d-1}{2}\right]$,则 $C+\boldsymbol{r}$ 中的重量最小的元是唯一的.

具体操作办法:

(1)找出 C 的所有陪集,在每个陪集中找一个重量最小的字 $\boldsymbol{e}_i$,称为该陪集的头字(leader);

(2)编制译码表,即列出所有头字以及头字对应的和声;

(3)收到字 $\boldsymbol{r}$ 后,计算和声 $\boldsymbol{r}\boldsymbol{H}^{\mathrm{T}}$,在译码表的和声栏中找到此和声以及它对应的头字 $\boldsymbol{e}$,把收到的字 $\boldsymbol{r}$ 译为 $\boldsymbol{r}-\boldsymbol{e}$.

看一个具体例子:

例 1　F_2(即模 2 剩余系)上的[5,2,3]线性码

$$C=\{(00000),(11100),(01111),(10011)\}$$

它的检验矩阵是

$$\boldsymbol{H}=\begin{pmatrix}1&1&0&1&0\\0&1&1&0&0\\0&0&0&1&1\end{pmatrix}$$

那么可得译码表如后. 按照注 2 中的分析,如果收到的字 $\boldsymbol{r}$ 至多出一个错,那么和声 $\boldsymbol{rH}^{\mathrm{T}}$ 只能是前 6 个之一:第 1 个表示无错;其他五个对应的头字恰含一个 1,所在位置恰好是和声在检验矩阵 $\boldsymbol{H}$ 中的列向量的列标号,即错误发生位置.

陪　集	头字	和声
{(00000),(11100),(01111),(10011)}	(00000)	(000)
{(10000),(01100),(11111),(00011)}	(10000)	(100)
{(01000),(10100),(00111),(11011)}	(01000)	(110)
{(00100),(11000),(01011),(10111)}	(00100)	(010)
{(00010),(11110),(01101),(10001)}	(00010)	(101)
{(00001),(11101),(01110),(10010)}	(00001)	(001)
{(00110),(11010),(10001),(10101)}	(00110)	(111)
{(01010),(10110),(00101),(11001)}	(01010)	(011)

如何构造出满足注 2 的“极大”的码? 也就是说,给定行数 s,如何构造出“极大”的矩阵 $\boldsymbol{H}$? 向量空间中两向量线性无关当且仅当它们不共线. 由此引入下述概念.

定义 3　设 V 是域 F 上的向量空间. 令 $\mathrm{PG}(V)=\{L\mid L$ 是 V 的 1 维子空间$\}$,称为对应 V 的投射空间

(射影空间).

对 $\mathbf{0} \neq \boldsymbol{x} \in V$,所以 $\langle \boldsymbol{x} \rangle$ 记向量 $\boldsymbol{x}$ 所在的 1 维子空间,即 $\langle \boldsymbol{x} \rangle \in \mathrm{PG}(V)$. 此时我们说 $\boldsymbol{x}$ 代表 $\mathrm{PG}(V)$ 中的元素 $\langle \boldsymbol{x} \rangle$. 但 $\mathrm{PG}(V)$ 中的一个元素可有不同的代表. 对于 $\boldsymbol{x} \neq \mathbf{0} \neq \boldsymbol{x}'$,显然,$\langle \boldsymbol{x} \rangle = \langle \boldsymbol{x}' \rangle$ 当且仅当 $\boldsymbol{x}$ 与 $\boldsymbol{x}'$ 线性相关,即有 $\boldsymbol{a} \in F$ 使 $\boldsymbol{x}' = \boldsymbol{a}\boldsymbol{x}$. 特别地,$|\langle \boldsymbol{x} \rangle| = |F|$.

命题 3　设 $|F| = q$,设 s 是正整数. 则有:

(1) $|\mathrm{PG}(F^s)| = \dfrac{(q^s - 1)}{q - 1}$;

(2) 行数为 s 的任意两列线性无关的矩阵最大列数 $n = \dfrac{q^s - 1}{q - 1}$,达到这个最大列数 n 的矩阵 $\boldsymbol{H}$ 的各列,恰好代表投射空间 $\mathrm{PG}(F^s)$ 的所有元素.

定义 4　设 $\boldsymbol{H}$ 是命题 3(2) 中的矩阵. 以 $\boldsymbol{H}$ 为检验矩阵的码称为 Hamming 码.

命题 4　符号如上. 则有:

(1) Hamming 码的参数是 $\left[\dfrac{q^s - 1}{q - 1}, \dfrac{q^s - 1}{q - 1} - s, 3\right]$;

(2) Hamming 码是完全码.

例 2　以 $\boldsymbol{H} = \begin{pmatrix} 1 & 0 & 0 & 1 & 0 & 1 & 1 \\ 0 & 1 & 0 & 1 & 1 & 1 & 0 \\ 0 & 0 & 1 & 0 & 1 & 1 & 1 \end{pmatrix}$ 为检验矩阵的二元线性码 C 是 Hamming 码,它的参数是 $[7,4,3]$,它的纠错能力为 1,检错能力为 2.

注 3　回到注 2 的出发点,考虑任意两列线性无关的 $k \times n$ 矩阵 $\boldsymbol{G}$,而且秩为 k,但考虑对偶的情况:以 $\boldsymbol{G}$ 为生成矩阵得到的码称为投射码(projective code,

或译射影码). 按命题 3,取定 k 时这种矩阵 $\boldsymbol{G}$ 的极大列数 $n=\frac{q^k-1}{q-1}$得到的码称为极大投射码(maximal projective code),按定义知道它就是 Hamming 码的对偶码. 这种码具有很显著的特殊性质.

§3　有限域与 Hamming 码

设 C 是个二元$[n,n-r]$线性码,那么它的校验矩阵 $\boldsymbol{H}$ 是个秩为 r 的 $r\times n$ 矩阵. 我们知道,C 是可纠正一个差错的纠错码,当且仅当 $\boldsymbol{H}$ 没有元素全等于 0 的列而且 $\boldsymbol{H}$ 的任意两列都不相等. 因此为了得到可纠正一个差错的二元$[n,n-r]$线性纠错码,只要从 F_2 上的 r 维非零列向量中选出 n 个来,譬如是 $\boldsymbol{h}_0,\boldsymbol{h}_1,\boldsymbol{h}_2,\cdots,\boldsymbol{h}_{n-1}$,并把它们按任意次序排成一个 $r\times n$ 矩阵,譬如

$$\boldsymbol{H}=(\boldsymbol{h}_0,\boldsymbol{h}_1,\boldsymbol{h}_2,\cdots,\boldsymbol{h}_{n-1})$$

只要 $\boldsymbol{H}$ 的秩等于 r,那么以 $\boldsymbol{H}$ 为校验矩阵的二元$[n,n-r]$线性码 C 就是一个可以纠正一个差错的码. 因为 F_2 上一共有 2^r-1 个 r 维非零列向量,所以一定有 $n\leqslant 2^r-1$. 二元$[n,n-r]$线性码 C 的信息位的个数是 $n-r$,它的信息率就等于

$$\frac{n-r}{n}=1-\frac{r}{n}$$

因此,当 r 给定后,码越长,信息率就越高. 而当 $n=$

2^r-1时，信息率达到极大值$1-\frac{r}{2^r-1}$. 这时 $\boldsymbol{H}$ 是以 F_2 上 2^r-1 个非零列向量作为向量构成的 $r\times(2^r-1)$ 矩阵. 这个矩阵的秩显然是 r，以它为校验矩阵的二元 $[2^r-1,2^r-1-r]$ 线性码就叫作二元 $(2^r-1,2^r-1-r)$ Hamming 码，简称 Hamming 码. 又因 F_2 上 2^r-1 个 r 维非零列向量都在 Hamming 码的校验矩阵中出现，所以校验矩阵的任意两个列向量的和是另一个列向量，因此 Hamming 码的校验矩阵有 3 个列线性相关，Hamming 码的极小重量等于 3.

定理 1 二元 $(2^r-1,2^r-1-r)$ Hamming 码是能纠正一个差错的线性码，而且是能纠正一个差错的校验位的个数等于 r 的二元线性码中信息率量大的码，它的极小重量等于 3.

显然，F_2 上 2^r-1 个非零列向量在 Hamming 码的校验矩阵中排列的次序不同，得到的 Hamming 码可以不同，但是这些 Hamming 码是等价的，因此我们对它们不加区别. 通常有两种排列 $\boldsymbol{H}$ 的列向量的方法最为常见，我们先介绍第一种方法. 这种方法是先把 1 与 2^r-1之间的整数 $j(1\leqslant j\leqslant 2^r-1)$ 表示成二进位数

$$j=j_0+j_1 2+j_2 2^2+\cdots+j_{r-1}2^{r-1} \tag{1}$$

其中 $j_0,j_1,j_2,\cdots,j_{r-1}=0$ 或 1，那么由 j 的二进位数表示(1)就确定 F_2 上的一个 r 维非零列向量

$$\begin{pmatrix} j_0 \\ j_1 \\ j_2 \\ \vdots \\ j_{r-1} \end{pmatrix}$$

通常我们取由 j 的二进位数表示所确定的 F_2 上的 r 维列向量作为校验矩阵 $\boldsymbol{H}$ 的第 $j-1$ 列($j=1,2,\cdots,2^r-1$). 注意,我们把 $\boldsymbol{H}$ 的列依序叫作第 0 列,第 1 列,第 2 列,……,第 2^r-2 列. 例如,当 $r=4$ 时,(15,11) Hamming 码的校验矩阵是

$$\boldsymbol{H}=\begin{pmatrix} 1\,0\,1\,0\,1\,0\,1\,0\,1\,0\,1\,0\,1\,0\,1 \\ 0\,1\,1\,0\,0\,1\,1\,0\,0\,1\,1\,0\,0\,1\,1 \\ 0\,0\,0\,1\,1\,1\,1\,0\,0\,0\,0\,1\,1\,1\,1 \\ 0\,0\,0\,0\,0\,0\,0\,1\,1\,1\,1\,1\,1\,1\,1 \end{pmatrix}$$

现在介绍排列 Hamming 码的校验矩阵 $\boldsymbol{H}$ 的列向量的第二种方法. 这个方法是非常重要的. 设 α 是域 F_{2^r}中的一个本原元,即 F_{2^r}的乘法群 $F_{2^r}^*$ 的一个生成元. 我们知道,$1,\alpha,\alpha^2,\cdots,\alpha^{r-1}$组成 F_{2^r}在 F_2 上的一组基. 这时任一 $\alpha^j(0\leqslant j\leqslant 2^r-2)$可以唯一地表示成 $1,\alpha,\alpha^2,\cdots,\alpha^{r-1}$的线性组合,而系数属于 F_2,即有

$$\alpha^j=\sum_{i=0}^{r-1}a_{ij}\alpha^i,0\leqslant j\leqslant 2^r-2 \qquad (2)$$

这样 α^j 就确定了 F_2 上的一个 r 维非零列向量

$$\begin{pmatrix} a_{0j} \\ a_{1j} \\ a_{2j} \\ \vdots \\ a_{r-1,j} \end{pmatrix}$$

我们通常取 α^j 所确定的 F_2 上的 r 维列向量作为 $\boldsymbol{H}$ 的第 j 列($j=0,1,2,\cdots,2^r-2$). 于是

$$\boldsymbol{H}=\begin{pmatrix} a_{0\,0} & a_{0\,1} & a_{0\,2} & \cdots & a_{0\,2^r-2} \\ a_{1\,0} & a_{1\,1} & a_{1\,2} & \cdots & a_{1\,2^r-2} \\ \vdots & \vdots & \vdots & & \vdots \\ a_{2\,0} & a_{2\,1} & a_{2\,2} & \cdots & a_{2\,2^r-2} \\ a_{r-1\,0} & a_{r-1\,1} & a_{r-1\,2} & \cdots & a_{r-1\,2^r-2} \end{pmatrix} \tag{3}$$

我们也往往把 $\boldsymbol{H}$ 简记作

$$\boldsymbol{H}=((\alpha^0),(\alpha^1),(\alpha^2),\cdots,(\alpha^{2r-2})) \tag{4}$$

其中

$$(\alpha^j)=\begin{pmatrix} a_{0j} \\ a_{1j} \\ a_{2j} \\ \vdots \\ a_{r-1,j} \end{pmatrix}$$

这样一来,如果 $\boldsymbol{c}=(c_0,c_1,c_2,\cdots,c_{2^r-2})$ 是 $(2^r-1,2^r-1-r)$ Hamming 码的一个码字,那么 $\boldsymbol{Hc}'=\boldsymbol{0}$,即

$$c_0(\alpha^0)+c_1(\alpha^1)+c_2(\alpha^2)+\cdots+c_{2^r-2}(\alpha^{2^r-2})=\boldsymbol{0}$$

上式实际上是 r 个线性关系式,把它们依序叫作第 0 个,第 1 个,第 2 个,……,第 $r-1$ 个. 将第 0 个线性关

系式乘以 α^0，将第 1 个乘以 α^1，将第 2 个乘以 α^2，……，将第 $r-1$ 个乘以 α^{r-1}，然后再将它们相加，注意到(2)，就有

$$c_0+c_1\alpha+c_2\alpha^2+\cdots+c_{2^r-2}\alpha^{2^r-2}=0 \tag{5}$$

反过来，如果式(5)成立，那么利用式(2)就有

$$c_0(\boldsymbol{\alpha}^0)+c_1(\boldsymbol{\alpha}^1)+c_2(\boldsymbol{\alpha}^2)+\cdots+c_{2^r-2}(\boldsymbol{\alpha}^{2^r-2})=\mathbf{0}$$

即

$$\boldsymbol{H}(c_0,c_1,c_2,\cdots,c_{2^r-2})'=\mathbf{0}$$

这就是说$(c_0,c_1,c_2,\cdots,c_{2^r-2})$是$(2^r-1,2^r-1-r)$ Hamming 码的一个码字. 我们证明了：$(c_0,c_1,c_2,\cdots,c_{2^r-2})$是二元$(2^r-1,2^r-1-r)$ Hamming 码的一个码字，当且仅当式(5)成立. 因此我们往往把校验矩阵(4)就简记作

$$\boldsymbol{H}=(1,\alpha,\alpha^2,\cdots,\alpha^{2^r-2}) \tag{6}$$

相应于 $\boldsymbol{H}$ 的上述表示法，我们往往把 Hamming 码中码字的第 i 位叫作 α^i 位$(0\leqslant i\leqslant 2^r-2)$.

用 C 表示二元$(2^r-1,2^r-1-r)$ Hamming 码，其校验矩阵是(6). 如果$(c_0,c_1,c_2,\cdots,c_{2^r-2})\in C$，那么

$$c_0+c_1\alpha+c_2\alpha^2+\cdots+c_{2^r-2}\alpha^{2^r-2}=0$$

将上式乘以 α，并注意到 $\alpha^{2^r-1}=1$，就有

$$c_{2^r-2}+c_0\alpha+c_1\alpha^2+\cdots+c_{2^r-3}\alpha^{2^r-2}=0$$

这就是说$(c_{2^r-2},c_0,c_1,\cdots,c_{2^r-3})\in C$. 因此 C 是循环码.

定理 2 设 α 是 F_{2^r} 的一个本原元，那么以(6)为校验矩阵的二元$(2^r-1,2^r-1-r)$ Hamming 码是循环码，而且它的生成多项式是 α 在 F_2 上的极小多项式.

证明 用 C 表示以(6)为校验矩阵的二元$(2^r-1,2^r-1-r)$Hamming 码. 唯一还需要证明的是 C 的生成多项式是 α 的极小多项式. 用 $g(x)$ 表示 C 的生成多项式,用 $f(x)$ 表示 α 的极小多项式. 因为 α 是 F_{2^r}的一个本原元,所以 $f(x)$ 是 r 次不可约多项式(实际上还是本原多项式). 记

$$f(x)=a_0+a_1x+a_2x^2+\cdots+a_rx^r,a_r=1$$

因为 $f(\alpha)=0$,所以

$$a_0+a_1\alpha+a_1\alpha^2+\cdots+a_r\alpha^r=0$$

因此

$$(a_0,a_1,a_2,\cdots,a_r,\underbrace{0,0,\cdots,0}_{2^r-2-r})\in C$$

因为 $g(x)$ 是 C 的生成多项式,所以

$$g(x)\mid f(x)$$

但 $f(x)$ 不可约,所以 $f(x)=g(x)$.

系 设 α 是 F_{2^r}的一个本原元,那么以(6)为校验矩阵的二元$(2^r-1,2^r-1-r)$Hamming 码的对偶码就是码长为 2^r-1 的 m 序列码.

证明 设 $g(x)$ 是 α 在 F_{2^r}上的极小多项式,那么 $g(x)$ 是 F_{2^r}上的本原多项式,而以(6)为校验矩阵的二元 Hamming 码以 $g(x)$ 为生成多项式. 它的对偶码就是

$$h(x)=\frac{x^{2^r-1}-1}{\tilde{g}(x)'}$$

其中 $r=\partial^0 g(x)$,生成的码长为 2^r-1 的 m 序列码.

我们举一个二元 Hamming 码的例子. 考察 $r=4$

的情形. 先求 F_{2^4}的一个本原元. 首先,考察 F_2 上的 4 次多项式 x^4+x+1. 因为 x^4+x+1 不被 F_2 上的 1 次多项式 $x,x+1$ 和唯一的 2 次不可约多项式 x^2+x+1 所整除,所以 x^4+x+1 是 F_2 上的不可约多项式. 那么

$$x^4+x+1 \mid x^{2^4}-x$$

于是 x^4+x+1 在 F_{2^4}中有 4 个不同的根. 设其中之一是 α,即

$$\alpha^4+\alpha+1=0$$

经简单计算可得

$$\alpha^0=1,\alpha^1=\alpha,\alpha^2=\alpha^2$$
$$\alpha^3=\alpha^3,\alpha^4=1+\alpha,\alpha^5=\alpha+\alpha^2$$
$$\alpha^6=\alpha^2+\alpha^3,\alpha^7=1+\alpha+\alpha^3,\alpha^8=1+\alpha^2$$
$$\alpha^9=\alpha+\alpha^3,\alpha^{10}=1+\alpha+\alpha^2,\alpha^{11}=\alpha+\alpha^2+\alpha^3$$
$$\alpha^{12}=1+\alpha+\alpha^2+\alpha^3,\alpha^{13}=1+\alpha^2+\alpha^3,\alpha^{14}=1+\alpha^3,\alpha^{15}=1$$

因此 α 是 F_{2^4}的一个本原元. 那么(15,11)Hamming 码的校验 $\boldsymbol{H}$ 可排成

$$\boldsymbol{H}=\begin{pmatrix}1&0&0&0&1&0&0&1&1&0&1&0&1&1&1\\0&1&0&0&1&1&0&1&0&1&1&1&1&0&0\\0&0&1&0&0&1&1&0&1&0&1&1&1&1&0\\0&0&0&1&0&0&1&1&0&1&0&1&1&1&1\end{pmatrix}$$

也可简记作

$$\boldsymbol{H}=(1,\alpha,\alpha^2,\alpha^3,\alpha^4,\alpha^5,\alpha^6,\alpha^7,\alpha^8,\alpha^9,\alpha^{10},\alpha^{11},\alpha^{12},\alpha^{13},\alpha^{14})$$

二元$(2^r-1,2^r-1-r)$Hamming 码 C 校验矩阵 $\boldsymbol{H}$ 的第二种排列法(6)显示了 C 是循环码,这给 C 的编码和译码带来方便. 关于循环码的编码,在工程上可以

用除法电路或线性移位寄存器来实现，下面介绍 Hamming码 C 的译码方法和译码器的设计.

设发方发送的码字是

$$\boldsymbol{c}=(c_0,c_1,c_2,\cdots,c_{2^r-2})$$

而收方收到的字是

$$\boldsymbol{r}=(r_0,r_1,r_2,\cdots,r_{2^r-2})$$

那么传输过程出现的差错模式就是

$$\boldsymbol{e}=\boldsymbol{r}-\boldsymbol{c}$$

记

$$\boldsymbol{e}=(e_0,e_1,e_2,\cdots,e_{2^r-2})$$

假定传输过程中顶多有一位出现差错，即顶多有一个码元被传错，那么 $\boldsymbol{e}$ 的分量中顶多有一个是 1，其余都等于 0. 译码的第一步是计算收到的字 $\boldsymbol{r}$ 的校验子 $\boldsymbol{s}'=\boldsymbol{H}\boldsymbol{r}'$，然后根据校验子 $\boldsymbol{s}'=\boldsymbol{H}\boldsymbol{r}'$ 来决定应该把 $\boldsymbol{r}$ 译成哪个码字.

如果 $\boldsymbol{s}'=\boldsymbol{H}\boldsymbol{r}'=\boldsymbol{0}'$，$\boldsymbol{r}$ 就是一个码字，那么就把 $\boldsymbol{r}$ 译成 $\boldsymbol{r}$. 倘若假定码字在信道传输过程中产生差错的个数小于或等于 1，这时一定有 $\boldsymbol{r}=\boldsymbol{c}$，因此译码正确.

如果 $\boldsymbol{s}'=\boldsymbol{H}\boldsymbol{r}'\neq\boldsymbol{0}'$，那么因为 $\boldsymbol{H}$ 的 2^r-1 个列是两两不同的 2^r-1 个非零 r 维列向量，所以 $\boldsymbol{s}'$ 就等于 $\boldsymbol{H}$ 的某一列. 如果将 $\boldsymbol{H}$ 写成形状(6)，那么 $\boldsymbol{s}'=(\alpha^i)$ 对某一个 i，而 $0\leqslant i\leqslant 2^r-2$. 显然

$$\boldsymbol{H}\boldsymbol{e}'=\boldsymbol{H}(\boldsymbol{r}-\boldsymbol{c})'=\boldsymbol{H}\boldsymbol{r}'-\boldsymbol{H}\boldsymbol{c}'=\boldsymbol{H}\boldsymbol{r}'=\boldsymbol{s}'$$

因此 $\boldsymbol{H}\boldsymbol{e}'=(\alpha^i)$. 倘若假定码字在信道传输过程中产生差错的个数小于或等于 1，那么 $\boldsymbol{e}$ 的分量中顶多有一个是 1 而其余的是 0，于是从 $\boldsymbol{H}\boldsymbol{e}'=(\alpha^i)$ 就可判断

$$e_i=1, e_j=0, j\neq i$$

这就是说,$\boldsymbol{c}$ 在信道传输过程中,α^i 位出了差错,因而错成 $\boldsymbol{r}$. 那么在译码时将 $\boldsymbol{r}$ 的 α^i 位改变(即如果 r_i 是 1 就改成 0,如果 r_i 是 0 就改成 1),而保持其他各位不动,就能将 $\boldsymbol{r}$ 正确地译成发方发送的码字 $\boldsymbol{c}$.

现在来介绍译码器的设计,仍举以 x^4+x+1 为生成多项式的二元(15,11)Hamming 码为例. 首先,计算收到的字 $\boldsymbol{r}$ 的校验子 $\boldsymbol{s}=\boldsymbol{H}\boldsymbol{r}'$可以用以 x^4+x+1 做除式的除法电路来实现. 图 2 是以 x^4+x+1 做除式的除法电路的框图.

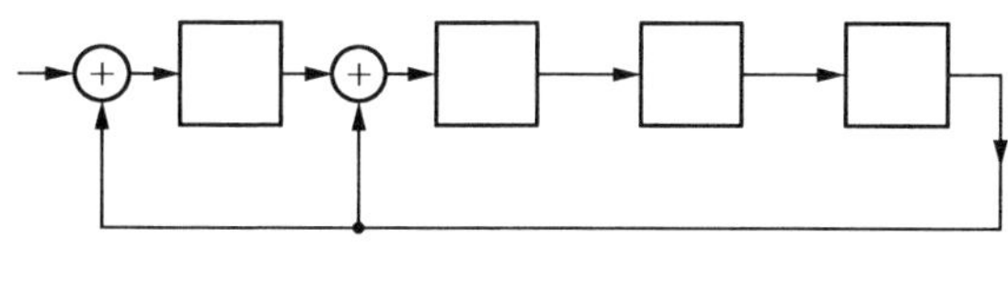

图 2

先将这个除法电路的 4 个寄存器的初始状态都置以 0,再将 $r_{14}, r_{13}, \cdots, r_2, r_1, r_0$ 按移位脉冲的节拍依序输入这个除法电路的输入端. 最后当 r_0 输进去时,设这个除法电路的 4 个寄存器的状态从左往右依序是 s_0, s_1, s_2, s_3,那么就有

$$\boldsymbol{s}=\boldsymbol{H}\boldsymbol{r}'=(s_0, s_1, s_2, s_3)'$$

这就算出了校验子 $\boldsymbol{s}=\boldsymbol{H}\boldsymbol{r}'$. 令 $\boldsymbol{s}=s_0+s_1\alpha+s_2\alpha^2+s_3\alpha^3$.

为了纠错译码,还需要一个将 F_{2^4}中任一元素乘以 α 的电路. 图 3 是这样一个电路的框图. 设 $s=s_0+$

$s_1\alpha + s_2\alpha^2 + s_3\alpha^3$ 是 F_{2^4}中的一个元素，开始时将这个电路里的 4 个寄存器从左往右依序置以 s_0, s_1, s_2, s_3，这相应于 F_{2^4}中的元素

$$s_0 + s_1\alpha + s_2\alpha^2 + s_3\alpha^3 = s$$

我们就说这个电路的状态是(s_0, s_1, s_2, s_3)，也说是 s. 那么加一个移位脉冲之后，这个电路的状态就是$(s_3, s_0 + s_3, s_1, s_2)$，它相应于 F_{2^4}中的元素

$$s_3 + (s_0 + s_3)\alpha + s_1\alpha^2 + s_2\alpha^3 = s\alpha$$

因而这个电路的状态也可以说是 $s\alpha$. 再加一个移位脉冲之后，这个电路的状态就是 $s\alpha^2$. 一般说来，设这个电路的初始状态是 s，那么加 j 个移位脉冲后，这个电路的状态就是 $s\alpha^j$.

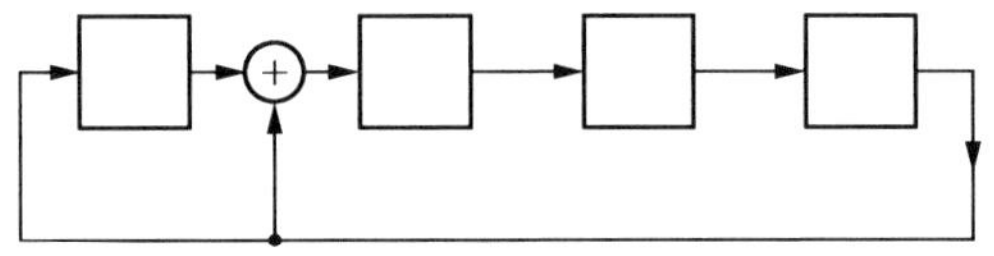

图 3

有了以上这些准备，可以如下地设计(15，11) Hamming 码的译码器. 它由三个移位寄存器组成，最顶上的一个由 15 个寄存器组成，下面的两个各由 4 个寄存器组成. 图 4 中如图 5 的符号代表非门，即输入是 1 时输出是 0，而输入是 0 时输出是 1；而图 6 代表 4 个输入端的或门，即任意一个输入是 1 时输出都是 1，只有 4 个输入都是 0 时输出才是 0. 开始时，将顶上的和中间的这两个移位寄存器的各级都置以 0，然后将收

到的字的 15 个分量 $r_{14},r_{13},\cdots,r_2,r_1,r_0$ 按移位脉冲的节拍输入前两个移位寄存器. 当 r_0 输进去时,顶上的移位寄存器的状态从左到右依序是 $r_0,r_1,r_2,\cdots,r_{13},r_{14}$,中间的移位寄存器的状态从左到右依序是 $\boldsymbol{r}$ 的校验子 $\boldsymbol{s}'=\boldsymbol{H}\boldsymbol{r}'=(s_0,s_1,s_2,s_3)'$的系数 s_0,s_1,s_2,s_3. 这时将中间的移位寄存器的状态立刻转移给下面的移位寄存器(图中用虚线表示)并将中间的移位寄存器的状态全置以 0(图中也用虚线表示)好准备接收收到的下一个字,当再加一个移位脉冲时,输给顶上一排的模 2 加法器的有顶上一排最右一个寄存器的输出 r_{14},还有由最下面的移位寄存器来的输出,它是 0 或 1 根据 $1+s\neq 0$或 $1+s=0$ 而定. 一般地,加 j 个移位脉冲时,输给顶上一排的模 2 加法器的有从顶上一排移位寄存器来的 r_{15-j}和由最下面移位寄存器来的输出,它是 0 或 1 根据 $1+s\alpha^j\neq 0$ 或 $1+s\alpha^j=0$ 而定. 设 $s=\alpha^i$,即 $\boldsymbol{r}$ 的 α^i 位 r_i 是错的. 那么只有在 $j=15-i$ 时,$1+s\alpha^j=0$. 这就是说只有在加 $15-i$ 个脉冲时,最下面的移位寄存器输给顶上的模 2 加法器的才是 1,其余情形都是 0. 因此,只有在顶上的一排移位寄存器将 r_i 输给模 2 加法器时,模 2 加法器的输出是 r_i+1. 这就是当 $r_{14},r_{13},\cdots,r_2,r_1,r_0$ 依序通过模 2 加法器时,只有错的 α^i 位的分量 r_i 被改正,其余的 $r_j(j\neq i)$保持不变. 又当 $s=0$时,显然当 $r_{14},r_{13},\cdots,r_2,r_1,r_0$ 依序通过模 2 加法器时,都不改变. 因此最顶上一排模 2 加法器的输出就是应将收到的字 $\boldsymbol{r}$ 译成的码字.

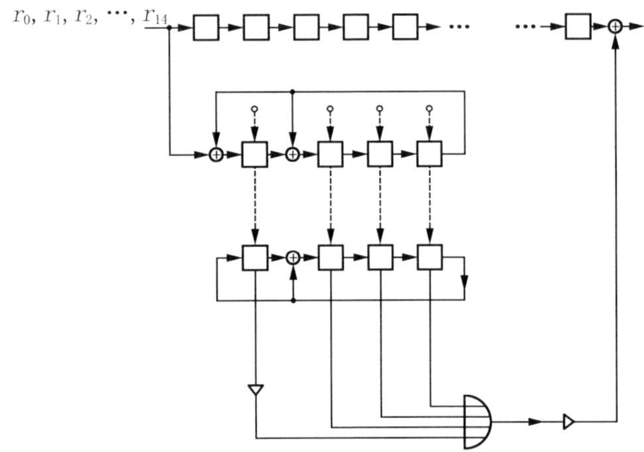

图 4　(15,11) Hamming 码的译码器

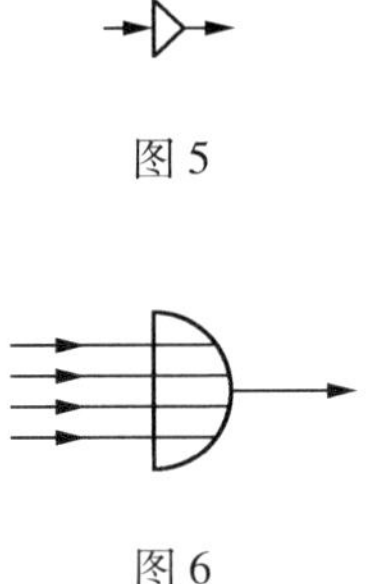

图 5

图 6

二元$(2^r-1,2^r-1-r)$ Hamming 码 C 的校验矩阵的第二种排列法(6)除了给它的编码和译码带来方便以外,还启示了人们引进纠正 t 个差错的 BCH 码.

现在仍设 C 是$(2^r-1,2^r-1-r)$ Hamming 码. 这时 C 的校验矩阵(6)没有分量都等于 0 的列,而且它

的 2^r-1-r 列也两两不同. 设

$$e_i=(0,0,\cdots,0,\underset{\alpha^i\text{位}}{1},0,\cdots,0),i=0,1,2,\cdots,2^r-2$$

是 α^i 位等于 1 而其余各位都等于 0 的 n 维行向量,那么 $w(e_i)=1$ 而 $\boldsymbol{He}'_i=(\alpha^i)$. 因此 $V_{2^r-1}(F_2)$ 中 2^r-1 个重量 1 的向量 $e_i(i=0,1,2,\cdots,2^r-2)$ 的校验子两两不同,所以它们属于 C 的不同的陪集. 这 2^r-1 个陪集再加上 C 本身就一共是 2^r 个陪集. 因为 $|C|=2^{2^r-1-r}$,所以每个陪集都含 2^{2^r-1-r} 个向量. 这样这 2^r 个陪集就总共含

$$2^r\cdot 2^{2^r-1-r}=2^{2^r-1}$$

个向量,它们就是 $V_{2^r-1}(F_2)$ 的全部向量.

基于上面的分析,我们给出下面这个定义.

定义 1　设 C 是码长 n 的 q 元线性码,并假定 C 是可以纠正 i 个差错的码,那么所有重量小于或等于 t 的差错模式都分别属于 C 的不同的陪集. 如果所有重量小于或等于 t 的差错模式所属的 C 的陪集的并正好是 $V_n(F_q)$,那么 C 就叫作完全码. 换句话说,如果 C 的每个陪集中都含有一个而且唯一的一个重量小于或等于 t 的差错模式,那么 C 就叫作完全码.

根据定义 1 和上面的分析,我们有:

定理 3　二元$(2^r-1,2^r-1-r)$ Hamming 码是完全码.

二元 Hamming 码有多种方法推广成 q 元码. 下面我们介绍一种推广,这种推广可以得到一个 q 元完全码.

设 q 是一个素数的幂,而 r 是个大于 1 的整数. 从

F_q 上的 q^r-1 个 r 维非零列向量中选出第一个分量等于 1 的来. 这样一共有 $\frac{q^r-1}{q-1}$ 个 r 维非零列向量. 将这 $\frac{q^r-1}{q-1}$ 个 r 维非零列向量排成一个 $r\times\frac{q^r-1}{q-1}$ 矩阵,以这个矩阵为校验矩阵的 q 元 $\left(\frac{q^r-1}{q-1},\frac{q^r-1}{q-1}-r\right)$ 线性码就叫 q 元 Hamming 码. 完全和二元 Hamming 码一样,可以证明 q 元 Hamming 码的极小重量等于 3,因而是可以纠正一个差错的纠错码. 也可以证明 q 元Hamming 码是完全码. 由于证明都和二元 Hamming 码的情形完全一样,我们就不重复了.

对于一般的 q 元码,即不一定是线性码的 q 元码,甚至码元取自任一含 q 个字母的字母集 Q 的 q 元码,我们可以如下地来定义完全码.

定义 2 设 Q 是一个含 q 个字母(或元素)的字母集,q 是任意一个正整数. 令

$$Q^n=\{(a_1,a_2,\cdots,a_n)\mid a_1,a_2,\cdots,a_n\in Q\}$$

那么 $|Q^n|=q^n$. 我们把 Q^n 叫作字的集合,而把 Q^n 的子集叫作码长 n 的 q 元码. 可以在 Q^n 中引进 Hamming 距离. 设 $\boldsymbol{a}=(a_1,a_2,\cdots,a_n),\boldsymbol{b}=(b_1,b_2,\cdots,b_n)\in Q^n$. 令

$$\rho(\boldsymbol{a},\boldsymbol{b})=\sum_{a_i\neq b_i}1$$

我们把 $\rho(\boldsymbol{a},\boldsymbol{b})$ 叫作 a 和 b 的 Hamming 距离. 现在设 C 是一个码长等于 n 的 q 元码,并假定 C 是可以纠正 t 个差错的纠错误. 设 $\boldsymbol{c}\in C$,令

$$S_t(\boldsymbol{c}) = \{\boldsymbol{x} \mid \boldsymbol{x} \in Q^n \text{ 而 } \rho(\boldsymbol{x},\boldsymbol{c}) \leqslant t\}$$

即 $S_t(\boldsymbol{c})$是由与 $\boldsymbol{c}$ 的距离小于或等于 t 的所有的字所组成的集合. 我们把 $S_t(\boldsymbol{c})$叫作以 $\boldsymbol{c}$ 为中心,以 t 为半径的球. 因 C 可以纠正 t 个错,所以当 $\boldsymbol{c}_1,\boldsymbol{c}_2 \in C$ 而 $\boldsymbol{c}_1 \neq \boldsymbol{c}_2$时,$S^t(\boldsymbol{c}_1)$和 $S_t(\boldsymbol{c}_2)$就没有公共元素. 如果

$$Q^n = \bigcup_{c \in C} S_t(\boldsymbol{c})$$

即 Q^n 分成两两没有公共元素的球 $S_t(\boldsymbol{c}),\boldsymbol{c} \in C$ 的并,那么我们就说 C 是完全码. 换句话说,如果任意一个字都属于一个而且唯一的一个球 $S_t(\boldsymbol{c}),\boldsymbol{c} \in C$,我们就说 C 是完全码.

定理 4　对于线性码来说,定义 1 和定义 2 是等价的.

证明　设 C 是可以纠正 t 个差错的 q 元线性码. 先设 C 是按定义 1 来说的完全码,即 C 的每个陪集中都有一个而且唯一的一个重量小于或等于 t 的差错模式,那么对任意一个字 $\boldsymbol{x}$,$\boldsymbol{x}$ 所属的陪集中就有唯一一个重量小于或等于 t的差错模式 $\boldsymbol{e}_\lambda$. 于是 $\boldsymbol{x} - \boldsymbol{e}_\lambda \in C$. 令 $\boldsymbol{c} = \boldsymbol{x} - \boldsymbol{e}_\lambda$,那么 $\boldsymbol{c} \in C$,而

$$\rho(\boldsymbol{x},\boldsymbol{c}) = w(\boldsymbol{x} - \boldsymbol{c}) = w(\boldsymbol{e}_\lambda) \leqslant t$$

即 $\boldsymbol{x} \in S_t(\boldsymbol{c})$. 这就证明了 C 也是按定义 2 的意义的完全码.

反过来,设 C 是按定义 2 的意义的完全码,即任何一个字 $\boldsymbol{x}$ 都属于一个而且唯一的一个球 $S_t(\boldsymbol{c}),\boldsymbol{c} \in C$. 于是

$$w(\boldsymbol{x} - \boldsymbol{c}) = \rho(\boldsymbol{x},\boldsymbol{c}) \leqslant t$$

这就是说,$\boldsymbol{x} - \boldsymbol{c}$ 是一个重量小于或等于 t 的差错模式,

令 $\boldsymbol{x}-\boldsymbol{c}=\boldsymbol{e}_\lambda$，那么 $\boldsymbol{e}_\lambda$ 就是一个重量小于或等于 t 的差错模式，而

$$\boldsymbol{x}=\boldsymbol{e}_\lambda+\boldsymbol{c}\in\boldsymbol{e}_\lambda+C$$

这就是说，$\boldsymbol{x}$ 属于重量小于或等于 t 的差错模式 $\boldsymbol{e}_\lambda$ 所属的陪集. 因此 C 也是按定义 1 的意义的完全码.

这证明了定理 4.

完全码的意义在于，收方无论收到哪一个字都可以确定把它译成那个码字，而不会发生译码不能确定的情形. 譬如，设 C 是可以纠正 t 个差错的 q 元完全码，q 是任一正整数. 当收方收到 $\boldsymbol{x}$ 这个字时，因 $\boldsymbol{x}$ 一定属于一个而且唯一的一个球 $S_t(\boldsymbol{c})$，$\boldsymbol{c}\in C$，那么 $\boldsymbol{x}$ 和 $\boldsymbol{c}$ 的距离小于或等于 t，而 $\boldsymbol{x}$ 和其余码字的距离一定大于 t. 因此根据极大似然译码方法，就把 $\boldsymbol{x}$ 译成 $\boldsymbol{c}$. 从前面介绍的译码表来说，完全码的译码表中没有虚线，或者说虚线下面没有字. 但这并不排斥可能发生译码错误的情况. 特别地，如果一个码字在传送过程中有大于或等于 $t+1$ 个码元被传错，那就肯定发生译码错误.

从另一方面来看，设 C 是码长 n 的可以纠正 t 个差错的 q 元码，q 是任一正整数，并假定 C 含 $|C|$ 个码字. 将 $|C|$ 表作 q^k，$|C|=q^k$，即

$$k=\log_q|C|$$

注意 k 不一定是整数. 定义 C 的信息率 R 为

$$R=\frac{k}{n}=\frac{1}{n}\log_q|C|$$

那么 $|C|=q^{nR}$. 显然 $S_t(\boldsymbol{c})$，$\boldsymbol{c}\in C$，这些球两两没有公共元素，而

$$\bigcup_{c \in C} S_t(\boldsymbol{c}) \subseteq Q^n \tag{7}$$

又显然 $S_t(\boldsymbol{c})$ 这些球都含同样个数的元素,实际上

$$|S_t(\boldsymbol{c})| = \sum_{j=0}^{t} \binom{n}{j} (q-1)^j$$

因此由式(7)推出

$$q^{nR} |S_t(\boldsymbol{c})| \leqslant q^n$$

即

$$|S_t(\boldsymbol{c})| \leqslant q^{n(1-R)}, \boldsymbol{c} \in C$$

这就是著名的容积界. 因此,当 n 和 k 给定时,完全码是容积界中不等式取等号的码,即信息率最高的码.

显然仅由一个码字组成的码长 n 的 q 元码可以纠正 $t=n$ 个差错,而且是一个完全码;码长 $n=2t+1$ 的可以纠正 t 个差错的二元码由(0,0,…,0)和(1,1,…,1)这两个码字组成,它也是一个完全码,这两个完全码都是不足道的完全码.

此外,人们还发现可以纠正三个差错的二元(23,12)Golay 码和可以纠正两个差错的三元(11,6)Golay 码也是完全码.

A. Tietäväinen① 证明,如果限定字母表是 q 个元素的有限域 F_q,那么除了上述 Hamming 码,两个不足道的完全码和两个 Golay 码之外,不再有其他的完全码.

我们知道二元 Hamming 码的极小重量等于 3,因

---

① Tietäväinen, A., On the Nonexistence of Perfect Codes over Finite Fields, SIAM Journal on Applied Mathematics, 1973, 24:88-96.

此二元 Hamming 码可以检查出两个差错，即码字在信道中传输时，如果有小于或等于 2 个位置的码元被传错，那么收方可以从收到的字判断出传输过程中发生差错，但是否能判断究竟错了几位呢？如果一个码，它的码字在传输过程错了小于或等于 t 位时，收方从收到的字不但可以判断出传输过程中发生差错，而且可以判断出究竟错了几位，我们就说这个码是可以确检 t 个差错的检错码.

定理 5 二元$(2^r-1,2^r-1-r)$ Hamming 码是可以检查出两个差错的检错码，但不能确检两个差错.

证明 因为二元 Hamming 码是完全码，所以任意一个重量等于 2 的差错模式的校验子必与某一个重量等于 1 的差错模式的校验子完全一样. 因此当收方从收到的字 $\boldsymbol{x}$ 的校验子 $\boldsymbol{Hx}'\neq\boldsymbol{0}$ 判断出传输过程中发生差错时，却不能判断究竟错了一位还是两位.

一般地，我们有：可以纠正 t 个差错的完全码不能确检 $t+1$ 个差错.

我们可以用扩充码的方法把二元 Hamming 码扩充成一个可以确检两个差错的线性码.

定理 6 设 C 是二元$(2^r-1,2^r-1-r)$ Hamming 码，它的校验矩阵是 $\boldsymbol{H}$. 令

$$C_E=\{(c_\infty,c_0,c_1,\cdots,c_{2^r-2})\mid(c_0,c_1,\cdots,c_{2^r-2})\in C,\ c_\infty=\sum_{i=0}^{2^r-2}c_i\}$$

那么 C_E 是可以确检两个差错的二元$(2^r,2^r-1-r)$线性码，并以

$$\begin{pmatrix} 1 & 1 & 1 & \cdots & 1 \\ 0 & & & & \\ 0 & & & & \\ \vdots & & & \boldsymbol{H} & \\ 0 & & & & \end{pmatrix} \tag{8}$$

为校验矩阵.

证明　因 C_E 中码字的重量都是偶数,而 C 的极小重量等于 3,所以 C_E 的极小重量等于 4. 因此 2 位差错的差错模式的校验子不可能等于 1 位差错的差错模式的校验子.

当然也可以先直接验证 C_E 以(8)为校验矩阵. 然后就可以看出 2 位差错的差错模式的校验子的第一个分量等于 0,而 1 位差错的差错模式的校验子的第一个分量等于 1.

§4　循环 Hamming 码

Hamming 码作为循环码的重要一例,起着承上启下的用.

下面先从 Hamming 码的一个特例开始,分析它作为循环码的要点,接着给出一般循环 Hamming 码的定义及性能,最后又以 Hamming 码为例给出循环码的一种“捕错译法”.

1. (15,11) Hamming 码

我们考虑码长 $n=15$，信息位数 $k=11$ 的二元 Hamming 码，按定义，此码决定于它的校验矩阵 $\boldsymbol{H}$，即

$$\boldsymbol{H}=\begin{pmatrix}1&0&1&0&1&0&1&0&1&0&1&0&1&0&1\\0&1&1&0&0&1&1&0&0&1&1&0&0&1&1\\0&0&0&1&1&1&1&0&0&0&0&1&1&1&1\\0&0&0&0&0&0&0&1&1&1&1&1&1&1&1\end{pmatrix}\qquad(1)$$

看得出来，$\boldsymbol{H}$ 中各列正是四维非零二元向量的全体，而且自左至右每列正是自然数 1,2,⋯,15 的二进展式系数

$$13=1+4+8=1\cdot2^0+0\cdot2^1+1\cdot2^2+1\cdot2^3\qquad(2)$$

其中 $2^0,2^1,2^2$ 及 2^3 的系数(1,0,1,1)正对应式(1)中左数第 13 列的向量. 将 $\boldsymbol{H}$ 中的这些列向量自左至右分别记为

$$\alpha_1,\alpha_2,\cdots,\alpha_{15}\qquad(3)$$

一个 15 维二元向量 $\boldsymbol{x}=(x_0,x_1,\cdots,x_{14})$ 是个码字，当且仅当它适合下式

$$x_0\alpha_1+x_1\alpha_2+\cdots+x_{14}\alpha_{15}=0\qquad(4)$$

这实际上是一个具有 4 个方程的线性方程组. 它的全部解(在 $V_{15}(F_2)$ 上)便是(15,11)二元 Hamming 码的全体码字. 因为系数矩阵 $\boldsymbol{H}$ 的秩是 4，所以解空间(即码字全体)是 11 维的，共有 $2^{11}=2048$ 个码字. 此码的最小距离(即非零码字之间的最小 Hamming 距离)是 3，它能纠正一个差错. 但此码不是循环码，因为由式(4)成立，一般不能得出下式成立

$$x_{14}\alpha_1+x_0\alpha_2+x_1\alpha_3+\cdots+x_{13}\alpha_{15}=0\qquad(5)$$

为此，考虑式(1)中矩阵 $\boldsymbol{H}$ 的一种列置换，记为 $\boldsymbol{H}_\alpha$，即

$$H_\alpha=\begin{pmatrix}1&0&0&0&1&0&0&1&1&0&1&0&1&1&1\\0&1&0&0&1&1&0&1&0&1&1&1&1&0&0\\0&0&1&0&0&1&1&0&1&0&1&1&1&1&0\\0&0&0&1&0&0&1&1&0&1&0&1&1&1&1\end{pmatrix}\qquad(6)$$

它与下列矩阵 $\boldsymbol{H}_h$ 行等价

$$H_h=\begin{pmatrix}1&0&0&1&1&0&1&0&1&1&1&1&0&0&0\\0&1&0&0&1&1&0&1&0&1&1&1&1&0&0\\0&0&1&0&0&1&1&0&1&0&1&1&1&1&0\\0&0&0&1&0&0&1&1&0&1&0&1&1&1&1\end{pmatrix}\qquad(7)$$

而 $\boldsymbol{H}_h$ 的各行恰是彼此循环推移的结果，作为校验矩阵，它生成的线性码便是循环码，从而 $\boldsymbol{H}_\alpha$ 生成的也是循环码($\boldsymbol{H}_h$ 中第 4 行横 2 加到第 1 行便化为 $\boldsymbol{H}_\alpha$). 这个码还是 Hamming 码(因为 $\boldsymbol{H}_\alpha$ 各列包含了所有 4 维非零二元向量)，码长 15，校验位数 4，信息位数 11，这就是(15,11)循环 Hamming 码.

上述 $\boldsymbol{H}_\alpha$ 及 $\boldsymbol{H}_h$ 是有来历的. 要找(15,11)的二元循环码，就要知道它的生成元 g 或校验式 h，$|g|=4$，$|h|=11$，它们恰好满足

$$D^{15}+1=h(D)g(D)\qquad(8)$$

于是，我们将 $D^{15}+1$ 分解为 F_2 上不可约多项式之积(注意在 F_2 上 $1=-1$，$D^{15}-1=D^{15}+1$). 由代数理论知道，多项式 $D^{15}+1$ 的所有根(15 个)正是扩域 F_{2^4} 中的所有非零元，它们形成一个阶数为 15 的循环群. 设 F_{2^4} 中一个本原元为 α(它的阶数恰为 15)，则这个循环群正好由 $\{1,\alpha,\alpha^2,\cdots,\alpha^{14}\}$ 形成. 这样一来，我们可写分解式为

$$D^{15}+1=(D+1)(D+\alpha)(D+\alpha^2)\cdots(D+\alpha^{14}) \quad (9)$$

又因 $15=3\times5$,从而 15 的全部因子是 1,3,5,15,共 4 个,对应的分圆多项式记为 $\Psi_i(D)$,$i=1,3,5,15$,则式(9)合并同阶元各式,便可写为

$$D^{15}+1=\Psi_1(D)\Psi_3(D)\Psi_5(D)\Psi_{15}(D) \quad (10)$$

其中 $\Psi_i(D)$是在式(9)中合并阶数为 i 的元的因子而成的多项式

$$\begin{cases}\Psi_1(D)=D+1\\ \Psi_3(D)=\dfrac{D^3+1}{\Psi_1(D)}=D^2+D+1\\ \qquad (D^3+1=\Psi_1(D)\Psi_3(D))\\ \Psi_5(D)=\dfrac{D^5+1}{\Psi_1(D)}=D^4+D^3+D^2+D+1\\ \Psi_{15}(D)=\dfrac{D^{15}+1}{\Psi_1(D)\Psi_3(D)\Psi_5(D)}\\ \qquad =D^8+D^7+D^5+D^4+D^3+D+1\end{cases}$$

其中 $\Psi_1(D)$,$\Psi_3(D)$及 $\Psi_5(D)$已经是 F_2 上不可约多项式(可以直接验证),但 $\Psi_{15}(D)$尚可分解为 F_2 上两个不可约多项式之积

$$\Psi_{15}(D)=(D^4+D^3+1)(D^4+D+1) \quad (11)$$

如上所述,可得到结果

$$D^{15}+1=(D+1)(D^2+D+1)(D^4+D^3+D^2+D+1)(D^4+D^3+1)(D^4+D+1) \quad (12)$$

其中各因式均为 F_2 上不可约多项式. 但是只有两个互反多项式(D^4+D^3+1)及(D^4+D+1)是本原多项式,它们的根全是 F_{2^4}中的本原元(共 8 个). 设 α 是 D^4+

$D+1$ 的一个本原根，则 F_{2^4} 中 8 个本原元可写为

$$\alpha,\alpha^2,\alpha^4,\alpha^8,\alpha^7,\alpha^{11},\alpha^{13},\alpha^{14} \tag{13}$$

其余群中元：$\alpha^0=1$ 为一阶元；$\alpha^3,\alpha^6,\alpha^{12}$ 及 $\alpha^9=\alpha^{24}$ 为 5 阶元；而 α^5 及 α^{10} 为 3 阶元.

现在选本原多项式 $g(D)=D^4+D+1$ 作为 (15,11) 循环码 $\mathscr{C}$ 的生成多项式，由(12)可知，它的校验式 $h(D)$ 为

$$h(D)=\frac{D^{15}+1}{g(D)}=D^{11}+D^8+D^7+D^5+D^3+D^2+D+1 \tag{14}$$

其系数(按由高位到低位)正好形成了式(7)中的矩阵 $\boldsymbol{H}_h$，它与式(6)等价. 但若从另一角度来观察式(6)中矩阵 $\boldsymbol{H}_\alpha$ 则更有意义. 我们知道，四个元 $1,\alpha,\alpha^2$ 及 α^3 一定是线性无关的(按系数在 F_2 中)，但再加上 α^4 就是相关的了. 这是因为本原元 α 是本原多项式 $g(D)=D^4+D+1$ 的一个根，即

$$\alpha^4+\alpha+1=0 \tag{15}$$

而且 $g(D)$ 是 α 的极小多项式. 这样一来，其他 α 的高阶幂必可用 $1,\alpha,\alpha^2$ 及 α^3 来表出，它们的系数形成 F_2 上的四维向量，这就是 Galois 域 F_{2^4} 的二元向量表现，如表 1 所示. 将这些向量作为列向量，形成矩阵

$$\boldsymbol{H}_\alpha=(\alpha^0\ \alpha^1\ \alpha^2\cdots\ \alpha^{14})$$

它正好是式(6)中的矩阵，该矩阵与 $\boldsymbol{H}_h$ 等价，同时也是由上述 $g(D)=D^2+D+1$ 生成的循环码 $\mathscr{C}$ 的校验矩阵. 而这点正是以后推广 Hamming 码到 BCH 码的出发点.

表 1　GF(2^4)的表现($\alpha^4+\alpha+1=0$)

$\alpha^0=1$	$=1\ 0\ 0\ 0$	$\alpha^8=1+\alpha^2$	$=1\ 0\ 1\ 0$
$\alpha^1=\alpha$	$=0\ 1\ 0\ 0$	$\alpha^9=\alpha+\alpha^3$	$=0\ 1\ 0\ 1$
$\alpha^2=\alpha^2$	$=0\ 0\ 1\ 0$	$\alpha^{10}=1+\alpha+\alpha^2$	$=1\ 1\ 1\ 0$
$\alpha^3=\alpha^3$	$=0\ 0\ 0\ 1$	$\alpha^{11}=\alpha+\alpha^2+\alpha^3$	$=0\ 1\ 1\ 1$
$\alpha^4=1+\alpha$	$=1\ 1\ 0\ 0$	$\alpha^{12}=1+\alpha+\alpha^2+\alpha^3$	$=1\ 1\ 1\ 1$
$\alpha^5=\alpha+\alpha^2$	$=0\ 1\ 1\ 0$	$\alpha^{13}=1+\alpha^2+\alpha^3$	$=1\ 0\ 1\ 1$
$\alpha^6=\alpha^2+\alpha^3$	$=0\ 0\ 1\ 1$	$\alpha^{14}=1+\alpha^3$	$=1\ 0\ 0\ 1$
$\alpha^7=1+\alpha+\alpha^3$	$=1\ 1\ 0\ 1$	$\alpha^{15}=1$	$=1\ 0\ 0\ 0$

2. 二元($2^m-1,2^m-m-1$)循环 Hamming 码

通过前面分析,我们得到了构造一般二元循环 Hamming 码的启示. 设 α 是 Galois 域 F_{2^m}中的一个本原元,而 $p(D)$是 α 的极小多项式,它一定是本原多项式(所有根都是本原元的系数在 F_2 上的不可约多项式),而且$|p(D)|=m$. 设

$$p(D)=D^m+p_{m-1}D^{m-1}+\cdots+p_1D+p_0 \qquad (16)$$

F_{2^m}中的所有非零元可写为

$$1,\alpha,\alpha^2,\cdots,\alpha^{n-1},n\triangleq 2^m-1$$

其中前 m 个元:$1,\alpha,\cdots,\alpha^{m-1}$于 F_2 上线性无关,其余元均可由它们线性表出. 此因 α 的极小多项式 $p(D)$是 m 次的,所以 $1,\alpha,\cdots,\alpha^{m-1}$不可能线性相关(否则 $p(D)$的次数小于 m). 另外,因 α 满足 $p(D)$,即 $p(\alpha)=0$,所以由式(16),有

$$\alpha^m=p_{m-1}\alpha^{m-1}+\cdots+p_1\alpha+p_0 \qquad (17)$$

即 α^m 可由 $1,\alpha,\cdots,\alpha^{m-1}$ 线性表出,从而其他 $\alpha^j(j>m)$,都可由这组元线性表出. 于是可写

$$\alpha^j=\sum_{i=0}^{m-1}h_{ij}\alpha^i,h_{ij}\in F_2$$

$$(0\leqslant j\leqslant n-1,n=2^m-1) \tag{18}$$

这样每一 $\alpha^j(0\leqslant j\leqslant n-1)$ 可视为 F_2 上一个 m 维向量,即

$$\alpha^j\leftrightarrow\begin{pmatrix}h_{0j}\\h_{1j}\\\vdots\\h_{m-1,j}\end{pmatrix}\quad(0\leqslant j\leqslant n-1) \tag{19}$$

由这些向量组成的 $m\times n$ 阶矩阵记为 $\boldsymbol{H}$,即

$$\boldsymbol{H}=\begin{pmatrix}h_{00}&h_{01}&\cdots&h_{0,n-1}\\h_{10}&h_{11}&\cdots&h_{1,n-1}\\\vdots&\vdots&&\vdots\\h_{m-1,0}&h_{m-1,1}&\cdots&h_{m-1,n-1}\end{pmatrix} \tag{20}$$

或简写为

$$\boldsymbol{H}=(1,\alpha,\alpha^2,\cdots,\alpha^{n-1}) \tag{21}$$

以此 $\boldsymbol{H}$ 为校验矩阵的线性码 $\mathscr{C}$ 就是 (n,k) Hamming 码

$$n=2^m-1,k=n-m=2^m-m-1$$

而且是循环码.

事实上,式(20)中,矩阵 $\boldsymbol{H}$ 的各列均不相同,它们正好是 m 维二元非零向量的全体,所以 $\mathscr{C}$ 是 Hamming 码. 另外,一个 n 维向量 $\boldsymbol{x}=(x_0,x_1,\cdots,x_{n-1})\in\mathscr{C}$,当且仅当它满足关系式

$$x_0\alpha^0+x_1\alpha+\cdots+x_{n-1}\alpha^{n-1}=0 \tag{22}$$

其中 $\alpha^j(0\leqslant j\leqslant n-1)$若按式(19)对应的列向量理解，式(22)便是 m 个线性方程组；若按式(18)理解，它就是 F_{2^m}中元的一个等式，按后一种理解，我们易证 $\mathscr{C}$ 是循环码. 为此，只需将式(22)乘以 α，注意到

$$\alpha^n=\alpha^{2m-1}=\alpha^0$$

便得

$$x_{n-1}\alpha^0+x_0\alpha+x_1\alpha^2+\cdots+x_{n-2}\alpha^{n-1}=0 \tag{23}$$

即 $S(\boldsymbol{x})=(x_{n-1},x_0,x_1,\cdots,x_{n-1})\in\mathscr{C}$. 从而 $\mathscr{C}$ 是循环码.

进一步，上述循环 Hamming 码 $\mathscr{C}$ 的生成元 $g(D)$ 就是 α 的极小多项式 $p(D)$，即

$$g(D)=p(D)=D^m+p_{m-1}D^{m-1}+\cdots+p_1D+p_0 \tag{24}$$

为此，首先注意到 $p(\alpha)=0$，即

$$p_0\alpha^0+p_1\alpha+\cdots+p_{m-1}\alpha^{m-1}+\alpha^m=0 \tag{25}$$

这表明

$$g=p=(p_0,p_1,\cdots,p_{m-1},1,0,0,\cdots,0)\in\mathscr{C}$$

就是说，$g(D)$是个码字多项式. 另外，$g(D)$是 $\mathscr{C}$ 中次数最低的非零元，这是因为它是 α 的极小多项式.

综上所述，我们有下述结果：

定理 1 设 α 是 Galois 域 $\mathrm{GF}(2^m)=F_{2^m}$中的一个本原元，$p(D)$ 是它在域 F_2 上的极小多项式，$|p(D)|=m$，记

$$\mathscr{C}\triangleq\{\boldsymbol{x}\in V_n(F_2)\mid x_0\alpha^0+x_1\alpha^1+\cdots+x_{n-1}\alpha^{n-1}=0\}$$
$$(n\triangleq 2^m-1) \tag{26}$$

则 $\mathscr{C}$ 是 F_2 上 (n,k) 循环 Hamming 码

$$n=2^m-1, k=2^m-m-1$$

其生成元 $g(D)$ 就是 α 在 F_2 上的极小多项式 $p(D)$，即

$$g(D)=p(D) \tag{27}$$

$\mathscr{C}$ 的校验式 $h(D)$ 为

$$h(D)=\frac{D^n+1}{g(D)} \quad (n=2^m-1) \tag{28}$$

校验矩阵可写为

$$H=(\alpha^0,\alpha^1,\alpha^2,\cdots,\alpha^{n-1}) \tag{29}$$

其中

$$\alpha^j \leftrightarrow \begin{pmatrix} h_{0j} \\ h_{1j} \\ \vdots \\ h_{m-1,j} \end{pmatrix} \quad (0\leqslant j\leqslant n-1)$$

$$\alpha^j = \sum_{i=0}^{m-1} h_{ij}\alpha^i$$

3. 循环 Hamming 码的捕错译法

由线性码的一般理论可知，Hamming 码恰能纠正一个差错. 对于循环 Hamming 码，容易得到这一点. 设 $g(D)$ 是 (n,k) 循环 Hamming 码 $\mathscr{C}$ 的生成元，$n=2^m-1, k=2^m-m-1$，它是个本原多项式，有本原根 α. 任一仅含一个差错的错误图样（或 n 维向量）称为单项错误图样 $e(D)$ 必可写为

$$e(D)=D^i, 0\leqslant i\leqslant n-1 \tag{30}$$

它们对应着不同的伴随式 $S_i(D)$，即

$$D^i = \alpha_i(D)g(D) + s_i(D), |s_i(D)| < |g(D)| \tag{31}$$

即 $S_i \neq S_j$，当 $i \neq j$. 这是因为，若 $S_i(D) = S_j(D)$，$i<j$，必有

$$D^j - D^i = [\alpha_j(D) - \alpha_i(D)]g(D)$$

$$D^i(D^{j-i} - 1) = [\alpha_j(D) - \alpha_i(D)]g(D) \tag{32}$$

从而 $g(D)|(D^{j-i} - 1)$，以致 $\alpha^{j-i} = 1$. 而 $0<j-i<n$，这与 α 为本原元相矛盾，所以必有

$$s_i(D) \neq s_j(D), \text{当 } i \neq j \tag{33}$$

就是说，不同的单项错误图样对应不同的伴随式. 于是，若传输中出现不超过一个差错，就可根据对应的伴随式判断出来，加以纠正.

实际上，利用循环码的特点，可以较容易地实现上述纠错. 只要注意到，若 $|e(D)| < |g(D)|$，而

$$e(D) = a(D)g(D) + s(D), |s(D)| < |g(D)| \tag{34}$$

则必有

$$e(D) = s(D) \tag{35}$$

就是说，差错如果出现在前 k 个分量上，那么对应的伴随式 $s(D)$ 就等于原来的错误图样（多项式）$e(D)$. 这样一来，便可得到如下的捕错译法.

循环 Hamming 码的捕错译法（图 7）：

（i）设 (n,k) 二元循环 Hamming 码，$n = 2^m - 1$，$k =$

2^m-m-1 有生成元 $g(D)$（为本原多项式），且 $|g(D)|=m$；

（ii）收到信号 $y(D)$，利用伴随式生成器求得对应的伴随式 $s(D)$，$s(D)=[y(D)]_{g(D)}$，存入 m 阶伴随式寄存器中；

（iii）检查伴随式 $s(D)$ 的权重（Hamming 权），若 $w_H(s)\leqslant 1$，则认为错误产生于 $D^0,D^1,\cdots,D^{m-1}$ 位置上. 而各信息位 $D^m,D^{m+1},\cdots,D^{n-1}$ 无差错，于是将信息位送出；

（iv）若 $w_H>1$，则将伴随式生成器移位一次，重新检查此时的伴随式 $[Ds(D)]_{g(D)}$，它是对应 $Sy(D)$ 的伴随式，若 $w_H[Ds(D)]_{g(D)}\leqslant 1$，则认为错误处于 D^{n-1}，$D^0,D^1,\cdots,D^{m-2}$ 位上，此时，按时钟节拍将伴随式移动 m 次，若结果呈现 $S=(0,0,\cdots,0,1)$ 式样，则说明错位是 D^{n-1}，输出指令纠错，否则认为信息位无错；

（v）若 $w_H[Ds(D)]_{g(D)}>1$，则伴随式生成器继续推移. 重复（iv），直到伴随式寄存器中的权重小于或等于 1. 比如，$w_H([D^is(D)]_{g(D)})\leqslant 1$，则认为错误处于 $D^{n-i},D^{n-i+1},\cdots,D^{n-i+m}$ 位上（$1\leqslant i\leqslant m$），这时单将伴随式移动 m 次，伴随式最右边的内容（为 1 或 0）则对应 D^{n-i} 位的错误数字；

（vi）若伴随式生成器移动 n 次后，伴随式的权重始终未降到 1 以下，则产生了一种不可纠正的错误图样（$w_H(e)>1$），则译码停止，算作查出一个错误.

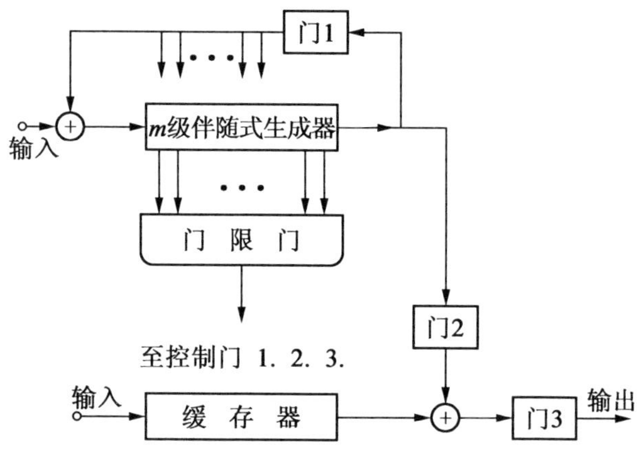

图 7　捕错译码

§5　循环 Hamming 码和扩展 Hamming 码

1. **循环 Hamming 码**

循环 Hamming 码是一种具有循环移位特点的 (n,k) Hamming 码.

定义 1　生成多项式为本原多项式的 (n,k) 循环码叫作循环 Hamming 码.

若 $g(x)$ 为 (n,k) 循环码的生成多项式,则

$$\partial^0 g(x) = n - k = r$$

且 $g(x) \mid (x^n + 1)$。$g(x)$ 又是本原的,则 $n = 2^r - 1$,且对于任意 $s < n$,有 $g(x) \nmid (x^s + 1)$. 因此,循环

Hamming码的码长 $n=2^r-1$,校验元个数等于$\partial^0 g(x)$,信息元个数 $k=n-r=2^r-r-1$. 该码的码率为

$$R=\frac{k}{n}=\frac{2^r-1-r}{2^r-1}=1-\frac{r}{2^r-1}$$

故也是一种高效码.

我们知道,循环码的码字必是 $g(x)$的倍式,那么,如果 α 是生成多项式 $g(x)$的根,则 α 一定是码多项式 $C(x)$的根. 因此,我们可用根来定义循环码. 设

$$g(x)=x^r+g_{r-1}x^{r-1}+\cdots+g_1x+g_0,g_i\in \mathrm{GF}(q)$$

它的全部根必在 $\mathrm{GF}(q)$的扩域 $\mathrm{GF}(q^m)$上,即 $g(x)$可在 $\mathrm{GF}(q^m)$上完全分解

$$g(x)=(x-\alpha_1)(x-\alpha_2)\cdots(x-\alpha_r),\alpha_i\in \mathrm{GF}(q^m)$$

其中,$\alpha_i\neq\alpha_j$, $\forall i\neq j,i,j=1,2,\cdots,r$. 这就是说 α_1, $\alpha_2,\cdots,\alpha_r$ 都是 $g(x)$的根①.

设码多项式为

$$C(x)=c_{n-1}x^{n-1}+c_{n-2}x^{n-2}+\cdots+c_1x+c_0$$

则 $\alpha_1,\alpha_2,\cdots,\alpha_r$ 也是它的根,即有

$$C(\alpha_i)=c_{n-1}\alpha_i^{n-1}+c_{n-2}\alpha_i^{n-2}+\cdots+c_1\alpha_i+c_0=0$$
$$i=1,2,\cdots,r$$

写成矩阵形式为

---

① 这里仅讨论 $g(x)$无重根的情况. 因 $g(x)\mid(x^n-1)$,要保证 $g(x)$无重根,需保证 x^n-1 无重根. 可以证明 $\mathrm{GF}(q)$上 x^n-1 无重根的条件是$(n,q)=1$,即要求 n 为奇数.

$$\begin{pmatrix} \alpha_1^{n-1} & \alpha_1^{n-2} & \cdots & \alpha_1 & 1 \\ \alpha_2^{n-1} & \alpha_2^{n-2} & \cdots & \alpha_2 & 1 \\ \vdots & \vdots & & \vdots & \vdots \\ \alpha_r^{n-1} & \alpha_r^{n-2} & \cdots & \alpha_r & 1 \end{pmatrix} \begin{pmatrix} C_{n-1} \\ C_{n-2} \\ \vdots \\ C_1 \\ C_0 \end{pmatrix} = 0 \qquad (1)$$

故循环码的一致校验矩阵为

$$\boldsymbol{H} = \begin{pmatrix} \alpha_1^{n-1} & \alpha_1^{n-2} & \cdots & \alpha_1 & 1 \\ \alpha_2^{n-1} & \alpha_2^{n-2} & \cdots & \alpha_2 & 1 \\ \vdots & \vdots & & \vdots & \vdots \\ \alpha_r^{n-1} & \alpha_r^{n-2} & \cdots & \alpha_r & 1 \end{pmatrix} \qquad (2)$$

这说明,若 $C(x)$ 有根 $\alpha_1,\alpha_2,\cdots,\alpha_r$,则它必在式(2)矩阵 $\boldsymbol{H}$ 的零空间中.

一般地,若 $\alpha_1,\alpha_2,\cdots,\alpha_r \in \mathrm{GF}(q^m)$,其相应的最小多项式为 $m_1(x),m_2(x),\cdots,m_r(x)$. 令 n 是可使每一个 $m_i(x)$ 整除 x^n-1 的最小正整数,因为 $g(x)$ 可整除 x^n-1,而 $g(x)$ 是码多项式中唯一的次数最低的首一多项式,故有

$$g(x) = \mathrm{LCM}[m_1(x),m_2(x),\cdots,m_r(x)] \qquad (3)$$

式中 LCM 表示取最小公倍式. 由它生成的循环码,其码多项式也以 $\alpha_1,\alpha_2,\cdots,\alpha_r$ 为根. 当所有 $m_i(x)$ 互素时,必有

$$g(x) = \prod_{i=1}^{r} m_i(x) \qquad (4)$$

$$n = \mathrm{LCM}[e_1,e_2,\cdots,e_r] \qquad (5)$$

其中 e_i 是元素 α_i 的级.

可见,求 $g(x)$ 的关键是找出每个根的最小多项式. 而最简单的方法是查表. 这点请参阅有关文献.

若 $\alpha_i \in \mathrm{GF}(q^m)$,则 $\mathrm{GF}(q^m)$ 中每个元素均可由本原元 α 的幂次表示. 由最小多项式根的共轭性可知,若 $\alpha_i = \alpha^i$ 是 $m_i(x)$ 的根,则 $\alpha_i^q, \alpha_i^{q^2}, \cdots, \alpha_i^{q^{m-1}}$ 都是 $m_i(x)$ 的根. $\{\alpha_i, \alpha_i^q, \cdots, \alpha_i^{q^{m-1}}\}$ 叫共轭根系. 同一共轭根系中元素的最小多项式相同.

这样,我们就可以用多项式的根来定义循环码并构造它的 $\boldsymbol{H}$ 矩阵.

例1 求 $\mathrm{GF}(2^4)$ 上以 $\alpha, \alpha^2, \alpha^4$ 为根的循环码.

设 $\alpha \in \mathrm{GF}(2^4)$ 是本原元,则其最小多项式就是本原多项式 $m_1(x) = x^4 + x + 1$,而 $\alpha, \alpha^2, \alpha^4, \alpha^8$ 是它的共轭根系. 以 $\alpha, \alpha^2, \alpha^4$ 为根的循环码的生成多项式 $g(x) = x^4 + x + 1$,码长 n 是 α 的级,即 $n = 2^4 - 1 = 15$,即可构造一个(15,11)循环码.

码多项式 $C(x)$ 的系数在 $\mathrm{GF}(2)$ 上,其根 $\alpha, \alpha^2, \alpha^4, \alpha^8$ 则在其扩域 $\mathrm{GF}(2^4)$ 上. $\mathrm{GF}(2^4)$ 上的元素可用 $\mathrm{GF}(2)$ 上的4重向量表示.

设(15,11)码的码多项式为

$$C(x) = c_{14}x^{14} + c_{13}x^{13} + \cdots + c_1 x + c_0$$

$$c_i \in \mathrm{GF}(2), i = 0, 1, \cdots, 14$$

则必有

$$C(\alpha) = c_{14}\alpha^{14} + c_{13}\alpha^{13} + \cdots + c_1\alpha + c_0 = 0$$

$$C(\alpha^2) = c_{14}(\alpha^2)^{14} + c_{13}(\alpha^2)^{13} + \cdots + c_1\alpha^2 + c_0 = 0$$

$$C(\alpha^4) = c_{14}(\alpha^4)^{14} + c_{13}(\alpha^4)^{13} + \cdots + c_1\alpha^4 + c_0 = 0$$

$$C(\alpha^8) = c_{14}(\alpha^8)^{14} + c_{13}(\alpha^8)^{13} + \cdots + c_1\alpha^8 + c_0 = 0$$

即

$$\begin{pmatrix} \alpha^{14} & \alpha^{13} & \cdots & \alpha & 1 \\ (\alpha^2)^{14} & (\alpha^2)^{13} & \cdots & \alpha^2 & 1 \\ (\alpha^4)^{14} & (\alpha^4)^{13} & \cdots & \alpha^4 & 1 \\ (\alpha^8)^{14} & (\alpha^8)^{13} & \cdots & \alpha^8 & 1 \end{pmatrix} \begin{pmatrix} c_{14} \\ c_{13} \\ \vdots \\ c_1 \\ c_0 \end{pmatrix} = \boldsymbol{HC}^{\mathrm{T}} = \boldsymbol{0}^{\mathrm{T}} \tag{6}$$

式(6)中的 $\boldsymbol{H}$ 矩阵若化成 GF(2)上的元素，则将有16行. 但由于 $\partial^0 g(x) = \partial^0 m_1(x) = 4$，故由它生成的线性空间是 $15-4=11$ 维的，它的零空间必是4维的. 这就是说，$\boldsymbol{H}$ 矩阵只有4行线性无关. 因此，式(6)中的 $\boldsymbol{H}$ 矩阵中，仅需考虑 $\alpha^{14}, \alpha^{13}, \cdots, \alpha, 1$ 这一行的 GF(2)上的4重向量. 故此(15,11)循环码的一致校验矩阵可表示为

$$\begin{aligned} \boldsymbol{H} &= (\alpha^{14} \quad \alpha^{13} \quad \cdots \quad \alpha \quad 1) \\ &= \begin{pmatrix} 1 & 1 & 1 & \cdots & 0 & 1 \\ 0 & 0 & 1 & \cdots & 1 & 0 \\ 0 & 1 & 1 & \cdots & 0 & 0 \\ 1 & 1 & 1 & \cdots & 0 & 0 \end{pmatrix} \end{aligned} \tag{7}$$

这实质上就是一个循环 Hamming 码，一般地，如 α 是有限域 GF(2^r)中的一个本原元，即是域 GF(2^r)的乘法群 GF*(2^r)的一个生成元，则循环 Hamming 码的 $\boldsymbol{H}$ 矩阵为

$$\boldsymbol{H} = (\alpha^{n-1} \quad \alpha^{n-2} \quad \cdots \quad \alpha \quad 1) \tag{8}$$

其中 $\alpha^{n-1}, \alpha^{n-2}, \cdots, \alpha^1 = \alpha, \alpha^0 = 1$ 均为本原多项式 $g(x)$ 形成的域 GF(2^r)中的非零元素.

2. **扩展 Hamming 码**

(1)基本概念

我们知道,Hamming码可纠正所有单个错误,但当传送的码字发生了两位错时,怎么办呢?实际上可通过对Hamming码进行一定的修正,就能做到既可纠正一位错又能检测两位错,具体做法是在纠正一位错误的(n,k)码基础上,再增设一位奇偶校验.这就是扩展码(extended Code),又叫增余码.

对于纠正单个错误的(n,k) Hamming码,其扩展的校验元个数为$r'=r+1$,此时,Hamming不等式变为

$$2^{r'-1}\geqslant k+r' \tag{9}$$

扩展码的$\widehat{\boldsymbol{H}}$矩阵只要在(n,k)码$\boldsymbol{H}$矩阵基础上增加一行全"1",即

$$\widehat{\boldsymbol{H}}=\left(\begin{array}{cccc|c} & & & & 0\\ & \boldsymbol{H} & & & \vdots\\ & & & & 0\\ 1 & 1 & \cdots & 1 & 1\end{array}\right) \tag{10}$$

这实质上是在原(n,k)码基础上增加了一位校验元c_0',它对码字的所有位进行偶校验

$$c_{n-1}+c_{n-2}+\cdots+c_1+c_0+c_0'=0(\bmod 2) \tag{11}$$

故c_0'为全监督(校验)位.加上全监督位后,扩展码码字重量变为偶数.对于纠正单个错误的Hamming码,其最小距离$d_{\min}=3$,扩展后码的最小距离$d_{\min}=4$.因此扩展Hamming码的$\widehat{\boldsymbol{H}}$矩阵是$d_{\min}-1=3$列线性无关,可纠正单个错同时检测两个错.若最小距离为d的原(n,k)码记为(n,k,d),则其扩展码是$(n+1,k,d+$

1)线性分组码.

同样,扩展循环 Hamming 码是循环 Hamming 码的微小扩展,常称之为 Abramson 码. 其实质是增余删信循环 Hamming 码.

定义 2 若 $g(x)$ 是 r 次本原多项式,则由 $g'(x)=(x+1)g(x)$ 生成的 (n,k) 循环码称之为 Abramson 码.

因 $\partial\circ g'(x)=r+1$,故该码校验元个数 $r'=r+1$,码长 $n=2^r-1=2^{r'-1}-1$. 码的最小距离 $d=4$,故可纠 1 校 2 或检测 3 个随机错误. 因它是循环码,还能用于检测长小于或等于 2 的两个突发错误的任意组合,或检测长为 r' 的突发错误.

例 2 $g'(x)=(x+1)(x^4+x+1)$ 可构成码长 $n=2^4-1=15$, $r'=5$ 的 $(15,10)$ 循环码. 因用 $g(x)=x^4+x+1$ 生成的循环 Hamming 码的 $\boldsymbol{H}$ 矩阵为

$$\boldsymbol{H}=(\alpha^{14}\alpha^{13}\alpha^{12}\alpha^{11}\alpha^{10}\alpha^{9}\alpha^{8}\alpha^{7}\alpha^{6}\alpha^{5}\alpha^{4}\alpha^{3}\alpha^{2}\alpha\ 1)$$

$$=\begin{pmatrix} 1&1&1&0&1&0&1&1&0&0&1&1&0&0&0\\ 0&0&1&1&1&1&0&1&0&1&1&0&1&0&0\\ 0&1&1&1&1&0&1&0&1&1&0&0&0&1&0\\ 1&1&1&1&0&1&0&1&1&0&0&0&0&0&1 \end{pmatrix}_{4\times 15}$$

故 $(15,10)$ Abramson 码的一致校验矩阵为

$$\boldsymbol{H}'=\begin{pmatrix} 1&1&1&0&1&0&1&1&0&0&1&1&0&0&0\\ 0&0&1&1&1&1&0&1&0&1&1&0&1&0&0\\ 0&1&1&1&1&0&1&0&1&1&0&0&0&1&0\\ 1&1&1&1&0&1&0&1&1&0&0&0&0&0&1\\ 1&1&1&1&1&1&1&1&1&1&1&1&1&1&1 \end{pmatrix}_{5\times 15}$$

当然,我们还可通过行初等变换将其化为标准型.

(2)扩展 Hamming 码的译码

$(2^m, 2^m-1-m, 4)$扩展 Hamming 码是由$(2^m-1, 2^m-1-m, 3)$的 Hamming 码加一个全校验位得到. 它的码字$(c_{n-1}, \cdots, c_0, c_0')$中前 n 个码元是 Hamming 码的一个码字,c_0'是全校验位. 扩展 Hamming 码的码长是 8 的整数倍,特别适用于计算机或微机组成的数据处理或数据传输系统中. 扩展 Hamming 码能纠正一个错误同时发现两个错误,虽然它不是循环码,但它译码电路的主要部分与循环 Hamming 码的译码器相同,只要加上检错电路即可.

如(8,4,4)扩展码,只要在(7,4,3)循环 Hamming 码译码器中,加一个检错电路即可,如图 8(a)部分的电路基本上是循环 Hamming 码的译码器,不同的是多加了一个全校验位检查电路,它由一个级移存器加一个模 2 加法器组成. 图 8(b)部分电路是一个检错电路. 该译码器的译码过程如下:

①开始时所有寄存器中的内容为 0,门 1 和门 2 开. 移位 4 次后门 2 关,$R(x) = r_6x^6 + \cdots + r_0 + r_\infty$中的前 4 位$(r_6, r_5, r_4, r_3)$存入 4 级缓存器中,它就是待纠错的 4 个信息元. 移动 7 次后门 1 关,$R(x)$的前 7 个码元$(r_6, r_5, r_4, r_3, r_2, r_1, r_0)$已全部送入(7,4,3)码所决定的伴随式计算电路中,得到了伴随式(s_2, s_1, s_0). 第 8 次移位后,在全校验位检查电路中得到了全校验的结

果 s_∞,此时译码器不再输入.

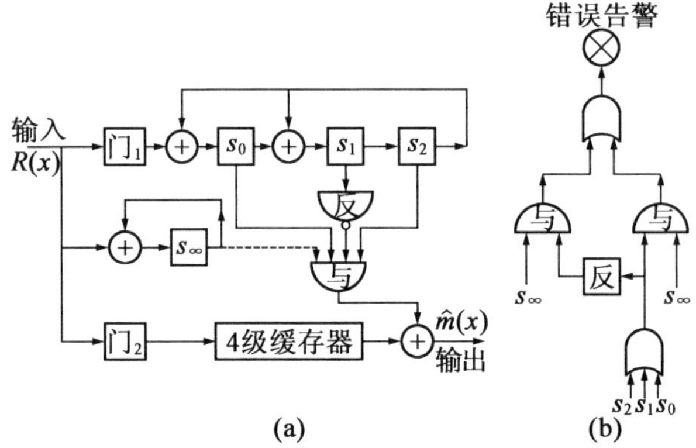

图 8 (8,4,4)扩张码译码器

②当 $s_\infty=0,(s_0,s_1,s_2)=(000)$时,译码器认为接收 $R(x)$无误,把 4 级缓存器中的信息元输出.

③当 $s_\infty=1,(s_0,s_1,s_2)\neq(000)$时,译码器认为有一个错误,此时纠错部分的译码电路,按前面讲的 Hamming 码的方法进行纠错译码,4 次移位后输出已纠正过的信息元.

④当 $s_\infty=0,(s_0,s_1,s_2)\neq(000)$时,译码器认为出现了偶数个错误,错误告警电路输出一个信号给用户,表示检测到错误.

⑤当 $s_\infty=1,(s_0,s_1,s_2)$全为 0 时,译码器认为出现了一个以上的奇数个错误,错误告警电路也输出一个信号给用户.

当然,为了使译码连续,在图 8(a)部分电路中,也

必须有两个伴随式计算电路.

$(2^m-1,2^m-2-m,4)$增余删信Hamming码的译码电路与扩展Hamming码的译码电路基本相同,只不过全校验位的结果s_∞也要输入到错误图样的识别电路与门中,对$(7,3,4)$码来说,就是输入到图8(a)中有3个输入端的与门,如虚线所示,其他均同.

3. **缩短循环码和对偶循环码**

循环码校验元个数$r=\partial\circ g(x)$,且$g(x)\mid(x^n+1)$,信息元个数$k=n-r$. 因x^n+1的因式个数总是有限的,故对于给定的k或r,不见得能找到符合要求的(n,k)循环码. 为解决此问题,通常采用缩短循环码.

和一般(n,k)线性分组码的缩短码一样,从原(n,k)循环码中选择所有前i位为零的码字,即构造$(n-i,k-i)$缩短循环码的码字集合,码字个数为2^{k-i}个. 其生成矩阵和一致校验矩阵的构造方法亦与一般(n,k)码的缩短码相同.

若要构造一个$(6,3)$循环码,即$n=6,k=3,r=3$. 但找不到一个$g(x)$,使$\partial\circ g(x)=3$且$g(x)\mid(x^6+1)$. 但$g(x)=x^3+x+1$时,$g(x)\mid(x^7+1)$,故先构成$(7,4)$码,而后去掉一位信息元,便得$(6,3)$循环码. 它共有$2^{4-1}=8$个码字,即是将$(7,4)$循环码中前一位为零的码字去掉一个零组成

$$
\begin{matrix}
0 & 0\,0\,0\,0\,0\,0 \\
0 & 0\,0\,1\,0\,1\,1 \\
0 & 0\,1\,0\,1\,1\,0 \\
0 & 0\,1\,1\,1\,0\,1 \\
0 & 1\,0\,0\,1\,1\,1 \\
0 & 1\,0\,1\,1\,0\,0 \\
0 & 1\,1\,0\,0\,0\,1 \\
0 & 1\,1\,1\,0\,1\,0
\end{matrix}
\qquad
\begin{pmatrix}
1\,0\,0\,0\,1\,0\,1 \\
1\,0\,0\,1\,1\,1\,0 \\
1\,0\,1\,0\,0\,1\,1 \\
1\,0\,1\,1\,0\,0\,0 \\
1\,1\,0\,0\,0\,1\,0 \\
1\,1\,0\,1\,0\,0\,1 \\
1\,1\,1\,0\,1\,0\,0 \\
1\,1\,1\,1\,1\,1\,1
\end{pmatrix}
$$

但是,缩短循环码已不再具有循环移位的特点,不过它的每个码字多项式仍是原(n,k)码生成多项式$g(x)$的倍式. $g(x)\mid(x^n+1)$,但$g(x)\nmid(x^{n-i}+1)$.

(6,3)码的 $\boldsymbol{G}$ 矩阵和 $\boldsymbol{H}$ 矩阵分别为

$$
\boldsymbol{G}_{7,4}=\begin{pmatrix}
1&0&0&0&1&0&1\\
0&1&0&0&1&1&1\\
0&0&1&0&1&1&0\\
0&0&0&1&0&1&1
\end{pmatrix}
\xrightarrow[\text{行、第一列}]{\text{去掉第一}}
\boldsymbol{G}_{6,3}=\begin{pmatrix}
1&0&0&1&1&1\\
0&1&0&1&1&0\\
0&0&1&0&1&1
\end{pmatrix}
$$

$$
\boldsymbol{H}_{7,4}=\left(\begin{array}{c:cccccc}
1&1&1&0&1&0&0\\
0&1&1&1&0&1&0\\
1&1&0&1&0&0&1
\end{array}\right)
\xrightarrow{\text{去掉第一列}}
\boldsymbol{H}_{6,3}=\begin{pmatrix}
1&1&0&1&0&0\\
1&1&1&0&1&0\\
1&0&1&0&0&1
\end{pmatrix}
$$

尽管缩短循环码的码字间已不具有循环特性,但这并不影响其编、译码的简单实现,它仅需对原(n,k)循环码的编、译码稍做修正.

缩短循环码的编码器仍与原来循环码的编码器完全一样,因为去掉前 i 个零信息元,并不影响监督位的计算. 只是操作的总节拍少了 i 拍. 译码时,只要在每个接收码字前加 i 个零,原循环码的译码器就可用来

译缩短循环码. 但也可不加 i 个零,而对伴随式寄存器的反馈连接进行修正. 由于缩短了 i 位,相当于信息位也提前了 i 位,故需自动乘以 x^i,并可用 $Rg(x)[x^i]$ 电路实现. 伴随式计算电路的输入应改为按下式的计算结果方式接入

$$Rg(x)[x^i]=f(x)=x^k+\cdots+x^m+x^l$$

其中 $0\leqslant k<\cdots<m<l\leqslant r-1$,$r$ 为 $g(x)$ 的次数,即接收码字 R 应从 $s_k,\cdots,s_m,s_l$ 各级的输入端同时接入. 这时,伴随式计算电路的状态将为

$$S_i'(x)=Rg(x)[f(x)k(x)]$$

而

$$f(x)=x^i+g(x)q(x)$$

$$f(x)\cdot R(x)=x^iR(x)+g(x)q(x)k(x)$$

故

$$\begin{aligned}S_i'(x)&=Rg(x)[x^iR(x)]\\&=Rg(x)[x^iS(x)]\\&=x^iS(x)=S_i(x)\end{aligned}$$

这说明缩短 i 位的 $(n-i,k-i)$ 码,除法运算可以提前 i 拍完成. 经 $n-i$ 拍后的伴随式状态 $S_i'(x)$ 等于 R 从 S_0 输入端接入的情况下第 $n-i$ 拍后的状态 $S_i(x)$. 因此,如果将接收码字 R 按 $f(x)$ 的方式接入伴随式计算电路,同时将缓冲寄存器改为 $n-i$ 级,那么原循环码的一般译码电路就可改成 $(n-i,k-i)$ 缩短循环码译码电路. 例如,(15,11)循环码缩短 5 位便得到了(10,6)码

$$g(x)=x^3+x+1$$

$$f(x) = Rg(x)[x^5] = x^2 + x$$

图 9 则是其译码电路.

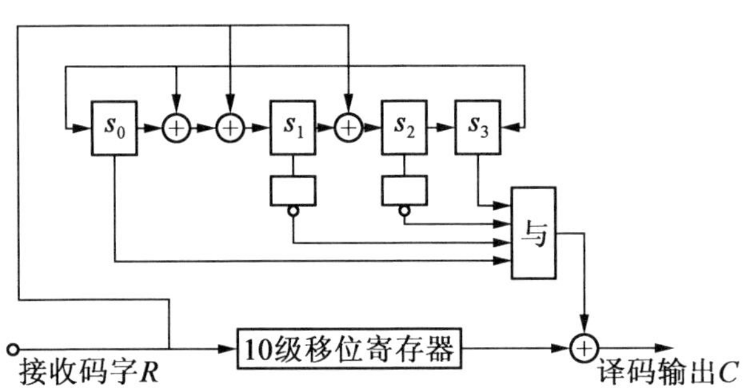

图 9　(10,6)缩短循环码的译码电路

总之,缩短循环码是在原循环码中选前 i 个信息位为 0 的码字组成,而它的纠错能力至少和原循环码的一样. 因为缩短循环码的监督元数目与原循环码相同,又因为没有传送零信息元的那些码元,在这些位上就不会出错,所以它的 Hamming 距离和纠错能力甚至会比原循环码更大些.

缩短循环码的译码器必须在原(n,k)循环码译码器基础上做如下修正:

①k 级缓存器改为 $k-i$ 级;

②为了与①的改动相适应,$R(x)$应自动乘以 x^i,然后再输入伴随式计算电路.

如(7,4)循环 Hamming 码缩短一位变成(6,3)码,就是把译码器稍做修正.

在线性分组码中,(n,k)码和(n,r)码互为对偶码. 类似地,称以 $g(x)$ 为生成多项式生成的(n,k)循

环码和以 $h(x)$ 的互反多项式 $h^*(x)$ 为生成多项式生成的 (n,r) 循环码互为对偶循环码.

如以 $g(x)=x^4+x^3+x^2+1$ 生成的 $(7,3)$ 循环码,其生成矩阵和一致校验矩阵分别为

$$\boldsymbol{G}_{7,3}=\begin{pmatrix}1&0&0&1&1&1&0\\0&1&0&0&1&1&1\\0&0&1&1&1&0&1\end{pmatrix}_{3\times 7}=(\boldsymbol{I}_3\ \boldsymbol{Q})$$

$$\boldsymbol{H}_{7,3}=\begin{pmatrix}1&0&1&1&0&0&0\\1&1&1&0&1&0&0\\1&1&0&0&0&1&0\\0&1&1&0&0&0&1\end{pmatrix}_{4\times 7}=(\boldsymbol{P}\ \boldsymbol{I}_4)$$

而

$$h(x)=\frac{x^7-1}{g(x)}=x^3+x^2+1$$

其 $h^*(x)=x^3+x+1$,它生成的 $(7,4)$ 对偶循环码的生成矩阵和一致校验矩阵分别为

$$\boldsymbol{G}_{7,4}=\begin{pmatrix}1&0&0&0&1&0&1\\0&1&0&0&1&1&1\\0&0&1&0&1&1&0\\0&0&0&1&0&1&1\end{pmatrix}_{4\times 7}=(\boldsymbol{I}_4\ \boldsymbol{Q}')$$

$$\boldsymbol{H}_{7,4}=\begin{pmatrix}1&1&1&0&1&0&0\\0&1&1&1&0&1&0\\1&1&0&1&0&0&1\end{pmatrix}_{3\times 7}=(\boldsymbol{P}'\ \boldsymbol{I}_3)$$

显然,$\boldsymbol{P}=\boldsymbol{Q}'$,$\boldsymbol{Q}=\boldsymbol{P}'$. 因此读者不难总结出 (n,k) 和 (n,r) 对偶循环码的相互关系来.

§6　BCH　码

Bose,Chaudhuri 和 Hocquenghem 所提出的 BCH 码是循环码中的一个重要子类,是 Hamming 码在纠多重错方面的重要推广. BCH 码有严密的代数结构,是目前研究得最为透彻的一类码. 它的生成多项式 $g(x)$ 与最小码距之间有密切的关系,人们可以根据所要求的纠错能力 t,很容易地构造出 BCH 码. 它们的译码也比较容易实现,因此 BCH 码是线性分组码中应用最为普遍的一类码.

1. 本原 BCH 码

本原循环码是一类最重要的码. Hamming 码、BCH 码和某些大数逻辑可译码都可以是本原码.

循环 Hamming 码是纠单个错误的完备码,它的每一位差错的伴随式 $S(x)$ 都与 $\boldsymbol{H}$ 矩阵中的某一列相对应. 如果码字发生两位错,那么 $S(x)$ 就对应 $\boldsymbol{H}$ 矩阵两列之和,此两列之和必等于 $\boldsymbol{H}$ 矩阵中的另外一列,因而将造成错误译码. 要提高码的纠错能力,必须增加码的冗余度. BCH 码就是在 Hamming 码基础上,通过增加 $\boldsymbol{H}$ 矩阵的行数来提高纠错能力的. 通常用生成多项式的根来分析 BCH 码.

定义 1　设 α 为 $\mathrm{GF}(2^m)$ 中的本原元,t 为整数,则以含有 $\alpha,\alpha^2,\alpha^3,\cdots,\alpha^{2t}$ 共 $2t$ 个根,其系数在 GF(2) 内

的最低次多项式 $g(x)$ 为生成多项式的循环码,叫作二元本原BCH码,简称本原BCH码.

本原BCH码的参数为:

①码长 $n=2^m-1$,校验位数 $r=n-k=\partial\circ g(x)\leqslant mt$,最小距离 $d\geqslant 2t+1$,纠错能力为 t;

②它的生成多项式是由若干 m 阶或以 m 的因子为最高阶的多项式相乘而构成的.

因 $g(\alpha^i)=0,1\leqslant i\leqslant 2t$,故 $g(x)$ 的全部根为 $\alpha,\alpha^2,\cdots,\alpha^{2t}$ 以及它们的共轭根系. 令 $m_i(x)$ 为 α^i 的最小多项式,则 $g(x)$ 必是 $m_1(x),m_2(x),\cdots,m_{2t}(x)$ 的最小公倍数,即有

$$g(x)=\mathrm{LCM}[m_1(x),m_2(x),\cdots,m_{2t}(x)] \quad (1)$$

因共轭根系每个元素的最小多项式均相同,也就是说式(1)中,下标为偶数的 $m_i(x)$ 与其前面下标为奇数的 $m_i(x)$ 相同. 故有

$$g(x)=\mathrm{LCM}[m_1(x),m_3(x),\cdots,m_{2t-1}(x)] \quad (2)$$

表1给出的是若干本原BCH码的有关参数.

表1　$n\leqslant 63$ 的二元本原BCH码

n	k	t	d	$g(x)$	b	Z
7	4	1	3	$g_1(x)=(3,1,0)$	1	0.67
	1	3	7	$g_3(x)=g_1(x)(3,2,0)$	3	1.00
15	11	1	3	$g_1(x)=(4,1,0)$	1	0.50
	7	2	5	$g_3(x)=g_1(x)(4,3,2,1,0)$	4	1.00
	5	3	7	$g_5(x)=g_3(x)(2,1,0)$	5	1.00
	1	7	15	$g_7(x)=g_5(x)(4,3,0)$	7	1.00

续表 1

n	k	t	d	$g(x)$	b	Z
31	26	1	3	$g_1(x)=(5,2,0)$	1	0.40
	21	2	5	$g_3(x)=g_1(x)(5,4,3,2,0)$	4	0.80
	16	3	7	$g_5(x)=g_3(x)(5,4,2,1,0)$	7	0.96
	11	5	11	$g_7(x)=g_5(x)(5,3,2,1,0)$	10	1.00
	6	7	15	$g_{11}(x)=g_7(x)(5,4,3,1,0)$	12	0.96
	1	15	31	$g_{15}(x)=g_{11}(x)(5,3,0)$	15	1.00
63	57	1	3	$g_1(x)=(6,1,0)$	1	0.33
	51	2	5	$g_3(x)=g_1(x)(6,4,2,1,0)$	4	0.67
	45	3	7	$g_5(x)=g_3(x)(6,5,2,1,0)$	5	0.56
	39	4	9	$g_7(x)=g_5(x)(6,3,0)$	11	0.92
	36	5	11	$g_9(x)=g_7(x)(6,3,0)$	12	0.89
	30	6	13	$g_{11}(x)=g_9(x)(6,5,3,2,0)$	15	0.91
	24	7	15	$g_{13}(x)=g_{11}(x)(6,4,3,1,0)$	10	0.87
	18	10	21	$g_{15}(x)=g_{13}(x)(6,5,4,2,0)$	21	0.93
	16	11	23	$g_{21}(x)=g_{15}(x)(2,1,0)$	22	0.93
	10	13	27	$g_{23}(x)=g_{21}(x)(6,4,1,0)$	25	0.94
	7	13	31	$g_{27}(x)=g_{23}(x)(3,1,0)$	28	1.00
	1	31	63	$g_{31}(x)=g_{27}(x)(6,5,0)$	31	1.00

注:(1)$g(x)$括号内的数字代表数不为 0 的幂次,如(3,1,0)代表 x^3+x+1;(2)b 表示该码纠突发错误能力,$Z=\frac{2b}{n-k}$表示纠突发错误最佳程度;(3)$t=1$,即为循环 Hamming 码,$k=1$,即为重复码.

由式(1)和式(2)可知,本原BCH码的一致校验矩阵为

$$H=\begin{pmatrix} \alpha^{n-1} & \alpha^{n-2} & \cdots & 1 \\ (\alpha^2)^{n-1} & (\alpha^2)^{n-2} & \cdots & 1 \\ \vdots & \vdots & & \vdots \\ (\alpha^{2t})^{n-1} & (\alpha^{2t})^{n-2} & \cdots & 1 \end{pmatrix} \quad (3)$$

或

$$H=\begin{pmatrix} \alpha^{n-1} & \alpha^{n-2} & \cdots & 1 \\ (\alpha^3)^{n-1} & (\alpha^3)^{n-2} & \cdots & 1 \\ \vdots & \vdots & & \vdots \\ (\alpha^{2t-1})^{n-1} & (\alpha^{2t-1})^{n-2} & \cdots & 1 \end{pmatrix} \quad (4)$$

例1　$m=4$,α是$GF(2^4)$上的本原元,求码长$n=2^4-1=15$的二元BCH码.

①若$t=1$,则码以$\alpha,\alpha^2,\alpha^4,\alpha^8$为根,$\alpha$的最小多项式为

$$m_1(x)=x^4+x+1$$

故码的生成多项式为

$$g(x)=m_1(x)=x^4+x+1$$

$$r=\partial\circ g(x)=4$$

故可构成一个(15,11)本原BCH码,可纠正单个错误.显然,纠正单个错误的本原BCH码就是前面所述的循环Hamming码.

②若$t=2$,则码以α,α^3为根,α^3的最小多项式为

$$m_3(x)=x^4+x^3+x^2+x+1$$

$$g(x)=\mathrm{LCM}[m_1(x),m_3(x)]$$

因 $m_1(x),m_3(x)$ 是互素的，故

$$\begin{aligned}g(x)&=m_1(x)m_3(x)\\&=(x^4+x+1)(x^4+x^3+x^2+x+1)\\&=x^8+x^7+x^6+x^4+1\end{aligned}$$

因此，$r=\partial\circ g(x)=8$，可构造(15,7)BCH码. 码的最小距离 $d=5$，可纠正两个随机错误.

③若 $t=3$，则码以 α,α^3,α^5 为根. 而

$$m_5(x)=x^2+x+1$$

故

$$\begin{aligned}g(x)&=\mathrm{LCM}[m_1(x),m_3(x),m_5(x)]\\&=m_1(x)\cdot m_3(x)\cdot m_5(x)\\&=(x^4+x+1)(x^4+x^3+x^2+x+1)(x^2+x+1)\\&=x^{10}+x^8+x^5+x^4+x^2+x+1\end{aligned}$$

可构造(15,5)BCH码. 码的最小距离 $d=7$，可纠正三个随机错误.

上述BCH码的码长均为 $n=2^4-1=15$，故都是本原BCH码. 根据式(4)可求出相应的 $\boldsymbol{H}$ 矩阵. 以(15,7)码为例，有

$$\boldsymbol{H}=\begin{pmatrix}\alpha^{14}&\alpha^{13}&\alpha^{12}&\alpha^{11}&\alpha^{10}&\alpha^9&\alpha^8&\alpha^7&\alpha^6&\alpha^5&\alpha^4&\alpha^3&\alpha^2&\alpha&1\\\alpha^{42}&\alpha^{39}&\alpha^{36}&\alpha^{33}&\alpha^{30}&\alpha^{27}&\alpha^{24}&\alpha^{21}&\alpha^{18}&\alpha^{15}&\alpha^{12}&\alpha^9&\alpha^6&\alpha^3&1\end{pmatrix}$$

因 $\alpha^{15}=1$，再将 $GF(2^4)$ 中4重向量代替 α^i，故可得二元 $\boldsymbol{H}$ 矩阵

$$H = \begin{pmatrix} 1\,1\,1\,0\,1\,0\,1\,1\,0\,0\,1\,0\,0\,0\,1 \\ 0\,0\,1\,1\,1\,1\,0\,1\,0\,1\,1\,0\,0\,1\,0 \\ 0\,1\,1\,1\,1\,0\,1\,0\,1\,1\,0\,0\,1\,0\,0 \\ 1\,1\,1\,1\,0\,1\,0\,1\,1\,0\,0\,1\,0\,0\,0 \\ 1\,0\,0\,0\,1\,1\,0\,0\,0\,1\,1\,0\,0\,0\,1 \\ 1\,1\,0\,0\,0\,1\,1\,0\,0\,0\,1\,1\,0\,0\,0 \\ 1\,0\,1\,0\,0\,1\,0\,1\,0\,0\,1\,0\,1\,0\,0 \\ 1\,1\,1\,1\,0\,1\,1\,1\,1\,0\,1\,1\,1\,1\,0 \end{pmatrix}_{8\times 15}$$

2. **非本原 BCH 码**

定义2 设β为$GF(2^m)$上的非本原元，β的级为n，$nj=2^m-1$，j和t均为正整数，且$j\neq 1$，则以含有β，β^2，β^3，$\cdots$，β^{2t}共$2t$个根，其系数在$GF(2)$内的最低次多项式$g(x)$为生成多项式的循环码，叫作二元非本原BCH码.

由于$\beta^n=1$，$(\beta^i)^n=1\ (i=1,2,\cdots,2t)$，即上述各根的阶均为$n$，都不是$GF(2^m)$中的本原元，即$g(x)$不含有本原元的根.

非本原BCH码的生成多项式为

$$g(x)=\mathrm{LCM}[m_j(x),m_{3j}(x),\cdots,m_{(2t-1)j}(x)] \quad (5)$$

式中$m_j(x)$为$\beta=\alpha^j$的最小多项式.

非本原BCH码的码长为

$$n=\mathrm{LCM}[e_1,e_2,\cdots,e_{2t-1}]=\frac{2^m-1}{j}$$

校验位数

$$r=\partial\circ g(x)\leqslant mt$$

最小码距$d\geqslant 2t+1$，表2列出部分非本原BCH码的参数.

表 2　部分非本原 BCH 码

n	k	t	m	生成多项式(8 进制)
17	9	2	8	727
21	12	2	6	1663
23	12	3	11	5343
33	22	2	10	5145
33	12	4	10	3777
41	21	4	20	6647133
47	24	5	23	43073357
65	53	2	12	10761
65	40	4	12	354303067
73	46	4	9	1717773537

如(23,12)码是一个特殊的非本原 BCH 码,称为 Golay 码. 该码码距为 7,能纠正 3 个随机错误,其生成多项式为

$$g(x)=x^{11}+x^{9}+x^{7}+x^{6}+x^{5}+x+1$$

而它的互反多项式 $x^{11}+x^{10}+x^{6}+x^{5}+x^{4}+x^{2}+1$ 也是生成多项式. 很容易验证,这是一个完备码,它的监督位得到了最充分的利用.

BCH 码的码长为奇数. 在实际使用中,为了得到偶数码长,并增强其检错性能,可以在 BCH 码生成多项式中乘上一个$(x+1)$因式,从而得到$(n+1,k)$扩展 BCH 码,其码长为偶数. 扩展 BCH 码相当于在 BCH 码上加了一个全校验位,扩展后码距增加 1. 然而,它已

不再具有循环性.

例如,(23,12)Golay 码在使用中通常采用它的扩展形式,变成(24,12)扩展 Golay 码. 能纠正 3 个错误,同时发现 4 个错误.

总之,对任何正整数 m 和 t,一定存在一个二元 BCH 码,它以 $\alpha,\alpha^3,\cdots,\alpha^{2t-1}$ 为根,其码长 $n=2^m-1$ 或是 2^m-1 的一个因子,可纠正 t 个随机错误,生成多项式具有如下形式

$$g(x)=\text{LCM}[m_1(x),m_3(x),\cdots,m_{2t-1}(x)]$$

则由此生成的循环码称为 BCH 码,其最小码距 $d\geqslant 2t+1$,能纠 t 个错误. 其中码长为 $n=2^m-1$ 的 BCH 码称为本原 BCH 码,又称狭义 BCH 码. 码长为 2^m-1 因子的 BCH 码为非本原 BCH 码. 由于 $g(x)$ 有 t 个因式,且每个因式的最高阶次为 m,因此监督码元最多为 mt 位.

如果实际要用的 BCH 码码长不是 2^m-1 或它的因式,那么还可以用前面介绍的缩短码的方法构造 $(n-s,k-s)$ 缩短 BCH 码.

3. BCH 码的译码

BCH 码的译码方法可以有时域译码和频域译码两类. 频域译码是把每个码组看成一个数字信号,把接收到的信号进行离散傅氏变换(DFT),然后利用数字信号处理技术在"频域"内译码,最后进行傅氏反变换得到译码后的码组. 时域译码则是在时域上直接利用码的代数结构进行译码. 一般而言,它比频域译码要简单,如前面的捕错译码和大数逻辑译码等,但如果利用

软件编程则由于频域译码可利用各种快速算法，因此比时域译码的速度更快. 本节仅讨论时域译码.

时域译码的方法又有多种. 纠多个错误的 BCH 码译码算法很复杂，限于篇幅本节仅从实用角度介绍彼得森提出的一种译码方法. 有关其他译码方法（如迭代译码算法）及这些译码方法的理论分析，有兴趣的读者可参考其他文献.

和一般循环码一样，BCH 码的译码也分为三步：首先由接收多项式 $R(x)$ 计算伴随式 $S(x)$；其次由 $S(x)$ 得到错误图样 $E(X)$；最后得到 $R(x)-E(X)=\hat{C}(x)$. 当然如果是非系统码，那么还必须由 $\hat{C}(x)$ 得到信息元 $\hat{M}(x)=\hat{C}(x)g^{-1}(x)$.

下面讨论 BCH 码的彼得森译码. 在彼得森译码中仍然采用计算伴随式，然后用伴随式寻找错误图样的方法，具体译码过程可分为四步：

①用 $g(x)$ 的各因式作为除式，对接收到的码多项式求余，得到 t 个余式，称为"部分校正子"（或"部分伴随式"）；

②用 t 个部分校正子构造一个特定的"译码多项式"，它以错误位置数为根；

③求译码多项式的根，得到错误位置；

④纠正错误.

我们以(15,5)BCH 码为例，讨论译码过程.

第一步：

由式(2)可知，纠正 t 个错误的本原 BCH 码的生成多项式由 t 个最小多项式相乘得到，其中第 1 个最

小多项式 $m_1(x)$ 必为 Hamming 码生成多项式. 假设发生 v 个错误,它们的错误位置数分别为 $x_1,x_2,x_3,\cdots,x_v$. 接收码多项式除以 $m_1(x)$ 得到的余式为

$$S_1 = x_1 + x_2 + x_3 + \cdots + x_v \tag{6}$$

由上述单个方程无法解出 $x_1,x_2,x_3,\cdots,x_v$. 可以证明接收码多项式除以 $m_3(x)$ 所得余式

$$S_3 = x_1^3 + x_2^3 + \cdots + x_v^3 \tag{7}$$

一般情况下,除以 $m_i(x)$ 得余式为

$$S_i = x_1^i + x_2^i + \cdots + x_v^i \tag{8}$$

经上述运算后,得到 t 个部分校正子:$S_1,S_3,S_5,\cdots,S_{2t-1}$. 由这 t 个方程可以解出错误位置数 $v(\leqslant t)$. 应当指出的是,所有余式必须以 $m_1(x)$ 为模.

假设(15,5)码发生了两个错误,位置分别在 α^3 和 α^{10},可算得

$$S_1 = \alpha^3 + \alpha^{10} = (1\quad 1\quad 1)^{\mathrm{T}} = \alpha^{12}$$

$$S_3 = \alpha^9 + \alpha^{30} = \alpha^9 + \alpha^0 = (1\quad 0\quad 1\quad 1)^{\mathrm{T}} = \alpha^7$$

$$S_5 = \alpha^{15} + \alpha^{50} = \alpha^0 + \alpha^5 = (0\quad 1\quad 1\quad 1)^{\mathrm{T}} = \alpha^{10} \tag{9}$$

第二步:

译码多项式的系数可由第一步得到的部分校正子确定. 令错误位置多项式为 $\sum(x)$,可以证明

$$\begin{aligned}\sum(x) &= (x+x_1)(x+x_2)\cdots(x+x_v)\\ &= x^v + \sigma_1 x^{v-1} + \sigma_2 x^{v-2} + \cdots + \sigma_{v-1}x + \sigma_v\end{aligned} \tag{10}$$

其中系数 $\sigma_1,\sigma_2,\cdots,\sigma_v$ 可以由已知的部分校正子计算得到.

对于 $t=3, S_1, S_3, S_5$ 与 $\sigma_1, \sigma_2, \sigma_3$ 的关系如下

$$\sigma_1 = S_1$$

$$\sigma_2 = \frac{S_1^2 S_3 + S_5}{S_1^3 + S_3}$$

$$\sigma_3 = \frac{(S_1^3 + S_3)^2 + S_1(S_1^2 S_3 + S_5)}{S_1^3 + S_3} \tag{11}$$

将式(9)的结果代入上式,得

$$\sigma_1 = \alpha^{12}, \sigma_2 = \alpha^{13}, \sigma_3 = 0$$

因而错误位置多项式为

$$\sum(x) = x^3 + \alpha^{12} x^2 + \alpha^{13} x \tag{12}$$

第三步:

由于错误位置数就是错误位置多项式的根,因此要对错误位置多项式进行因式分解. 在实际中,寻找 $\sum(x)$ 的根的最好方法是用 n 个错误位置数代入计算. 也就是说,首先将 α^{14} 代入式(12),若结果为 0,则 $(x+\alpha^{14})$ 是一个因式,由此可判断在位置 14 处有一个错误. 若结果不为 0,则表明在位置 14 处无错误,依此类推. (15,5)码的 15 个错误位置数代入式(12)的结果如表 3 所示.

表 3　错误位置数与误码

α^i	$\sum(\alpha^i)$	α^i	$\sum(\alpha^i)$
α^{14}	α^{10}		
α^{13}	α^{0}	α^{6}	α^{0}

续表 3

α^i	$\sum(\alpha^i)$	α^i	$\sum(\alpha^i)$
α^{12}	α^{10}	α^5	α^1
α^{11}	α^0	α^4	α^3
α^{10}	0(有错误)	α^3	0(有错误)
α^9	α^8	α^2	α^{12}
α^8	α^7	α^1	α^3
α^7	α^2	α^0	α^4

第四步:

在相应的错误位置上将二进制码元加 1,即完成了纠错.

按照上述译码方法构思的 BCH 码译码器方框图如图 10 所示。图中 LFSR1,LFSR2,…,LFSRt 为线性反馈移位的寄存器,用于产生部分校正子 $S_1,S_3,\cdots,S_{2t-1}$. 错误位置数计算电路完成第二步和第三步译码工作,整个运算都是在有限域内进行的,计算 $\sigma_1,\sigma_2,\cdots,\sigma_t$ 所需除法可以用多项式取反及乘法来实现.

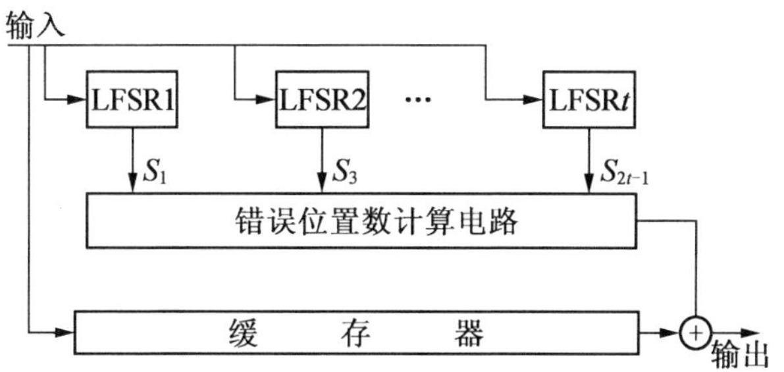

图 10　BCH 码译码器方框图

§7　完全线性码:Hamming 码和 Golay 码

线性码是纠错码当中的一部分(因为线性码不仅是 F_q^n 的子集合,而且要求是 F_q^n 的线性子空间). 但是多数性能良好的纠错码都是线性码. 本节中我们介绍一类好的线性码:完全线性码. 根据定义,参数为$[n,k,d]$的 q 元码叫作完全码,是指它达到 Hamming 界,即$d=2l+1$并且

$$q^{n-k}=\sum_{i=0}^{l}(q-1)^i\binom{n}{i}$$

首先,我们有两类平凡的完全线性码:

(1)q 元线性码$[n,n,1]$,即 $C=F_q^n$. 这时 $l=0$, $k=n$. 易知这是完全码;

(2)对于 $n=2l+1, q=2, C$ 由码长为 $2l+1$ 的零向量和全 1 向量$(1,1,\cdots,1)\in F_2^{2l+1}$ 两个码字组成的二元线性码,参数为

$$[n,k,d]=[2l+1,1,2l+1]$$

由于

$$\sum_{i=0}^{l}\binom{n}{i}=\frac{1}{2}\left[\sum_{i=0}^{l}\binom{n}{i}+\sum_{i=0}^{l}\binom{n}{n-i}\right]$$

$$=\frac{1}{2}\left[\sum_{i=0}^{l}\binom{n}{i}+\sum_{i=l+1}^{n}\binom{n}{i}\right]$$

$$= \frac{1}{2}\sum_{i=0}^{n}\binom{n}{i} = 2^{n-1} = 2^{n-k}$$

可知它们为完全码.

现在介绍一类重要的完全线性码. 设 $m \geqslant 2$, F_q^m 中非零向量共 q^m-1 个. 其中任意两个非零向量 $\boldsymbol{v}_1$ 和 $\boldsymbol{v}_2$ 是 F_q 线性相关的, 当且仅当存在 $\alpha \in F_q^*$, 使得 $\boldsymbol{v}_1 = \alpha\boldsymbol{v}_2$. 我们将这样两个非零向量叫作是射影等价的. 这是一个等价关系. 每个等价类中均恰好有 $q-1$ 个向量(因为与非零向量 $\boldsymbol{v}$ 等价的向量为 $\alpha\boldsymbol{v}(\alpha \in F_q^*)$). 从而共有$\frac{q^m-1}{q-1}$个等价类. 现在从每个等价类中取出一个代表向量, 共取出 $n = \frac{q^m-1}{q-1}$ 个向量 $\boldsymbol{u}_1, \cdots, \boldsymbol{u}_n$, 每个向量表示长为 m 的列向量, 排成 F_q 上一个 $m \times n$ 的矩阵

$$\boldsymbol{H}_m = (\boldsymbol{u}_1, \cdots, \boldsymbol{u}_n)$$

定义 1　设 $m \geqslant 2$, 以 $\boldsymbol{H}_m$ 为校验阵的 q 元线性码 C 叫作 Hamming 码.

定理 1　Hamming 码是参数为 $[n, k, d] = \left[\frac{q^m-1}{q-1}, \frac{q^m-1}{q-1} - m, 3\right]$ 的 q 元完全线性码.

证明　$(1,0,\cdots,0),(0,1,0,\cdots,0),\cdots,(0,0,\cdots,0,1)$ 属于不同的射影等价类. 这 m 个等价类取出的代表元构成矩阵 $\boldsymbol{H}$ 中 m 个列向量是线性无关的. 这表明 $\boldsymbol{H}$ 的秩为 m. 于是 $n = \frac{q^m-1}{q-1}$(等价类数), $k = n - m =$

$\frac{q^m-1}{q-1}-m$. 进而, $\boldsymbol{H}$ 中各列属于不同的等价类, 所以任意两个不同的列是线性无关的. 特别地, 任意两个不同列之和是非零向量, 从而必与 $\boldsymbol{H}$ 中某个列向量等价. 于是这三列是线性相关的, 这表明 $d=3$. 最后, 由于

$$\begin{aligned}\sum_{i=0}^{1}(q-1)^i\binom{n}{i} &= 1+(q-1)n \\ &= 1+q^m-1 \\ &= q^m = q^{n-k}\end{aligned}$$

可知 Hamming 码是完全码.

例 1(二元 Hamming 码) 当 $q=2$ 时, $\boldsymbol{H}_m$ 即是由全部 2^m-1 个长为 m 的非零列向量构成的矩阵. 从而二元 Hamming 码的参数为 $[n,k,3]=[2^m-1,2^m-1-m,3]$(对每个 $m\geqslant 2$). 比如对于 $m=3$, 有

$$\boldsymbol{H}_3=\begin{pmatrix}1&0&0&0&1&1&1\\0&1&0&1&0&1&1\\0&0&1&1&1&0&1\end{pmatrix}=(\boldsymbol{I}_3 \vdots \boldsymbol{P})$$

从而以 $\boldsymbol{H}_3$ 为校验阵的二元 Hamming 码有生成阵

$$\boldsymbol{G}_3=(\boldsymbol{P}^{\mathrm{T}} \vdots \boldsymbol{I}_4)=\begin{pmatrix}0&1&1&1&0&0&0\\1&0&1&0&1&0&0\\1&1&0&0&0&1&0\\1&1&1&0&0&0&1\end{pmatrix}$$

这个二元线性码的参数为 $[7,4,3]$.

例 2 取 $q=3$, $m=3$, 则 F_3^3 中非零向量共有

$\frac{q^3-1}{q-1}=\frac{3^3-1}{3-1}=13$ 个等价类. 取出 13 个代表向量组成 F_3 上的矩阵

$$\boldsymbol{H}_3=\begin{pmatrix}1&0&0&0&0&1&1&1&1&1&1&1&1\\0&1&0&1&1&0&0&1&2&1&1&2&2\\0&0&1&1&2&1&2&0&0&1&2&1&2\end{pmatrix}$$

$$=(\boldsymbol{I}_3 \mid \boldsymbol{P})$$

以 $\boldsymbol{H}_3$ 为校验阵的三元 Hamming 码是参数 $[n,k,d]=[13,10,3]$ 的完全码,它有生成阵 $\boldsymbol{G}_3=(-\boldsymbol{P}^{\mathrm{T}} \mid \boldsymbol{I}_{10})$.

现在介绍 1949 年 Golay 发现的两个完全线性码. 一个参数为 $[n,k,2l+1]$ 的 q 元完全码要满足

$$q^{n-k}=\sum_{i=0}^{l}(q-1)^i\binom{n}{i}$$

满足这个等式的 $n,k,d(=2l+1)$ 和 q(为素数幂)是很少的. Golay 首先求出满足这个等式的三组参数 $(q,n,k,d)=(2,23,12,7),(2,90,78,5),(3,11,6,5)$. 他证明了:参数为 $[90,78,5]$ 的二元线性码是不存在的. 然后通过精细的组合学考虑,构作出二元线性码 $[23,12,7]$ 和三元线性码 $[11,6,5]$.

先介绍二元 Golay 线性码 $[23,12,7]$. 我们知道,若存在二元线性码 $[23,12,7]$,则存在扩充的二元线性码 $[24,12,8]$. Golay 先构作了二元线性码 $[24,12,8]$,然后通过“收缩”得到二元线性码 $[23,12,7]$.

定理 2(Golay)　设

$$
\boldsymbol{P} = \begin{pmatrix}
0 & 1 & 1 & 1 & 1 & 1 & 1 & 1 & 1 & 1 & 1 & 1 \\
1 & 1 & 1 & 0 & 1 & 1 & 1 & 0 & 0 & 0 & 1 & 0 \\
1 & 1 & 0 & 1 & 1 & 1 & 0 & 0 & 0 & 1 & 0 & 1 \\
1 & 0 & 1 & 1 & 1 & 0 & 0 & 0 & 1 & 0 & 1 & 1 \\
1 & 1 & 1 & 1 & 0 & 0 & 0 & 1 & 0 & 1 & 1 & 0 \\
1 & 1 & 1 & 0 & 0 & 0 & 1 & 0 & 1 & 1 & 0 & 1 \\
1 & 1 & 0 & 0 & 0 & 1 & 0 & 1 & 1 & 0 & 1 & 1 \\
1 & 0 & 0 & 0 & 1 & 0 & 1 & 1 & 0 & 1 & 1 & 1 \\
1 & 0 & 0 & 1 & 0 & 1 & 1 & 0 & 1 & 1 & 1 & 0 \\
1 & 0 & 1 & 0 & 1 & 1 & 0 & 1 & 1 & 1 & 0 & 0 \\
1 & 1 & 0 & 1 & 1 & 0 & 1 & 1 & 1 & 0 & 0 & 0 \\
1 & 0 & 1 & 1 & 0 & 1 & 1 & 1 & 0 & 0 & 0 & 1
\end{pmatrix}
$$

$$
= \begin{pmatrix}
0 & 1 & 1 & 1 & 1 & 1 & 1 & 1 & 1 & 1 & 1 & 1 \\
1 & & & & & & & & & & & \\
1 & & & & & & & & & & & \\
1 & & & & & & & & & & & \\
1 & & & & & & & & & & & \\
1 & & & & & \boldsymbol{P}' & & & & & & \\
1 & & & & & & & & & & & \\
1 & & & & & & & & & & & \\
1 & & & & & & & & & & & \\
1 & & & & & & & & & & & \\
1 & & & & & & & & & & & \\
1 & & & & & & & & & & &
\end{pmatrix}
$$

则以 $\boldsymbol{G} = (\boldsymbol{I}_{12} \vdots \boldsymbol{P})$ 为生成阵的二元线性码 G_{24} 具有参数 $[n, k, d] = [24, 12, 8]$.

证明　我们首先说明一下 F_2 上 12 阶方阵 $\boldsymbol{P}$ 的构作方式,这个方阵的左上角元素为 0,第 1 行和第 1 列中的其他元素均为 1,剩下的 11 阶方阵 $\boldsymbol{P}'$,其第 1 行为(11011100010),而其余各行依次为第 1 行向左循环移位.

由于 $\boldsymbol{G}$ 中有子方阵 $\boldsymbol{I}_{12}$,可知 $\boldsymbol{H}$ 的秩为 12,于是 $[n,k]=[24,12]$. 为了证明 $d=8$,我们要分几步进行.

(1) G_{24} 是自对偶码.

首先证明 G_{24} 是自正交码,这只需验证生成阵 $\boldsymbol{G}$ 中任意两行(包括每行和它自身)都是正交的,由于 $\boldsymbol{G}$ 的每行都包含偶数个 1,所以每行都是自正交的,于是只需验证 $\boldsymbol{G}$ 中任意两个不同行向量是自正交的. 由于生成阵 $\boldsymbol{G}$ 的左半部分 $\boldsymbol{I}_{12}$ 中任意两个不同行向量是正交的,所以只需证右半部分 $\boldsymbol{P}$ 的任意两个不同行向量是正交的,由于 $\boldsymbol{P}'$ 中每行均有 6 个 1,可知 $\boldsymbol{P}$ 的第 1 行与其余各行均正交,所以只需再验证 $\boldsymbol{P}$ 的后 11 行彼此正交,这也相当于验证方阵 $\boldsymbol{P}'$ 的任两个不同行的内积均为 1. 再由方阵 $\boldsymbol{P}'$ 的循环特性,可知只需验证 $\boldsymbol{P}'$ 的第 1 行(11011100010)和其余各行(即第 1 行的所有循环移位)的内积均为 1,这件事容易逐个验证,于是证明了 G_{24} 是自正交码,即 $G_{24}\subseteq G_{24}^{\perp}$,但是 $\dim G_{24}^{\perp}=24-12=12=\dim G_{24}$,从而 $G_{24}^{\perp}=G_{24}$,即 G_{24} 是自对偶码.

(2) $(\boldsymbol{P}\,\vdots\,\boldsymbol{I}_{12})$ 也是 G_{24} 的生成阵.

由于 $\boldsymbol{P}^{\mathrm{T}}=\boldsymbol{P}$,可知 $(\boldsymbol{P}^{\mathrm{T}}\,\vdots\,\boldsymbol{I}_{12})=(\boldsymbol{P}\,\vdots\,\boldsymbol{I}_{12})$ 是 G_{24} 的

校验阵，但是 G_{24} 为自对偶码，所以 $(\boldsymbol{P} \mid \boldsymbol{I}_{12})$ 也是 G_{24} 的生成阵.

(3) G_{24} 中每个码字的 Hamming 权都是 4 的倍数，对于向量 $\boldsymbol{u}=(u_1,\cdots,u_{24}),\boldsymbol{v}=(v_1,\cdots,v_{24})\in F_2^{24}$，定义

$$\boldsymbol{u}\cap\boldsymbol{v}=(u_1v_1,\cdots,u_{24}v_{24})\in F_2^{24}$$

于是当 $\boldsymbol{u},\boldsymbol{v}\in G_{24}$ 时

$$w(\boldsymbol{u}\cap\boldsymbol{v}) = \sum_{i=1}^{24} u_iv_i \equiv (\boldsymbol{u},\boldsymbol{v}) \equiv 0 \pmod 2$$

$(\boldsymbol{u},\boldsymbol{v})=0$ 是由于 G_{24} 为自对偶码，即 $w(\boldsymbol{u}\cap\boldsymbol{v})$ 均为偶数. 进而，对每个 $\alpha\in F_2$，以 $w(\alpha)$ 表示 α 的 Hamming 权，即

$$w(0)=0,w(1)=1$$

容易验证

$$w(u_i+v_i)=w(u_i)+w(v_i)-2w(u_iv_i)$$

于是对于 F_2^{24} 中任意向量 $\boldsymbol{u}$ 和 $\boldsymbol{v}$，有

$$w(\boldsymbol{u}+\boldsymbol{v})=w(\boldsymbol{u})+w(\boldsymbol{v})-2w(\boldsymbol{u}\cap\boldsymbol{v}) \qquad (1)$$

G_{24} 中每个码字 $\boldsymbol{c}$ 都是生成阵 $\boldsymbol{G}=(\boldsymbol{I}_{12} \mid \boldsymbol{P})$ 中一些行的和，容易看出 $\boldsymbol{G}$ 中每行的 Hamming 权均是 4 的倍数，如果码字 $\boldsymbol{c}$ 是 $\boldsymbol{G}$ 中两行 $\boldsymbol{u}$ 和 $\boldsymbol{v}$ 之和，由于 $w(\boldsymbol{u})$ 和 $w(\boldsymbol{v})$ 均是 4 的倍数，上面证明了 $w(\boldsymbol{u}\cap\boldsymbol{v})$ 为偶数，由式(1)知 $w(\boldsymbol{c})=w(\boldsymbol{u}+\boldsymbol{v})$ 也是 4 的倍数. 进而，若码字 $\boldsymbol{c}$ 是 $\boldsymbol{G}$ 中三行 $\boldsymbol{v}_1,\boldsymbol{v}_2,\boldsymbol{v}_3$ 之和，令

$$\boldsymbol{u}=\boldsymbol{v}_1+\boldsymbol{v}_2,\boldsymbol{v}=\boldsymbol{v}_3$$

再利用式(1)便知 $w(\boldsymbol{c})=w(\boldsymbol{u}+\boldsymbol{v})$ 也是 4 的倍数. 继续下去便知 G_{24} 中每个码字的 Hamming 权均是 4 的倍数.

(4) G_{24}中没有 Hamming 权为4的码字.

G_{24}中码字 $\boldsymbol{c}$ 表示成 $(\boldsymbol{x}|\boldsymbol{y})$,其中 $\boldsymbol{x}$ 和 $\boldsymbol{y}$ 分别是码字 $\boldsymbol{c}$ 的前12位和后12位,则

$$w(\boldsymbol{c}) = w(\boldsymbol{x}) + w(\boldsymbol{y})$$

如果 $w(\boldsymbol{c}) = 4$,则有以下几种可能.

①$w(\boldsymbol{x}) = 0, w(\boldsymbol{y}) = 4$, $\boldsymbol{c}$ 是生成阵 $\boldsymbol{G} = (\boldsymbol{I}_{12} \mid \boldsymbol{P})$ 的某些行之和,而 $\boldsymbol{x}$ 是单位方阵 $\boldsymbol{I}_{12}$ 中对应行之和,由 $w(\boldsymbol{x}) = 0$ 可知所取的行数为0,即 $\boldsymbol{c}$ 是零向量,于是 $\boldsymbol{y} = \boldsymbol{0}$,这与 $w(\boldsymbol{y}) = 4$ 相矛盾. 换句话说,$w(\boldsymbol{x}) = 0$, $w(\boldsymbol{y}) = 4$是不可能的.

②$w(\boldsymbol{x}) = 1, w(\boldsymbol{y}) = 3$,由 $w(\boldsymbol{x}) = 1$ 知 $\boldsymbol{c}$ 是生成阵 $\boldsymbol{G} = (\boldsymbol{I}_{12} \mid \boldsymbol{P})$中的某1行,但是 $\boldsymbol{P}$ 中每行的 Hamming 权均大于3,所以 $w(\boldsymbol{x}) = 1, w(\boldsymbol{y}) = 3$ 是不可能的,同样地用生成阵$(\boldsymbol{P} \mid \boldsymbol{I}_{12})$,可知 $w(\boldsymbol{x}) = 3, w(\boldsymbol{y}) = 1$ 也不可能.

③$w(\boldsymbol{x}) = w(\boldsymbol{y}) = 2$,这时 $\boldsymbol{c}$ 是生成阵$(\boldsymbol{I}_{12} \mid \boldsymbol{P})$中两行之和,但是 $\boldsymbol{P}$ 中任意两行之和的 Hamming 权均不为2,所以 $w(\boldsymbol{x}) = w(\boldsymbol{y}) = 2$ 也不可能.

综合上述,便知 G_{24} 中没有 Hamming 权为4的码字.

现在证明定理2:由(3)和(4)可知 G_{24}中每个非零码字的 Hamming 权均大于或等于8,由于生成阵$(\boldsymbol{I}_{12} \mid \boldsymbol{P})$的第2行 Hamming 权为8,于是 $d = 8$,这就完成了定理2的证明.

推论1(Golay) 存在参数为[23,12,7]的二元线性码 G_{23},并且是完全码.

证明　考虑将二元性码 G_{24} 的所有码字去掉最后一位而得到的集合

$$G_{23}=\{(c_1,\cdots,c_{23})\in F_2^{23}\mid 存在\ c_{24}\in F_2,\ 使得(c_1,\cdots,c_{23},c_{24})\in G_{24}\}$$

易知这是二元线性码(叫作 G_{24} 的收缩码). 将 G_{24} 的生成阵($\boldsymbol{I}_{12}\ \vdots\ \boldsymbol{P}$)去掉最后一列,便是 G_{23} 的生成阵. 由于这个生成阵仍包含子阵 $\boldsymbol{I}_{12}$,从而秩为 12,于是 G_{23} 的参数$[n,k]=[23,12]$. 进而,由于 G_{24} 的最小距离为 8,码字去掉 1 位之后,可知 G_{23} 的最小距离大于或等于 7,容易看出 G_{23} 中有权 7 的码字,因此 G_{23} 的最小距离为 7. 最后,由于

$$\begin{aligned}\sum_{i=0}^{3}\binom{n}{i}&=\binom{23}{0}+\binom{23}{1}+\binom{23}{2}+\binom{23}{3}\\&=1+23+23\cdot 11+23\cdot 11\cdot 7\\&=2048=2^{11}=2^{n-k}\end{aligned}$$

可知 G_{23} 为完全码.

最后介绍 Golay 的三元线性码 G_{11},它是参数$[n,k,d]=[11,6,5]$的完全码. 其构作方式与二元线性码 G_{23} 相似.

定理 3(Golay)　(1)以

$$\boldsymbol{G}=(\boldsymbol{I}_6\ \vdots\ \boldsymbol{P})=\left(\boldsymbol{I}_6\ \vdots\ \begin{matrix}0&1&1&1&1&1\\1&0&1&2&2&1\\1&1&0&1&2&2\\1&2&1&0&1&2\\1&2&2&1&0&1\\1&1&2&2&1&0\end{matrix}\right)$$

$$
= \left(\begin{array}{c:cccccc} & 0 & 1 & 1 & 1 & 1 & 1 \\ & 1 & & & & & \\ & 1 & & & & & \\ \boldsymbol{I}_6 & 1 & & & \boldsymbol{P}' & & \\ & 1 & & & & & \\ & 1 & & & & & \end{array} \right)
$$

为生成阵的三元线性码 G_{12} 是 $[n,k,d]=[12,6,6]$ 的自对偶码.

(2)将 G_{12} 中所有码字去掉末位,得到的收缩码 G_{11} 是 $[n,k,d]=[11,6,5]$ 的三元线性码,并且是完全码.

证明　仿照定理 2 和推论 1 的证明. 请读者自行补足.

1960 年以前,人们猜想已经找到了所有的完全码. 确切地说,猜想每个 q 元完全码(q 为素数幂)均为平凡完全码,或者等价于 Hamming 码、二元 Golay 码 G_{23} 和三元 G_{11} 当中的一个. 但是在 1962 年至 1968 年,人们对每个 q 均陆续得到非线性的完全码,参数和 Hamming 码相同,而与 Hamming 码不等价. 后来人们又提出一个较弱的猜想:每个非平凡的 q 元完全码(线性或非线性,q 为素数幂),其参数 n,k,d 必与 Hamming 码或 Golay 码的参数一致. 这个猜想于 1973 年由 Tietäväinen-van Lint 和 Zinovév-Leontév 独立地证明.

1975 年, Delsarte 和 Goelhals 证明了:具有参数 $[23,12,7]$ 的二元线性码和参数 $[11,6,5]$ 的三元码

(线性或非线性)必分别等价于 Golay 码 G_{23} 和 G_{11}. 另一方面,具有 Hamming 码参数$\left[\frac{q^m-1}{q-1},\frac{q^m-1}{q-1}-m,3\right]$的 q 元码共有多少个彼此不等价的? 这是一个相当困难的未解决问题. 人们相信:有成千个彼此不等价的非线性二元码具有参数[15,11,3]($q=2,m=4$).

二元 Golay 码 G_{23} 是参数为[23,11,7]的线性码,所以可以纠正小于或等于 3 位错误. 我们可以采用线性码的一般纠错译码算法. 在传送码字 $\boldsymbol{c}\in G_{23}$ 时发生不超过 3 位的错误 $\boldsymbol{\varepsilon}\in F_2^{23}$, $0\leqslant w(\boldsymbol{\varepsilon})\leqslant 3$. 接收到 $\boldsymbol{y}=\boldsymbol{c}+\boldsymbol{\varepsilon}$之后,计算 $\boldsymbol{v}=\boldsymbol{y}\boldsymbol{H}^{\mathrm{T}}$,其中 $\boldsymbol{H}$ 是 G_{23} 的一个校验阵,然后看 $\boldsymbol{v}$ 是 $\boldsymbol{H}$ 中不超过 3 个列向量之和,由此决定错误 $\boldsymbol{\varepsilon}$,得到正确码字 $\boldsymbol{c}=\boldsymbol{y}+\boldsymbol{\varepsilon}$. 现在我们用二元 Golay 码作为例子,说明如何利用一个线性码的特殊代数结构和组合结构,可以得到更方便和有效的纠错译码算法.

我们先考虑二元 Golay 码 $G_{24}=[24,12,8]$,研究如何利用此码的特殊结构纠正小于或等于 3 位错. 这个自对偶二元线性码有校验阵 $\boldsymbol{H}=[\boldsymbol{I}_{12}\mid\boldsymbol{P}]$和生成阵 $\boldsymbol{G}=(\boldsymbol{P}^{\mathrm{T}}\mid\boldsymbol{I}_{12})$. 由于 $\boldsymbol{P}^{\mathrm{T}}=\boldsymbol{P}$,并且 G_{23} 是自对偶码,所以 $\boldsymbol{G}=(\boldsymbol{P}\mid\boldsymbol{I}_{12})$也是校验阵. 设码字 $\boldsymbol{c}\in G_{24}$ 在传输中有错误 $\boldsymbol{\varepsilon}=(\boldsymbol{\varepsilon}_1\mid\boldsymbol{\varepsilon}_2)\in F_2^{24}$, $0\leqslant w(\boldsymbol{\varepsilon})\leqslant 3$. 其中 $\boldsymbol{\varepsilon}_1,\boldsymbol{\varepsilon}_2\in F_2^{12}$,于是

$$0\leqslant w(\boldsymbol{\varepsilon})=w(\boldsymbol{\varepsilon}_1)+w(\boldsymbol{\varepsilon}_2)\leqslant 3$$

令

$$\boldsymbol{P}=\begin{pmatrix}\boldsymbol{b}_1\\ \vdots\\ \boldsymbol{b}_{12}\end{pmatrix},\boldsymbol{b}_i\in F_2^{12}\quad(1\leqslant i\leqslant 12)$$

由于 $\boldsymbol{H}$ 既是校验阵也是生成阵，可知

$$\boldsymbol{0}=\boldsymbol{H}\boldsymbol{H}^{\mathrm{T}}=(\boldsymbol{I}\ \vdots\ \boldsymbol{P})\begin{pmatrix}\boldsymbol{I}\\ \boldsymbol{P}\end{pmatrix}=\boldsymbol{I}+\boldsymbol{P}^2$$

从而 $\boldsymbol{P}^2=\boldsymbol{I}_{12}$. 我们可以用两个校验阵 $\boldsymbol{H}=(\boldsymbol{I}\ \vdots\ \boldsymbol{P})$ 和 $\boldsymbol{G}=(\boldsymbol{P}\ \vdots\ \boldsymbol{I})$ 来计算 $\boldsymbol{y}$ 的校验向量

$$\boldsymbol{s}_1=\boldsymbol{y}\boldsymbol{H}^{\mathrm{T}}=\boldsymbol{\varepsilon}\boldsymbol{H}^{\mathrm{T}}=(\boldsymbol{\varepsilon}_1\mid\boldsymbol{\varepsilon}_2)\begin{pmatrix}\boldsymbol{I}\\ \boldsymbol{P}\end{pmatrix}=\boldsymbol{\varepsilon}_1+\boldsymbol{\varepsilon}_2\boldsymbol{P}$$

$$\boldsymbol{s}_2=\boldsymbol{y}\boldsymbol{G}^{\mathrm{T}}=\boldsymbol{\varepsilon}\boldsymbol{G}^{\mathrm{T}}=(\boldsymbol{\varepsilon}_1\mid\boldsymbol{\varepsilon}_2)\begin{pmatrix}\boldsymbol{P}\\ \boldsymbol{I}\end{pmatrix}=\boldsymbol{\varepsilon}_1\boldsymbol{P}+\boldsymbol{\varepsilon}_2=\boldsymbol{s}_1\boldsymbol{P}$$

（由于 $\boldsymbol{P}^2=\boldsymbol{I}$）

我们以 $\boldsymbol{e}_i$ 表示 F_2^{12} 中的向量，其第 i 位为 1，其余位均为 0（$1\leqslant i\leqslant 12$）.

由于 $w(\boldsymbol{\varepsilon}_1)+w(\boldsymbol{\varepsilon}_2)\leqslant 3$，可知有以下两种可能：

（1）$w(\boldsymbol{\varepsilon}_2)=0$，这时 $\boldsymbol{s}_1=\boldsymbol{\varepsilon}_1$，$w(\boldsymbol{s}_1)=w(\boldsymbol{\varepsilon}_1)\leqslant 3$，$\boldsymbol{\varepsilon}=(\boldsymbol{\varepsilon}_1\mid\boldsymbol{0})=(\boldsymbol{s}_1\mid\boldsymbol{0})$. 同样地，当 $w(\boldsymbol{\varepsilon}_1)=0$ 时，$\boldsymbol{s}_2=\boldsymbol{\varepsilon}_2$，$w(\boldsymbol{s}_2)\leqslant 3$，而 $\boldsymbol{\varepsilon}=(\boldsymbol{0}\mid\boldsymbol{\varepsilon}_2)=(\boldsymbol{0}\mid\boldsymbol{s}_2)$.

（2）如果 $\boldsymbol{\varepsilon}_1,\boldsymbol{\varepsilon}_2$ 均不为 $\boldsymbol{0}$，即 $w(\boldsymbol{\varepsilon}_1)\geqslant 1$，$w(\boldsymbol{\varepsilon}_2)\geqslant 1$. 由 $w(\boldsymbol{\varepsilon}_1)+w(\boldsymbol{\varepsilon}_2)\leqslant 3$，可知必然有 $w(\boldsymbol{\varepsilon}_1)=1$ 或 $w(\boldsymbol{\varepsilon}_2)=1$.

如果 $w(\boldsymbol{\varepsilon}_2)=1$，即 $\boldsymbol{\varepsilon}_2=\boldsymbol{e}_i$（对某个 i，$1\leqslant i\leqslant 12$），则

$$\boldsymbol{s}_1=\boldsymbol{\varepsilon}_1+\boldsymbol{e}_i\boldsymbol{P}=\boldsymbol{\varepsilon}_1+\boldsymbol{b}_i$$

于是

$$w(\boldsymbol{s}_1+\boldsymbol{b}_i)=w(\boldsymbol{\varepsilon}_1)\leqslant 2$$

这时 $\boldsymbol{\varepsilon}=(\boldsymbol{s}_1+\boldsymbol{b}_i\mid\boldsymbol{e}_i)$. 同样地，如果 $w(\boldsymbol{\varepsilon}_1)=1$，即 $\boldsymbol{\varepsilon}_1=\boldsymbol{e}_j$（对某个 j，$1\leqslant j\leqslant 12$），则

$$s_2 = e_jP + \varepsilon_2 = b_j + \varepsilon_2$$

于是

$$w(s_2 + b_j) \leqslant 2$$

而 $\varepsilon = (e_j | s_2 + b_j)$.

通过以上分析,我们便得到用二元线性码 G_{24} 纠正小于或等于 3 位错的如下译码算法. 设码字 $c \in G_{24}$ 发生错误 ε,其中 $0 \leqslant w(\varepsilon) \leqslant 3$. 收到 $y = c + \varepsilon$.

(1)计算校验向量 $s_1 = y\begin{pmatrix} I \\ P \end{pmatrix}$ 和 $s_2 = y\begin{pmatrix} P \\ I \end{pmatrix}$;

(2)若 $s_1 = 0$ 或 $s_2 = 0$,则 $\varepsilon = 0(y = c)$;

(3)若 $w(s_1) \leqslant 3$,则 $\varepsilon = (s_1 | 0)$;若 $w(\varepsilon_2) \leqslant 3$,则 $\varepsilon = (0 | s_2)$;

(4)若对某个 b_i,$w(s_1 + b_i) \leqslant 2$,则 $\varepsilon = (s_1 + b_i | e_i)$. 若对某个 b_j,$w(s_2 + b_j) \leqslant 2$,则 $\varepsilon = (e_j | s_2 + b_j)$.

其中 $b_i (1 \leqslant i \leqslant 12)$ 是 P 的 12 个行向量,P 如定理 2 中所示.

例如:收到 $y = (000111000111 | 011011010000) = (y_1 | y_2)$.

(1)计算

$$\begin{aligned} s_1 &= y\begin{pmatrix} I \\ P \end{pmatrix} = y_1 + y_2P \\ &= (000111000111) + (101010101011) \\ &= (101101101100) \end{aligned}$$

$$\begin{aligned} s_2 &= y_1P + y_2 \\ &= (011010100101) + (011011010000) \\ &= (000001110101) \end{aligned}$$

(2) $s_1 \neq \mathbf{0}, s_2 \neq \mathbf{0}$.

(3) $w(s_1) > 3, w(s_2) > 3$.

(4) $s_1 + b_9 = (101101101100) + (100101101110) = (001000000010), w(s_1 + b_9) = 2$. 于是

$$\begin{aligned}\varepsilon &= (s_1 + b_9 \mid e_9) \\ &= (001000000010 \mid 000000001000)\end{aligned}$$

从而正确码字为

$$c = y + \varepsilon = (001111000101 \mid 011011011000)$$

现在考虑 G_{23} 的译码. 我们知道 G_{23} 中的码字是将 G_{24} 中码字去掉最末位数字而得到的. 设发出 $e = (c_1, c_2, \cdots, c_{23}) \in G_{23}$, 发生错误 $\varepsilon \in F_2^{23}$, $0 \leqslant w(\varepsilon) \leqslant 3$, 收到向量 $y = c + \varepsilon = (y_1, \cdots, y_{23}) \in F_2^{23}$. 考虑向量

$$y' = (y_1, \cdots, y_{23}, y_{24}) \in F_2^{24}$$

$$y_{24} = y_1 + \cdots + y_{23} + 1$$

由于 y 和 G_{23} 中码字的最小 Hamming 距离不超过 3, 可知 y' 与 G_{24} 中码字的最小 Hamming 距离不超过 4. 但是 G_{24} 中每个码字的 Hamming 权均为偶数(因为 G_{24} 是自对偶码, 每个码字都自正交), 而 y' 的 Hamming 权为奇数(由于 $y_1 + \cdots + y_{23} + y_{24} = 1$), 所以 y' 与 G_{24} 中每个码字的 Hamming 距离均为奇数. 于是 y' 与 G_{23} 中码字的最小 Hamming 距离仍不超过 3. 于是可以用上述 G_{24} 的译码算法, 得到 G_{24} 中与 y' 的 Hamming 距离不超过 3 的唯一码字 $c' = (c_1, c_2, \cdots, c_{23}, c_{24}) \in G_{24}$. 去掉末位 G_{24} 之后, 就给出 y 在 G_{23} 中的正确译码 $c = (c_1, \cdots, c_{23}) \in G_{23}$.

例如: 设发生 $c = (c_1, \cdots, c_{23}) \in G_{23}$, 发生错误 $\varepsilon \in$

F_2^{23}，$0\leqslant w(\boldsymbol{\varepsilon})\leqslant 3$，收到向量为

$$\boldsymbol{y}=(00011100011101101101000)\in F_2^{23}$$

由于 $\boldsymbol{y}$ 中共有 11 个分量为 1，将后面加上 0 成为 $\boldsymbol{y}'\in F_2^{24}$. 用上述 G_{24}的译码算法给出

$$\boldsymbol{c}'=(000011000111011010000000)$$

去掉末位数字 0 之后，便得到 $\boldsymbol{y}$ 在 G_{23}中的正确码字 $\boldsymbol{c}$.

习题 证明不存在参数为 $(n,k,d)=(90,2^{78},5)$ 的二元纠错码 C.

提示：(a) 不妨设 $\boldsymbol{0}\in C$. 则 C 中非零码字的 Hamming 权均小于或等于 5. 定义

$$Y=\{\boldsymbol{v}=(v_1,\cdots,v_{90})\in F_2^{90}\mid w(\boldsymbol{v})=3,v_1=v_2=1\}$$

则 $|Y|=88$.

(b) 对于 F_2^n 中任意两个向量 $\boldsymbol{u}=(u_1,\cdots,u_n)$ 和 $\boldsymbol{v}=(v_1,\cdots,v_n)$，称 $\boldsymbol{u}$ 覆盖 $\boldsymbol{v}$，是指对每个 $i(1\leqslant i\leqslant n)$，若 $v_i=1$ 则必然有 $u_i=1$.

对于 Y 中每个向量 $\boldsymbol{y}$，恰好存在一个以 C 中码字 $\boldsymbol{c}$ 为中心，半径为 2 的球 $S(\boldsymbol{c},2)$，使得 $\boldsymbol{y}\in S(\boldsymbol{c},2)$. 证明 $w(\boldsymbol{c})=5$ 并且 $\boldsymbol{c}$ 覆盖 $\boldsymbol{y}$.

(c) 考虑集合

$$X=\{\boldsymbol{c}=(c_1,\cdots,c_{90})\in C\mid w(\boldsymbol{c})=5,c_1=c_2=1\}$$

我们用两种方法计算集合

$$D=\{(\boldsymbol{c},\boldsymbol{y})\mid \boldsymbol{c}\in X,\boldsymbol{y}\in Y,\boldsymbol{c}\text{ 覆盖 }\boldsymbol{y}\}$$

中元素个数. 一方面，每个 $\boldsymbol{y}\in Y$ 被 X 中唯一的 $\boldsymbol{c}$ 所覆盖，于是 $|D|=|Y|=88$；另一方面，每个 $\boldsymbol{c}\in X$ 覆盖 Y 中 3 个 $\boldsymbol{y}$，于是 $|D|=3|X|$. 由此导出矛盾.

§8　线　性　码

1. 完备码

定义 1　对 $GF(q)^n$ 中的任意向量 $\boldsymbol{u}$ 和任意整数 $r\geqslant 0$,以 $\boldsymbol{u}$ 为中心,以 r 为半径的球,记为 $S(\boldsymbol{u},r)$,是集合 $\{\boldsymbol{v}\in GF(q)^n \mid d(\boldsymbol{u},\boldsymbol{v})\leqslant r\}$.

这个定义可以用图 11 来解释. 考虑码 C,其最小距离为 $d^*(C)\geqslant 2t+1$. 则 C 的那些以码字 $\{c_1,c_2,\cdots,c_M\}$ 为中心,以 t 为半径的球将不相交. 现在考虑译码问题. 任何接收到的向量可以用这个空间的一个点来表示. 若这个点在一个球内,则根据最近邻居译码,它将被译码为所在球的中心点. 如果发生的错误不多于 t 个,接收到的字将肯定在所传输的码字所在的球内,从而可以正确译码. 但是,如果有多于 t 个错误发生,它将脱离这个球,从而导致译码错误. 当 $d^*(C)\geqslant 2t+1$ 时,C 的码字为这些不相交的球的中心.

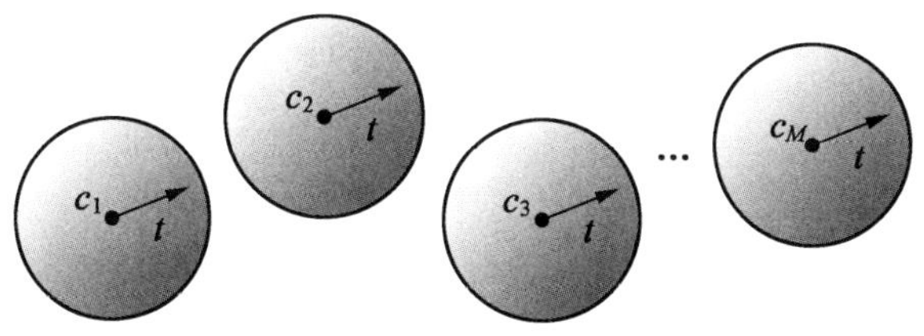

图 11　$GF(q)^n$ 中球的概念

定理 1 半径为 $r(0\leqslant r\leqslant n)$ 的球包含向量的个数恰好为

$$\binom{n}{0}+\binom{n}{1}(q-1)+\binom{n}{2}(q-1)^{2}+\cdots+\binom{n}{r}(q-1)^{r} \tag{1}$$

证明 考虑 $GF(q)^{n}$ 中的向量 $\boldsymbol{u}$ 和另一个与 $\boldsymbol{u}$ 的距离为 m 的向量 $\boldsymbol{v}$. 这说明向量 $\boldsymbol{u}$ 和 $\boldsymbol{v}$ 在 m 个位置不同. 从 n 个位置中选取 m 个位置的总的选取方法共有 $\binom{n}{m}$. 现在这 m 个位置中的每一个都可以被 $(q-1)$ 个可能的符号取代,这是因为总的符号数为 q,其中一个已经在 $\boldsymbol{u}$ 的那个特定位置上了. 因此与 $\boldsymbol{u}$ 的距离恰为 m 的向量个数为

$$\binom{n}{m}(q-1)^{m} \tag{2}$$

当 m 取遍从 0 到 r 的所有可能值时就得到式(1)的结论.

例 1 考虑分组长度 $n=4$ 的二元码(即 $q=2$). 与任意码字的距离小于或等于 2 的向量个数为

$$\binom{4}{0}+\binom{4}{1}(1)+\binom{4}{2}(1)^{2}=1+4+6=11$$

不失一般性,我们选取固定向量 $\boldsymbol{u}=0000$. 距离小于或等于 2 的向量为:

距离为 2 的向量:0011,1001,1010,1100,0110,0101;

距离为 1 的向量:0001,0010,0100,1000;

距离为0的向量:0000.

因此,总共有11个这样的向量.

定理2 一个有M个码字,最小距离为$(2t+1)$的q元(n,k)码满足

$$M\left\{\binom{n}{0}+\binom{n}{1}(q-1)+\binom{n}{2}(q-1)^2+\cdots+\binom{n}{t}(q-1)^t\right\}\leqslant q^n \tag{3}$$

证明 设C是一个q元(n,k)码. 考虑以M个码字为中心,以t为半径的球. 每个半径为t的球有

$$\binom{n}{0}+\binom{n}{1}(q-1)+\binom{n}{2}(q-1)^2+\cdots+\binom{n}{t}(q-1)^t$$

个向量(定理1). 因为这样的球都不相交,这M个不相交的球中包含的总向量个数为

$$M\left\{\binom{n}{0}+\binom{n}{1}(q-1)+\binom{n}{2}(q-1)^2+\cdots+\binom{n}{t}(q-1)^t\right\}$$

它以$GF(q)^n$中长为n的总向量数q^n为上界. 这个界称为Hamming界(Hamming Bound)或填球界(Sphere Packing Bound),而且它对非线性码也适用. 对于二元码,Hamming界变为

$$M\left\{\binom{n}{0}+\binom{n}{1}+\binom{n}{2}+\cdots+\binom{n}{t}\right\}\leqslant 2^n \tag{4}$$

这里需要注意的是,满足Hamming界的整数n,M和t的存在性不一定保证有这样的二元码. 例如集合$n=5,M=5$和$t=1$满足Hamming界,但不存在这样的二元码.

观察到对$M=q^k$的情况,Hamming界也可以写为

$$\log_q\left\{\binom{n}{0}+\binom{n}{1}(q-1)+\binom{n}{2}(q-1)^2+\cdots+\binom{n}{t}(q-1)^t\right\}$$
$$\leqslant n-k \tag{5}$$

定义 2 一个能达到 Hamming 界的码称为完备码(Perfect Code),即满足

$$M\left\{\binom{n}{0}+\binom{n}{1}(q-1)+\binom{n}{2}(q-1)^2+\cdots+\binom{n}{t}(q-1)^t\right\}$$
$$=q^n \tag{6}$$

对一个完备码,以码字为中心的等半径不相交的球完全填满空间. 因此一个纠 t 个错误的完备码最有效地利用了整个空间.

例 2 考虑分组长度为 n 的二元重复码

$$C=\begin{cases}00\ldots0\\11\ldots1\end{cases}$$

其中 n 为奇数. 在这种情况下,$M=2$ 且 $t=\frac{n-1}{2}$. 将这些值代入 Hamming 界不等式左边,可以得到

$$左式=\left\{\binom{n}{0}+\binom{n}{1}+\binom{n}{2}+\cdots+\binom{n}{\frac{n-1}{2}}\right\}$$
$$=2\cdot2^{n-1}=2^n=右式$$

因此,重复码是个完备码. 它实际称为平凡完备码(Trivial perfect code).

寻找完备码的方法之一就是得到一组 Hamming 界方程中参数 n,q,M 和 t 的整数解. 由计算机穷举搜索得到的一些结果如下:

序号	n	q	M	t
1	23	2	2^{12}	3
2	90	2	2^{78}	2
3	11	3	3^{6}	2

2. Hamming **码**

有二元和非二元 Hamming 码. 这里我们将把讨论限定在二元码中. 二元 Hamming 码具有性质

$$(n,k)=(2^m-1,2^m-1-m) \tag{7}$$

其中 m 是任意正整数. 例如当 $m=3$ 时,我们有(7,4) Hamming 码. Hamming 码的奇偶校验矩阵 $\boldsymbol{H}$ 是个很有趣的矩阵. 回顾(n,k)码的奇偶校验矩阵有 $n-k$ 个行和 n 个列. 对二元(n,k)Hamming 码,$n=2^m-1$ 个列由长为 $n-k=m$ 的除全零向量之外的所有可能的二元向量构成.

例 3　二元(7,4)Hamming 码的生成矩阵为

$$\boldsymbol{G}=\begin{pmatrix}1&1&0&1&0&0&0\\0&1&1&0&1&0&0\\0&0&1&1&0&1&0\\0&0&0&1&1&0&1\end{pmatrix}$$

相应的奇偶校验矩阵为

$$\boldsymbol{H}=\begin{pmatrix}1&0&1&1&1&0&0\\0&1&0&1&1&1&0\\0&0&1&0&1&1&1\end{pmatrix}$$

观察到该奇偶校验矩阵的列由(100),(010),(101),(110),(111),(011)和(001)构成,这 7 个是所有长

为 3 的非零二元向量. 很容易可以得到一个系统 Hamming 码. 该奇偶校验矩阵 $\boldsymbol{H}$ 可以被安排成如下的系统型

$$\boldsymbol{H}=\left(\begin{array}{cccc:ccc}1&1&1&0&1&0&0\\0&1&1&1&0&1&0\\1&1&0&1&0&0&1\end{array}\right)=(-\boldsymbol{P}^{\mathrm{T}}\mid\boldsymbol{I})$$

于是该二元 Hamming 码的生成矩阵的系统型为

$$\boldsymbol{G}=(\boldsymbol{I}\mid\boldsymbol{P})=\left(\begin{array}{cccc:ccc}1&0&0&0&1&0&1\\0&1&0&0&1&1&1\\0&0&1&0&1&1&0\\0&0&0&1&0&1&1\end{array}\right)$$

从上例中我们观察到 $\boldsymbol{H}$ 的任何两列都线性独立(不然的话它们会完全相同). 但当 $m>1$ 时,有可能找到 $\boldsymbol{H}$ 的三个列使它们的和为零. 因此一个 (n,k) Hamming 码的最小距离 $d^*=3$,这表明它是一个单一错误纠错码. Hamming 码是完备码.

通过在添加一个整体奇偶校验比特,一个 (n,k) Hamming 码可以被修改为 $d^*=4$ 的 $(n+1,k)$ 码. 另一方面,通过删掉生成矩阵 $\boldsymbol{G}$ 中的 l 行,或等价地删掉它的奇偶校验矩阵 $\boldsymbol{H}$ 中的 l 列,一个 (n,k) Hamming 码可以被缩短为 $(n-l,k)$ 码. 我们现在可以给出 Hamming 码的更正规的定义.

定义 3 设 $n=\dfrac{q^k-1}{q-1}$. GF(q) 上的 (n,k) Hamming 码是这样一个码,它的奇偶校验矩阵的列两两线性独立(在 GF(q) 上),即那些列是两两线性独立向量的最

大集合.

3. 最优线性码

定义4　对一个(n,k,d^*)最优码,不存在$(n-1,k,d^*)$,$(n+1,k+1,d^*)$或$(n+1,k,d^*+1)$码.

最优线性码给出了分组长度限制下的最好距离属性. 多数最优码都是通过计算机长时间搜索找到的. 对给定的一组参数n,k和d,可能存在不止一个最优码. 例如存在两个不同的(25,5,10)二元最优码.

例4　考虑二元(24,12,8)码. 可以验证:

(1)不存在(23,12,8)码(只存在(23,12,7)码);

(2)不存在(25,13,8)码;

(3)不存在(25,12,9)码.

所有二元(24,12,8)码是最优码.

4. 最大距离可分(MDS)码

在这一小节中我们考虑对给定的冗余度r,找到最大可能的最小距离d^*.

定理3　一个$(n,n-r,d^*)$码满足$d^*\leqslant r+1$.

证明　由Singleton界我们得到$d^*\leqslant n-k+1$. 将$k=n-r$代入即得$d^*\leqslant r+1$.

定义5　一个$(n,n-r,r+1)$码称为最大距离可分码(Maximum Distance Separable,MDS)码. 一个MDS码是冗余度为r,最小距离等于$r+1$的线性码.

5. 评注

1948年,Claude Elwood Shannon在*Bell System Technical Journal*上发表的经典论文导致了两个重要领域的产生:信息论和编码理论. 当时Shannon才32

岁. Shannon 的信道编码定理说,"如果信息率小于信道容量的话,通过有限带宽有噪信道传输的数据的错误率可以减小到任意小的程度". Shannon 预测了好的信道码的存在但没有构造它们. 从那以后人们就开始了寻找好码的工作.

在 1950 年,R. W. Hamming 引入了第一个单一错误纠错码,它至今还被使用着. Golay 对线性码方面的工作进行了扩展. Golay 还提出了完备码的概念. Golay 和 Cocke 在 20 世纪 50 年代后期开发了非二元 Hamming 码. 后来许多计算机被用来搜索有趣的码. 但是有些最著名的码是由真正天才发现的,而不是计算机穷搜索.

根据 Shannon 的定理,若 $C(p)$ 表示比特错误概率等于 p 的 BSC 的容量,则对任意低的符号错误概率,我们一定要有码率 $R<C(p)$. 即使信道容量提供可以达到的码率的上界($R=\frac{k}{n}$),抛开信道容量来评估一个码可能是误导. 码的分组长度,直接转换为延迟,也是一个重要的参数. 即使一个码的性能很不理想,但可能它对于给定的码率和长度而言是最好的码. 我们已经观察到通过增加码的分组长度,码率的界比小的分组长度的码更接近信道容量. 但是分组长度越长就意味着译码时的延迟越大,这是因为对一个码字的译码只能在收到整个码字后才能开始. 最大允许的延迟受实际约束的限制. 例如在移动无线电通信中,数据包限制在 200 比特之内. 在这种情况下,具有很大分组长度

的码字不能被采用.

§9　Hamming 几何与码的性能

如果定义两个矢量 $\boldsymbol{x}$ 与 $\boldsymbol{y}$ 之间的 Hamming 距离如下,矢量空间 $V_n(F_q)$ 就可以变为度量空间

$$d_H(\boldsymbol{x},\boldsymbol{y}) = \text{分量 } x_i \neq y_i \text{ 的个数} = w_H(\boldsymbol{y}-\boldsymbol{x})$$

(这个距离满足一个度量所需要的基本性质)码的 Hamming 几何与它在 q 进制对称信道上的纠错能力之间存在着有趣的关系,现在就来研究一下.

令 $C=\{\boldsymbol{x}_1,\boldsymbol{x}_2,\cdots,\boldsymbol{x}_M\}$ 是一个码长为 n 的码,但不一定是线性的,将它用于 q 进制对称信道上. 假设希望 C 能够纠正 Hamming 重量小于或等于 e 的所有错误图案,即如果发送 $\boldsymbol{x}_i$,接收到 $\boldsymbol{y}=\boldsymbol{x}_i+\boldsymbol{z}$,且 $w_H(\boldsymbol{z})\leqslant e$,我们希望译码器的输出是 $\hat{\boldsymbol{x}}=\boldsymbol{x}_i$. 容易看出如果每个码字以 $\frac{1}{M}$ 的概率等概率发送,那么接收方猜测发送码字的最佳策略是选出与 $\boldsymbol{y}$ 距离最近的那个码字,即可以使 $d_H(\boldsymbol{x}_i,\boldsymbol{y})$ 最小的那个码字. 显然如果采用这种几何译码策略,则码能够纠正所有重量小于或等于 e 的错误图案的充分必要条件是,每一对码字之间的距离都大于或等于 $2e+1$. 因为(图 12(a))如果 $d_H(\boldsymbol{x}_i,\boldsymbol{x}_j)\geqslant 2e+1$,即围绕 $\boldsymbol{x}_i$ 与 $\boldsymbol{x}_j$ 的半径为 e 的 Hamming 球体是不相交的并且发送 $\boldsymbol{x}_i$ 而 $d_H(\boldsymbol{x}_i,\boldsymbol{y})\leqslant e$,则 $\boldsymbol{y}$ 与 $\boldsymbol{x}_j$ 的距

离不可能小于它与 $\boldsymbol{x}_i$ 的距离，所以几何译码器会选择 $\boldsymbol{x}_i$ 而不是 $\boldsymbol{x}_j$. 相反，如果 $d_H(\boldsymbol{x}_i,\boldsymbol{x}_j)\leqslant 2e$，即如果半径为 e 的 Hamming 球体相交（图 12(b)），那么很显然，如果发送 $\boldsymbol{x}_i$，那么存在一个 $\boldsymbol{y}$ 满足 $d_H(\boldsymbol{x}_i,\boldsymbol{y})\leqslant e$，它与 $\boldsymbol{x}_j$ 的距离至少等于它与 $\boldsymbol{x}_i$ 的距离. 由此我们定义码 C 的最小距离为

$$d_{\min}(C)=\min\{d_H(\boldsymbol{x},\boldsymbol{x}')\mid \boldsymbol{x},\boldsymbol{x}'\in C,\boldsymbol{x}\neq\boldsymbol{x}'\}$$

而且证明了下面的定理.

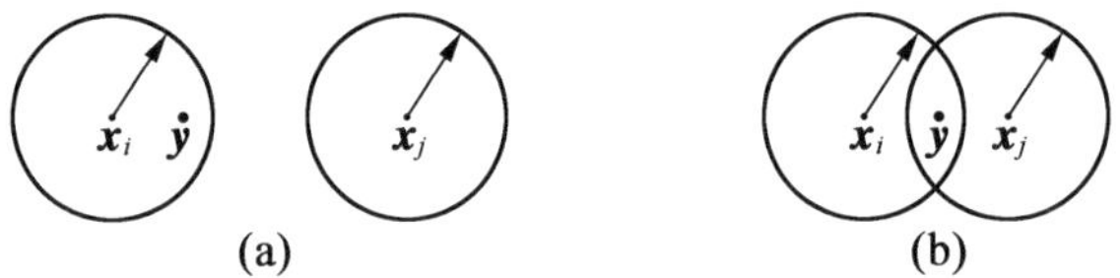

图 12　围绕相邻码字的半径为 e 的 Hamming 球体

定理 1　码 $C=\{\boldsymbol{x}_1,\boldsymbol{x}_2,\cdots,\boldsymbol{x}_M\}$ 能够纠正所有重量小于或等于 e 的错误图案，当且仅当 $d_{\min}(C)\geqslant 2e+1$.

例如，一个 $d_{\min}=7$ 的码能够纠正所有重量小于或等于 3 的错误图案；如果 $d_{\min}=22$，那么能够纠正所有重量小于或等于 10 的图案，等等.

现在将这些对任何码都适用的通用结论，应用于线性码这种特殊情况. 首先观察到，因为 $d_H(\boldsymbol{x},\boldsymbol{x}')=w_H(\boldsymbol{x}-\boldsymbol{x}')$，又因为如果 C 是线性码（且 $\boldsymbol{x}\neq\boldsymbol{x}'$），则 $\boldsymbol{x}-\boldsymbol{x}'$ 一定是 C 的一个（非零）码字，所以线性码的最小距离与它的最小重量 $w_{\min}(C)$ 相等，其中

$$w_{\min}(C)=\min\{w_H(\boldsymbol{x})\mid \boldsymbol{x}\in C,\boldsymbol{x}\neq\boldsymbol{0}\}$$

因此，要计算 (n,k) 线性码的 $d_{\min}$，不必计算 $\frac{q^{2k}-q^k}{2}$ 个距离 $d_H(\boldsymbol{x},\boldsymbol{x}')$（其中 $\boldsymbol{x}\neq\boldsymbol{x}'$），而只需计算 q^k-1 个重量 $w_H(\boldsymbol{x})$（其中 $\boldsymbol{x}\neq\boldsymbol{0}$）就足够了. 下面的定理给出了计算线性码 $d_{\min}$ 的另一种方法，有时这种方法更为简单.

定理 2　如果 C 是 F_q 上的一个 (n,k) 线性码，具有一致校验矩阵 $\boldsymbol{H}$，则 $d_{\min}(C)$ 是 $\boldsymbol{H}$ 中线性相关列的最小数目. 因此如果 $\boldsymbol{H}$ 的任意 $2t$ 及更少的列所组成的子集都是线性无关的，那么这个码能够纠正所有重量小于或等于 t 的错误图案.

注 1　如果 $q=2$，则"线性相关"可以替换为"求和为 $\boldsymbol{0}$".

证明　C 的码字是满足 $\boldsymbol{H}\boldsymbol{x}^{\mathrm{T}}=\boldsymbol{0}$ 的所有矢量 $\boldsymbol{x}\in V_n(F_q)$，而乘积 $\boldsymbol{H}\boldsymbol{x}^{\mathrm{T}}$ 是 $\boldsymbol{H}$ 中各列的一个线性组合. 实际上，如果 $(\boldsymbol{c}_1,\boldsymbol{c}_2,\cdots,\boldsymbol{c}_n)$ 是 $\boldsymbol{H}$ 的列，则

$$\boldsymbol{H}\boldsymbol{x}^{\mathrm{T}}=x_1\boldsymbol{c}_1+\cdots+x_n\boldsymbol{c}_n$$

因此一个重量为 w 的非零码字产生了 $\boldsymbol{H}$ 中 w 列之间的一个非平凡线性相关；反之也成立. 这就证明了该定理.

推论　如果 $q=2$，且 $\boldsymbol{H}$ 中小于或等于 e 列的所有可能线性组合都不相同，则 $d_{\min}(C)\geqslant 2e+1$，由此可知 C 能够纠正重量小于或等于 e 的所有错误图案.

证明　为了说明定理 2，不妨考虑前面的三个一致校验矩阵. 显然 $\boldsymbol{H}_1$ 中任意 4 列或更少列的子集是不相关的，但是所有列的和等于 $\boldsymbol{0}$，因此 $d_{\min}(C_1)=5$. 而 $\boldsymbol{H}_2$ 的 $d_{\min}(C_2)=2$，因为 $\boldsymbol{H}_2$ 的第 3 列和第 4 列是相

同的. 对 $\boldsymbol{H}_3$ 的研究非常重要,我们将在下面进行讨论.

作为参考,这里重新写出 C_3 的一致校验矩阵

$$\boldsymbol{H}_3=\begin{pmatrix}0&1&1&1&1&0&0\\1&0&1&1&0&1&0\\1&1&0&1&0&0&1\end{pmatrix}$$

现在利用定理 2 来确定它的 $d_{\min}$. 根据定理后面的注 1, $d_{\min}$ 是 $\boldsymbol{H}$ 中相加等于 $\boldsymbol{0}$ 的最少列数. 显然 $d_{\min}\neq 1$ 和 2,因为 $\boldsymbol{H}_3$ 的列不为零而且互不相同. 但是, $\boldsymbol{H}_3$ 存在许多三列组成的子集,例如,第 1 列、第 2 列和第 3 列,它们相加等于 $\boldsymbol{0}$. 因此 $d_{\min}=3$, C_3 是一个能够纠正单个错误的码,即它能够纠正所有重量为 0 或 1 的错误图案. 最后,注意到如果 C 是任意能够纠正单个错误的 $(n,n-3)$ 码,那么 $n\leqslant 7$,因为若 $3\times n$ 阶一致校验矩阵的 $n\geqslant 8$,那么它将有一列为 $\boldsymbol{0}$ ($d_{\min}=1$),或者有一对相同的列 ($d_{\min}=2$). 下面是二进制 Hamming 码的一般定义.

定义 1 令 $\boldsymbol{H}$ 是一个 $m\times(2^m-1)$ 阶二进制矩阵, $\boldsymbol{H}$ 的列是 $V_m(F_2)$ 中以某种顺序排列的 2^m-1 个非零矢量. 则在 F_2 上,一致校验矩阵为 $\boldsymbol{H}$ 的 $(n=2^m-1, k=2^m-1-m)$ 线性码被称为码长为 2^m-1 的(二进制) Hamming 码.

下面介绍 Hamming 码的两个特点. 首先,非常容易实现伴随式译码. 如果错误图案 $\boldsymbol{z}=\boldsymbol{0}$,那么伴随式 $\boldsymbol{s}=0$;但是如果 $w_H(\boldsymbol{z})=1$,比如说 $z_i=1$,那么 $\boldsymbol{s}=\boldsymbol{e}_i$,即 $\boldsymbol{H}$ 的第 i 列. 因此由伴随式可以直接确定错误位置,通

用译码算法变为图 13 所述的特定算法. 其次，码 C 能够纠正重量小于或等于 1 的所有图案，当且仅当围绕各码字的半径为 1 的 Hamming 球体互不相交. 但是 $V_n(F_2)$ 中半径为 1 的 Hamming 球体内包含 $n+1$ 个矢量，因此一个能够纠正单个错误的码至多包含 $\frac{2^n}{n+1}$ 个码字. 特别地，当 $n=2^m-1$ 时，至多有 $\frac{2^{2^m-1}}{2^m}=2^{2^m-1-m}$ 个码字，这正是 Hamming 码中码字的数目. 因此 Hamming 码具有完美的几何性质，即围绕各码字的半径为 1 的球体恰好填满 $V_n(F_2)$ 而没有重叠. 这意味着 Hamming 码属于一类非常特殊的码，即完备码. 除此之外，仅有的二进制线性完备码是重复码和(23，12) Golay 码.

---

1. 计算伴随式 $\boldsymbol{s}=\boldsymbol{H}\boldsymbol{y}^{\mathrm{T}}$.
2. 如果 $\boldsymbol{s}=\boldsymbol{0}$，输出 $\hat{\boldsymbol{x}}=\boldsymbol{y}$.
3. 否则 $\boldsymbol{s}$ 等于 $\boldsymbol{H}$ 的某一列，例如 $\boldsymbol{s}=\boldsymbol{c}_i$. 在 $\boldsymbol{y}$ 的第 i 个分量上加 1(模 2)，将结果作为 $\hat{\boldsymbol{x}}$ 输出.

图 13　Hamming 码的伴随式译码

§10　分组码性能的计算

1. Hamming 界

我们在前面遇到过 Hamming 界，其中介绍过，校正子的数目至少要等于可纠正的错误图样的数目. 对于 q 进制的符号来说,任意错误都有 $q-1$ 个可能的值,公式则变成

$$q^{n-k} \geqslant 1 + n(q-1) + \frac{n(n-1)}{2}(q-1)^3 + \frac{n(n-1)(n-2)}{3}(q-1)^2 + \cdots$$

$$q^{n-k} \geqslant \sum_{i=0}^{t} \begin{bmatrix} n \\ i \end{bmatrix} (q-i)^i \tag{1}$$

当误码的码重超过了解码器的解码能力时,Hamming 界就可以用来大致估计错误输出的概率. 当且仅当校正子对应着可纠正的错误时,编码器才会生成正确的输出. 如果不可纠正错误的校正子被认为平均分配到所有可能的取值上面,那么纠错时产生错误的概率是

$$p_{\text{de}} = \frac{\sum_{i=0}^{t} \begin{bmatrix} n \\ i \end{bmatrix} (q-i)^i}{q^{n-k}} \tag{2}$$

当然,不可纠错误的校正子不可能是平均分配的,因为一般来讲,错误的码重不是平均分配的,码重为 $t+1$的概率就比更大的码重出现的概率要大. 如果已知码重的分布,那么可以用相当复杂的方法得到准确的估计. 然而对于本书中所考虑的码,都认为公式(2)给出了输出错误的概率上界,当然前提是有错误的出现.

2. 普洛特金界

普洛特金界与 Hamming 界相似,它们都是给出了

特定的 n 和 k 的最小距离的上界 $d_{\min}$. 然而它针对低码率码的限制比较严格,Hamming 界对于高码率码的限制比较严格.

普洛特金界适用于线性码,最小距离的最大值是非零码的平均码重. 对于一个 q 进制有 n 个符号的码,整个码字集合中符号非零的概率是$\frac{q-1}{q}$(假设码是线性的),整个集合中有 q^k 个码字. 非零码的个数是 q^k-1,所以码字的平均码重是

$$\frac{n\frac{q-1}{2}q^{k-1}}{q^k-1}$$

这是最小距离的最大值,所以

$$d_{\min} \leqslant \frac{n(q-1)q^{k-1}}{q^k-1} \tag{3}$$

对于二进制码,变成了

$$d_{\min} \leqslant \frac{n2^{k-1}}{2^k-1} \tag{4}$$

对于给定的 n 和 $d_{\min}$ 来说,找到 k 的最大值是很难的,但是从上面的结果可以得到

$$k \leqslant n\frac{qd_{\min}-1}{q-1}+1+\log_q d_{\min} \tag{5}$$

对于二进制的码,则有

$$k \leqslant n-2d_{\min}+2+\log_2 d_{\min} \tag{6}$$

3. 格瑞兹莫界

格瑞兹莫界一般比普洛特金界要严格,通过它能得到构造"好码"的方法. 令 $N(k,d)$ 代表线性码 C 的

最小码长 n，其中 k 代表维数，d 是最小距离. 在不失一般性的情况下，生成子矩阵的第一行由 d 个 1 和 $[N(k,d)-d]$ 个 0 组成

$$\boldsymbol{G}=\begin{pmatrix} 111\cdots1 & 000\cdots0 \\ \boldsymbol{G}_1 & \boldsymbol{G}_2 \end{pmatrix}$$

矩阵 $\boldsymbol{G}_2$ 生成了 $(N(k,d)-d,k-1)$ 码，最小距离为 d_1，称为剩余码. 如果 $\boldsymbol{u}$ 是剩余码的码字，且它与长度为 d 的序列 $\boldsymbol{v}$ 相联结后，生成了码字 C，则有

$$d_1+w(\boldsymbol{v})\geqslant d$$

不过，$\boldsymbol{u}$ 与 $\boldsymbol{v}$ 的补码相接也能得到码字

$$d_1+d-w(\boldsymbol{v})\geqslant d$$

所以 $2d_1\geqslant d$ 或 $d_1\geqslant[\frac{d}{2}]$（符号 $[\frac{d}{2}]$ 代表不小于 $\frac{d}{2}$ 的整数）. 由于生成子矩阵为 $\boldsymbol{G}_2$ 的码的码长为 $[N(k,d)-d]$，因此我们说

$$N(k,d)=N(k-1,[\frac{d}{2}])+d$$

反复利用这个结果，得到

$$N(k,d)=\sum_{i=0}^{k-1}\frac{[d]}{2^i}$$

这是码长的最小值，所以二进制码格瑞兹莫界的描述是

$$n\geqslant\sum_{i=0}^{k-1}\frac{[d]}{2^i} \tag{7}$$

对于 q 进制的码，表达式为

$$n\geqslant\sum_{i=0}^{k-1}\frac{[d]}{q^i} \tag{8}$$

4. 辛格里顿界

如果我们改动线性分组码的某一个信息符号，那么，在距离上所能得到的最好结果就是所有的校验都改变了. 这样，两个码字之间的距离是 $n-k+1$. 这就是最小距离的上界

$$d_{\min} \leqslant n-k+1 \tag{9}$$

唯一能使该界限取等号的码是最简单的$(n,1)$循环码. 对于二进制的码，其他的上界限制通常更严格. 另一方面，对于多电平的里德－索罗门码来说，最小距离的最大值就是这个界限.

5. 吉尔伯特－沃尔沙莫夫界

吉尔伯特－沃尔沙莫夫界说明了，对于给定的值 n 和 k，某个最小距离的值可以用线性分组码来实现. 这并不是说具体实现该距离的码已知，而是说这样的码或可行的方法存在.

考虑一个最小距离为 d 的码. 包含 $d-1$ 个错误的错误图样的校正子有可能与 1 个错误的情况相同，但是码重不大于 $d-2$ 的错误图样的校正子不可能与包含单个错误的相同. 根据这一点，我们可以研究一下如何构造奇偶校验矩阵的各列，这些列正是各种单符号错误的校正子，因此任何一列都不可能通过$d-2$列或更少列的线性组合得到.

奇偶校验矩阵的各列是由 $n-k$ 个符号构成的，对于 q 进值的码来说，有 q^{n-k} 种可能的列. 在构造各列时，如果我们要保证正在构造的那一列不是前面某 $d-2$个列的线性组合，那么有些值就是不允许的. 填充矩阵时找到适当的列是很难的，而最后一列（第 n 列）最难找. 在这一步所禁止的组合是：

(1) 全零（1 种可能）.

(2) 前面 $n-1$ 列的 $q-1$ 种倍数（非零）中的任意一种（$(n-1)(q-1)$ 种可能）.

(3) 前面 $n-1$ 列的 i（非零）倍的线性组合，也就是说，对于每个 2 到 $d-2$ 范围的 i 值来说，有 $\binom{n-1}{i}(q-1)^i$ 种可能.

于是我们得到了

$$\sum_{i=0}^{d-2}\left[\frac{n-1}{i}\right](q-1)^i < q^{n-k} \tag{10}$$

不过，允许我们从前面的 $n-1$ 列的至多 $d-1$ 列的线性组合中选择值，于是我们就得到了吉尔伯特－沃尔沙莫夫界的完整形式

$$\sum_{i=0}^{d-2}\left[\frac{n-1}{i}\right](q-1)^i < q^{n-k} \leqslant \sum_{i=0}^{d-1}\left[\frac{n-1}{i}\right](q-1)^i \tag{11}$$

通过这种形式，我们肯定能够确定最小距离的最大值，前提是已知 q，n 和 k；我们也可以确定 $n-k$ 的上界，从而得到期望的 q 进值码长为 n 的码的最小距离.

6. 错误检测

到目前为止，我们都假设编码的目的是允许接收端恢复来自接收序列的信息，且确定性能够比没有编码时可得到的更高. 不过，很多差错控制方案不在错误发生时尝试恢复信息，而是先检测错误，然后用某种其

他策略来处理它们. 如果采用返回信道,那么接收端可能请求消息重传. 另外,对于固有冗余很大的数据,可以以一种能将信息损失的影响降到最小的方法,重建被破坏的消息.

系统设计师优先选择检错策略而不是前向纠错有很多理由. 其中一些原因与检错方案的特征有关,后面会进行具体介绍. 不过,一个主要原因是,检错的可靠性比前向纠错的可靠性高出几个数量级,因此适用于未检测出来的低错误率很重要的情形. 基于检错的差错控制策略的实现一般相对简单. 所以,如果码的特性可以接受,那么检错策略或检错与前向纠错的某种混合都可能是最为经济实用的解决方案.

7. 分组码的随机错误检测性能

与纠错相比,检错是比较直接的操作,但得到大致的性能公式则比较困难,因为码的结构会产生更大的影响. 人们使用的几乎总是分组码(不排除使用卷积码),我们下面的讨论主要集中在分组码的性能上.

如果一组码中的错误数目小于最小码距,那么它们肯定会被检测到. 如果错误数目大于或等于 $d_{\min}$,那么我们可能会比较悲观,即认为检错将会失败. 然而,这与实际的性能远远不符,只有一小部分码重大于或等于 $d_{\min}$ 的错误会生成另一个码字,且未被检测到. 以(7,4)码为例,我们看到,它有 7 个码重为 3 的码,7 个码重为 4 的码,1 个码重为 7 的码. 因此,如果发送的是全零码字,那么 35 种 3 比特错误图样中只有 7 种会产生不能检测到的错误,这样,80% 的 3 比特错误都将被检测到. 不管发送的码字是什么,码的距离特性都是相同的,所以这一结果适用于任意传输. 同样的,80% 码重为 4 的错误都会被检测到,码重为 5 的错误被检测到的比例是 100%,码重为 6 的错误被检测到的比例是 100%. 只有码重为 7 的错误肯定不能被检测到.

在理想情况下,我们希望知道正在使用的码中,码重为 i 的码字个数 A_i. 如果我们假设造成传输失败的事件是不相关的,那么我们可以说

$$P_{\mathrm{ud}} = \sum_{i=0}^{n} P_i \frac{A_i}{\begin{bmatrix} n \\ i \end{bmatrix}} \tag{12}$$

其中,P_{ud}是未被检测到的错误的概率,P_i 是一组码中恰好有 i 个符号错误的概率. 误符号率为 p_s 时,我们看到

$$P_{\mathrm{ud}} = \sum_{i=0}^{n} A_i p_s^i (1 - p_s)^{n-i} \tag{13}$$

遗憾的是,不是所有码的码重结构都是已知的. 不过,Hamming 码、里德 - 索罗门码和一些二进制 BCH 码的码重分布是已知的. 另外,我们可以通过对偶码的码重分布得到码本身的码重分布.

8. **码重分布**

(1) Hamming 码

Hamming 码有一个码重估值算子(weight enumerator)

$$\begin{aligned} A(x) &= \sum_{i=0}^{n} A_i x^i \\ &= \frac{(1+x)^n + n(1+x)^{\frac{n-1}{2}}(1-x)^{\frac{n+1}{2}}}{n+1} \end{aligned} \tag{14}$$

也就是说,$A(x)$中x^i的系数是码重为i的码字的个数A_i. 另外一种形式是

$$
\begin{aligned}
A(x) &= \sum_{i=0}^{n} A_i x^i \\
&= \frac{(1+x)^n + n(1-x)(1-x^2)^{\frac{n-1}{2}}}{n+1}
\end{aligned}
$$

从上式可以得到A_i的表达式

$$
A_i = \begin{cases}
\dfrac{\begin{bmatrix} n \\ i \end{bmatrix} + n(-1)^{\frac{i}{2}} \begin{bmatrix} \frac{n-1}{2} \\ \frac{i-1}{2} \end{bmatrix}}{n+1}, & i \text{ 为偶数} \\
\dfrac{\begin{bmatrix} n \\ i \end{bmatrix} + n(-1)^{\frac{i+1}{2}} \begin{bmatrix} \frac{n-1}{2} \\ \frac{i}{2} \end{bmatrix}}{n+1}, & i \text{ 为奇数}
\end{cases} \tag{15}
$$

(2)里德 - 索罗门码

GF(q)上能纠正t个错误的里德 - 索罗门码的码重分布由$A_0=1$给定,且

$$
A_i = \begin{bmatrix} q-1 \\ i \end{bmatrix}(q-1)\sum_{j=0}^{i-2t-1}(-1)^j \begin{bmatrix} i-1 \\ j \end{bmatrix} q^{i-2t-1-j} \tag{16}
$$

上式对于$2t+1 \leqslant i \leqslant n$成立. 另一种等价形式是

$$
A_i = \begin{bmatrix} q-1 \\ i \end{bmatrix}\sum_{j=0}^{i-2t-1}(-1)^j \begin{bmatrix} i \\ j \end{bmatrix}(q^{i-2t-1-j}-1) \tag{17}
$$

举个例子,对于基于 GF(8)的能纠正 2 个错误的里德 - 索罗门码来说,有 1 个 0 码重的码字,147 个码

重为 5 的码字,147 个码重为 6 的码字,以及 217 个码重为 7 的码字.

(3)已知码重分布的对偶码

对于任意(n,k)码,可以构造$(n,n-k)$对偶码(dual code),对偶码的生成子矩阵是原始码的奇偶校验矩阵. 如果原始码是循环码,且生成系数为$g(X)$,那么对偶码的生成系数为$\frac{X^n+1}{g(X)}$. GF(q)上(n,k)线性码的码重估值算子为$A(x)$,它的对偶码码重估值算子是$B(x)$,$A(x)$和$B(x)$之间的关系可通过马克威廉姆斯恒等式(Mac Williams Identity)表述

$$q^k B(x)=[1+(q-1)x]^n A\left[\frac{1-x}{1+(q-1)x}\right] \quad (18)$$

对于二进制码,这个等式成为

$$2^k B(x)=[1+x]^n A\left[\frac{1-x}{1+x}\right] \quad (19)$$

等式(14)确定了 Hamming 码的码重分布,马克威廉姆斯恒等式确定了$B(x)$的表达式,如下所示,对偶码的码重分布为

$$B(x)=1+nx^{\frac{n+1}{2}}$$

Hamming 码的对偶码实际上是码长最长的简单码.

如果我们只知道系数 A_i 的具体数值,而不知道它的解析表达式,我们仍然可以得到对偶码的码重分布. 以(7,4) Hamming 码中 A_i 的值为例,根据等式(18),有

$$16B(x)=(1+x)^7\cdot\left[1+7\left(\frac{1-x}{1+x}\right)^3+7\left(\frac{1-x}{1+x}\right)^4+\left(\frac{1-x}{1+x}\right)^7\right]$$

$$16B(x)=(1+x)^7+7(1-x)^3(1+x)^4+7(1-x)^4(1+x)^3+(1+x)^7$$

将其展开,得到

$$B(x)=1+7x^4$$

马克威廉姆斯恒等式的重要性在于,对于高码率的码,找到对偶码的码重分布通常比较简单,它的码字要少得多. 不过,在实际应用中,Hamming 码的码重分布可以通过比较简单的码得到,具体做法与我们这里正相反.

9. 最坏情况下未检测到的错误率

另一种值得考虑的最坏情况是,使用二进制码时,误比特率达到了 0. 5. 未检测到的错误的概率分布变成

$$P_{\mathrm{ud}}=\sum_{i=0}^{n}A_i\cdot 0.5^i(1-0.5)^{n-i}$$

但是 $\sum_{i=0}^{n}A_i=2^k$,所以

$$P_{\mathrm{ud}}=\frac{1}{2^{n-k}}$$

这意味着,如果各比特是随机产生的,那么 $n-k$ 个奇偶校验位正确的概率是$\frac{1}{2^{n-k}}$. 该结果只有在校验位互不相关时成立,而有些码并不满足这一条件. 不过,对于设计较合理的码,最坏情况下未检测到的错误

的概率可以用这种方法计算.

10. 突发错误的检测

循环码有较好的突发错误检错能力. 任意连续的 $n-k$ 位都可以作为码字剩余部分上的奇偶校验位,因此,要逃避检测的话,错误图样的长度必须超过这一位数(即大于 $n-k$). 仅有的那些能逃避检测且码长为 $n-k+1$的突发错误等同于循环移位到适当位置上的生成子序列. 所以,在长度固定为 $n-k+1$ 的错误图样中,有 2^{n-k-1}种的起始位和结束位都是 1,其中只有一种不能被检测到. 因此,长度为 $n-k+1$ 的突发错误未被检测到的概率是 $2^{-(n-k)}$.

这种分析可以很方便地扩展到更长的突发错误上. 对于任意长度 $l>n-k+1$ 的突发错误,如果要逃避检测,那么它必须是 $g(X)$与某个阶数为 $l-(n-k)$ 的多项式之积. 有 $2^{l-(n-k)-2}$个这样的多项式和 2^{l-2}个长度为 l 的突发错误. 所以,逃避检测的突发错误概率是 $2^{-(n-k)}$.

11. 检错码举例

在检错码应用中(如网络协议),有三种循环分组码会频繁得到应用. 一种是 12 比特循环冗余校验(Cyclic Redundancy Check, CRC),另外两种是 16 比特校验.

12 比特 CRC 码的生成子多项式是

$$g(X)=X^{12}+X^{11}+X^{3}+X^{2}+X+1$$

或

$$g(X)=(X^{11}+X^{2}+1)(X+1)$$

多项式 $X^{11}+X^2+1$ 是本原多项式,所以该码是被删除的 Hamming 码. 码的长度是 2047 · $(2^{11}-1)$,其中有 2035 位是信息位,最小码距是 4. 码被缩短了,这样才能在不破坏检错性能的情况下包含较少的信息.

很显然,因为码字太多,我们无法列举完整的码重结构. 考虑码重等于 d_{min} 的情况,我们发现,有 44 434 005种码字的码重为 4,码重为 4 的可能序列的个数是4.53×10^{10}. 因此,错误或不能被检测到且码重为 4 的序列的概率小于 10^{-3}. 该码能检测所有码重小于 4 的误码、所有奇数码重的误码、所有长度小于 12 的突发错误、99.9% 的长度等于 12 的误码,以及 99.5% 的长度大于 12 的误码.

两个 16 比特 CRC 码的生成子多项式为

$$g(X)=X^{16}+X^{15}+X^2+1$$

和

$$g(X)=X^{16}+X^{12}+X^5+1$$

因子 $X+1$ 可以提出来,得到

$$g(X)=(X^{15}+X+1)(X+1)$$

和

$$g(X)=(X^{15}+X^{14}+X^{13}+X^{12}+X^4+X^3+x^2+X+1)\cdot(X+1)$$

在两种情况下,生成子多项式都是本原多项式与 $X+1$ 的乘积,这样可以对码字进行删除. 结果,码的最小码距 $d_{min}=4$,码长最高可达 65 535,除了 16 比特外,其余都是信息位. 码重为 4 的码字有 1.17×10^{13} 个,码重为 4 的不可检测的错误概率是 1.52×10^{-5}.

这种码将检测到所有码重小于或等于 3 的误码、所有奇数码重的误码、所有长度小于或等于 16 的突发错误、99.997%的长度为 17 的突发错误，以及99.9985%的长度大于或等于 18 的突发错误.

CD-ROM 上的数据块中包括了 32 比特的 CRC 码. 在这种情况下，多项式由两个多项式的乘积组成

$$g(X)=(X^{16}+X^{15}+X^2+1)(X^{16}+X^2+X+1)$$

第一个因子是上面的标准 CRC－16 多项式的第一个. 第二个因子可以分解成

$$(X+1)(X^{15}+X^{14}+X^{13}+X^{12}+X^{11}+X^{10}+X^9+X^8+X^7+X^6+X^5+X^4+X^3+X^2+1)$$

第四编

定 理 篇

第4章 线性分组码中的若干定理

线性分组码是分组码中最重要的一类码,它是讨论各类码的基础. 虽然这类码的概念比较简单,但却非常重要,特别是有关码的生成矩阵 $\boldsymbol{G}$ 和校验矩阵 $\boldsymbol{H}$ 的表示,以及它们之间的关系,而 $\boldsymbol{H}$ 与纠错能力之间的关系则更为重要.

§1 线性分组码的基本概念

前面已叙述了分组码的某些重要概念,如分组码的表示、码率、距离、重量等. 如果我们把每一码字看成是一个 n 维数组或 n 维线性空间中的一个矢量,那么可以从线性空间的角度,比较深入地讨论线性分组码.

一个 $[n,k]$ 线性分组码,是把信息划成 k 个码元为一段(称为信息组),通过编码器变成长为 n 个码元的一组,作为 $[n,k]$

线性分组码的一个码字. 若每位码元的取值有 q 种(q 为素数幂),则共有 q^k 个码字. 长为 n 的数组共有 q^n 组,在二进制情况下,有 2^n 个数组. 显然,q^n 个 n 维数组(n 重)组成一个 GF(q)上的 n 维线性空间. 如果 q^k(或 2^k)个码字集合构成了一个 k 维线性子空间,那么称它是一个$[n,k]$线性分组码.

定义 1 $[n,k]$线性分组码是 GF(q)上的 n 维线性空间 V_n 中的一个 k 维子空间 $V_{n,k}$.

由于该线性子空间在加法运算下构成阿贝尔群,所以线性分组码又称为群码.

为简单起见,今后若没有特别说明,所说的分组码均指线性分组而言,且用$(c_{n-1},c_{n-2},\cdots,c_1,c_0)$表示$[n,k]$码的一个码字,其中每一分量 $c_i\in\mathrm{GF}(q)$.

显然,R 和 d 是分组码的两个最重要的参数,因此今后我们用$[n,k,d]$(或$[n,k]$)表示线性分组码. 而用(n,M,d)表示码字数目为 M 的任何码,此时码率 $R=n^{-1}\log_q M$.

$[n,k,d]$分组码是一个群码,因此若码字 $\boldsymbol{C}_1\in[n,k,d]$,$\boldsymbol{C}_2\in[n,k,d]$,则由群的封闭性可知,码字 $\boldsymbol{C}_1$ 与 $\boldsymbol{C}_2$ 之和 $\boldsymbol{C}_1+\boldsymbol{C}_2\in[n,k,d]$,即 $\boldsymbol{C}_1+\boldsymbol{C}_2$ 也必是$[n,k,d]$分组码的一个码字. 所以,两码字 $\boldsymbol{C}_1$ 和 $\boldsymbol{C}_2$ 之间的距离 $d(\boldsymbol{C}_1,\boldsymbol{C}_2)$ 必等于第三个码字 $\boldsymbol{C}_1+\boldsymbol{C}_2$ 的 Hamming 重量,即

$$d(\boldsymbol{C}_1,\boldsymbol{C}_2)=w(\boldsymbol{C}_1+\boldsymbol{C}_2)$$

因此,一个$[n,k,d]$分组码的最小距离必等于码中非零码字的最小重量,由此可得如下定理.

定理 1　$[n,k,d]$线性分组码的最小距离等于非零码字的最小重量,即

$$d = \min_{C_i \in [n,k]} w(\boldsymbol{C}_i)$$

下面定理给出了线性分组码码字重量之间的重要关系和主要性质.

定理 2　GF(2)上$[n,k,d]$线性分组码中,任何两个码字 $\boldsymbol{C}_1,\boldsymbol{C}_2$ 之间有如下关系

$$w(\boldsymbol{C}_1+\boldsymbol{C}_2)=w(\boldsymbol{C}_1)+w(\boldsymbol{C}_2)-2w(\boldsymbol{C}_1\cdot\boldsymbol{C}_2) \quad (1)$$

或

$$d(\boldsymbol{C}_1,\boldsymbol{C}_2)\leqslant w(\boldsymbol{C}_1)+w(\boldsymbol{C}_2) \quad (2)$$

其中,$\boldsymbol{C}_1\cdot\boldsymbol{C}_2$ 是两个码字的内积.

证明　设

$$\boldsymbol{C}_1=(c_{1,n-1},c_{1,n-2},\cdots,c_{1,0})$$

$$\boldsymbol{C}_2=(c_{2,n-1},c_{2,n-2},\cdots,c_{2,0})$$

且令

$$\delta c_{1,i}=\begin{cases}0, c_{1,i}=0\\1, c_{1,i}=1\end{cases}$$

$$\delta c_{2,i}=\begin{cases}0, c_{2,i}=0\\1, c_{2,i}=1\end{cases}$$

对所有 $i=0,1,\cdots,n=1$,则

$$w(\boldsymbol{C}_1) = \sum_{i=0}^{n-1}\delta c_{1,i}$$

$$w(\boldsymbol{C}_2) = \sum_{i=0}^{n-1}\delta c_{2,i}$$

$$w(\boldsymbol{C}_1+\boldsymbol{C}_2) = \sum_{i=0}^{n-1}\delta(c_{1,i}+c_{2,i})$$

注意到 $\boldsymbol{C}_1+\boldsymbol{C}_2$ 是对应位分量的模 2 和,$\delta c_{1,i}+\delta c_{2,i}$是算术和,因此

$$\delta(c_{1,i}+c_{2,i})=\begin{cases}0, c_{1,i}=0, c_{2,i}=0\\1, c_{1,i}=0, c_{2,i}=1\\1, c_{1,i}=1, c_{2,i}=0\\0, c_{1,i}=1, c_{2,i}=1\end{cases}$$

$$\delta c_{1,i}+\delta c_{2,i}=\begin{cases}0, c_{1,i}=0, c_{2,i}=0\\1, c_{1,i}=0, c_{2,i}=1\\1, c_{1,i}=1, c_{2,i}=0\\2, c_{1,i}=1, c_{2,i}=1\end{cases}$$

比较两式显然有

$$\delta(c_{1,i}+c_{2,i})=\delta c_{1,i}+\delta c_{2,i}-2\delta c_{1,i}c_{2,i}$$

其中

$$\delta c_{1,i}c_{2,i}=\begin{cases}1, c_{1,i}=1, c_{2,i}=1\\0,\text{其他}\end{cases}$$

于是

$$\sum_{i=0}^{n-1}\delta(c_{1,i}+c_{2,i})=\sum_{i=0}^{n-1}\delta c_{1,i}+\sum_{i=0}^{n-1}\delta c_{2,i}-2\sum_{i=0}^{n-1}\delta c_{1,i}c_{2,i}$$

$$w(\boldsymbol{C}_1+\boldsymbol{C}_2)=w(\boldsymbol{C}_1)+w(\boldsymbol{C}_2)-2w(\boldsymbol{C}_1\cdot\boldsymbol{C}_2)$$

由前面知 $d(\boldsymbol{C}_1,\boldsymbol{C}_2)=w(\boldsymbol{C}_1+\boldsymbol{C}_2)$,因此由上式立刻可得

$$d(\boldsymbol{C}_1,\boldsymbol{C}_2)\leqslant w(\boldsymbol{C}_1)+w(\boldsymbol{C}_2)$$

推论 1 GF(2)上线性分组码任 3 个码字 $\boldsymbol{C}_1,\boldsymbol{C}_2,\boldsymbol{C}_3$ 之间的 Hamming 距离,满足以下三角不等式

$$d(\boldsymbol{C}_1,\boldsymbol{C}_2)+d(\boldsymbol{C}_2,\boldsymbol{C}_3)\geqslant d(\boldsymbol{C}_1,\boldsymbol{C}_3) \tag{3}$$

证明 设码字

$$\boldsymbol{C}_a=\boldsymbol{C}_1+\boldsymbol{C}_2,\boldsymbol{C}_b=\boldsymbol{C}_2+\boldsymbol{C}_3$$

由式(2)可知

$$\begin{aligned}W(\boldsymbol{C}_a+\boldsymbol{C}_b)&=w(\boldsymbol{C}_1+\boldsymbol{C}_2+\boldsymbol{C}_2+\boldsymbol{C}_3)\\&=w(\boldsymbol{C}_1+\boldsymbol{C}_3)=d(\boldsymbol{C}_1,\boldsymbol{C}_3)\\&\leqslant w(\boldsymbol{C}_a)+w(\boldsymbol{C}_b)\\&=w(\boldsymbol{C}_1+\boldsymbol{C}_2)+w(\boldsymbol{C}_2+\boldsymbol{C}_3)\end{aligned}$$

所以

$$d(\boldsymbol{C}_1,\boldsymbol{C}_3)\leqslant d(\boldsymbol{C}_1,\boldsymbol{C}_2)+d(\boldsymbol{C}_2,\boldsymbol{C}_3)$$

定理3　任何$[n,k,d]$线性分组码,码字的重量或者全部为偶数,或者奇数重量的码字数等于偶数重量的码字数.

请读者自行证明该定理.

§2　码的一致校验矩阵与生成矩阵

1. 码的校检矩阵与生成矩阵

$[n,k,d]$分组码的编码问题就是在n维线性空间V_n中,如何找出满足一定要求的,有2^k个矢量组成的k维线性子空间$V_{n,k}$. 或者说,在满足给定条件(码的最小距离d或码率R)下,如何从已知的k个信息元求得$r=n-k$个校验元. 这相当于建立一组线性方程组,已知k个系数,要求$n-k$个未知数,使得到的码恰好有所要求的最小距离d.

一般情况下,任何一个$[n,k,d]$码的$\boldsymbol{H}$矩阵可表

示为

$$\boldsymbol{H}=\begin{pmatrix} h_{1,n-1} & h_{1,n-2} & \cdots & h_{1,0} \\ h_{2,n-1} & h_{2,n-2} & \cdots & h_{2,0} \\ \vdots & \vdots & & \vdots \\ h_{n-k,n-1} & h_{n-k,n-2} & \cdots & h_{n-k,0} \end{pmatrix} \tag{4}$$

它是一个$(n-k)\times n$阶矩阵. 由此$\boldsymbol{H}$矩阵可以很快地建立码的线性方程组

$$\begin{pmatrix} h_{1,n-1} & h_{1,n-2} & \cdots & h_{1,0} \\ h_{2,n-1} & h_{2,n-2} & \cdots & h_{2,0} \\ \vdots & \vdots & & \vdots \\ h_{n-k,n-1} & h_{n-k,n-2} & \cdots & h_{n-k,0} \end{pmatrix}\begin{pmatrix} c_{n-1} \\ c_{n-2} \\ \vdots \\ c_0 \end{pmatrix}=\mathbf{0}^{\mathrm{T}} \tag{5}$$

或

$$(c_{n-1} \quad c_{n-2} \quad \cdots \quad c_0)\begin{pmatrix} h_{1,n-1} & h_{2,n-1} & \cdots & h_{n-k,n-1} \\ h_{1,n-2} & h_{2,n-2} & \cdots & h_{n-k,n-2} \\ \vdots & \vdots & & \vdots \\ h_{1,0} & h_{2,0} & \cdots & h_{n-k,0} \end{pmatrix}=\mathbf{0} \tag{6}$$

简写为

$$\boldsymbol{H}\cdot\boldsymbol{C}^{\mathrm{T}}=\mathbf{0}^{\mathrm{T}} \tag{7}$$

或

$$\boldsymbol{C}\cdot\boldsymbol{H}^{\mathrm{T}}=\mathbf{0} \tag{8}$$

可知$\boldsymbol{H}$矩阵的每一行代表一个线性方程组的系数,它表示求一个校验元的线性方程. 因此任何一个$[n,k,d]$码的$\boldsymbol{H}$矩阵必须有$n-k$行,且每行必须线性独立. 若把$\boldsymbol{H}$的每一行看成一个矢量,则这$n-k$个矢

量必然张成了 n 维线性空间中的一个 $n-k$ 维子空间 $V_{n,n-k}$.

由于$[n,k,d]$码的每一码字必须满足式(7)或式(8),即它的每一码字必然在由 $\boldsymbol{H}$ 矩阵的行所张成的 $V_{n,n-k}$空间中的零空间中. $V_{n,n-k}$的零空间必然是一个 k 维子空间 $V_{n,k}$,而这正是$[n,k,d]$码的码字集合全体. 所以,$V_{n,n-k}$与$[n,k,d]$码的每一码字均正交,也就是 $\boldsymbol{H}$ 矩阵的每一行与它的码的每一码字的内积均为 0.

$[n,k,d]$分组码的 2^k 个码字组成了一个 k 维子空间,因此这 2^k 个码字完全可由 k 个独立矢量所组成的基底而张成. 设基底为

$$\begin{cases} \boldsymbol{C}_1=(g_{1,n-1},g_{1,n-2},\cdots,g_{1,0}) \\ \boldsymbol{C}_2=(g_{2,n-1},g_{2,n-2},\cdots,g_{2,0}) \\ \qquad\vdots \\ \boldsymbol{C}_k=(g_{k,n-1},g_{k,n-2},\cdots,g_{k,0}) \end{cases}$$

若把这组基底写成矩阵形式,则有

$$\boldsymbol{G}=\begin{pmatrix} g_{1,n-1} & g_{1,n-2} & \cdots & g_{1,0} \\ g_{2,n-1} & g_{2,n-2} & \cdots & g_{2,0} \\ \vdots & \vdots & & \vdots \\ g_{k,n-1} & g_{k,n-2} & \cdots & g_{k,0} \end{pmatrix} \tag{9}$$

$[n,k,d]$码中的任何码字,都可由这组基底的线性组合生成,即

$$\boldsymbol{C}=\boldsymbol{m}\cdot\boldsymbol{G}=(m_{n-1}\quad m_{n-2}\quad\cdots\quad m_{n-k})\cdot$$

$$\begin{pmatrix} g_{1,n-1} & g_{1,n-2} & \cdots & g_{1,0} \\ g_{2,n-1} & g_{2,n-2} & \cdots & g_{2,0} \\ \vdots & \vdots & & \vdots \\ g_{k,n-1} & g_{k,n-2} & \cdots & g_{k,0} \end{pmatrix} \tag{10}$$

式中，$m=(m_{n-1},m_{n-2},\cdots,m_{n-k})$是 k 个信息元组成的信息组. 因此，若已知信息组 $\boldsymbol{m}$，通过式(10)可求得相应的码字，称式(9)的 $\boldsymbol{G}$ 为$[n,k,d]$码的生成矩阵.

显然，一个矢量空间的基底可以不止一个，因此作为码的生成矩阵 $\boldsymbol{G}$ 也可以不止一种形式. 但不论哪一种形式，它们都生成相同的矢量空间，即生成同一个$[n,k,d]$码.

$\boldsymbol{G}$ 中的每一行及其线性组合均为$[n,k,d]$码的一个码字，所以由式(7)和式(8)可知

$$\boldsymbol{G}\cdot\boldsymbol{H}^{\mathrm{T}}=\boldsymbol{0} \tag{11}$$

或

$$\boldsymbol{H}\cdot\boldsymbol{G}^{\mathrm{T}}=\boldsymbol{0}^{\mathrm{T}} \tag{12}$$

说明由 $\boldsymbol{G}$ 与 $\boldsymbol{H}$ 的行生成的空间互为零空间.

2. 对偶码

$[n,k,d]$码是 n 维线性空间中的一个 k 维子空间 $V_{n,k}$，由一组基底即 $\boldsymbol{G}$ 的行张成. 由前面可知，它的零空间必是一个 $n-k$ 维的线性子空间 $V_{n,n-k}$，并由 $n-k$ 个独立矢量张成. 由式(11)和式(12)可知，这 $n-k$ 个矢量就是 $\boldsymbol{H}$ 矩阵的行. 因此，若把 $\boldsymbol{H}$ 矩阵看成是$[n,n-k,d]$码的生成矩阵 $\boldsymbol{G}$，而把$[n,k,d]$码的 $\boldsymbol{G}$ 看成是它的校验矩阵 $\boldsymbol{H}$，则我们称由 $\boldsymbol{G}$ 生成的$[n,k,d]$码 C 与由 $\boldsymbol{H}$ 生成的$[n,n-k,d]$码 $C^{\perp}$ 互为对偶码. 相应地，

称 $V_{n,k}$ 与 $V_{n,n-k}$ 空间互为对偶空间. 由此可如下定义对偶码.

定义1　设 C 是$[n,k,d]$码,则它的对偶码 $C^{\perp}$ 是

$$C^{\perp} \triangleq \{\boldsymbol{x} \in V_{n,n-k} \mid \text{对所有 } \boldsymbol{y} \in C \text{ 使 } \boldsymbol{x} \cdot \boldsymbol{y} = \boldsymbol{0}\}$$

式中,$\boldsymbol{x} \cdot \boldsymbol{y}$ 为 $\boldsymbol{x}$ 与 $\boldsymbol{y}$ 的内积.

若一个码的对偶码就是它自己,即 $C = C^{\perp}$,则称 C 码为自对偶码. 显然,自对偶码必定是$[2m,m,d]$形式的分组码. 如$[2,1,2]$重复码就是一个自对偶码. 如果自对偶码的最小距离 d 是 4 的倍数,那么称为双偶自对偶码,可以证明双偶自对偶码的码长 n 必是 8 的整数倍.

3. **系统码**

定义2　若信息组以不变的形式在码组的任意 k 位(通常在最前面:$c_{n-1}, c_{n-2}, \cdots, c_{n-k}$)中出现的码称为系统码,否则称为非系统码.

系统码的一种结构形式如图1所示. 显然,系统码的信息位与校验位很容易区分开,所以这种码也称可分码.

由于系统码的码字前 k 位是原来的信息组,故由式(9)可知,$\boldsymbol{G}$ 矩阵左边 k 列必组成一个单位方阵 $\boldsymbol{I}_k$,因此系统码的生成矩阵通常为

$$\boldsymbol{G} = (\boldsymbol{I}_k \ \boldsymbol{P}) \tag{13}$$

k 位信息位	$n-k$ 位校验位

图1　系统码的一种结构形式

式中,$\boldsymbol{P}$ 是 $k \times (n-k)$ 阶矩阵. 如果信息组不在码字的前 k 位,而在码字的后 k 位,那么 $\boldsymbol{G}$ 矩阵中的 $\boldsymbol{I}_k$ 方阵在 $\boldsymbol{P}$ 矩阵的右边. 因为 $\boldsymbol{G}$ 与 $\boldsymbol{H}$ 矩阵所组成的空间互为零空间,所以与式(13)相应的 $\boldsymbol{H}$ 矩阵为

$$\boldsymbol{H} = (-\boldsymbol{P}^{\mathrm{T}}\ \boldsymbol{I}_{n-k}) \tag{14}$$

式中,$-\boldsymbol{P}^{\mathrm{T}}$ 是一个 $(n-k) \times k$ 阶矩阵,它是 $\boldsymbol{P}$ 矩阵的转置,“$-$”号表示 $-\boldsymbol{P}^{\mathrm{T}}$ 阵中的每一元素是 $\boldsymbol{P}$ 阵中对应元素的逆元,在二进制情况下,仍是该元素自己. 显然,由此得到的 $\boldsymbol{H}$ 满足

$$\boldsymbol{G} \cdot \boldsymbol{H}^{\mathrm{T}} = (\boldsymbol{I}_k\ \boldsymbol{P})\begin{pmatrix} -\boldsymbol{P} \\ \boldsymbol{I}_{n-k} \end{pmatrix} = \boldsymbol{0}$$

通常,我们称式(13)与式(14)中的 $\boldsymbol{G}$ 和 $\boldsymbol{H}$ 矩阵为码的典型(标准)生成矩阵和典型校验矩阵. 如[7,3,4]码的典型生成矩阵

$$\boldsymbol{G} = \begin{pmatrix} 1 & 0 & 0 & 1 & 1 & 1 & 0 \\ 0 & 1 & 0 & 0 & 1 & 1 & 1 \\ 0 & 0 & 1 & 1 & 1 & 0 & 1 \end{pmatrix} = (\boldsymbol{I}_3\ \boldsymbol{P})$$

相应地,典型校验矩阵由式(14)为

$$\boldsymbol{H} = \begin{pmatrix} 1 & 0 & 1 & 1 & 0 & 0 & 0 \\ 1 & 1 & 1 & 0 & 1 & 0 & 0 \\ 1 & 1 & 0 & 0 & 0 & 1 & 0 \\ 0 & 1 & 1 & 0 & 0 & 0 & 1 \end{pmatrix} = (-\boldsymbol{P}^{\mathrm{T}}\ \boldsymbol{I}_4)$$

系统码的编码相对而言较为简单,且由 $\boldsymbol{G}$ 可以方便地得到 $\boldsymbol{H}$(反之亦然). 容易检查编出的码字是否正确. 同时,对分组码而言,系统码与非系统码的纠错能力完全等价. 因此,今后若无特别声明,仅讨论系统码

形式.

4. 缩短码

在某些情况下，如果不能找到一种比较合适的码长或信息位个数，那么可把某一$[n,k,d]$码进行缩短，以满足要求.

在$[n,k,d]$码的码字集合中，挑选前 i 个信息位数字均为 0 的所有码字，组成一个新的子集. 由于该子集的前 i 位信息位均取 0，故传输时可以不送它们，仅只要传送后面的 $n-i$ 位码元即可. 这样该子集组成了一个$[n-i,k-i,d]$分组码，称它为$[n,k,d]$码的缩短码. 由于缩短码是 k 维子空间 $V_{n,k}$ 中取前 i 位均为 0 的码字组成的一个子集，显然该子集是 $V_{n,k}$ 空间中的一个 $k-i$ 维的子空间 $V_{n,k-i}$，因此$[n-i,k-i,d]$缩短码的纠错能力至少与原$[n,k,d]$码相同.

$[n-i,k-i]$缩短码是$[n,k]$码缩短 i 位得到的，因而码率 R 比原码要小，但纠错能力不一定比原码强. 因此总的看来，缩短码比原码的性能要差.

§3　伴随式与标准阵列及其他译码

1. 伴随式(校正子)

本节讨论如何译码. 设发送的码字

$$\boldsymbol{C}=(c_{n-1},c_{n-2},\cdots,c_1,c_0)$$

通过有扰信道传输，信道产生的错误图样

$$\boldsymbol{E}=(e_{n-1},e_{n-2},\cdots,e_1,e_0)$$

接收端译码器收到的 n 重为

$$\boldsymbol{R}=(r_{n-1},r_{n-2},\cdots,r_1,r_0)$$

$$\boldsymbol{R}=\boldsymbol{C}+\boldsymbol{E},r_i=c_i+e_i$$

$c_i,r_i,e_i\in\mathrm{GF}(q)$或 GF(2). 译码器的任务就是从收到的 $\boldsymbol{R}$ 中得出 $\hat{\boldsymbol{C}}$,或者由 $\boldsymbol{R}$ 中解出错误图样 $\hat{\boldsymbol{E}}$,从而得到 $\hat{\boldsymbol{C}}=\boldsymbol{R}-\hat{\boldsymbol{E}}$,并使译码错误概率最小,或使 $\hat{\boldsymbol{C}}$ 尽可能是 $\boldsymbol{C}$.

$[n,k,d]$码的每一码字 $\boldsymbol{C}$,都必须满足 §2 中式(7)或式(8). 因此,收到 $\boldsymbol{R}$ 后用该两式之中的任一式进行检验

$$\begin{aligned}\boldsymbol{R}\cdot\boldsymbol{H}^{\mathrm{T}}&=(\boldsymbol{C}+\boldsymbol{E})\cdot\boldsymbol{H}^{\mathrm{T}}\\&=\boldsymbol{C}\cdot\boldsymbol{H}^{\mathrm{T}}+\boldsymbol{E}\cdot\boldsymbol{H}^{\mathrm{T}}=\boldsymbol{E}\cdot\boldsymbol{H}^{\mathrm{T}}\end{aligned}\tag{1}$$

若 $\boldsymbol{E}=\boldsymbol{0}$,则 $\boldsymbol{R}\cdot\boldsymbol{H}^{\mathrm{T}}=\boldsymbol{0}$,若 $\boldsymbol{E}\neq\boldsymbol{0}$,则 $\boldsymbol{R}\cdot\boldsymbol{H}^{\mathrm{T}}\neq\boldsymbol{0}$. 说明 $\boldsymbol{R}\cdot\boldsymbol{H}^{\mathrm{T}}$仅与错误图样有关,而与发送的是什么码字无关. 令

$$\boldsymbol{S}=\boldsymbol{R}\cdot\boldsymbol{H}^{\mathrm{T}}=\boldsymbol{E}\cdot\boldsymbol{H}^{\mathrm{T}}\text{ 或 }\boldsymbol{S}^{\mathrm{T}}=\boldsymbol{H}\cdot\boldsymbol{R}^{\mathrm{T}}=\boldsymbol{H}\cdot\boldsymbol{E}^{\mathrm{T}}\tag{2}$$

称为接收矢量 $\boldsymbol{R}$ 的伴随式(或校正子). 因此伴随式完全由 $\boldsymbol{E}$ 决定,它充分地反映了信道的干扰情况,译码器的主要任务就是如何从 $\boldsymbol{S}$ 中得到最像 $\boldsymbol{E}$ 的错误图样 $\hat{\boldsymbol{E}}$,从而译出 $\hat{\boldsymbol{C}}=\boldsymbol{R}-\hat{\boldsymbol{E}}$.

由前面可知,$[n,k,d]$码的校验矩阵

$$\boldsymbol{H}=\begin{pmatrix}h_{1,n-1}&h_{1,n-2}&\cdots&h_{1,1}&h_{1,0}\\h_{2,n-1}&h_{2,n-2}&\cdots&h_{2,1}&h_{2,0}\\\vdots&\vdots&&\vdots&\\h_{n-k,n-1}&h_{n-k,n-2}&\cdots&h_{n-k,1}&h_{n-k,0}\end{pmatrix}$$

$$=(\boldsymbol{h}_{n-1}\quad \boldsymbol{h}_{n-2}\quad \cdots\quad \boldsymbol{h}_1\quad \boldsymbol{h}_0)$$

式中，$\boldsymbol{h}_{n-i}$为 $\boldsymbol{H}$ 矩阵的第 i 列，它是一个 $n-k$ 重列矢量. 设

$$\begin{aligned}\boldsymbol{E}&=(e_{n-1},e_{n-2},\cdots,e_1,e_0)\\&=(0,\cdots,e_{i_1},0,\cdots,e_{i_2},0,\cdots,e_{i_3},\\&\quad 0,\cdots,e_{i_t},0,\cdots,0)\end{aligned}$$

第 $i_1,i_2,\cdots,i_t$ 位有错，则

$$\boldsymbol{S}=\boldsymbol{E}\cdot\boldsymbol{H}^{\mathrm{T}}=(0\cdots e_{i_1}\cdots e_{i_2}\cdots e_{i_t}0\cdots 0)\begin{pmatrix}\boldsymbol{h}_{n-1}\\ \boldsymbol{h}_{n-2}\\ \vdots\\ \boldsymbol{h}_1\\ \boldsymbol{h}_0\end{pmatrix}$$

$$=e_{i_1}\boldsymbol{h}_{i_1}^{\mathrm{T}}+e_{i_2}\boldsymbol{h}_{i_2}^{\mathrm{T}}+\cdots+e_{i_t}\boldsymbol{h}_{i_t}^{\mathrm{T}}\qquad(3)$$

说明 $\boldsymbol{S}$ 是 $\boldsymbol{H}$ 矩阵中相应于 $e_{i_j}\neq 0(j=1,2,\cdots,t)$ 的那几列 h_{n-i_j}的线性组合，由于 $\boldsymbol{h}_{n-i_j}$是 $n-k$ 重列矢量，故 $\boldsymbol{S}$ 也是一个 $n-k$ 重的矢量$(s_1,s_2,\cdots,s_{n-k})$. 若没有错误，所有 $s_i=0$，则 $\boldsymbol{S}$ 是一个零矢量.

结论　一个$[n,k,d]$线性分组码，若要纠正小于或等于 t 个错误，则其充要条件是 $\boldsymbol{H}$ 矩阵中任何 $2t$ 列线性无关. 由于 $d=2t+1$，所以也相当于要求 $\boldsymbol{H}$ 矩阵中 $d-1$ 列线性无关.

由此结论可得到以下重要定理.

定理 1　$[n,k,d]$线性分组码有最小距离等于 d 的充要条件是，$\boldsymbol{H}$ 矩阵中任意 $d-1$ 列线性无关.

证明　先证明必要性，即码有最小距离为 d，证明 $\boldsymbol{H}$ 中的任意 $d-1$ 列线性无关.

用反证法. 若 $\boldsymbol{H}$ 中某一 $d-1$ 列线性相关,则由线性相关定义可知

$$c_{i_1}\boldsymbol{h}_{i_1}+c_{i_2}\boldsymbol{h}_{i_2}+\cdots+c_{i_{d-1}}\boldsymbol{h}_{i_{d-1}}=\boldsymbol{0}^{\mathrm{T}}$$

式中,$c_{i_j}\in \mathrm{GF}(q)$,$\boldsymbol{h}_{i_j}$是 $\boldsymbol{H}$ 矩阵的列矢量. 现作一个码字 $\boldsymbol{C}$,它在 $i_1,i_2,\cdots,i_{d-1}$位处的值分别等于 $c_{i_1},c_{i_2},\cdots,c_{i_{d-1}}$,而其他各位取值均为 0,所以得到的码字 $\boldsymbol{C}$ 是:$(0,\cdots,c_{i_1},0,\cdots,0,c_{i_2},0,\cdots,0,c_{i_{d-1}},0,\cdots,0)$,由此

$$\boldsymbol{H}\cdot\boldsymbol{C}^{\mathrm{T}}=c_{i_1}\boldsymbol{h}_{i_1}+c_{i_2}\boldsymbol{h}_{i_2}+\cdots+c_{i_{d-1}}\boldsymbol{h}_{i_{d-1}}=\boldsymbol{0}^{\mathrm{T}}$$

故 $\boldsymbol{C}$ 是一个码字,而 $\boldsymbol{C}$ 的非 0 分量个数只有 $d-1$ 个,这与码有最小距离为 d 的假设相矛盾,故 $\boldsymbol{H}$ 中的任意 $d-1$ 列必线性无关.

下面证明:若 $\boldsymbol{H}$ 中任意 $d-1$ 列线性无关,则 $[n,k,d]$码有最小距离为 d.

若 $\boldsymbol{H}$ 中任意 $d-1$ 列线性无关,则 $\boldsymbol{H}$ 中至少需要 d 列才能线性相关. 我们将能使 $\boldsymbol{H}$ 中某些 d 列线性相关的列的系数作为码字中对应的非 0 分量,而码字的其余分量均为 0,则该码字至少有 d 个非 0 分量,故 $[n,k,d]$码有最小距离为 d.

定理 1 异常重要,它是构造任何类型线性分组码的基础. 由该定理看出,交换 $\boldsymbol{H}$ 矩阵的各列,并不会影响码的最小距离. 因此,所有列相同但排列位置不同的 $\boldsymbol{H}$ 所对应的分组码,在纠错能力和其他码参数上完全等价.

推论 1(Singlcton 限) $[n,k,d]$线性分组码的最大可能的最小距离等于 $n-k+1$,即 $d\leqslant n-k+1$.

推论的证明读者可自行进行. 若系统码的最小距

离 $d=n-k+1$,则称此码为极大最小距离可分码,简称 MDS 码. 构造 MDS 码是编码理论中一个重要课题.

2. Hamming **码与极长码**

Hamming 码是 1950 年由 Hamming 首先构造,用以纠正单个错误的线性分组码. 由于它的编译码非常简单,很容易实现,因此用得很普遍. 特别是在计算机的存贮和运算系统中更常用到. 此外,它与某些码类的关系很密切,因此这是一类特别引人注意的码.

由定理 1 知,纠正一个错误的$[n,k,d]$分组码,要求其 $\boldsymbol{H}$ 矩阵中至少两列线性无关,且不能全为 0. 若为二进制码,则要求 $\boldsymbol{H}$ 矩阵中每列互不相同,且不能全为 0.

一个$[n,k,d]$分组码有 $n-k$ 位校验元,在二进制码情况下,这 $n-k$ 个校验元能组成 2^{n-k}列不同的$n-k$重,其中有$2^{n-k}-1$列不全为 0. 所以,如果用这 $2^{n-k}-1$ 列作为 $\boldsymbol{H}$ 矩阵的每一列,则由此 $\boldsymbol{H}$ 就产生了一个纠正单个错误的$[n,k,3]$码,它就是 Hamming 码.

定义 1　GF(2)上 Hamming 码的 $\boldsymbol{H}$ 矩阵的列,是由不全为 0,且互不相同的二进制 m 重组成. 该码有如下参数

$$n=2^m-1, k=2^m-1-m$$

$$R=\frac{2^m-1-m}{2^m-1}, d=3$$

可以把 GF(2)上的 Hamming 码推广到 GF(q)上,得到多进制 Hamming 码,此时码有如下参数:

码长:$n=\dfrac{q^m-1}{q-1}$;

信息位：$k = n - m$;

码率：$R = \frac{n-m}{n}$;

最小距离：$d = 3$.

显然，当 $n \to \infty$ 时，$R \to 1$，因此 Hamming 码是纠正单个错误的高效码.

二进制 $[2^m - 1, 2^m - 1 - m, 3]$ Hamming 码的对偶码 $C_H^{\perp}$ 是一个 $[2^m - 1, m, 2^{m-1}]$ 码，也称为单纯码或极长码. 以后将看到，它可以由 m 级线性移存器产生，所以也称最长线性移存器码.

3. 标准阵列

由前面的讨论可知，$[n, k, d]$ 分组码的译码步骤可归结为以下三步：

(1) 由接收到的 $\boldsymbol{R}$，计算伴随式 $\boldsymbol{S} = \boldsymbol{R} \cdot \boldsymbol{H}^{\mathrm{T}}$;

(2) 若 $\boldsymbol{S} = \boldsymbol{0}$，则认为接收无误；若 $\boldsymbol{S} \neq 0$，则由 $\boldsymbol{S}$ 找出错误图样 $\hat{\boldsymbol{E}}$;

(3) 由 $\hat{\boldsymbol{E}}$ 和 $\boldsymbol{R}$ 找出 $\hat{\boldsymbol{C}} = \boldsymbol{R} - \hat{\boldsymbol{E}}$.

Hamming 码的译码很简单，它可由 $\boldsymbol{S}$ 直接得到错误图样 $\hat{\boldsymbol{E}}$. 但除了 Hamming 码以外，对其他分组码而言，如何由 $\boldsymbol{S}$ 求得 $\hat{\boldsymbol{E}}$ 就比较复杂. 而一个译码器的复杂性及其译码错误概率也往往由这步决定. 下面我们讨论分组码的一般译码方法，这就是第一章已讲过的标准阵法，它是由斯勒宾（Slcpian）于 1956 年提出的，是一种在 BSC 中译码错误概率最小的译码方法.

$[n, k, d]$ 码的 2^k 个码字，组成了 n 维线性空间中

的一个 k 维子空间,显然是一个子群. 若以此子群为基础,把整个 n 维空间的 2^n 个元素划分陪集,则得到如表 1 所示的译码表. 其中,2^k 个码字放在表中的第一行,该子群的恒等元素 $\boldsymbol{C}_1$(全为 0 的码字)放在最左边,然而在禁用码组中挑出一个 n 重 $\boldsymbol{E}_2$ 放在恒等元素 $\boldsymbol{C}_1$ 的下面. 并相应求出 $\boldsymbol{E}_2+\boldsymbol{C}_2,\boldsymbol{E}_2+\boldsymbol{C}_3,\cdots,\boldsymbol{E}_2+\boldsymbol{C}_{2^k}$,分别放在 $\boldsymbol{C}_2,\boldsymbol{C}_3,\cdots,\boldsymbol{C}_{2^k}$码字的下边构成第二行,这是码空间的一个陪集. 再选一个未写入表中前一行的 n 重 $\boldsymbol{E}_3$,用以上方法构成另一陪集成为表中的第三行,依此类推,一共构成 2^{n-k}个陪集. 把所有 2^n 个矢量划分完毕,称 $\boldsymbol{C}_1,\boldsymbol{E}_2,\boldsymbol{E}_3,\cdots,\boldsymbol{E}_{2^{n-k}}$为陪集首. 按这种方法构成的表称为标准阵译码表,简称标准阵.

表 1　标准阵译码表

码字	$\boldsymbol{C}_1$(陪集首)	$\boldsymbol{C}_2$	…	$\boldsymbol{C}_i$	…	$\boldsymbol{C}_{2^k}$
禁用码字	$\boldsymbol{E}_2$	$\boldsymbol{C}_2+\boldsymbol{E}_2$	…	$\boldsymbol{C}_i+\boldsymbol{E}_2$	…	$\boldsymbol{C}_{2^k}+\boldsymbol{E}_2$
	$\boldsymbol{E}_3$	$\boldsymbol{C}_2+\boldsymbol{E}_3$	…	$\boldsymbol{C}_i+\boldsymbol{E}_3$	…	$\boldsymbol{C}_{2^k}+\boldsymbol{E}_3$
	⋮	⋮		⋮		⋮
	$\boldsymbol{E}_{2^{n-k}}$	$\boldsymbol{C}_2+\boldsymbol{E}_{2^{n-k}}$	…	$\boldsymbol{C}_i+\boldsymbol{E}_{2^{n-k}}$	…	$\boldsymbol{C}_{2^k}+\boldsymbol{E}_{2^{n-k}}$

收到的 n 重 $\boldsymbol{R}$ 落在某一列中,则译码器就译成相应于该列最上面的码字. 因此,若发送的码字为 $\boldsymbol{C}_i$,收到的 $\boldsymbol{R}=\boldsymbol{C}_i+\boldsymbol{E}_j$($1\leqslant j\leqslant 2^{n-k}$,$\boldsymbol{E}_1$ 是全 0 矢量),则能正确译码. 如果收到的 $\boldsymbol{R}=\boldsymbol{C}_k+\boldsymbol{E}_j$,则产生了错误译码. 现在的问题是:如何划分陪集使译码错误概率最小?

这归结到如何挑选陪集首. 因为一个陪集的划分主要决定于子群,而子群就是 2^k 个码字,这已决定,因此余下的问题就是如何决定陪集首.

在前面已提出,在 $p_e \leqslant 0.5$ 的 BSC 中,产生 1 个错误的概率比产生 2 个的大,产生 2 个错误的概率比 3 个的大……. 总之,错误图样重量越小的产生的可能性越大. 因此,译码器必须首先保证能正确纠正这种可能性出现最大的错误图样,也就是重量最轻的错误图样. 这相当于在构造译码表时要求挑选重量最轻的 n 重为陪集首,放在标准阵中的第一列,而以全为 0 码字作为子群的陪集首. 这样得到的标准阵,能得到最小的译码错误概率. 由于这样安排的译码表使得 $\boldsymbol{C}_i+\boldsymbol{E}_j$ 与 $\boldsymbol{C}_i$ 的距离保证最小,因而也称为最小距离译码,在 BSC 下,它们等效于最大似然译码.

在标准阵中,所有陪集首重量之和称为陪集首的总重量. 应当指出,在给定的 n,k 条件下,如果在 2^n 组中选择不同的 2^k 组作为子群,则相应的标准阵中,陪集首元素的总重量不一定相同. 若所选的 $V_{n,k}$ 子空间,能做到使标准阵中陪集首元素的总重量最轻,则此码能得到最大正确译码概率,因而称该 $V_{n,k}$ 子空间构成的 $[n,k,d]$ 码为最佳码. 如果在 n 维空间中,能找到两个或更多个 $V_{n,k}$ 子空间,都能做到使标准阵中陪集首元素的总重量最轻,那么这些子空间构成的不同的 $[n,k,d]$ 码均为最佳码,因此对固定的 n 和 k 来说,最佳码不是唯一的.

由于 $[n,k,d]$ 分组码的 n,k 通常都比较大,即使

用这种简化译码表，译码器的复杂性还是很高的．例如，一个[100,70]分组码，一共有 $2^{30}\approx 10^{9}$ 个伴随式及错误图样，译码器要存贮如此多的图样和$(n-k)$重是不太可能的．因此，在线性分组码理论中，如何寻找简化译码器是最中心的研究课题之一．

4．**完备译码与限定距离译码**

定义 2　$[n,k,d]$线性分组码的所有 2^{n-k} 个伴随式，在译码过程中若都用来纠正所有小于或等于 $t=\left\lfloor\frac{d-1}{2}\right\rfloor$ 个随机错误，以及部分大于 t 的错误图样，则这种译码方法称为完备译码；否则，称为非完备译码．

任一个$[n,k,d]$码，能纠正 $t\leqslant\left\lfloor\frac{d-1}{2}\right\rfloor$ 个随机错误．如果在译码时仅纠正 $t'<t$ 个错误，而当错误个数大于 t'时，译码器不进行纠错而仅指出发生了错误，称这种译码方法为限定距离译码．

如[15,4,8]极长码，它能纠正 3 个错误及部分 4 个错误．如果设计译码器时，仅使它纠正 1 个错误，而在大于或等于 2 个错误时，只指出接收的 $\boldsymbol{R}$ 有错，但不进行纠正，则这种译码器就称为限定距离译码器．

可知限定距离译码，就是设计译码器时，在 0 至 $t=\left\lfloor\frac{d-1}{2}\right\rfloor$ 范围内，事先由设计者指定纠错能力 t'．当实际产生的错误个数小于或等于 t'时，译码器进行纠错译码；当大于 t'时，译码器进行检错而不纠错．可见，限定距离译码可以是完备译码，也可以是非完备译码，它完全由译码设计者决定．

应当指出,无论是何种译码方法,为了使译码错误概率最小,在设计译码器时都必须遵循最大似然译码准则(码字为等概发送时),在对称无记忆信道中也就是最小 Hamming 距离译码准则.

§4 线性码的覆盖半径

从几何上讲,码的陪集划分就是把 n 维线性空间 V_n,按$[n,k,d]$码 C 划分空间. 标准阵译码表中的第 j 列,相当于 V_n 中球心为码字 $\boldsymbol{C}_j$,半径为 $\rho=d(\boldsymbol{C}_j,\boldsymbol{C}_j+\boldsymbol{E})=w(\boldsymbol{E}_i)$的一个球 $B_j(C)$. 球中的点也就是 $\boldsymbol{C}_j$ 列中的 n 重

$$\{\boldsymbol{v}\in V_n \mid d(\boldsymbol{v},\boldsymbol{C}_j)\leqslant\rho\},j=0,1,2,\cdots,2^k-1$$

表中共有 2^k 列,相当于有 2^k 个这种互不相交的球,把整个 V_n 空间覆盖完毕. 可知 $B_j(C)$球的半径ρ,就是码 C 的最大可能的纠错数目.

如果在 V_n 空间中,以码字为圆心,$t=\left\lfloor\frac{d-1}{2}\right\rfloor$为半径作球,那么也有 2^k 个互不相交的球,但这些球一般并不能把整个 V_n 空间全部覆盖完毕. 称这些球的半径为码 C 的球半径 $s(C)$. 可知码 C 的球半径

$$S(C)=\left\lfloor\frac{d-1}{2}\right\rfloor \tag{1}$$

能把整个 V_n 空间覆盖完毕的 $B_j(C)$球的半径 ρ 称为码的覆盖半径 $t(C)$. 可知 $t(C)$与 $s(C)$均是码的重要

的几何参数.

定义 1　码 C 的覆盖半径

$$t(C)=\max\{\min\{d(\boldsymbol{v},\boldsymbol{C}_j)\mid \boldsymbol{C}_j\in C\};\boldsymbol{v}\in V_n\} \quad (2)$$

通常称 $\boldsymbol{C}_j+\boldsymbol{v}$ 为码字 $\boldsymbol{C}_j$ 的平移($\boldsymbol{C}_j\in C,\boldsymbol{v}\in V_n$),称有 $\min w(\boldsymbol{v})$ 的 $\boldsymbol{v}$ 为平移首,因此 $t(C)$ 就是有最大重量的平移首的重量. 对线性码来说,就是陪集首的最大重量,而球半径 $s(C)$ 是码一定能全部纠正的错误数目. 显然

$$s(C)\leqslant t(C)\leqslant d-1 \quad (3)$$

如果码 C 的 $t(C)=s(C)$,那么称 C 码是完备码,如果

$$t(C)=s(C)+1 \quad (4)$$

那么称为准完备码. 当 n 为奇数时,$[n,1,n]$ 重复码是完备码;而当 n 为偶数时是准完备码. 重复码又称为平凡码.

由最大似然译码原理可知,要使译码错误概率最小,必须使译码表中陪集首的重量最轻. 因此,在同样的码参数下,$t(C)$ 越小的码译码错误概率越小,因而最好. 可知 $t(C)$ 是衡量纠错码性能的又一重要参数. 在同样的 n 与码字数目下,完备码与准完备码都能使 $t(C)$ 最小,因而是最佳码.

一般情况下,我们希望在同样的 n,k 下,构造出具有最大距离的码,并且具有最小的 $t(C)$. 但是,由于构造方法的巧妙不同,这两者之间并不完全一致,有最大距离的码,其覆盖半径不一定小. 在同样的 n,k 下,码所能达到的最小覆盖半径用 $t(n,k)$ 表示,线性码用 $t[n,k]$ 表示. 下面几个定理说明了二进制分组码的

$s(C)$与$t(C)$的关系.

定理 1 对任何二进制(n,k)码 C,必满足

$$\sum_{0\leqslant i\leqslant s(C)}\binom{n}{i}\leqslant\frac{2^n}{K}\leqslant\sum_{0\leqslant i\leqslant t(C)}\binom{n}{i} \tag{5}$$

式中,K 为码字数目. 若 C 为$[n,k]$线性码,且 n 为偶数,则必须满足

$$\sum_{2i\leqslant t(C)}\binom{n}{2i}\geqslant 2^{n-k-1}$$

$$\sum_{2i+1\leqslant t(C)}\binom{n}{2i+1}\geqslant 2^{n-k-1} \tag{6}$$

该定理称为球包和球包覆盖限,证明它比较容易. 由该定理不难得到$t(C)$的下限.

定理 2 二进制(n,k,d)码的覆盖半径

$$t(n,k)\geqslant\frac{n}{2}-2^{-\frac{3}{2}}(kn)^{\frac{1}{2}} \tag{7}$$

和

$$t(n,k)\geqslant\frac{n}{2}-(2k)^{\frac{1}{2}}\ln 2k \tag{8}$$

$$t(n,k)\geqslant\frac{n}{2}-8(2k\ln 2k)^{\frac{1}{2}} \tag{9}$$

下面给出$t(C)$的上限.

定理 3 若$2\leqslant k\leqslant 1+\ln n$,则$[n,k]$线性码的覆盖半径

$$t[n,k]\geqslant\left\lceil\frac{n}{2}\right\rceil-2^{k-2} \tag{10}$$

定理 4 对某一给定的 k,存在整数 $n_1,n_2,\cdots,n_q$ 使

$$k > A = \sum_{1 \leqslant i \leqslant q} (2^{n_i} - n_i - 1)$$

则当 $n \geqslant k$ 时有

$$t[n,k] \leqslant \left\lfloor \frac{1}{2}(n - k + 1 - \sum_{1 \leqslant i \leqslant q} n_i) \right\rfloor + q \tag{3.4.11}$$

式中,$\lceil x \rceil$表示不小于 x 的最小整数,$\lfloor x \rfloor$表示 x 的整数部分.

§5　由一个已知码构造新码的简单方法

前面介绍的缩短码和对偶码,都是在已知$[n,k]$码基础上进行适当修正后得到的. 下面再介绍一些对已知码的 $\boldsymbol{G}$ 和 $\boldsymbol{H}$ 矩阵进行适当修正和组合,以构造新码的方法. 这些方法虽然很简单,但很实用,而且也是以后构造各种复合码的基础.

1. 扩展码

设 C 是一个最小距离为 d 的二进制$[n,k,d]$线性分组码,它的码字有奇数重量也有偶数重量. 若对每一个码字$(c_{n-1},c_{n-2},\cdots,c_1,c_0)$增加一个校验元 c_0',满足以下校验关系

$$c_{n-1} + c_{n-2} + \cdots + c_1 + c_0 + c_0' = 0 \tag{1}$$

称 c_0'为全校验位.

因此,若原来码字的重量为奇数,则应用式(1),再加上 c_0'全校验位以后,码字重量增加了 1,变为偶

数;当然码长也相应地增加了一位,由原来的 n 变成 $n+1$. 若原来码字的重量为偶数,则加上 c_0'后,码字重量仍没有变化(此时 $c_0'=0$). 所以,加了满足式(1)的全校验位 c_0'后,$[n,k,d]$(d 为奇数)码变成了$[n+1,k,d+1]$线性分组码,称该码为$[n,k,d]$码 C 的扩展码 $\hat{C}$. 扩展码的覆盖半径 $t(\hat{C})=t(C)+1$.

若原码的校验矩阵为 $\boldsymbol{H}$,则扩展码 $\hat{C}$ 的校验矩阵 $\hat{\boldsymbol{H}}$ 为

$$\hat{\boldsymbol{H}}=\begin{pmatrix} 1 & 1 & \cdots & 1 \\ & & & 0 \\ & \boldsymbol{H} & & \vdots \\ & & & 0 \end{pmatrix} \tag{2}$$

$[2^m-1,2^m-1-m,3]$ Hamming 码的扩张码是 $[2^m,2^m-1-m,4]$码,它的 $\hat{\boldsymbol{H}}$ 中的 $\boldsymbol{H}$ 是 Hamming 码的校验矩阵.

2. 删余码

删余码是由扩展码的逆过程而得到的. 它在原$[n,k]$码 C 的基础上,删去一个校验元而构成,变为$[n-1,k]$删余码 C^*. C^* 码的最小距离可能比原码小 1,也可能不变.

3. 增广码(增信删余码)

增广码 C^a 是在原码 C 的基础上,增加一个信息元,删去一个校验元得到的. 因此,码长与原码相同,但信息位增加了一个.

设原码 C 是一个没有全 1 码字的$[n,k,d]$二进制

码. 在它的 $\boldsymbol{G}$ 矩阵上增加一组全为“1”的行,便得到了增广码 C^a 的生成矩阵 $\boldsymbol{G}^a$,即

$$\boldsymbol{G}^a = \begin{pmatrix} 1 & 1 & \cdots & 1 \\ & & \boldsymbol{G} & \end{pmatrix}$$

或

$$C^a = C \cup (1 + \boldsymbol{C}_i), i = 1, 2, \cdots, 2^k \tag{3}$$

可知增广码 C^a 是一个$[n, k+1, d_a]$分组码,其最小距离 d_a 由下式决定

$$d_a = \min\{d, n - d'\} \tag{4}$$

式中,d'是原码 C 中码字的最大重量.

4. 增余删信码

和增广码构造过程相反的是增余删信码. 它是在原码的基础上,删去一个信息位增加一个校验位得到的,其实这个过程就是在原来的二进制$[n,k,d]$(d 为奇数)码上,挑选所有偶数重量的码字组成一个新码,该码就是增余删信码. 由 §3 定理 1 可知,偶数重量码字数是原码字数的一半. 因此增余删信码是一个$[n, k-1, d+1]$码.

如在[7,4,3]Hamming 码中挑出所有重量为 4 的码字,便得到一个[7,3,4]增余删信 Hamming 码.

5. 延长码(增信码)与 RM 码

延长码是在原$[n,k]$码 C 的基础上,先进行增广然后再加一个全校验位构成的. 因此,延长码是一个$[n+1, k+1]$分组码. 延长码的码率

$$R = \frac{k+1}{n+1}$$

比原码的码率 $R=\frac{k}{n}$ 要大一些，其码的最小距离也可能与原码相同.

例如，可把[7,3,4]增余删信 Hamming 码先进行增广，变成[7,4,3] Hamming 码，然后再增加一个全校验位，变成[8,4,4]扩展 Hamming 码. 该码比原来的[7,3,4]码的 R 要高，而最小距离相同.

现以[7,3,4] Hamming 码为例，把上述各类码之间的关系，画于图 2 中.

如果把 $(2^m-1, 2^m-1-m, 3)$ Hamming 码的对偶码，也就是单纯码 $(2^m-1, m, 2^{m-1})$ 进行延长，就得到一个 $(2^m, m+1, 2^{m-1})$ 码，称它为一阶里德－谬勒尔(Reed－Muller)码，用 RM$(1,m)$ 表示. RM 码是 Muller 于 1954 年提出其构造方法，同年 Reed 用大数逻辑译码方法解决了它的译码. RM 码最早是从线性空间的角度出发构造的，以后发现它与循环码、几何码和格等有密切关系，因此这是一类很重要的线性码.

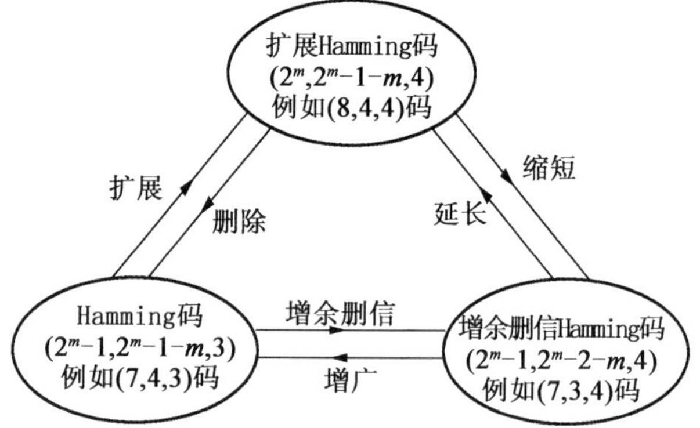

图 2　Hamming 码的各类修正码之间的关系图

一般而言，r 阶 RM 码 RM(r,m)是$[2^m,k,2^{m-r}]$码，其中

$$k=1+\binom{m}{1}+\binom{m}{2}+\cdots+\binom{m}{r}$$

$$n-k=1+\binom{m}{1}+\cdots+\binom{m}{m-r-1}$$

所以它的对偶码$[2^m,2^m-k,2^r]$码是一种 $m-r-1$ 阶的 RM$(m-r-1,m)$码.

现以 $m=3$ 为例说明 RM 码的生成，RM$(r,3)$码从以下矢量中挑选构造 $\boldsymbol{G}$ 矩阵的行

$$\boldsymbol{V}_0=(11111111)$$

$$\boldsymbol{V}_3=(00001111)$$

$$\boldsymbol{V}_2=(00110011)$$

$$\boldsymbol{V}_1=(01010101)$$

$$\boldsymbol{V}_3\boldsymbol{V}_2=(00000011)$$

$$\boldsymbol{V}_3\boldsymbol{V}_1=(00000101)$$

$$\boldsymbol{V}_2\boldsymbol{V}_1=(00010001)$$

$$\boldsymbol{V}_3\boldsymbol{V}_2\boldsymbol{V}_1=(00000001)$$

如果码以 $\boldsymbol{V}_0,\boldsymbol{V}_3,\boldsymbol{V}_2,\boldsymbol{V}_1$ 作为 $\boldsymbol{G}$ 矩阵的行，则得到一个 RM(1,3)码的生成矩阵. 可以证明，RM(1,3)码是一个 E_8 格. 如果挑选 $\boldsymbol{V}_0$ 至 $\boldsymbol{V}_2\boldsymbol{V}_1$ 等7 个矢量作为 $\boldsymbol{G}$ 矩阵的行，则得到一个二阶 RM(2,3)码.

§6 用多个已知码构造新码的方法

除了上节介绍的用一个已知码构造新码以外，常常还用两个或多个已知码构造新码. 下面将介绍一些主要的构造方法.

1. 直和

设 C_1 和 C_2 分别是$[n_1,k_1,d_1]$和$[n_2,k_2,d_2]$二进制码，且 $n_1=n_2$，$C_1\cap C_2=0$，则定义 C_1 和 C_2 码的直和码 $C_1\oplus C_2=C$ 是

$$C=\{(a\oplus b)\mid a\in C_1,b\in C_2\} \tag{1}$$

式中，$\oplus$表示 a,b 两个码字按位模 2 加. 直和码 C 的生成矩阵

$$\boldsymbol{G}=\begin{pmatrix}\boldsymbol{G}_1\\ \boldsymbol{G}_2\end{pmatrix} \tag{2}$$

式中，$\boldsymbol{G}_1$ 和 $\boldsymbol{G}_2$ 分别是 C_1 和 C_2 码的生成矩阵. 由此 $\boldsymbol{G}$ 矩阵就生成一个$[n,k_1+k_2,d]$码，$d\leqslant\min\{d_1,d_2\}$.

例如，C_1 是一个$[7,1,7]$重复码，C_2 是$[7,3,4]$单纯码，且 $C_1\cap C_2=0$. 它们的生成矩阵分别是

$$\boldsymbol{G}_1=(1111111),\boldsymbol{G}_2=\begin{pmatrix}1&0&0&1&1&1&0\\0&1&0&0&1&1&1\\0&0&1&1&1&0&1\end{pmatrix} \tag{3}$$

则 $C_1\oplus C_2=C$ 码的生成矩阵

$$G=\begin{pmatrix}G_1\\G_2\end{pmatrix}=\begin{pmatrix}1&1&1&1&1&1&1\\1&0&0&1&1&1&0\\0&1&0&0&1&1&1\\0&0&1&1&1&0&1\end{pmatrix}$$

可知这是一个[7,4,3]Hamming码.

若用 l 个等码长,且除全0码字外均互不相交的线性分组码 $C_1,C_2,\cdots,C_l$ 直和,则得到一个$[n,k_1+k_2+\cdots+k_l,d]$线性分组码,$d\leqslant\min\{d_1,d_2,\cdots,d_l\}$,$\boldsymbol{G}$ 矩阵与式(2)形式相同,为 l 个生成矩阵之和.

如果 C_1 和 C_2 码的覆盖半径分别是 $t(C_1)$ 和 $t(C_2)$,那么直和码 C 的覆盖半径

$$t(C)\leqslant\min(t(C_1),t(C_2))\tag{4}$$

上例中 $t(C)\leqslant\min(3,2)$,实际上 $t(C)=1$. 若为多个码直和,则

$$t(C)\leqslant\min(t(C_1),t(C_2),\cdots,t(C_l))$$

2. **笛卡儿积**

由 C_1 和 C_2 码的笛卡儿积 $C_1\times C_2$ 得到的码是

$$C=C_1\times C_2=\{(a,b)\mid a\in C_1,b\in C_2\}\tag{5}$$

可知,C 码是一个$[n_1+n_2,k_1+k_2,\min\{d_1,d_2\}]$码. 该码的生成矩阵

$$G=\begin{pmatrix}G_1&\mathbf{0}_2\\\mathbf{0}_1&G_2\end{pmatrix}\tag{6}$$

式中,$\mathbf{0}_1$ 和 $\mathbf{0}_2$ 分别是 $k_2\times n_1$ 阶和 $k_1\times n_2$ 阶全0阵.

笛卡儿积 $C_1\times C_2=C$ 码的覆盖半径

$$t(C)=t(C_1)+t(C_2)\tag{7}$$

3. **链接**

C_1 和 C_2 码的链接码 $C=C_1+C_2$，是一个$[n_1+n_2,k_2,d]$码，这里要求 $k_2 \geqslant k_1$，$d \geqslant \min\{d_1,d_2\}$. 链接码 C 的生成矩阵

$$G=\begin{pmatrix} G_1 & \\ & G_2 \\ 0 & \end{pmatrix} \tag{8}$$

式中，$\mathbf{0}$ 是$(k_2-k_1)\times n_1$ 阶全 0 矩阵. 若 C_1 码是$[3,1,3]$重复码，C_2 是$[7,3,4]$单纯码，则 $C=C_1+C_2$ 码的生成矩阵

$$G=\begin{pmatrix} 1 & 1 & 1 & 1 & 0 & 0 & 1 & 1 & 1 & 0 \\ 0 & 0 & 0 & 0 & 1 & 0 & 0 & 1 & 1 & 1 \\ 0 & 0 & 0 & 0 & 0 & 1 & 1 & 1 & 0 & 1 \end{pmatrix}$$

得到一个$[10,3,4]$码. 链接码的覆盖半径

$$t(C) \geqslant t(C_1)+t(C_2) \tag{9}$$

该例中 $C_1+C_2=C$ 码的覆盖半径是 3.

4. $[C_1,C_1+C_2]$**构造**

设 $n_1=n_2$，且 $C_2 \subseteq C_1$，则 C 码是

$$C=\{(a,a+b) \mid a \in C_1, b \in C_2\} \tag{10}$$

可知要求 C_1 与 C_2 码的码长相等，$n_1=n_2=n$. C 码的生成矩阵

$$G=\begin{pmatrix} G_1 & G_1 \\ 0_2 & G_2 \end{pmatrix} \tag{11}$$

式中，$\mathbf{0}_2$ 是 $k_2 \times n_1$ 阶全 0 阵. 由此 G 得到一个$[2n,k_1+k_2,\min\{2d_1,d_2\}]$码.

这类码的覆盖多项式

$$t(C) \geqslant t(C_1)+t(C_2) \tag{12}$$

5. 直积(Kronecker 积)

C_1 和 C_2 码的直积 $C_1 \otimes C_2 = C$,是一个$[n_1n_2, k_1k_2, d_1d_2]$码. C 码的生成矩阵

$$G = G_1 \otimes G_2 = \begin{pmatrix} g_{11}G_2 & \cdots & g_{1n_1}G_2 \\ \vdots & & \vdots \\ g_{k1}G_2 & \cdots & g_{kn_1}G_2 \end{pmatrix} \tag{13}$$

式中,g_{ij}是 C_1 码生成矩阵中第 i 行第 j 列元素.

除了上面所介绍的这些方法外,还有其他一些用数个码构造新码的方法,这将在以后介绍. 上面介绍的用两个码构造新码的方法也可推广到用多个码构造新码. 如可用 l 个码直积以得到新码 $C = C_1 \otimes C_2 \otimes \cdots \otimes C_l$. 当然也可以把上述几种方法组合而得到新码,如先直积再直和得到新码 $C = C_1 \otimes C_2 \otimes C_3 \otimes C_4$,或先直和再直积等等. 并且也不局限于线性码,也可用非线性码组合,或用线性与非线性码组合等等. 总之,各种方法灵活组合,就可能由已知的好码构造出新的好码.

§7　线性码的重量分布与译码错误概率

$[n,k,d]$线性分组码的不可检错误概率和译码错误概率的计算,是估计 FEC 和 ARQ 等差错控制系统性能的基础. 但译码错误概率和不可检错误概率的计算,又与码的重量分布密切相关.

1. 线性码的重量分布

所谓码的重量分布是指一个$[n,k,d]$线性分组码或非线性码的码字重量的分布情况,它不仅是计算各种译码错误概率的主要依据之一,而且也是探索码结构的重要窗口,通过它能透彻地了解码的内部关系.

设A_i是$[n,k,d]$分组码中重量为i的码字数目,则集合$\{A_0,A_1,\cdots,A_n\}$称为该分组码的重量分布.

也可把码的重量分布$\{A_0,A_1,\cdots,A_n\}$写成如下形式的多项式

$$A(x)=A_0+A_1x+\cdots+A_nx^n=\sum_{i=0}^{n}A_ix^i \qquad (1)$$

称$A(x)$为码的重量估值算子,简称重量算子.

定理 1 设二进制$[n,k]$线性分组码及其$[n,n-k]$对偶码的重量算子分别是

$$A(x)=\sum_{i=0}^{n}A_ix^i$$

$$B(x)=\sum_{i=0}^{n}B_ix^i$$

则它们之间有如下关系

$$A(x)=2^{-(n-k)}(1+x)^nB\left(\frac{1-x}{1+x}\right) \qquad (2)$$

称此式为马克威伦(Mac Williams)恒等式.

证明 设$\boldsymbol{C}$是二进制n重,它的 Hamming 重量$w(\boldsymbol{C})=w$. 产生该n重的概率定义为

$$P(\boldsymbol{C})=\varepsilon^w(1-\varepsilon)^{n-w},0\leqslant\varepsilon\leqslant1$$

设$\boldsymbol{H}$为码的校验矩阵,则$\boldsymbol{C}$的伴随式

$$\boldsymbol{S}(\boldsymbol{C})=\boldsymbol{H}\boldsymbol{C}^{\mathrm{T}}=\boldsymbol{S}$$

这里$\boldsymbol{C}^{\mathrm{T}}$是$\boldsymbol{C}$的转置. 令$E$是使$\boldsymbol{S}(\boldsymbol{C})=\boldsymbol{0}$的事件,现

计算事件 E 出现的概率 $P(E)$.

显然,当且仅当 $\boldsymbol{C}$ 是码的码字时,$\boldsymbol{S}=\boldsymbol{0}$. 所以 $P(E)$是所有码字出现的概率之和. 令码的重量估值算子 $A(x)=\sum_{i=0}^{n}A_ix^i$,则

$$\begin{aligned}P(E) &= \sum_{i=0}^{n}A_i\varepsilon^i(1-\varepsilon)^{n-i}\\ &= \sum_{i=0}^{n}A_i\left(\frac{\varepsilon}{1-\varepsilon}\right)^i(1-\varepsilon)^n\\ &= (1-\varepsilon)^nA\left(\frac{\varepsilon}{1-\varepsilon}\right) \qquad (3)\end{aligned}$$

由 $\boldsymbol{H}$ 行的所有线性组合所生成的全部矢量,组成了 $\boldsymbol{H}$ 的扩张校验矩阵 $\boldsymbol{H}^*$. 所以,$\boldsymbol{H}^*$ 有 2^{n-k}行,它们就是$[n,k]$对偶码的所有码字. 对任何二进制 n 重 $\boldsymbol{C}$,定义它的扩张伴随式 $\boldsymbol{S}^*(\boldsymbol{C})=\boldsymbol{H}^*\boldsymbol{C}^{\mathrm{T}}=\boldsymbol{S}^*$.

引理 1　当且仅当 $\boldsymbol{S}(\boldsymbol{C})=\boldsymbol{0}$ 时,$\boldsymbol{S}^*(\boldsymbol{C})=\boldsymbol{0}$. 若 $\boldsymbol{S}^*(\boldsymbol{C})\neq\boldsymbol{0}$,则它的 2^{n-k} 个分量中有一半是 0 一半是 1.

该引理是显而易见的,请读者证明. 令 E_j 和 $\overline{E}_j$, $j=1,2,\cdots,2^{n-k}$分别是 $\boldsymbol{S}^*(\boldsymbol{C})$的第 j 个分量是 0 和 1 的事件. 所以,$\boldsymbol{S}(\boldsymbol{C})=\boldsymbol{0}$ 的概率 $P(E)$,也就是 $\boldsymbol{S}^*(\boldsymbol{C})=\boldsymbol{0}$ 的概率,可知

$$P(E)=1-P(\overline{E}_1\cup\overline{E}_2\cup\cdots\cup\overline{E}_{2^{n-k}})$$

由引理 1 知,若 $\boldsymbol{S}^*(\boldsymbol{C})\neq\boldsymbol{0}$,则在 $\overline{E}_j$ 事件中,正确地有 2^{n-k-1}个事件出现,若 $\boldsymbol{S}^*(\boldsymbol{C})=\boldsymbol{0}$,则没有一个 $\overline{E}_j$ 事件出现,即

$$\sum_{j=1}^{2^{n-k}} P(\overline{E}_j) = 2^{n-k-1} \times (\boldsymbol{S}^*(\boldsymbol{C}) \neq \boldsymbol{0} \text{ 出现的概率})$$

所以

$$P(E) = 1 - \frac{1}{2^{n-k-1}} \sum_{j=1}^{2^{n-k}} P(\overline{E}_j) \tag{4}$$

若 $\boldsymbol{H}^*$ 的第 j 行重量为 w_j，则 $P(\overline{E}_j)$ 是在相应的 w_j 个位置上，$\boldsymbol{C}$ 有奇数个 1 的概率，因此

$$P(\overline{E}_j) = \sum_{\substack{l=0 \\ l=\text{奇数}}}^{w_j} \binom{w_j}{l} \varepsilon^l (1-\varepsilon)^{w_j - l}$$

由概率论的基本知识可知

$$\sum_{\substack{l=0 \\ l=\text{奇数}}}^{K} \binom{K}{l} a^l b^{K-l} = \frac{1}{2}[(b+a)^K - (b-a)^K]$$

所以

$$P(\overline{E}_j) = \frac{1}{2} - \frac{1}{2}(1-2\varepsilon)^{w_j} \tag{5}$$

由式(4)和式(5)可得

$$P(E) = 1 - \frac{1}{2^{n-k-1}} \sum_{j=1}^{2^{n-k}} \left[\frac{1}{2} - \frac{1}{2}(1-2\varepsilon)^{w_j}\right]$$

或

$$P(E) = 2^{-(n-k)} \sum_{i=0}^{n} B_i (1-2\varepsilon)^i \tag{6}$$

式中，B_i 是 $\boldsymbol{H}^*$ 中有重量为 i 的行数. 令 $B(x)$ 是对偶码的重量算子，则上式成为

$$P(E) = 2^{-(n-k)} B(1-2\varepsilon) \tag{7}$$

由式(7)和式(3)，并代入$\frac{x}{1+x} = \varepsilon$，则得

$$A(x) = 2^{-(n-k)} (1+x)^n B\left(\frac{1-x}{1+x}\right)$$

对于 q 进制$[n,k]$线性分组码,用类似方法可以证明有

$$A(x)=q^{-(n-k)}(1+(q-1)x)^n B\left(\frac{1-x}{1+(q-1)x}\right) \tag{8}$$

一旦对偶码的重量分布已知时,就可通过上面两个 Mac Williams 恒等式求得码的重量分布.

$[2^m-1,2^m-1-m,3]$ Hamming 码的对偶码是$[2^m-1,m,2^{m-1}]$极长码,这是一个等重码. 它除了一个全0码字外,其余码字的重量都等于 2^{m-1},所以

$$B(x)=1+(2^m-1)x^{2^{m-1}} \tag{9}$$

由 Mac Williams 恒等式(2)可得 Hamming 码的重量算子为

$$A(x)=\frac{1}{n+1}[(1+x)^n+n(1-x)(1-x^2)^{\frac{n-1}{2}}] \tag{10}$$

这里,$n=2^m-1$. 而$[2^m,2^m-1-m,4]$扩张 Hamming 码的重量算子为

$$A'(x)=\frac{1}{2n}[(1+x)^n+(1-x)^n+2(n-1)(1-x^2)^{\frac{n}{2}}] \tag{11}$$

如果 Hamming 码的重量分布为

$$\{A_i\}=\{1,0,0,A_3,A_4,\cdots,A_n\}$$

则它的扩展 Hamming 码的重量分布为

$$\{A_i'\}=\{1,0,0,0,A_3+A_4,0,A_5+A_6,0,\cdots,A_{n-1}+A_n\}$$

其中没有奇重量码字,且

$$A'_{j(\text{偶数})}=A_{j-1}+A_j$$

例如,[7,4,3]Hamming 码的$\{A_i\}=\{1,0,0,7,7,0,0,1\}$,而它的[8,4,4]扩展 Hamming 码的$\{A_i'\}=\{1,0,0,0,14,0,0,0,1\}$.

除了少数几类码的重量分布是已知的外,还有很多码的重量分布并不知道,特别当 n 和 k 较大时,要得到码的重量分布更为困难. 事实上已证明,线性码的重量分布、最小距离、覆盖半径和译码等问题,除少数几类码是已知以外,一般要解决它们都是很困难的,是一个 NP-完全问题.

2. 线性分组码的不可检错误概率

根据不同的译码方法和译码器,一般译码错误概率分为不可检错误概率、译码失败概率和译码错误概率.

正确计算一个码的不可检错误概率,在 ARQ 和 HEC 差错控制系统的性能分析中起着重要作用.

码字通过 BSC 传输时,若由于干扰变成了另一码字,则检错译码器就不能发现此种类型的错误,产生了不可检错误. 所以码长为 n,有 M 个码字,最小距离为 d 的(n,M,d)二进制分组码的平均不可检错误概率

$$P_{\mathrm{ud}}=\sum_{j=1}^{m}P_j\sum_{i=1}^{n}A_{j,i}p_e^i(1-p_e)^{n-i}\tag{12}$$

式中,p_e 是 BSC 的误码率,P_j 是发送第 j 个码字的概率,$A_{j,i}$是与第 j 个码字的距离为 i 的码字数. 设

$$A_j(x)=A_{j,0}+A_{j,1}x+A_{j,2}x^2+\cdots+A_{j,n}x^n,j=1,2,\cdots,M$$

是(n,M,d)码中第 j 个码字的距离分布多项式. 若对码中所有码字恒有

$$A_j(x)=A(x)=A_0+A_1x+A_2x^2+\cdots+A_nx^n$$

则此码称为不变距离分布码或同距离分布码.

对线性码而言,由于码的封闭性,可知是同距离分布码,且码的距离分布就等于码的重量分布. 可知,对$[n,k,d]$二进制线性分组码的不可检错误概率,由式(12)可得为

$$P_{\text{ud}}=\sum_{j=1}^{2^k}P_j\sum_{i=1}^{n}A_ip_e^i(1-p_e)^{n-i} \tag{13}$$

若码字等概发送,则上式成为

$$P_{\text{ud}}=\sum_{i=1}^{n}A_ip_e^i(1-p_e)^{n-i} \tag{14}$$

式中,A_i 是$[n,k,d]$码的重量为 i 的码字数,由于码的最小距离等于 d,所以 $A_1=A_2=\cdots=A_{d-1}=0$.

根据 Mac Williams 恒等式,可以由对偶码的重量分布计算$[n,k,d]$码的不可检错误概率. 为此,首先把式(14)写成

$$\begin{aligned}P_{\text{ud}}&=\sum_{i=1}^{n}A_ip_e^i(1-p_e)^{n-i}\\&=(1-p_e)^n\sum_{i=1}^{n}A_i\left(\frac{p_e}{1-p_e}\right)^i\end{aligned} \tag{15}$$

任何线性分组码的 $A_0=1$,应用式(1),并令 $x=\dfrac{p_e}{1-p_e}$,则

$$\begin{aligned}&A\left(\frac{p_e}{1-p_e}\right)-1\\=&A_1\left(\frac{p_e}{1-p_e}\right)+\cdots+A_n\left(\frac{p_e}{1-p_e}\right)^n\\=&\sum_{i=1}^{n}A_i\left(\frac{p_e}{1-p_e}\right)^i\end{aligned}$$

把它代入式(15)得

$$P_{\mathrm{ud}}=(1-p_e)^n\left[A\left(\frac{p_e}{1-p_e}\right)-1\right]$$

把 Mac Williams 恒等式(2)代入上式,可得

$$P_{\mathrm{ud}}=(1-p_e)^n\left[2^{-(n-k)}\left(1+\frac{p_e}{1-p_e}\right)^n\cdot B\left(\frac{1-\frac{p_e}{1-p_e}}{1+\frac{p_e}{1-p_e}}\right)-1\right]$$

$$=2^{-(n-k)}B(1-2p_e)-(1-p_e)^n \tag{16}$$

式中

$$B(1-2p_e)=\sum_{i=0}^{n}B_i(1-2p_e)^i \tag{17}$$

可知,利用式(16)可由对偶码的重量估值算子 $B(x)$,计算$[n,k,d]$码的不可检错误概率.

由于对很多码的重量分布并不知道,特别当 n,k 或 $n-k$ 较大时,计算的重量分布非常困难,因此要正确计算 P_{ud} 是很难的. 但是我们能够较容易地计算$[n,k]$线性码集合中的平均不可检错误概率,以此作为估计码的不可检错误概率的上限.

定理 2 二进制$[n,k]$线性分组码集合中,码的平均不可检错误概率

$$\overline{P}_{\mathrm{ud}}=2^{-(n-k)}(1-(1-p_e)^k) \tag{18}$$

式中,p_e 是 BSC 的误码率.

通常情况下,$1-(1-p_e)^k\leqslant 1$,所以

$$\overline{P}_{\mathrm{ud}}\leqslant 2^{-(n-k)} \tag{19}$$

$\overline{P}_{\mathrm{ud}}$是在所有 $2^{k(n-k)}-1$ 个$[n,k]$分组码构成的码集合中的平均不可检测错误的概率. 因此,在 $0\leqslant p_e\leqslant\frac{1}{2}$时,必定在该集合中存在有不可检错误概率 $P_{\mathrm{ud}}\leqslant 2^{-(n-k)}$ 的二进制码,称这类码为最佳检错码.

类似地,对于 q 进制$[n,k]$线性码,有

$$\overline{P}_{\mathrm{ud}}\leqslant q^{-(n-k)} \tag{20}$$

在 q 进制信道的误码率 $0\leqslant p_e\leqslant\frac{q-1}{q}$范围内,满足该式的码也称为最佳检错码.

那么,如何判断一个$[n,k]$码,在 BSC 的误码率满足 $0\leqslant p_e\leqslant\frac{1}{2}$ 范围内,其不可检错误概率是否服从 $P_{\mathrm{ud}}\leqslant 2^{-(n-k)}$ 的上限呢? 显然,如果我们能够证明任何码(线性或非线性码)的 P_{ud}是 p_e 的单调增函数,即

$$\frac{\mathrm{d}P_{\mathrm{ud}}}{\mathrm{d}P_e}\geqslant 0 \tag{21}$$

则该$[n,k]$码的 P_{ud}服从 $2^{-(n-k)}$ 的上限,对非线性码而言,则是最佳的. 因为当 $p_e=\frac{1}{2}$时,所有 2^n 个 n 重在接收端出现的机会均等,其概率是 2^{-n},在这 2^n 个中仅有 2^k 个是码字,其中之一是发送的码字. 因此,当 $p_e=\frac{1}{2}$时,$[n,k]$码的不可检错误概率

$$\begin{aligned}P_{\mathrm{ud}}\left(\frac{1}{2}\right)&=(2^k-1)2^{-n}\\&=2^{-(n-k)}-2^{-n}<2^{-(n-k)}\end{aligned} \tag{22}$$

说明在最大误码率情况下，P_{ud}不会超过$2^{-(n-k)}$. 可知$2^{-(n-k)}$是不可检错误概率的上限.

由上讨论可知，如果我们能够证明在 BSC 的误码率$0 \leqslant p_e \leqslant \frac{1}{2}$范围内，式(21)满足，则该码(线性或非线性码)是最佳检错码. 但是，除了 Hamming 码、Golay 码、纠两个错误的本原 BCH 码等少数几类码是最佳检错码以外，如何寻找或确定最佳检错码，目前尚不完全清楚. 有关最佳码的构造与性质，不可检错误概率的上、下限及近似计算请参阅其他相关文献.

至于非线性码，如我国电传通信中所用的 5 中取 3(3 个 1,2 个 0)码和国际电传通信中所用的 7 中取 3 的(7,2,3)码，以及 8 中取 4 的(8,2,4)码和(6,2,3)码已证明是最佳检错码外，还不知道是否存在其他最佳非线性检错码.

3. 译码错误与译码失败概率

如果$[n,k,d]$码的译码器，用来纠 t 个错误，同时检测 e 个错误，那么称为 teD 译码器，此时要求 $d \geqslant t+e+1, e \geqslant t$；0eD 是纯检错译码器，这时 $e \leqslant d-1$；t0D 是纯纠错译码器，此时 $t \leqslant \left\lfloor \frac{d-1}{2} \right\rfloor$. 显然，teD 译码器是一类限定距离译码器.

teD 译码器正确译码的码字概率

$$P_{wc} = \sum_{i=0}^{t} \binom{n}{i} p_e^i (1-p_e)^{n-i} \tag{23}$$

这里及以后 p_e 均指 BSC 的误码率，且码字等概发送.

译码中，若 teD 译码器输出的码字与发送的码字

不相同,则产生了译码错误.如果译码器不能译出码字,而仅指出收到的码字有错,那么称为译码失败.下面先讨论译码错误概率.

由于线性码的封闭性,不失一般性我们认为发送的是全 0 码字.当接收到的 n 重进入除全 0 码字以外的其他码字的译码区域内时,则产生了译码错误.这里所指的每个码字的译码区域,是在 n 维线性空间中以该码字为中心,以 t 为半径的球.显然,当收到的 n 重落入该球内时,则该 n 重译成处在球心的码字 。

令 B_i 表示重量为 i,落入除全 0 码字以外的全部(2^k-1 个)码字译码区域内的所有 n 重数目,因此译码错误概率

$$P_{\mathrm{we}} = \sum_{i=t+1}^{n} B_i p_e^i (1-p_e)^{n-i} \tag{24}$$

设 $\boldsymbol{u}$ 是 A 码的一个码字,$\varphi(i,j,s)$ 表示满足下列条件的 n 重 $\boldsymbol{v}$ 的数目

$$w(\boldsymbol{u})=j, w(\boldsymbol{v})=i$$

$$d(\boldsymbol{u},\boldsymbol{v})=s, 0 \leqslant s \leqslant t$$

设 $\boldsymbol{u}$ 和 $\boldsymbol{v}$ 两个 n 重的组成如下

```
       |←—— j ——→|←—— n-j ——→|
u:  (1…1 1…1 0…0 0…0)
       |←x→|       |←s-x→|
v:  (0…0 1…1 1…1 0…0)
             |←—— i ——→|
```

由此可以看出,$x=\frac{j-i+s}{2}$,且要求 $0 \leqslant j \leqslant s$,

$s-x \leqslant n-j$. 由此可得

$$\varphi(i,j,s)=\begin{cases}\binom{j}{x}\binom{n-j}{s-x}, & x=\dfrac{j-i+s}{2}\text{是整数,且}\\ & \min(2n-i-j,i+j)\geqslant s\geqslant |j-i|\\ 0,\text{其他} & \end{cases}$$

所以

$$B_i=\sum_{i=0}^{n}\sum_{s=0}^{t}\varphi(i,j,s)A_j \tag{25}$$

式中,A_j 是线性码 A 的重量为 j 的码字数目. 可知译码错误概率

$$P_{\mathrm{we}}=\sum_{i=t+1}^{n}\sum_{j=0}^{n}\sum_{s=0}^{t}\varphi(i,j,s)A_j p_e^i(1-p_e)^{n-i}$$

而译码失败概率

$$P_{\mathrm{wf}}=1-P_{\mathrm{wc}}-P_{\mathrm{we}}$$

4. 误码率计算

误码率是衡量一个数字通信系统质量的重要指标. 下面讨论如何计算 teD 译码器的误码率. 设发送的仍为全 0 码字,接收的 n 重落入重量为 j 的码字的译码区域时,译码器输出重量为 j 的码字,因此产生了 j 个码元错误. 产生这种事件的概率为

$$P_{\mathrm{ej}}=A_j\sum_{i=t+1}^{n}\sum_{s=0}^{t}\varphi(i,j,s)p_e^i(1-p_e)^{n-i} \tag{27}$$

设 j 个错误在 n 长码字内均匀分布,则译码后的误码率为

$$p_b=\frac{1}{n}\sum_{j=d}^{n}jP_{\mathrm{ej}} \tag{28}$$

而译码失败引起的误码率为

$$p'_b = \frac{1}{n}\sum_{i=t+1}^{n}\left(\binom{n}{i} - B_i\right) i p_e^i (1-p_e)^{n-i} \qquad (29)$$

$p_b + p'_b$称为 teD 译码器的输出误码率. 式中 B_i 由式(25)决定.

§8　线性码的纠错能力

研究码的纠错能力,也就是分析码的 n,k,d 之间的关系,不仅能从理论上指出哪些码可以构造出,哪些码不能构造出,而且也为工程实验提供了对各种码性能估计的理论依据. 因此,研究码的纠错能力始终是编码理论中一个重要的课题. 在香农的信道编码定理中指出,仅当分组码的 n 趋向于∞大时,译码错误概率才能任意地接近于零. 因此,研究 $n\to\infty$ 时码的渐近性能,具有特别重大的理论意义.

本节将介绍某些最基本的分组码距离的上、下限,其结果比较粗糙和简单. 目前已有更为精确的结果.

1. 普洛特金(Plotkin)限(P 限)

定理 1　GF(q)上(n,M,d)分组码的最小距离 d 为

$$d \leqslant \frac{nM(q-1)}{(M-1)q} \qquad (1)$$

证明　GF(q)上(n,M,d)码的码字$(c_{n-1}, c_{n-2},\cdots,c_1,c_0)$中,$c_i \in$ GF(q). 设 GF(q)中的 q 个元素

是$\{\alpha_1,\alpha_2,\cdots,\alpha_q\}$. M 个码字中,第一位(c_{n-1})取值为 α_i 的码字假设有 M_i 个,则

$$M_1+M_2+\cdots+M_q=M$$

第一位取值不是 α_i 的共有 $M-M_i$ 个码字. 因此,第一位取值为 α_i 的码字与其他 $M-M_i$ 个码字,由于这一位不同而带来的总距离是 $M_i(M-M_i)$. c_{n-1}这一位可以有 q 种不同取值,因此由于 c_{n-1}不同所带来的总距离

$$\begin{aligned} s_1 &= M_1(M-M_1)+M_2(M-M_2)+\cdots+ \\ &\quad M_q(M-M_q) \\ &= M^2-(M_1^2+M_2^2+\cdots+M_q^2) \end{aligned}$$

为了使 s_1 最大,就必须要求 M 最大、$\sum\limits_{i=1}^{q}M_i^2$ 最小,仅当 $M_1=M_2=\cdots=M_q=\dfrac{M}{q}$时才能满足此要求. 因而 $s_1\leqslant\dfrac{M^2(q-1)}{q}$. 该式是仅考虑码中第一位不同的所有码对给出的总距离. 由于每个码有 n 位,因此码中所有不同码对所给出的总距离是$\dfrac{nM^2(q-1)}{q}$. (n,M,d)码中共有 $M(M-1)$对不同的码字对,因此不同码字对之间的平均距离

$$d_{\text{av}}\leqslant\frac{nM^2(q-1)}{M(M-1)q}=\frac{nM(q-1)}{(M-1)q}$$

码的最小距离 d 不可能大于平均距离 d_{av},因此

$$d\leqslant\frac{nM(q-1)}{(M-1)q}$$

若为 q 进制线性分组码,则码字数 $M=q^k$,因而由

式(1)立刻可得

$$d \leqslant \frac{nq^{k-1}(q-1)}{q^k-1} \tag{2}$$

由此定理还可推出给定 n, d 条件下的 M 的上限，以及给定 k 和 d 条件下码长 n 的最小值.

2. Hamming **限(球包限、H 限)**

定理2　长为 n 纠 t 个错误的 q 进制分组码的码字数 M 为

$$M \leqslant \frac{q^n}{\sum_{i=0}^{t}\binom{n}{i}(q-1)^i} \tag{3}$$

证明　在 GF(q)上的 n 维线性空间中，以码字 $\boldsymbol{C}_i$ 为中心，以 t 为半径作球，当接收到的 n 重落入该球内时，就译成位于该球中心的码字 $\boldsymbol{C}_i$，因此，这个球是 $\boldsymbol{C}_i$ 码字的译码区. 该球内共含有 $s_i = \sum_{i=0}^{t}\binom{n}{i}(q-1)^i$ 个 n 重. 由于各个码字的译码区不能相交，每个球也不能相交，因此所有 M 个球内含有的 n 重数目是 Ms_t. GF(q)上 n 维线性空间中共有 q^n 个 n 重，因此 $Ms_t \leqslant q^n$，由此可立即得到式(3).

由式(3)可立即得到 q 进制$[n,k,2t+1]$线性分组码校验位数目的下限为

$$n-k \geqslant \log_q\left(\sum_{i=0}^{t}\binom{n}{i}(q-1)^i\right) \tag{4}$$

在二进制情况下，上式可简化为

$$n-k \geqslant \log_2\left(\sum_{i=0}^{t}\binom{n}{i}\right) \tag{5}$$

由上可知，s_t 是重量小于或等于 t 的所有错误图样数目之和.

如果$(n,M,2t+1)$分组码能使式(3)的等号成立，即 M 个球能把 q^n 个 n 重全部划分完，则此码的伴随式与小于或等于 t 个错误的图样完全一一对应，校验元利用得充分，达到了最佳情况，也就是完备码的情况. 这也相当于在标准阵译码表中，该码能将重量小于或等于 t 的所有错误图样作为陪集首，而没有重量大于 t 的错误图样作为陪集首，也就是码的球半径等于覆盖半径的情况. Hamming 码、[23,12,7] Golay 码以及三进制的[11,6]码是目前已知的非平凡完备码，奇数码长的二进制重复码是平凡的完备码. 除此以外，已证明在 GF(q)上不再存在其他任何非平凡的线性完备码.

如果某一$(n,M,2t+1)$码除了能把重量小于或等于 t 的所有错误图样都有伴随式与之对应外，还有部分 $t+1$ 的错误也能纠正，这相当于准完备码情况. 对线性码来说就是在标准阵中，除了所有重量小于或等于 t 的错误图样作为陪集首外，还有部分重量为 $t+1$ 的错误图样作为陪集首.

Plotkin 限和 Hamming 限都是必要条件，也就是说任何线性或非线性码都是必须满足的，否则码就构造不出. 下面介绍一下构造码的充分条件.

3. 沃尔沙莫夫－吉尔伯特(V-G)限

定理 3 若码的校验元数目 $n-k$ 满足

$$q^{n-k}-1>\binom{n-1}{1}(q-1)+\binom{n-1}{2}\cdot$$

$$(q-1)^2+\cdots+\binom{n-1}{d-2}(q-1)^{d-2} \quad (6)$$

的最小整数，则一定可以构造出一个长为 n，最小距离为 d 的 $[n,k]$ 线性分组码.

证明　要构造有最小距离为 d 的分组码，由 §3 定理1可知，要求 $\boldsymbol{H}$ 矩阵的任意 $d-1$ 列线性无关. $\boldsymbol{H}$ 矩阵的列都是从 $q^{n-k}-1$ 列选取的 $n-k$ 重. 在 $\boldsymbol{H}$ 矩阵的 $n-1$ 列中，要求每一列都不相同，且又不是另一列的线性组合. 因此要求 $q^{n-k}-1$ 列中能提供 $\binom{n-1}{1}(q-1)$ 列. 同理可知：

$(n-1)$列中任两列的线性组合需$\binom{n-1}{2}(q-1)^2$ 列；

$(n-1)$列中任三列的线性组合需$\binom{n-1}{3}(q-1)^3$ 列；

⋮

$(n-1)$列中任 $d-2$ 列的线性组合需$\binom{n-1}{d-2}(q-1)^{d-2}$列.

若除了上述这些列之外，q^{n-k}列中还能提供一列作为 $\boldsymbol{H}$ 矩阵的第 n 列，则此列与前 $n-1$ 列的所有 $d-2$ 列线性无关，因而加上此列后能保证 $\boldsymbol{H}$ 矩阵中任意 $d-1$ 列线性无关. 所以要求

$$q^{n-k}-1>\binom{n-1}{1}(q-1)+\binom{n-1}{2}\cdot(q-1)^2+\cdots+\binom{n-1}{d-2}(q-1)^{d-2}$$

或

$$q^{n-k} > \sum_{i=0}^{d-2} \binom{n-1}{i} (q-1)^i$$

若为二进制码,则上式可简化为

$$n-k > \log_2 \sum_{i=0}^{d-2} \binom{n-1}{i} \tag{7}$$

与式(5)比较可知,V-G 限所要求的校验位数比 Hamming 限要高.

4. 讨论

Plotkin 限和 Hamming 限都是构成码的必要条件,任何码都必须满足这个必要条件,越接近它就越有效,等于它时就达到最佳. 而 V-G 限是充分条件,并限定于线性码,满足这一条件必须存在一个最小距离为 d 的$[n,k]$线性码. 但是,当 $n\to\infty$ 时,满足 V-G 限的线性码目前仅找到两类:某些代数几何码(包括 Goppa 码)和 Justesen 码. 有些码类,如$[2m,m]$二进制准循环码,码字重量为 $4m$ 的线性二进制自对偶码,已证明能接近 V-G 限,但遗憾的是直到目前还未找到具体的构造方法.

当 $n\to\infty$ 时,比较这三个限所表示的 n,R,d 之间的关系(只限于二进制码):

(1)当 $n\to\infty$ 时由 P 限可推出

$$\frac{k}{n} \leqslant 1 - \frac{2d}{n} \tag{8}$$

(2)由 Hamming 限可得到

$$\frac{k}{n} \leqslant 1 - H_2\left(\frac{d}{2n}\right) \tag{9}$$

(3)由 V-G 限可导出

$$\frac{k}{n} \geqslant 1 - H_2(\frac{d}{n}) \qquad (10)$$

式中

$$H_2(x) = -x\log_2 x - (1-x)\log_2(1-x)$$

由图 3 可以看出，当 n,d 给定时，P 限和 Hamming 限给出了传信率 R 的上限，而 V-G 限提供了 R 的下限. 当 n,k 给定时，P 限和 Hamming 限给出了最小距离 d 的上限，而 V-G 限给出了最小距离的下限. 在相同条件下，最小距离越接近于上限的码越好.

从图可以看到 P 限和 Hamming 限有一个交叉点在 $R=0.4$，$\frac{d}{2n}=0.156$ 附近. 当$\frac{d}{2n}<0.156$ 时(高码率，低纠错力的码)应用 Hamming 限较精确，而当$\frac{d}{2n}\geqslant 0.156$时(低码率，强纠错能力的码)，则应用 P 限较精确. 图中的所有斜线区是可能实现部分，而双重斜线部分是必能实现的部分. 在相同条件下，越接近斜线区上边缘的码越好.

某些高码率的里德－缪勒尔(Reed-Muller，RM)码和 Hamming 码，以及某些 BCH 码与 Hamming 限符合，故为最佳码. 而低码率的 RM 码及 BCH 码等与 P 限符合，也为最佳码.

香农的编码定理指出存在 $n\to\infty$，码率接近信道容量，译码误码率接近 0 的分组码(称这种码为 Shannon 码或渐近好码)，而 V-G 限也保证存在这种性能的码，因此达到或超过 V-G 限的码是渐近好码. 但上述的这两类码当 $n\to\infty$ 时，高码率码的 $R\to 1$，而其纠错能力$\frac{d}{2n}\to 0$；而低码率码在 $n\to\infty$ 时，$\frac{d}{2n}\to\frac{1}{4}$，但 $R\to 0$. 此外，对于中等速率的码来说，如某些 BCH 码和中码率 RM 码，在保证码率$\frac{k}{n}$不为零的条件下，当 $n\to\infty$ 时，$\frac{d}{2n}\to 0$，因此都不符合 Shannon 码的要求. 直到 1970 年 Goppa 才找到了一类线性码——Goppa 码，这类码中的一个子类能达到 $n\to\infty$ 时性能接近 V-G 限. 但当 $n\to\infty$ 时，如何具体构造出这类码仍很困难，而且达到 V-G 限的译码方法至今仍没有解决. 1972 年 Justesen 构造的 Justesen 码也能做到 $n\to\infty$，R 一定时，$\frac{d}{2n}>0$，但遗憾的是当码率 $R<0.3$ 时，离 V-G 限还有相当的距离.

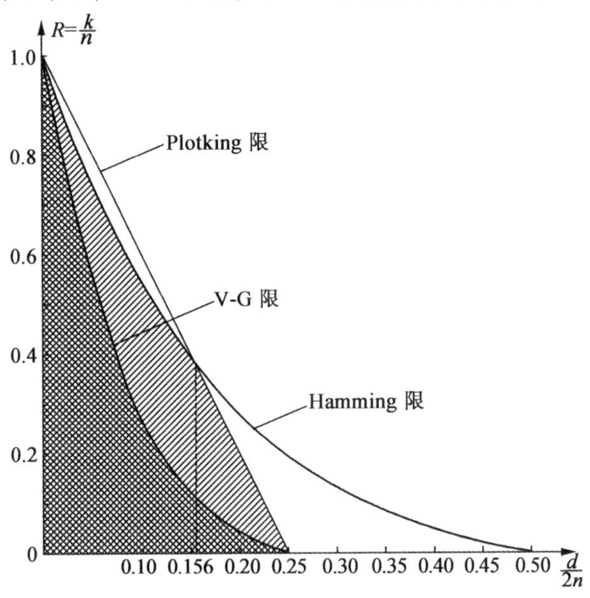

图 3　二进制下三个码限比较图

20 世纪 80 年代初 Goppa 把分组码看成是射影平面上的曲线,从而把代数几何引入了分组码的构造. 1982 年,斯法斯曼(Tsfasman)等人利用模(Modular)曲线构造了一类代数几何码. 当 $q\geqslant 49$ 时,其性能超过了 V-G 限. 这具有重大的理论意义,说明从理论上讲,利用代数几何方法可以构造出 Shannon 码. 但是,正如同 Goppa 码所遇到的困难一样,当 $n\to\infty$ 时,如何构造这类码以及如何译码,都没有完全解决. 这也说明如何具体地构造 Shannon 码仍是一个没有解决的问题,也是当前编码理论研究的热门课题之一.

§9 不等保护能力线性分组码

前面所介绍的线性分组码,都是等保护能力的,也就是对码字中每个码元的保护能力均相等. 例如,[7,4,3]Hamming 码,它能纠一个随机错误,不论这一个错误产生在被传码字中的哪一位,译码时均能纠正,可知每个码元平均的抗干扰能力为$\frac{1}{7}$. 也就是码对每位码元或信息元均一视同仁的按照$\frac{1}{7}$的能力保护. 对一般的$[n,k,d]$分组码来说,每位码元平均的保护能力为$\frac{t}{n}$或$\frac{d}{n}$.

然而,在很多实际场合中,某些信息位的重要性比其余的要高得多. 例如,在银行数据传输中,前面的收、支符号及高值位的数据,如亿、万、千等,比低值位的数据角、分等重要得多. 又例如,在多用户数据传输中,某些用户的数据比其余的重要得多. 因此,就提出了一个要求:对不同的数据(信息元),要按照其重要程度,分别予以不同的抗干扰保护. 能完成这种不等保护能力的纠错码,称为不等保护能力码,简称 UEP 码. 若线性码具有不等保护能力,则称为 LUEP 码.

1. UEP 码的基本概念

下面先通过一个具体例子,说明 UEP 码的基本概念. 若要传输的两个信息元是 m_1, m_2,现要求编成长为 4 的码. 表 2 给出了[4,2]码的两种不同编码方法得到的 C_1 和 C_2 码.

表 2　[4,2]码的不同编码方法得到的码

	C_1		C_2	
$m_1=0$	$m_2=0$	$m_2=1$	$m_2=0$	$m_2=1$
	0000	0111	0000	0111
$m_1=1$	1100	1011	1011	1100

可知 C_1 和 C_2 码的

$$\boldsymbol{G}=\begin{pmatrix}1 & 0 & 1 & 1\\ 0 & 1 & 1 & 1\end{pmatrix}$$

但 C_2 码是系统码，而 C_1 码是非系统码，C_1 与 C_2 码的最小距离均为 2，它们均不能纠正单个错误. 但是对 C_1 码来说，却可以纠正 m_2 信息位的错误.

设发送的码字是(0000)，接收的是(0100)，按最小 Hamming 距离译码方法，译码器译成(0000)或(1100). 但无论译成什么，对应的信息位 m_2 均是 0，也就是该码能纠正信息位 m_2 的一位错误，但不能纠正 m_1 中的错误. 因此，C_1 码是一个不等纠错能力保护码. 由此看出，对不等纠错能力保护码来说，即使整个码组可能译错了，但却能保证受高等级保护能力的信息位是正确的. 如上例中 C_1 码的 d 虽然只有 2，却能纠正信息位 m_2 的错误，但不能纠正 m_1 的错误.

对一个码字来说，我们仅关心其中信息位的保护能力，因此对每一个信息位，定义一个保护能力大小的度量. 如同用码的最小距离定义码的抗干扰能力一样，我们也可对每一位信息位定义一个最小距离. 这 k 个最小距离所组成的矢量，称为码的分离矢量.

定义 1　称 k 重矢量 $\boldsymbol{s}=(s_1,s_2,\cdots,s_k)$ 为 $\mathrm{GF}(q)$ $(q=p^m,p$ 为素数$)$ 上 $[n,k]$ 线性系统分组码 C 的分离矢量，其中

$$s_i=\min\{w(\boldsymbol{MG})\mid \boldsymbol{M}\in\mathrm{GF}(q)^k,m_i\neq 0,i=1,2,\cdots,k\} \tag{1}$$

$\boldsymbol{M}=(m_1,m_2,\cdots,m_k)$ 是信息组，$\boldsymbol{G}$ 是 C 码的生成矩阵，$\mathrm{GF}(q)^k$ 是 $\mathrm{GF}(q)$ 上的 k 维线性空间.

式(1)说明对任何 $\alpha,\beta\in \mathrm{GF}(q)$，当 $\alpha\neq\beta$ 时，集合 $\{\boldsymbol{MG}\mid \boldsymbol{M}\in \mathrm{GF}(q)^k, m_i=\alpha\}$ 和 $\{\boldsymbol{MG}\mid \boldsymbol{M}\in \mathrm{GF}(q)^k, m_i=\beta\}$ 的最小距离为 $\boldsymbol{s}_i, i=1,2,\cdots,k$.

由定义 1 可知，码的最小距离 $d=\min\{s_i, i=1,2,\cdots,k\}$，如果码的分离矢量 $\boldsymbol{s}$ 中的 k 个 s_i 分量不完全相同，那么该码称为线性不等保护能力码(LUEP)，否则就是一般的等保护能力码.

若 $[n,k]$ 码的最小距离为 d，则码能纠正 $i\leqslant\left\lfloor\frac{d-1}{2}\right\rfloor$ 个错误. 也就是，当错误图样的重量不超过 $\left\lfloor\frac{d-1}{2}\right\rfloor$ 时，每位信息位均能正确译码，受到同等保护. 显然，若分离矢量中第 i 位分量为 s_i，则当错误图样的重量不超过 $t_i=\left\lfloor\frac{s_i-1}{2}\right\rfloor$，不论其他信息如何，第 i 位信息位必能正确译码. 称 t_i 为第 i 位信息位 m_i 的保护能力或保护等级. 由此得到以下引理.

引理 1 $[n,k]$ 线性码的第 i 位信息位有保护能力为 t_i 的充要条件是：第 i 位信息位为非零的码字之间的最小距离 $d_i\geqslant 2t_i+1$，或分离矢量的第 i 个分量 $s_i\geqslant 2t_i+1$，即第 i 位信息元 $m_i\neq 0$ 的码字的重量 $w(\boldsymbol{C}_i)\geqslant 2t_i+1$.

2. LUEP 码的生成矩阵和校验矩阵

下面定理给出了 LUEP 码的码字集合所必须满足的条件.

定理 1　为了使$[n,k]$码 V 的不少于 k^* 个信息元有保护能力为 δ,则其充要条件是码字集合

$$\{\boldsymbol{C}_M\} = \{\boldsymbol{C}_i \in V, w(\boldsymbol{C}_i) \leqslant 2\delta\}$$

所组成的线性子空间的维数不大于 $k-k^*$.

证明　必要性. 设 $\boldsymbol{M}=(m_1,m_2,\cdots,m_{k^*},\cdots,m_k)$ 是码字的任一信息组. 不失一般性,假设首 k^* 个信息元有保护能力为 δ,其余的信息元有保护能力为 t. 显然,首 k^* 个信息元均为 0 的所有码字集合,组成了码 V 中的一个$(k-k^*)$维子空间 V'. 考虑不含在 V'中的任一码字 $\widetilde{\boldsymbol{C}}$,它相应于信息组中至少有一个 $m_i \neq 0, i=1,2,\cdots,k^*$. 由引理 1,$w(\widetilde{\boldsymbol{C}}) \geqslant 2\delta+1$,因此 V 中的所有重量 $w(\boldsymbol{C}) \leqslant 2\delta$ 的所有码字 $\boldsymbol{C}$ 均应在码字集合 V'中,所以 V'子空间的维数不大于 $k-k^*$.

充分性. 令集合$\{\boldsymbol{C}_M\} = \{\boldsymbol{C}_i \in V, w(\boldsymbol{C}_i) \leqslant 2\delta\}$的维数等于 $l \leqslant k-k^*$,$\{\boldsymbol{g}_1,\boldsymbol{g}_2,\cdots,\boldsymbol{g}_l\}$是集合$\{\boldsymbol{C}_M\}$中的最大线性无关矢量组;用该矢量组张成的矢量空间为 V^*,它是码 V 中的一个 l 维子空间;在 V 中另外挑选与$\{\boldsymbol{g}_1,\boldsymbol{g}_2,\cdots,\boldsymbol{g}_l\}$线性无关的 $k-l$ 个线性无关矢量 $\boldsymbol{g}_{l+1},\cdots,\boldsymbol{g}_k$,则$\{\boldsymbol{g}_1,\cdots,\boldsymbol{g}_l,\boldsymbol{g}_{l+1},\cdots,\boldsymbol{g}_k\}$张成了码空间 V,它包含了 V^* 与 $V'=V-V^*$.

对至少有一个信息元 $m_{l+j} \neq 0 (j=1,\cdots,k-l)$的所有信息组 $\boldsymbol{M}=(m_1,\cdots,m_k)$,作 $\boldsymbol{C}_a=\boldsymbol{MG}$ 和 $\boldsymbol{G}=(\boldsymbol{g}_1,\cdots,\boldsymbol{g}_k)^{\mathrm{T}}$,则重量 $w(\boldsymbol{C}_a) \geqslant 2\delta+1$ 的所有码字 $\boldsymbol{C}_a \in V^*$. 由引理 1 知,这意味着第$(l+j)(j=1,\cdots,k-l)$个信息元有保护能力为 δ.

推论 1 $[n,k]$码 V 的 k^* 个信息元有保护能力为 δ 的充要条件是：码 $V=V^*\oplus V'$，V'码的维数为 k^*，而所有重量不大于 2δ 的码字在 V^* 中.

由此推论可得到有 k^* 个信息元的保护能力至少为 δ 的 LUEP 码的生成矩阵

$$\boldsymbol{G}=\begin{pmatrix}\boldsymbol{G}'\\ \boldsymbol{G}^*\end{pmatrix} \tag{2}$$

$$\boldsymbol{G}'=\begin{pmatrix}\boldsymbol{g}_1\\ \vdots\\ \boldsymbol{g}_l\end{pmatrix}=\begin{pmatrix}g_{11} & \cdots & g_{1n}\\ \vdots & & \vdots\\ g_{l1} & \cdots & g_{ln}\end{pmatrix}$$

$$\boldsymbol{G}^*=\begin{pmatrix}\boldsymbol{g}_{l+1}\\ \vdots\\ \boldsymbol{g}_k\end{pmatrix}=\begin{pmatrix}g_{l+1,1} & \cdots & g_{l+1,n}\\ \vdots & & \vdots\\ g_{k,1} & \cdots & g_{k,n}\end{pmatrix}$$

对式(2)的 $\boldsymbol{G}$ 矩阵进行初等行变换可得到 LUEP 码的典型 $\boldsymbol{G}$ 矩阵

$$\boldsymbol{G}=\begin{pmatrix}1 & & & g_{1,l+1} & \cdots & g_{1,k} & g_{1,k+1} & \cdots & g_{1,n}\\ & \boldsymbol{0} & & & & & & & \\ & \ddots & & g_{2,l+1} & \cdots & g_{2,k} & g_{2,k+1} & \cdots & g_{2,n}\\ & & & \vdots & & \vdots & \vdots & & \vdots\\ & & 1 & & & & & & \\ & & & g_{l,l+1} & \cdots & g_{l,k} & g_{l,k+1} & \cdots & g_{l,n}\\ & & \boldsymbol{0} & 1 & & \boldsymbol{0} & g_{l+1,k+1} & \cdots & g_{l+1,n}\\ & & & & & & g_{l+2,k+1} & \cdots & g_{l+2,n}\\ & & & & \ddots & & & & \\ & & & & & & \vdots & & \vdots\\ & & & & & 1 & g_{k,k+1} & \cdots & g_{k,n}\end{pmatrix} \tag{3}$$

由式(3)所生成的码并不是系统码,必须对该矩阵再进行初等行变换才能得到系统码形式的生成矩阵.

可以把定理 1 的结果推广到具有多级保护能力的码.

定理 2　为了对$[n,k]$线性码 V 的不少于 l_i 个信息元,提供 t_i 保护能力,$i=1,2,\cdots,u$. 其充要条件是:对任何码字集合$\{\boldsymbol{C}_i\}=\{\boldsymbol{C}_i\in V\mid w(\boldsymbol{C}_i)\leqslant 2t_i\}$所组成的子空间具有维数不大于 $k-l_i$,这里,$t_1\leqslant t_2\leqslant\cdots\leqslant t_u$,$k=\sum\limits_{j=1}^{u}k_j,l_i=\sum\limits_{j=i}^{u}k_j$,显然 $l_1=k$.

由该定理可得到$[n,k]$LUEP 码典型生成矩阵的一般表示式

$$\boldsymbol{G}=\begin{pmatrix}\boldsymbol{I}_{k_u} & \boldsymbol{G}_u & & & & \\ \boldsymbol{0}_{k_u} & \boldsymbol{I}_{k_{u-1}} & \boldsymbol{G}_{u-1} & & & \\ \vdots & \vdots & & \ddots & \ddots & \\ \boldsymbol{0}_{k_u} & \boldsymbol{0}_{k_{u-1}} & \cdots & \boldsymbol{0}_{k_2} & \boldsymbol{I}_{k_1} & \boldsymbol{G}_1\end{pmatrix}\tag{4}$$

式中,$\boldsymbol{I}_{k_i}$与$\boldsymbol{0}_{k_i}$分别是一个 $k_i\times k_i$ 阶单位方阵和全 0 矩阵,$\boldsymbol{G}_u$ 是一个 $k_u\times(n-k_u)$阶矩阵.

下面讨论 LUEP 码的校验矩阵 $\boldsymbol{H}$ 所必须满足的条件.

定理 3　$[n,k]$线性分组码 V 的第 i 个码元有保护能力为 t_i 的充要条件是:V 的校验矩阵 $\boldsymbol{H}$ 的第 i 列与任意的不少于 $2t_i$ 列线性相关,或与任意的 $2t_i-1$ 或更少列线性无关.

该定理与 § 3 中定理 1 相似,其证明方法也相同.

如上面例中的$[10,4]$LUEP 码,它的 $\boldsymbol{H}$ 矩阵中前两列中的任一列与任意其他三列的组合线性无关,而

矩阵 3,4 列中任一列与任意其他两列线性无关.

3. LUEP **码的构造**

根据定理 1 和定理 2 或定理 3,利用已知分组码通过上节介绍的各种组合方法,就可构造各种 LUEP 码.

(1)码的直和构造

定理 2 和定理 3 告诉我们,利用多个不同纠错能力分组码,构造 LUEP 码所必须满足的条件. 下面定理以更明确的形式给出用 m 个不同码,利用直和方法构造 LUEP 码所必须满足的条件.

定理 4　令 C_i 是$[n,k_i]$二进制线性分组码,$i=1$, $2,\cdots,m$. 令 $C=C_1\oplus C_2\oplus\cdots\oplus C_m$ 是 $C_1,C_2,\cdots,C_m$ 的直和,若以下的距离条件满足:

(1)C_m 中的任一非零码字的重量至少是 d_m;

(2)在 $C-C_{i+1}\oplus C_{i+2}\oplus\cdots\oplus C_m$ 中,任一码字的重量至少是 $d_i,i=1,2,\cdots,m$,且 $d_1>d_2\cdots>d_m$.

则 C 是一个 m 级 LUEP 码,有分离矢量 $\boldsymbol{s}=(s_1,s_2,\cdots,s_m)$,这里 $s_i\geqslant d_i$,对 $i=1,2,\cdots,m$.

该定理的证明类似于定理 1. 设 $C_1,C_2,\cdots,C_m$ 码的生成矩阵分别是 $\boldsymbol{G}_1,\boldsymbol{G}_2,\cdots,\boldsymbol{G}_m$,则 C 码的生成矩阵

$$\boldsymbol{G}=(\boldsymbol{G}_1^{\mathrm{T}}\quad \boldsymbol{G}_2^{\mathrm{T}}\quad \cdots\quad \boldsymbol{G}_m^{\mathrm{T}})^{\mathrm{T}} \tag{5}$$

(2)码的链接构造

设 C_1,C_2 分别是 GF(q) 上的$[n_1,k_1,d_1]$和$[n_2,k_2,d_2]$码,它们的生成矩阵分别是 $\boldsymbol{G}_1$ 和 $\boldsymbol{G}_2$,若 C_1 码含有一个$[n_1,\tilde{k}_1,\tilde{d}_1]$子码 $\tilde{C}_1$,$\tilde{k}_1=k_1-k_2$(设 $k_1>k_2$),

$\widetilde{d}_1 > d_1$,且 $\widetilde{d}_1 < d_1 + d_2$. 把 C_1 和 C_2 码链接,得到码 C 的生成矩阵

$$\boldsymbol{G} = \begin{pmatrix} \boldsymbol{G}_2 & \\ & \boldsymbol{G}_1 \\ \boldsymbol{0} & \end{pmatrix} = \begin{pmatrix} \boldsymbol{G}_2 & \hat{\boldsymbol{G}}_1 \\ \boldsymbol{0} & \widetilde{\boldsymbol{G}}_1 \end{pmatrix} \tag{6}$$

式中,$\widetilde{\boldsymbol{G}}_1$ 是子码 $\widetilde{C}_1$ 的生成矩阵,$\hat{\boldsymbol{G}}_1$ 是 $\boldsymbol{G}_1$ 中去掉 $\widetilde{\boldsymbol{G}}_1$ 后得到的矩阵,$\boldsymbol{0}$ 是 $\widetilde{k}_1 \times n_2$ 阶全0矩阵.

定理5　由式(6)知,$\boldsymbol{G}$ 矩阵生成了一个GF(q)上的[$n_1 + n_2, k_1, \widetilde{d}_1$]码 C,有 k_2 个信息元具有 $t_2 = \left\lfloor \frac{d_1 + d_2 - 1}{2} \right\rfloor$级保护能力.

证明　显然,由链接码的结构性质可知,C 码的最小距离为 $\widetilde{d}_1$. 在 C 码中,如果某一码字 $\boldsymbol{C}_l$ 是由 $\boldsymbol{G}_2$ 和 $\hat{\boldsymbol{G}}_1$ 的行链接而成,则 $w(\boldsymbol{G}_l) \geqslant d_2 + d_1$;否则 $w(\boldsymbol{C}_l) < d_1 + d_2 = \widetilde{d}_1$. 在 $\boldsymbol{G}$ 矩阵中,若取后面的 $k_2 - \widetilde{k}_1$ 行,则由它们的线性组合产生一个[$n_1 + n_2, k_1 - k_2$]子空间 $\widetilde{C}$,其生成矩阵 $\widetilde{\boldsymbol{G}} = (\boldsymbol{0} \quad \widetilde{\boldsymbol{G}}_1)$,它由 C 码中所有重量小于 $d_1 + d_2$ 的码字组成,因此由定理1知,C 码的 k_2 个信息元,具有 $t_2 = \left\lfloor \frac{d_1 + d_2 - 1}{2} \right\rfloor$级保护能力.

一般而言,式(6)的 $\boldsymbol{G}$ 矩阵是与式(3)不同的非典型形式,为了得到等价的典型形式,可先对 $\boldsymbol{G}_1$ 矩阵进行初等变换,成为

$$G_1=\begin{pmatrix}\mathbf{0} & P_1\\ I_{\tilde{k}_2} & \widetilde{P}_1\end{pmatrix}$$

$G_2=(I_{k_2}\quad P_2)$. 由此得到 C 码的典型形式生成矩阵

$$G=\begin{pmatrix}I_{k_2}P_2 & \mathbf{0}\ P_1\\ \mathbf{0} & I_{\tilde{k}_2}\ \widetilde{P}_1\end{pmatrix} \tag{7}$$

然后再对式(7)的 G 进行初等行变换就可得到系统码的生成矩阵.

除了上面介绍的两种方法外,还有很多其他的构造方法,如用多个码的直积和直和,以及用循环码构造等等.

LUEP 码的译码可以用译码表译码,或用其他方法如大数逻辑译码和循环码的译码方法等.

4. 有关码限

在给定码的维数(即信息元的数目)和分离矢量下,使码长最短或使校验元数目最少,从而使码具有最大的码率,是构造 LUEP 码的基本问题之一.

定义 2 定义 n_{qs} 是分离矢量至少为 s,信息元数目为 k 的 q 进制 LUEP 码的最短的码长. n_{qs}^e 表示分离矢量恰好为 s,信息元数目为 k 的 q 进制 LUEP 码的最佳码长.

用$[n,k,s]$表示分离矢量为 s 的 LUEP 码. 如果当 $t\geqslant s, t\neq s$ 时,不存在任何的 q 进制$[n_{qs},k,t]$LUEP 码,那么称可以构造出的$[n_{qs},k,t]$码是最佳码. 显然

$$n_{qs}\leqslant n_{qs}^e \tag{8}$$

$$s\leqslant t\Rightarrow n_{qs}^e\leqslant n_{qt} \tag{9}$$

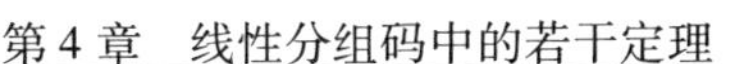

$$s \leqslant t \nLeftrightarrow n_{qs}^{e} \leqslant n_{qt}^{e} \tag{10}$$

今后规定:若 $s_i \geqslant t_i, i=1,2,\cdots,k$,则分离矢量 $s=(s_1, s_2,\cdots,s_k) \geqslant t=(t_1,t_2,\cdots,t_k)$.

(1)码长上限

定理6　对任一 $q=p^m,k,v$ 和分离矢量 $s=(s_1, s_2,\cdots,s_v)$,这里 $s_i=(s_{i_1},s_{i_2},\cdots,s_{i_m})$,且 $\sum\limits_{i=1}^{v} i_m = k$. 下式成立

$$n_{qs}^{e} \leqslant \sum_{i=1}^{v} n_{qs_u}^{e} \tag{11}$$

对 n_{qs} 也有同样的不等式.

证明　对 $u=1,2,\cdots,v$,令 G_u 是码长为 $n_{qs_u}^{e}$,分离矢量是 s_u 的 LUEP 码的生成矩阵,则由

$$\boldsymbol{G}=\begin{pmatrix} \boldsymbol{G}_1 & & \boldsymbol{0} \\ & \boldsymbol{G}_2 & \\ \boldsymbol{0} & & \boldsymbol{G}_v \end{pmatrix} \tag{12}$$

生成的码有分离矢量 $s=(s_1,s_2,\cdots,s_v)$,码长为 $n_{qs_u}^{e}$,而该码显然是最长码长的 LUEP 码.

推论2　对任何 $k,s=(s_1,s_2,\cdots,s_k),q=p^m$,有

$$n_{qs}^{e} \leqslant \sum_{i=1}^{k} s_i \tag{13}$$

证明　应用定理 6,令 $v=k$, $\boldsymbol{G}_u=[1\quad 1\quad \cdots\quad 1]$,对所有 $u=1,2,\cdots,k$, $s_u=1$,即可得到.

因此可知,对任何 s,有可能构造出 k 维的有分离矢量为 s 的 q 进制 LUEP 码. 当然所构造出的码不一

定是最佳的,如用式(12)的 **G** 矩阵所生成的码,就不一定是最佳的.

(2)码长下限

定理 7 对任何 $q=p^m$,k 和 $s=(s_1,s_2,\cdots,s_k)$,$s'=(s_1-1,s_2-1,\cdots,s_k-1)$有

$$n_{qs}\geqslant n_{qs'}+1 \tag{14}$$

证明 在$[n_{qs},k,s]$ LUEP 码的生成矩阵 **G** 中,删去一列,就得到$[n_{qs}-1,k,s']$的 LUEP 码.

定理 8 对任何 $q=p^m$,k 和 $s=(s_1,s_2,\cdots,s_k)$,且 $s_1\geqslant s_2\geqslant\cdots\geqslant s_k$,满足以下不等式

$$n_{qs}\geqslant\sum_{i=1}^{k}\left\lceil\frac{s_i}{q^{i-1}}\right\rceil \tag{15}$$

式中,$\lceil x\rceil$表示不小于 x 的最小整数.

上面这些定理给出了当 k,s 给定时 LUEP 码的码长上、下限.

下面我们讨论当 k 和 s 给定时,具有二级保护能力的 LUEP 码的校验元数目 r 所必须满足的下限,当然此限与上面讨论的码长的限是一致的.

定理 9 对任何 k 和 $s=(s_{k_1},s_{k_2})$,$s_{k_1}=(2t_1+1,\cdots,2t_1+1)$和 $s_{k_2}=(2t_2+1,\cdots,2t_2+1)$分别是长为 k_1 和 k_2 的整数序列,$t_2\geqslant t_1$,$k=k_1+k_2$,则$[n,k,s]$二进制 LUEP 码的校验元数目

$$r\geqslant\left\lfloor\log_2\left(1+\sum_{i=1}^{t_1}\binom{n}{i}+\sum_{j=t_1+1}^{t_2}\sum_{i=0}^{t_1}\binom{n-k_2}{i}\binom{k_2}{j-i}\right)\right\rfloor \tag{16}$$

证明 由前一节知,为了使码能纠正 t 个错误,则

必须使小于或等于 t 个错误的所有可能的错误图样均有不同的伴随式与之一一对应. 式(16)不等式的右边第一项表示没有错误,需一个全 0 伴随式与之对应;第二项表示小于或等于 t_1 个错误时,所有可能的错误图样;第三项表示在 $n-k_2$ 个码元中产生 i 个错误,在 k_2 个信息中产生 t_2-i 个错误的所有错误图样;而所有这些错误图样之和应小于 2^r.

能使式(16)成立的 LUEP 码,称为完备 LUEP 码,完备码当然是最佳的. 但到目前为止,还没有找到一个完备 LUEP 码,在 GF(q)上是否存在完备 LUEP 码,还是一个没有解决的问题.

§10　纠非对称、单向错误及 t - EC/AUED 码

以前介绍的纠错码都是针对对称信道而设计的. 也就是信道所产生的 1 错成 0 与 0 错成 1 的概率相等,这类码也称为纠对称(随机)错误码. 但是,在许多实际信道中 0 错成 1(0 错误)与 1 错成 0(1 错误)的概率并不相等(非对称信道),或者仅仅产生一种类型的错误:0 错误或 1 错误(单向信道错误). 例如,在光纤通信中,一般而言仅发生 1 错误. 而在最近发展起来的大规模与超大规模集成电路(LSI/VLSI)中,由于芯片缺陷所引起的错误,以及 ROM 和 RAM 等器件记忆单元中的缺陷所造成的错误,虽然有少量的随机错误,

但绝大部分都是单向错误,也就是在一个字节或一组中仅产生 1 错误或 0 错误.

因此,必须针对这种非对称信息或单向信道设计一类纠错码. 从理论上讲,前几节及以后所讨论的适用于对称信道的纠错码,都可用来纠正非对称错误或单向错误. 但是与专门设计用来纠非对称或单向错误的码来说,在同样的纠错能力下,纠对称错误码的码率相对而言要低,因此有必要专门设计纠正这些非对称错误的码(ASEC)及纠单向错误的码(UEC),或者纠正 t 个随机错误,同时检测所有单向错误的码(t - EC/AUED). 下面我们仅讨论二进制码的情况.

1. 基本概念

首先,再次明确一下什么是对称错误、非对称错误和单向错误.

对称错误(随机错误):在对称信道中(如 BSC 和 DMC)所引起的错误,称为对称错误.

非对称错误:在 Z 信道中所产生的错误称为非对称错误. 也就是在该信道中仅产生 1 错误或 0 错误,并且产生什么类型的错误事前是已知的. 若无特别说明,以后均指产生 1 错误的非对称信道.

单向错误:在接收的一个码字中既可能是 1 错误,也可能是 0 错误. 但是,在任何一个接收的码字中,仅产生一种类型的错误(或者是 1 错误,或者是 0 错误),即 0 错误或 1 错误不能同时在一个接收码字中并存. 产生这种错误类型的信道简称单向信道.

设

$$\boldsymbol{u}=(u_{n-1},\cdots,u_1,u_0)\in V_n$$
$$\boldsymbol{v}=(v_{n-1},\cdots,v_1,v_0)\in V_n$$

令

$$N(\boldsymbol{u},\boldsymbol{v})=\{i\mid u_i=1\wedge(\text{同时})v_i=0\}$$

也即 $N(\boldsymbol{u},\boldsymbol{v})$ 是对应位分量中,u_i 为1,v_i 为0的数目.

$N(\boldsymbol{u},\boldsymbol{v})=0$,则称为矢量 $\boldsymbol{u}$ 被矢量 $\boldsymbol{v}$ 所包含,或 $\boldsymbol{v}$ 包含 $\boldsymbol{u}$,用 $\boldsymbol{v}\geqslant\boldsymbol{u}$ 表示.

定义1　设所传输的矢量 $\boldsymbol{u}\in V_n$,而接收的矢量为 $\boldsymbol{f}\in V_n$,并有:

(a)若 $\{N(\boldsymbol{u},\boldsymbol{f})+N(\boldsymbol{f},\boldsymbol{u})=t\}$,则称 $\boldsymbol{u}$ 有 t 个随机错误;

(b)若 $\{N(\boldsymbol{f},\boldsymbol{u})=0\wedge N(\boldsymbol{u},\boldsymbol{f})=t\}$,则称 $\boldsymbol{u}$ 有 t 个非对称错误(1错误);

(c)若 $\{N(\boldsymbol{u},\boldsymbol{f})=0\wedge N(\boldsymbol{f},\boldsymbol{u})=t\vee(\text{或者})(N(\boldsymbol{u},\boldsymbol{f})=t\wedge N(\boldsymbol{f},\boldsymbol{u})=0)\}$,则称 $\boldsymbol{u}$ 有 t 个单向错误.

为了研究分组码 C 的纠错能力,必须定义针对对称、非对称与单向信道纠错码的距离度量. 显然,Hamming 距离

$$d(\boldsymbol{u},\boldsymbol{v})=N(\boldsymbol{u},\boldsymbol{v})+N(\boldsymbol{v},\boldsymbol{u})\tag{1}$$

它适用于对称信道的纠错码,也就是以前及今后我们所主要讨论的纠错码.

定义2　令 $\boldsymbol{u}\in V_n,\boldsymbol{v}\in V_n$,则:

(1) $d_a(\boldsymbol{u},\boldsymbol{v})=2\max\{N(\boldsymbol{u},\boldsymbol{v}),N(\boldsymbol{v},\boldsymbol{u})\}$;

(2) $d_u(\boldsymbol{u},\boldsymbol{v})=\begin{cases}d_u(\boldsymbol{u},\boldsymbol{v}),\text{若}N(\boldsymbol{u},\boldsymbol{v})=0\vee N(\boldsymbol{v},\boldsymbol{u})=0\\d_a(\boldsymbol{u},\boldsymbol{v}),\text{若}N(\boldsymbol{u},\boldsymbol{v})>0\wedge N(\boldsymbol{v},\boldsymbol{u})>0\end{cases}.$

称 $d_a(\boldsymbol{u},\boldsymbol{v})$ 为 $\boldsymbol{u},\boldsymbol{v}$ 之间的非对称距离,$d_u(\boldsymbol{u},\boldsymbol{v})$ 为单向

距离,而 Hamming 距离 $d(\boldsymbol{u},\boldsymbol{v})$ 称为对称距离.

这三种距离之间的关系显而易见为

$$d_a(\boldsymbol{u},\boldsymbol{v})=d(\boldsymbol{u},\boldsymbol{v})+[w(\boldsymbol{u})-w(\boldsymbol{v})] \qquad (2)$$

若 $w(\boldsymbol{u})=w(\boldsymbol{v})$,则

$$d(\boldsymbol{u},\boldsymbol{v})=d_a(\boldsymbol{u},\boldsymbol{v})-d_u(\boldsymbol{u},\boldsymbol{v}) \qquad (3)$$

一个分组码 C 的单向距离与非对称距离定义为

$$d_u=\min\{d_u(\boldsymbol{u},\boldsymbol{v})\mid \boldsymbol{u},\boldsymbol{v}\in C,\boldsymbol{u}\neq\boldsymbol{v}\}$$

$$d_a=\min\{d_a(\boldsymbol{u},\boldsymbol{v})\mid \boldsymbol{u},\boldsymbol{v}\in C,\boldsymbol{u}\neq\boldsymbol{v}\}$$

下面定理给出了分组码 C 能纠正 t 个非对称错误或单向错误的充要条件.

定理 1 (1)当且仅当 $d_a\geqslant 2t+1$ 时,码 C 能纠正小于或等于 t 个非对称错误;

(2)当且仅当 $d_u\geqslant 2t+1$ 时,码 C 能纠正小于或等于 t 个单向错误.

证明 先证明(2),定义

$$S_0(\boldsymbol{x})=\{\boldsymbol{a}\in V_n\mid \boldsymbol{a}\geqslant\boldsymbol{x}\wedge w(\boldsymbol{a})-w(\boldsymbol{x})\leqslant t\},\boldsymbol{x}\in V_n$$

$$S_1(\boldsymbol{x})=\{\boldsymbol{a}\in V_n\mid \boldsymbol{x}\geqslant\boldsymbol{a}\wedge w(\boldsymbol{x})-w(\boldsymbol{a})\leqslant t\},\boldsymbol{x}\in V_n$$

$$S(\boldsymbol{x})=S_0(\boldsymbol{x})\cup S_1(\boldsymbol{x})$$

令 $\boldsymbol{C}_i\in C$,则可知 $S(\boldsymbol{C}_i)$ 是码字 $\boldsymbol{C}_i$ 通过单向信道后,遭受到小于或等于 t 个单向错误(1 错误与 0 错误)后所有可能的矢量集合. 因此,当且仅当 $S(\boldsymbol{C}_1)\cap S(\boldsymbol{C}_2)=0$ 时,也就是说,码字 $\boldsymbol{C}_1$ 与 $\boldsymbol{C}_2$ 遭受到小于或等于 t 个单向错误后,它们的集合互不相交,才能使译码器正确区分 $\boldsymbol{C}_1$ 与 $\boldsymbol{C}_2$,因此,我们只要证明对所有 $\boldsymbol{C}_1,\boldsymbol{C}_2\in C$,$S(\boldsymbol{C}_1)\cap S(\boldsymbol{C}_2)=0$ 的充要条件是 $d_u(\boldsymbol{C}_1,\boldsymbol{C}_2)\geqslant 2t+1$.

充分性. 令 $\boldsymbol{C}_1,\boldsymbol{C}_2\in C$，且 $\boldsymbol{C}_1\neq\boldsymbol{C}_2$，$S(\boldsymbol{C}_1)\cap S(\boldsymbol{C}_2)=0$，我们要证明 $d_u(\boldsymbol{C}_1,\boldsymbol{C}_2)\geqslant 2t+1$，可用反证法证明.

设 $d_u(\boldsymbol{C}_1,\boldsymbol{C}_2)\leqslant 2t$，$w(\boldsymbol{C}_2)>w(\boldsymbol{C}_1)$. 分两种情况：$N(\boldsymbol{C}_1,\boldsymbol{C}_2)=0$ 和 $N(\boldsymbol{C}_1,\boldsymbol{C}_2)>0$.

先讨论 $N(\boldsymbol{C}_1,\boldsymbol{C}_2)=0$ 的情况. 不失一般性，设 $\boldsymbol{C}_1$ 与 $\boldsymbol{C}_2$ 有如下形式

$$\begin{array}{llll}\boldsymbol{C}_1: & 11\cdots1 & 00\cdots\quad\ \ 0 & 00\cdots0\\ \boldsymbol{C}_2: & 11\cdots1 & 11\cdots\quad\ \ 1 & 00\cdots0\\ \boldsymbol{a}\ : & \underbrace{11\cdots1}_{i} & \underbrace{11\cdots10\cdots0}_{j} & \underbrace{00\cdots0}_{l}\end{array}$$

这里，$i+j+l=n$，且

$$j=d(\boldsymbol{C}_1,\boldsymbol{C}_2)=d_u(\boldsymbol{C}_1,\boldsymbol{C}_2)\leqslant 2t$$

矢量 $\boldsymbol{a}$ 有 b 个 1，$n-b$ 个 0，且 $b=i+\lfloor\frac{j}{2}\rfloor\leqslant t$. 由于 $\boldsymbol{a}\geqslant\boldsymbol{C}_1$，且 $w(\boldsymbol{a})-w(\boldsymbol{C}_1)=\lfloor\frac{j}{2}\rfloor\leqslant t$（$\lceil x\rceil$表示取大于或等于 x 的最小整数，下同）. 因而 $\boldsymbol{a}\in S_0(\boldsymbol{C}_1)$. 此外，$\boldsymbol{C}_2\geqslant\boldsymbol{a}$，且

$$w(\boldsymbol{C}_2)-w(\boldsymbol{a})=j-\lfloor\frac{j}{2}\rfloor=\lceil\frac{j}{2}\rceil\leqslant t$$

所以 $S(\boldsymbol{C}_1)\cap S(\boldsymbol{C}_2)\neq 0$，与 $S(\boldsymbol{C}_1)\cap S(\boldsymbol{C}_2)=0$ 的假设相矛盾.

下面讨论 $N(\boldsymbol{C}_1,\boldsymbol{C}_2)>0$ 的情况. 不失一般性，码字 $\boldsymbol{C}_1,\boldsymbol{C}_2$ 有如下形式

$$\begin{array}{lllll} C_1: & 11\cdots1 & 00\cdots0 & 11\cdots1 & 00\cdots0 \\ C_2: & 11\cdots1 & 11\cdots1 & 00\cdots0 & 00\cdots0 \\ a\ : & \underbrace{11\cdots1}_{i} & \underbrace{00\cdots0}_{j} & \underbrace{00\cdots0}_{k} & \underbrace{00\cdots0}_{l} \end{array}$$

这里,$i+j+k+l=n$,且

$$\begin{aligned} 1\leqslant k &= N(\boldsymbol{C}_1,\boldsymbol{C}_2)\leqslant j \\ &= N(\boldsymbol{C}_2,\boldsymbol{C}_1)=\frac{d_a(\boldsymbol{C}_1,\boldsymbol{C}_2)}{2} \\ &= \frac{d_u(\boldsymbol{C}_1,\boldsymbol{C}_2)}{2}\leqslant t \end{aligned}$$

定义一个矢量 $\boldsymbol{a}$,它有 i 个 1,$n-i$ 个 0,$\boldsymbol{C}_1\geqslant\boldsymbol{a}$,且

$$w(\boldsymbol{C}_2)-w(\boldsymbol{a})=k\leqslant t$$

因而 $\boldsymbol{a}\in S_1(\boldsymbol{C}_1)$. 此外,$\boldsymbol{C}_2>\boldsymbol{a}$,且

$$w(\boldsymbol{C}_2)-w(\boldsymbol{a})=j\leqslant t$$

从而 $\boldsymbol{a}\in S_1(\boldsymbol{C}_2)$,所以 $S(\boldsymbol{C}_1)\cap S(\boldsymbol{C}_2)\neq 0$,与假设相矛盾.

由以上讨论可知,反证法的假设 $d_u(\boldsymbol{C}_1,\boldsymbol{C}_2)\leqslant 2t$ 不能成立,因而 $d_u(\boldsymbol{C}_1,\boldsymbol{C}_2)\geqslant 2t+1$.

必要性. 设 $\boldsymbol{C}_1,\boldsymbol{C}_2\in C$,且 $\boldsymbol{C}_1\neq\boldsymbol{C}_2$,$d_u(\boldsymbol{C}_1,\boldsymbol{C}_2)\geqslant 2t+1$,$w(\boldsymbol{C}_1)>w(\boldsymbol{C}_2)$,我们要证明 $S(\boldsymbol{C}_1)\cap S(\boldsymbol{C}_2)=0$,可用反证法证明.

设 $S(\boldsymbol{C}_1)\cap S(\boldsymbol{C}_2)\neq 0$,则必存在一个矢量 $\boldsymbol{a}\in V_n$,$\boldsymbol{a}\in S(\boldsymbol{C}_1)\cap S(\boldsymbol{C}_2)$. 也分两种情况讨论:$N(\boldsymbol{C}_1,\boldsymbol{C}_2)=0$ 和 $N(\boldsymbol{C}_1,\boldsymbol{C}_2)>0$.

先讨论 $N(\boldsymbol{C}_1,\boldsymbol{C}_2)=0$ 的情况. 由于 $\boldsymbol{a}\in S(\boldsymbol{C}_1)\cap S(\boldsymbol{C}_2)$,因而必有

$$\begin{aligned} d_u(\boldsymbol{C}_1,\boldsymbol{C}_2) &= d(\boldsymbol{C}_1,\boldsymbol{C}_2) \\ &\leqslant d(\boldsymbol{C}_1,\boldsymbol{a}) + d(\boldsymbol{a},\boldsymbol{C}_2) \\ &= t + t \leqslant 2t \end{aligned}$$

这与所给的条件 $d_u(\boldsymbol{C}_1,\boldsymbol{C}_2) \geqslant 2t+1$ 相矛盾.

若 $N(\boldsymbol{C}_1,\boldsymbol{C}_2)>0$,不失一般性,假设码字 $\boldsymbol{C}_1,\boldsymbol{C}_2$ 有如下形式

$$\begin{array}{lcccc} \boldsymbol{C}_1: & 11\cdots1 & 00\cdots0 & 11\cdots1 & 00\cdots0 \\ \boldsymbol{C}_2: & \underbrace{11\cdots1}_{i} & \underbrace{11\cdots1}_{j} & \underbrace{00\cdots0}_{k} & \underbrace{00\cdots0}_{l} \end{array}$$

这里,$i+j+k+l=n$,且

$$1 \leqslant k = N(\boldsymbol{C}_1,\boldsymbol{C}_2) \leqslant j = N(\boldsymbol{C}_2,\boldsymbol{C}_1)$$

(1)设矢量 $\boldsymbol{a} \in S_0(\boldsymbol{C}_1) \cap S_0(\boldsymbol{C}_2)$,则 $\boldsymbol{a} \geqslant \boldsymbol{C}_1, \boldsymbol{a} \geqslant \boldsymbol{C}_2$,且

$$k \leqslant w(\boldsymbol{a}) - w(\boldsymbol{C}_2) \leqslant t$$
$$j \leqslant w(\boldsymbol{a}) - w(\boldsymbol{C}_1) \leqslant t$$

因此

$$d_u(\boldsymbol{C}_1,\boldsymbol{C}_2) = d_a(\boldsymbol{C}_1,\boldsymbol{C}_2) = 2\max\{j,k\} \leqslant 2t$$

这与所给条件 $d_u(\boldsymbol{C}_1,\boldsymbol{C}_2) \geqslant 2t+1$ 相矛盾.

(2)若 $\boldsymbol{a} \in S_1(\boldsymbol{C}_1) \cap S_1(\boldsymbol{C}_2)$,则 $\boldsymbol{C}_1 \geqslant \boldsymbol{a}, \boldsymbol{C}_2 \geqslant \boldsymbol{a}$,且

$$j \leqslant w(\boldsymbol{C}_2) - w(\boldsymbol{a}) \leqslant t$$
$$k \leqslant w(\boldsymbol{C}_1) - w(\boldsymbol{a}) \leqslant t$$

因此

$$d_u(\boldsymbol{C}_1,\boldsymbol{C}_2) = d_a(\boldsymbol{C}_1,\boldsymbol{C}_2) = 2\max\{j,k\} \leqslant 2t$$

这与假设条件 $d_u(\boldsymbol{C}_1,\boldsymbol{C}_2) \geqslant 2t+1$ 相矛盾.

(3)若 $\boldsymbol{a} \in S_0(\boldsymbol{C}_1) \cap S_1(\boldsymbol{C}_2)$,则 $\boldsymbol{C}_1 \geqslant \boldsymbol{a} \geqslant \boldsymbol{C}_2$,因此 $j=0$,这与假设 $j \geqslant 1$ 相矛盾.

(4)若 $\boldsymbol{a} \in S_1(\boldsymbol{C}_1) \cap S_0(\boldsymbol{C}_2)$,则 $\boldsymbol{C}_2 \geqslant \boldsymbol{a} \geqslant \boldsymbol{C}_1$,因此 $k=0$,这与 $k \geqslant 1$ 相矛盾.

综上所述可知,$S(\boldsymbol{C}_1) \cap S(\boldsymbol{C}_2)=0$. 由此证明了定理1(2). 定理1(1)的证明完全类似,并且更为简单,这里不再重复.

定理2 一个码 C 能纠正 t 个随机错误,同时检测 e 个($e>t$)单向错误(t - EC/e - UED)的充要条件是:

(1)$d(\boldsymbol{C}_1,\boldsymbol{C}_2)=t+e+1,\boldsymbol{C}_1,\boldsymbol{C}_2 \in C,\boldsymbol{C}_1 \neq \boldsymbol{C}_2$;

或

(2)$N(\boldsymbol{C}_1,\boldsymbol{C}_2) \geqslant t+1, N(\boldsymbol{C}_2,\boldsymbol{C}_1) \geqslant t+1$.

证明 (1)是纠 t 个随机错误,同时检测 e 个随机错误分组码所必须满足的条件. 因此,该条件满足,则码必定能纠正 t 个随机错误同时检测 e 个单向错误. 下面主要证明(2).

若(2)满足,则由式(1)知,码的 Hamming 距离 $d=2t+2$,因而该码必能纠正 t 个随机错误,同时检测 $t+1$ 个随机错误. 下面只要证明它能检测 $e(e>t)$ 个单向错误即可.

先证明充分性. 设码字 $\boldsymbol{C}_1$ 受到了 t_1 个单向错误后成为 $\boldsymbol{C}_1'$,$t<t_1 \leqslant e$,只要证明 $d(\boldsymbol{C}_1',\boldsymbol{C}_2) \geqslant t+1$,对所有 $\boldsymbol{C}_2 \neq \boldsymbol{C}_1$,也就是 $\boldsymbol{C}_1'$不可能译成 $\boldsymbol{C}_2$. 不失一般性,设 $\boldsymbol{C}_1$ 受到了 t_1 个1错误. 若

$$N(\boldsymbol{C}_1,\boldsymbol{C}_2) \geqslant t+1$$

和

$$N(\boldsymbol{C}_2,\boldsymbol{C}_1) \geqslant t+1$$

则

$$
\begin{aligned}
d(\boldsymbol{C}_1',\boldsymbol{C}_2) &= N(\boldsymbol{C}_1',\boldsymbol{C}_2)+N(\boldsymbol{C}_2,\boldsymbol{C}_1') \\
&\geqslant N(\boldsymbol{C}_2,\boldsymbol{C}'_1)\geqslant N(\boldsymbol{C}_2,\boldsymbol{C}_1) \\
&\geqslant t+1
\end{aligned}
$$

下面证明必要性. 证明方法与定理 1 的必要性证明相似. 设码能纠正 t 个随机错误,同时发现 e 个单向错误,要证明 $N(\boldsymbol{C}_1,\boldsymbol{C}_2)\geqslant t+1$ 和 $N(\boldsymbol{C}_2,\boldsymbol{C}_1)\geqslant t+1$,用反证法证明. 设

$$N(\boldsymbol{C}_1,\boldsymbol{C}_2)=t_1\leqslant t$$

$$N(\boldsymbol{C}_2,\boldsymbol{C}_1)=t_2\leqslant t$$

不失一般性,设 $\boldsymbol{C}_1,\boldsymbol{C}_2$ 是如下形式的码字

$$
\begin{array}{lcccc}
\boldsymbol{C}_1: & 11\cdots1 & 11\cdots1 & 00\cdots0 & 00\cdots0 \\
\boldsymbol{C}_2: & 11\cdots1 & 00\cdots0 & 11\cdots1 & 00\cdots0 \\
\boldsymbol{a}\ : & \underbrace{11\cdots1}_{i} & \underbrace{00\cdots0}_{j} & \underbrace{00\cdots0}_{k} & \underbrace{00\cdots0}_{l}
\end{array}
$$

这里,$i+j+k+l=n$,且

$$j=N(\boldsymbol{C}_1,\boldsymbol{C}_2)=t_1\leqslant t$$

$$k=N(\boldsymbol{C}_2,\boldsymbol{C}_1)=t_2\leqslant t$$

注意矢量 $\boldsymbol{a}$ 可以从 $\boldsymbol{C}_1$ 受到 t_1 个 1 错误,或 $\boldsymbol{C}_2$ 受到 t_2 个 1 错误得到,从而使得 $\boldsymbol{a}$ 既含在$S_1(\boldsymbol{C}_1)$中,又含在 $S_1(\boldsymbol{C}_2)$中,即 $S_1(\boldsymbol{C}_1)\cap S_1(\boldsymbol{C}_2)\neq 0$,这与码能纠正 t 个随机错误并检测 e 个单向错误的假设相矛盾.

由上述证明可知,如果码 C 满足条件(2),则它不仅能纠正 t 个随机错误和检测 $e(>t)$ 个单向错误,而且能检测一个码字中的所有单向错误.

推论 1　码 C 能纠正 t 个随机错误,同时检测所有单向错误(t - EC/AUED)的充要条件是对码中的任何两个码字 $\boldsymbol{C}_1,\boldsymbol{C}_2,\boldsymbol{C}_1\neq\boldsymbol{C}_2$,有

$$N(\boldsymbol{C}_1,\boldsymbol{C}_2)\geqslant t+1,N(\boldsymbol{C}_2,\boldsymbol{C}_1)\geqslant t+1 \qquad (4)$$

由于在计算机存贮系统(ROM 和 RAM)中,所产生的错误大部分是单向错误和少量的随机错误并存,因此下面主要讨论 t - EC/AUED 码的构造.

2. t - EC/AUED **码的构造**

在一个码字中若仅产生单个错误,则这个错误既可看成随机错误又可看成单向错误. 因此,对于纠单个错误码来说,不必区分它是纠随机错误还是纠单向错误的码. 所以 Hamming 码既是纠单个随机错误的最佳码,也是纠单个单向错误的最佳码. 但是,对于 t - EC/AUED 码来说,由式(4)可知,该码中一定没有全 0 和全 1 码字,因此不可能是线性码,而纠不对称与单向错误的码则可以是线性码.

构造 t - EC/AUED 码的方法通常有两种:一是在已知的纠 t 个随机错误或不对称错误分组的基础上,加必要的校验元,使码具有检测所有单向错误(AUED)的能力;二是从已知的 AUED 码的基础上,加上必要的校验元,使码具有纠正 t 个随机错误的能力.

(1)由已知的 AUED 码构造. 最常用的一类 AUED 码是等重码. 一个长为 n,重量为 w,距离为 d 的 (n,d,w) 等重码,就是 n 中取 w 码. 我国电传通信用的(5,2,3)码,就是 5 中取 3 码,而(7,2,3)码就是 7 中取 3 码,它们的距离均为 2.

(n,d,w) 等重码是非线性码,可以证明码字之间

的 Hamming 距离必是偶数，因而等重码一般用$(n,2\delta,w)$表示. 对于$(n,2,w)$码 C_w 来说，由于码字之间的距离必是偶数，因此对于任何 $\boldsymbol{C}_1,\boldsymbol{C}_2\in C_w$，必有

$$N(\boldsymbol{C}_1,\boldsymbol{C}_2)\geqslant 1,N(\boldsymbol{C}_2,\boldsymbol{C}_1)\geqslant 1$$

由式(4)知，该码必能检测码字中的所有单向错误.

以$(n,2,w)$码为基础，可以构造纠 t 个错误的 t - EC/AUED 码. 把$(n,2,w)$码的每个码字作为信息组，输入到纠 t 个错误的$[n',n,2t+1]$线性分组的编码器，就得到了$(n',M,2t+1)$分组码的码字. 它的码长 $n'=n+r$，r 是纠 t 个错误码的校验位，共有 M 个码字，$M=\binom{n}{w}$.

定理 3　纠 t 个错误的$(n,2\delta,w)$等重码中，任何两个码字 $\boldsymbol{C}_1,\boldsymbol{C}_2$ 之间必满足

$$N(\boldsymbol{C}_1,\boldsymbol{C}_2)\geqslant\delta=t+1,N(\boldsymbol{C}_2,\boldsymbol{C}_1)\geqslant\delta=t+1$$

请读者证明该定理. 由此可知，任何$(n,2\delta,w)$等重码，一定是一个$(\delta-1)$ - EC/AUED 码. 例如(8,4,4)等重码，它的 14 个码字是

(10110001),(01011001),(00101101),
(00010111),(10001011),(11000101),
(01100011),(01001110),(10100110),
(11010010),(11101000),(01110100),
(00111010),(10011100).

可以检验出每个码字之间的距离等于 4，且任两码字 $\boldsymbol{C}_1,\boldsymbol{C}_2$ 之间的 $N(\boldsymbol{C}_1,\boldsymbol{C}_2)\geqslant 2$ 和 $N(\boldsymbol{C}_2,\boldsymbol{C}_1)\geqslant 2$，因而这是一个 1 - EC/AUED 码.

该码其实就是[7,4,3]Hamming 码加一个全校验位后,成为[8,4,4]扩张 Hamming 码,然后去掉全 0 和全 1 码字组成. 该码的码率为 0. 475,比上面列举的(7,6,4)码的要高. 一般而言,用最佳的$(n,2\delta,w)$等重码组成的$(\delta-1)$ - EC/AUED 码的码率,比用其他方法构造的码平均要高,但如何构造码字数目最多的最佳$(n,2\delta,w)$码,仍没有完全解决. 下面给出一个系统地构造$(n,2\delta=4,w)$等重码的方法.

设 F_w^n 是$\binom{n}{w}$个等重码字集合. 作映射

$$T:\quad F_w^n \longrightarrow Z_n$$

Z_n 表示模 n 的剩余类. 若等重码字 $\boldsymbol{a}=(a_0,a_1,\cdots,a_{n-1})\in F_w^n$,则它的映射

$$T(\boldsymbol{a}) \equiv \sum_{a_i=1} i(\mathrm{mod}\ n) = \sum_{i=0}^{n-1} ia_i(\mathrm{mod}\ n) \qquad (5)$$

令$\{\boldsymbol{C}_i\}=\{\boldsymbol{a}\in F_w^n \mid T(\boldsymbol{a})\equiv i(\mathrm{mod}\ n)\}$,则等重码字集合$\{\boldsymbol{C}_i\}$是一个$(n,4,w)$等重码.

定理 4 由上述方法构造的等重码字 $\boldsymbol{C}_i$,它的各码字之间的距离至少为 4,且对任何 $\boldsymbol{C}_1,\boldsymbol{C}_2\in\boldsymbol{C}_i$,有 $N(\boldsymbol{C}_1,\boldsymbol{C}_2)\geqslant 2, N(\boldsymbol{C}_2,\boldsymbol{C}_1)\geqslant 2$.

证明 设 $\boldsymbol{C}_1,\boldsymbol{C}_2$ 是 $\boldsymbol{C}_i$ 中的任两码字. 若它们之间的距离不为 4,设为 2,则由于每个码字的重量均为 w,除了两个位置如 r 和 s 以外,$\boldsymbol{C}_1,\boldsymbol{C}_2$ 之间的相应分量应相等,如下所示

$$\boldsymbol{C}_1:\quad x\cdots x0x\cdots x1x\cdots x$$
$$\boldsymbol{C}_2:\quad x\cdots x1x\cdots x0x\cdots x$$

$$0\cdots\ r\cdots\ \ s\cdots n-1$$

由于 $T(\boldsymbol{C}_1)=T(\boldsymbol{C}_2)\equiv i(\bmod n)$,所以由式(5)可知

$$T(\boldsymbol{C}_1)=b+s\equiv i(\bmod n)$$

$$T(\boldsymbol{C}_2)=b+r\equiv i(\bmod n)$$

式中,$b\in Z_n$ 是除了 r 和 s 坐标以外的所有其余坐标之和$(\bmod n)$. 可知 $s\equiv r(\bmod n)$,但由于 s,r 均小于 n,因而 $s\not\equiv r(\bmod n)$,所以 $\boldsymbol{C}_1,\boldsymbol{C}_2$ 之间的距离不能为 2,至少为 4.

此外,若 $N(\boldsymbol{C}_1,\boldsymbol{C}_2)<2$,例如说为 1,则由上面的 $\boldsymbol{C}_1,\boldsymbol{C}_2$ 形式,意味着 $\boldsymbol{C}_1,\boldsymbol{C}_2$ 的距离为 2,而这与距离为 4 相矛盾,因此 $N(\boldsymbol{C}_1,\boldsymbol{C}_2)\geqslant 2$.

为了使码字数目最多,在同样码长 n 下,应使码字的重量 $w=\lfloor\frac{n}{2}\rfloor$.

(2)由已知的$[n,k,2t+1]$码构造. 这种方法是在纠 t 个随机错误的$[n,k,2t+1]$线性分组码(非线性码也可以)或纠非对称错误码的基础上,在其每个码字后面适当加一些多余码元而构成. 因此,这类码可以是系统码,而用(1)中方法构造的码一般是非系统码.

用纠 t 个随机错误的系统分组码 C,或纠 t 个非对称错误的系统分组码构造系统 t - EC/AUED 码的关键,是在 C 码的每个码字后面加上适当的多余度码元,使式(4)满足. 在每个码字后面所附加的多余(校验)元素应满足什么条件才能使每个码字满足式(4)呢? 为此,必须知道 C 码中每对码字 $\boldsymbol{C}_1,\boldsymbol{C}_2$ 之间的 $N(\boldsymbol{C}_1,\boldsymbol{C}_2)$ 的性质.

定理 5 令 C 是 $[n,k,2t+1]$ 分组码，$\boldsymbol{C}_1,\boldsymbol{C}_2\in C$，且 $w(\boldsymbol{C}_1)\geqslant w(\boldsymbol{C}_2)$，则有

$$N(\boldsymbol{C}_1,\boldsymbol{C}_2)\geqslant t+1$$

$$N(\boldsymbol{C}_2,\boldsymbol{C}_1)\geqslant \max\left\{0,t+1-\left\lfloor\frac{w(\boldsymbol{C}_1)-w(\boldsymbol{C}_2)}{2}\right\rfloor\right\} \tag{6}$$

证明 设 $\boldsymbol{C}_1,\boldsymbol{C}_2$ 有如下形式

$$\begin{array}{lcccc}\boldsymbol{C}_1: & 11\cdots1 & 11\cdots1 & 00\cdots0 & 00\cdots0\\ \boldsymbol{C}_2: & \underbrace{11\cdots1}_{i} & \underbrace{00\cdots0}_{j} & \underbrace{11\cdots1}_{q} & \underbrace{00\cdots0}_{p}\end{array}$$

这里，$i+j+q+p=n$. 显然

$$w(\boldsymbol{C}_1)=i+j,w(\boldsymbol{C}_2)=i+q$$

$$d(\boldsymbol{C}_1,\boldsymbol{C}_2)=j+q\geqslant 2t+1$$

$$\begin{aligned}j&=w(\boldsymbol{C}_1)-i\\&=w(\boldsymbol{C}_1)-(w(\boldsymbol{C}_2)-q)\\&=w(\boldsymbol{C}_1)-w(\boldsymbol{C}_2)+q\geqslant q\end{aligned}$$

$$2N(\boldsymbol{C}_1,\boldsymbol{C}_2)=2j\geqslant j+q\geqslant 2t+1$$

所以

$$N(\boldsymbol{C}_1,\boldsymbol{C}_2)\geqslant t+1$$

另一方面

$$\begin{aligned}j&=w(\boldsymbol{C}_1)-i\\&=w(\boldsymbol{C}_1)-(w(\boldsymbol{C}_2)-q)\\&=q+w(\boldsymbol{C}_1)-w(\boldsymbol{C}_2)\end{aligned}$$

由此可知

$$2q+w(\boldsymbol{C}_1)-w(\boldsymbol{C}_2)=j+q=d(\boldsymbol{C}_1,\boldsymbol{C}_2)\geqslant 2t+1$$

所以

$$N(\boldsymbol{C}_2,\boldsymbol{C}_1)=q\geqslant\left\lceil\frac{2t+1-w(\boldsymbol{C}_1)+w(\boldsymbol{C}_2)}{2}\right\rceil$$

$$=t+1-\left\lceil\frac{w(\boldsymbol{C}_1)-w(\boldsymbol{C}_2)}{2}\right\rceil$$

若$\left\lceil\frac{w(\boldsymbol{C}_1)-w(\boldsymbol{C}_2)}{2}\right\rceil>t+1$，则$N(\boldsymbol{C}_2,\boldsymbol{C}_1)=0$. 由此得

$$N(\boldsymbol{C}_2,\boldsymbol{C}_1)\geqslant\max\left\{0,t+1-\left\lceil\frac{w(\boldsymbol{C}_1)-w(\boldsymbol{C}_2)}{2}\right\rceil\right\}$$

由该定理可知，若$w(\boldsymbol{C}_1)>w(\boldsymbol{C}_2)$，则在$\boldsymbol{C}_2$后面所加的校验元的重量至少应为$t+1$或$\left\lceil\frac{w(\boldsymbol{C}_1)-w(\boldsymbol{C}_2)}{2}\right\rceil$，以保证式(4)满足. 根据不同的加校验码元的方法就得到了不同的码. 其中最早和最重要的一种方法，是伯杰(Berger)在构造纠非对称错误码时提出的构造方法(B方法).

令C表示$[n,k,2t+1]$系统分组码，C^*表示$(n^*,k)t$-EC/AUED系统码. C^*的码字有如下形式

$$x_0x_1x_2\cdots x_{t+1},x_0\in C \tag{7}$$

也就是C^*中每一码字，是在C中码字x_0后面加一些校验元$x_1,x_2,\cdots,x_{t+1}$构成. 这里，$x_i(i=1,2,\cdots,t+1)$是用B方法产生：x_i是$x_0,x_1,\cdots,x_{i-1}$中0数目的二进制表示序列. 可知用这种方法构造的C^*码是系统码.

从B方法求$x_1,x_2,\cdots,x_{t+1}$的原理可知，码中所有重量相同的码字，具有相同的$x_1,x_2,\cdots,x_{t+1}$. 这就给我们一个减少$x_1,\cdots,x_{t+1}$中码元数目的方法. 其中一个方法就是下面的THL方法. 它把$[n,k,2t+1]$码C中的码字按重量分组：$A_0,A_{2t+1},A_{2t+2},\cdots,A_n$，这里，$A_i$表

示重量为 i 的码字集合. 可见,A_i 中每一码字的重量均相等,故是一个等重码. 由定理 3 知,A_i 中任两码字之间必满足式(4). 因此,A_i 中的 $x_1,\cdots,x_{t+1}$均可相同;而 A_i 与 A_j 之间则应取不同的 $x_1,\cdots,x_{t+1}$,它们的重量应满足定理 5 的条件,使式(4)满足,可知 x_i 中的码元数目 a_i,必须满足

$$2^{a_i}\geqslant |A_w| \tag{8}$$

式中,$|A_w|$是 C 码中重量类型数目. 如[7,4,3]码中的码字重量又有 0,3,4,7 四种,$|A_w|=4$,因而 $a_i\geqslant 2$,也就是 $x_i(i=1,2)$ 中只要两个码元就够了. 用这种 THL 方法得到的系统 1 - EC/AUED 码是(11,4)码,它比(13,4)码的码率要高得多.

除了上述构造系统 t - EC/AUED 码的方法以外,最近还提出了许多其他构造方法如:NGP, Andrew, GKR 和 BT 等,这些方法所构造的码,其码率均比用 B 方法构造的要高.

定理 6 由$[n,k,2t+1]$线性系统分组码构造的系统 t - EC/AUED 码,其校验元

$$r\leqslant (n-k)+(t+1)\log_2 n \tag{9}$$

定理 7 k 长信息位的二进制系统 t - EC/AUED 码的校验元:

(1)$r\geqslant\lceil \log_2(k+1)\rceil$,当 $t=0$;

(2)$r\geqslant\lceil (t+1)\log_2 k-\log_2((t+1)!)\rceil$,当 $1\leqslant t\leqslant 4$;

(3)$r\geqslant\lceil (t+1)\log_2 k-\log_2((t+1)!)\rceil-1$,当 $t\geqslant s$ 且 $k\gg t$.

由于系统 t – EC/AUED 码在计算机纠、检错系统中有较大作用,因此有关这类码的研究方兴未艾,值得注意. 特别是 Rao 等近来出版了一本计算机纠错码的专著,详细讨论了上述这些码的构造原理、方法和性能,有兴趣读者可参考阅读.

译码码字的最优性充分条件

第5章

基于可靠性的译码算法通常要产生一个具有预设大小的候选码字列表,以限制最大似然码字的搜索空间的大小.这些候选码字通常顺序地逐个产生,每当产生一个候选码字,需计算它的量度以供比较和最后的译码.如果有一个条件,能判断产生的候选码字是否为最大似然码字,那么译码就可以在满足此条件时终止.这样,译码就可能提前结束,而不必产生所有的候选码字,从而减少计算和译码延时.这样的条件称为最优性条件(optimality condition).因此,我们希望基于接收符号的可靠性量度得到一个关于候选码字最优性的充分条件.

令 $\boldsymbol{v}=(v_0,v_1,\cdots,v_{n-1})$ 为 C 中的一个码字,令 $\boldsymbol{c}=(c_0,c_1,\cdots,c_{n-1})$ 为与之对应的BPSK信号序列,其中 $c_i=(2v_i-1)$,$0\leqslant i<n$.我们为 $\boldsymbol{v}$ 定义以下的指标集合

$$D_0(\boldsymbol{v})\triangleq\{i\mid v_i=z_i,0\leqslant i<n\}\qquad(1)$$

$$D_1(\boldsymbol{v}) \triangleq \{i \mid v_i = z_i, 0 \leqslant i < n\} = \{0,1,\cdots,n-1\} \setminus D_0(\boldsymbol{v}) \qquad (2)$$

令

$$n(\boldsymbol{v}) = |D_1(\boldsymbol{v})| \qquad (3)$$

当且仅当 $z_i \neq v_i$ 时有 $r_i \cdot c_i < 0$. 因此,相关差 $\lambda(\boldsymbol{r},\boldsymbol{v})$ 可表示为如下形式

$$\lambda(\boldsymbol{r},\boldsymbol{v}) = \sum_{i \in D_1(\boldsymbol{v})} |r_i| \qquad (4)$$

基于相关差的 MLD 需找出 C 中与给定接收序列 $\boldsymbol{r}$ 相关差最小的码字. 若存在一个码字 $\boldsymbol{v}^*$ 满足

$$\lambda(\boldsymbol{r},\boldsymbol{v}^*) \leqslant \alpha(\boldsymbol{r},\boldsymbol{v}^*) \triangleq \min_{\boldsymbol{v} \in C, \boldsymbol{v} \neq \boldsymbol{v}^*} |\lambda(\boldsymbol{r},\boldsymbol{v})| \qquad (5)$$

则 $\boldsymbol{v}^*$ 为 $\boldsymbol{r}$ 的最大似然码字. 在对 C 中的每一个 $\boldsymbol{v}$ 计算 $\lambda(\boldsymbol{r},\boldsymbol{v})$之前是无法确定 $\alpha(\boldsymbol{r},\boldsymbol{v}^*)$的;然而,若能得到 $\alpha(\boldsymbol{r},\boldsymbol{v}^*)$的一个紧的下界 λ^*,则 $\lambda(\boldsymbol{r},\boldsymbol{v}) \leqslant \lambda^*$ 为候选码字 $\boldsymbol{v}^*$ 在由基于可靠性译码算法产生的候选码字列表中最优的充分条件. 下面我们就推导这样的一个充分条件.

从公式(1)和(3)可知,指标集合 $D_0(\boldsymbol{v})$ 中有 $n-n(\boldsymbol{v})$个下标. 我们将这些下标按接收符号的可靠性量度排序如下

$$D_0(\boldsymbol{v}) = \{l_1, l_2, \cdots, l_{n-n(\boldsymbol{v})}\} \qquad (6)$$

这样对于 $1 \leqslant i < j \leqslant n-n(\boldsymbol{v})$,有

$$|r_{l_i}| < |r_{l_j}| \qquad (7)$$

令 $D_0^{(j)}(\boldsymbol{v})$表示排序后的集合 $D_0(\boldsymbol{v})$中的前 j 个下标,即

$$D_0^{(j)}(\boldsymbol{v}) = \{l_1, l_2, \cdots, l_j\} \qquad (8)$$

对于 $j\leqslant 0$，$D_0^{(j)}(\boldsymbol{v})\triangleq\phi$，且对于 $j\geqslant n-n(\boldsymbol{v})$，$D_0^{(j)}(\boldsymbol{v})\triangleq D_0(\boldsymbol{v})$.

对于 $1\leqslant j\leqslant m$，令 w_j 为 C 的重量描述序列 $W=\{0,w_1,w_2,\cdots,w_m\}$ 中的第 j 个非 0 重量，其中 $w_1=d_{\min}(C)$，且 $w_1<w_2<\cdots<w_m$. 对于 C 中的一个码字 $\boldsymbol{v}$，我们定义

$$q_j\triangleq w_j-n(\boldsymbol{v}) \tag{9}$$

$$G(\boldsymbol{v},w_j)\triangleq\sum_{i\in D_0^{(q_j)}(\boldsymbol{v})}|r_i| \tag{10}$$

和

$$R(\boldsymbol{v},w_j)\triangleq\{\boldsymbol{v}'\in C|d_H(\boldsymbol{v}',\boldsymbol{v})<w_j\} \tag{11}$$

其中 $d_H(\boldsymbol{v}',\boldsymbol{v})$ 表示 $\boldsymbol{v}$ 与 $\boldsymbol{v}'$ 之间的 Hamming 距离. $R(\boldsymbol{v},w_j)$ 为 C 中与 $\boldsymbol{v}$ 的 Hamming 距离小于或等于 w_{j-1} 的码字的集合. 对 $j=1$，$R(\boldsymbol{v},w_j)=\{\boldsymbol{v}\}$，而对于 $j=2$，$R(\boldsymbol{v},w_2)$ 包含 $\boldsymbol{v}$ 和 C 中所有 $-5\mathrm{V}$ 的距离 $d_{\min}(C)=w_1$ 的码字. $R(\boldsymbol{v},w_2)$ 被称为以 $\boldsymbol{v}$ 为中心的最小距离区域（minimum distance region）. 以下定理给出了对于给定接收序列 $\boldsymbol{r}$，$R(\boldsymbol{v},w_j)$ 包含最大似然码字 $\boldsymbol{v}_{ML}$ 的充分条件.

定理 1　对于一个码字 $\boldsymbol{v}\in C$ 和一个非零码重 $w_j\in W$，如果 $\boldsymbol{v}$ 与给定接收序列 $\boldsymbol{r}$ 的相关差 $\lambda(\boldsymbol{r},\boldsymbol{v})$ 满足

$$\lambda(\boldsymbol{r},\boldsymbol{v})\leqslant G(\boldsymbol{v},w_j) \tag{12}$$

则 $\boldsymbol{r}$ 的最大似然码字 $\boldsymbol{v}_{ML}$ 在区域 $R(\boldsymbol{v},w_j)$ 内.

证明　令 $\boldsymbol{v}'$ 为区域 $R(\boldsymbol{v},w_j)$ 外的一个码字，即

$$\boldsymbol{v}'\in C\backslash R(\boldsymbol{v},w_j)$$

则

$$d_H(\boldsymbol{v},\boldsymbol{v}') \geqslant w_j \tag{13}$$

为了证明这个定理,我们只需证明 $\lambda(\boldsymbol{r},\boldsymbol{v}') \geqslant \lambda(\boldsymbol{r},\boldsymbol{v})$,因为这表明区域 $R(\boldsymbol{v},w_j)$ 之外没有码字比 $\boldsymbol{v}$ 的可能性更大. 在这种情况下,$\boldsymbol{v}_{ML}$ 必定在 $R(\boldsymbol{v},w_j)$ 内.

考虑集合 $D_0(\boldsymbol{v}) \cap D_1(\boldsymbol{v}')$ 和 $D_1(\boldsymbol{v}) \cap D_0(\boldsymbol{v}')$,我们定义

$$n_{01} \triangleq |D_0(\boldsymbol{v}) \cap D_1(\boldsymbol{v}')| \tag{14}$$

$$n_{10} \triangleq |D_1(\boldsymbol{v}) \cap D_0(\boldsymbol{v}')| \tag{15}$$

那么,根据式(1)(2)和(13)到(15)可得

$$d_H(\boldsymbol{v},\boldsymbol{v}') = n_{01} + n_{10} \geqslant w_j \tag{16}$$

根据式(14)和(16),我们容易得到

$$|D_1(\boldsymbol{v}')| \geqslant |D_0(\boldsymbol{v}) \cap D_1(\boldsymbol{v}')| \geqslant w_j - n_{10} \tag{17}$$

由于 $n_{10} = |D_1(\boldsymbol{v}) \cap D_0(\boldsymbol{v}')| \leqslant |D_1(\boldsymbol{v})|$,由式(17)和(3)可得

$$\begin{aligned} |D_1(\boldsymbol{v}')| &\geqslant |D_0(\boldsymbol{v}) \cap D_1(\boldsymbol{v}')| \geqslant w_j - n_{10} \\ &\geqslant w_j - |D_1(\boldsymbol{v})| = w_j - n(\boldsymbol{v}) \end{aligned} \tag{18}$$

注意到 $D_0(\boldsymbol{v}) \cap D_1(\boldsymbol{v}') \subseteq D_1(\boldsymbol{v}')$,由式(4),式(12),式(18)及 $D_0^{(j)}(\boldsymbol{v})$ 的定义,我们可以得到

$$\begin{aligned} \lambda(\boldsymbol{r},\boldsymbol{v}') &= \sum_{i \in D_1(\boldsymbol{v}')} |r_i| \geqslant \sum_{i \in D_0(\boldsymbol{v}) \cap D_1(\boldsymbol{v}')} |r_i| \\ &\geqslant \sum_{i \in D_0^{(w_j - n(\boldsymbol{v}))}(\boldsymbol{v})} |r_i| = G(\boldsymbol{v},w_j) \\ &\geqslant \lambda(\boldsymbol{r},\boldsymbol{v}) \end{aligned} \tag{19}$$

因此,$\lambda(\boldsymbol{r},\boldsymbol{v}') \geqslant \lambda(\boldsymbol{r},\boldsymbol{v})$,区域 $R(\boldsymbol{v},w_j)$ 外没有码字 $\boldsymbol{v}'$ 比 $\boldsymbol{v}$ 的可能性更大,从而 $\boldsymbol{v}_{ML}$ 必然在 $R(\boldsymbol{v},w_j)$ 内.

给定 C 中的一个码字 $\boldsymbol{v}$,定理 1 中的条件(12)给出了最大似然码字 $\boldsymbol{v}_{ML}$ 所在的区域,也就是说,$\boldsymbol{v}_{ML}$ 是 C

中与码字 $\boldsymbol{v}$ 的 Hamming 距离小于或等于 w_{j-1} 的码字中的一个. 两个特例有特别的重要性. 对于 $j=1$,$R(\boldsymbol{v},w_j)$ 中只有 $\boldsymbol{v}$ 本身. 因此,条件 $\lambda(\boldsymbol{r},\boldsymbol{v})\leqslant G(\boldsymbol{v},w_1)$ 保证了 $\boldsymbol{v}$ 就是最大似然码字 $\boldsymbol{v}_{ML}$. 对于 $j=2$,$R(\boldsymbol{v},w_2)$ 包含了 $\boldsymbol{v}$ 和它最近的那些码字(与 $\boldsymbol{v}$ 的距离为最小 Hamming 距离的码字). 下列推论总结了这两个特殊情况.

推论 1　令 $\boldsymbol{v}$ 为二进制线性(n,k)码 C 中的一个码字,$\boldsymbol{r}$ 为接收序列.

(1)如果 $\lambda(\boldsymbol{r},\boldsymbol{v})\leqslant G(\boldsymbol{v},w_1)$,那么 $\boldsymbol{v}$ 为 r 对应的最大似然码字 $\boldsymbol{v}_{ML}$.

(2)如果 $\lambda(\boldsymbol{r},\boldsymbol{v})>G(\boldsymbol{v},w_1)$用 $\lambda(\boldsymbol{r},\boldsymbol{v})\leqslant G(\boldsymbol{v},w_2)$,则 $\boldsymbol{r}$ 对应的最大似然码字 $\boldsymbol{v}_{ML}$与 $\boldsymbol{v}$ 之间的距离不大于最小 Hamming 距离 $d_{\min}(C)=w_1$. 这种情况下,$\boldsymbol{v}_{ML}$为 $\boldsymbol{v}$ 或与 $\boldsymbol{v}$ 最近的码字.

推论 1 的第一部分为码字 $\boldsymbol{v}$ 的最优性充分条件. 这个条件可以在任何基于可靠性的译码算法中作为停止条件. 图 1 给出了这个条件在 n 维欧氏空间中的几何解释. 图中,$s(\boldsymbol{x})$表示二进制 n 维向量 $\boldsymbol{x}$ 所对应的双电平序列,$\boldsymbol{x}$ 与 $\boldsymbol{v}$ 在 $D_1(\boldsymbol{v})$ 中的所有位置和 $D_0^{(w_j-n(\boldsymbol{v}))}(\boldsymbol{v})$中的$w_j-n(\boldsymbol{v})$个位置不同. 此图的根据是以 $\boldsymbol{c}$ 为中心,半径为 $4d_{\min}(C)$的 n 维超球内没有正确的码字,其中 $\boldsymbol{c}$ 为 $\boldsymbol{v}$ 对应的发送序列. 推论的第二部分使我们能够在以某候选码字为中心的最小距离区域内搜索最大似然码字 $\boldsymbol{v}_{ML}$. 若使用得当,则这两个条件都能大大降低译码的平均计算复杂度. 此方法可直接扩展到非二进制码的情况.

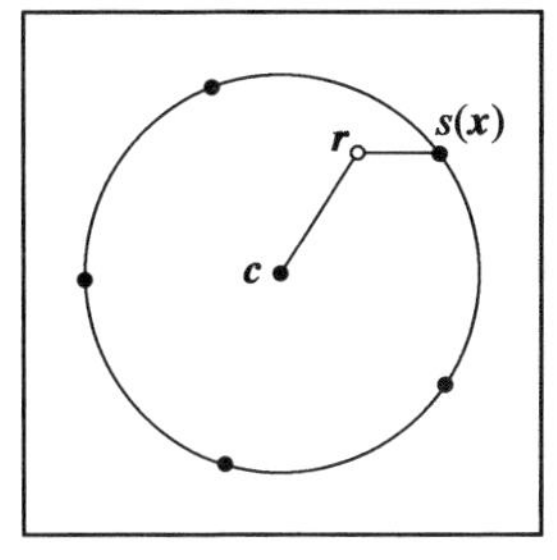

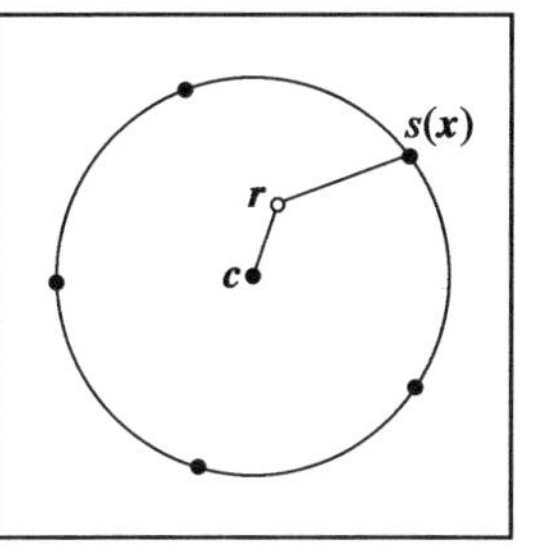

(a)不满足条件,$d_E(\boldsymbol{r},\boldsymbol{c})>d_E(\boldsymbol{r},s(\boldsymbol{x}))$　(b)满足条件,$d_E(\boldsymbol{r},\boldsymbol{c})\leqslant d_E(\boldsymbol{r},s(\boldsymbol{x}))$

图 1　$\boldsymbol{c}$ 最优的充分条件

我们也可推导出基于两个码字来确定某码字最优性的充分条件. 令 $\boldsymbol{v}_1$ 和 $\boldsymbol{v}_2$ 为 C 中的两个码字,我们定义

$$\delta_1 \triangleq w_1 - n(\boldsymbol{v}_1) \tag{20}$$

$$\delta_2 \triangleq w_1 - n(\boldsymbol{v}_2) \tag{21}$$

$$D_{00} \triangleq D_0(\boldsymbol{v}_1) \cap D_0(\boldsymbol{v}_2) \tag{22}$$

$$D_{01} \triangleq D_0(\boldsymbol{v}_1) \cap D_1(\boldsymbol{v}_2) \tag{23}$$

不失一般性,假设 $\delta_1 \geqslant \delta_2$. 我们将指标集合中的下标按式(6)和式(7)中定义的接收符号的可靠性值进行排序. 定义

$$I(\boldsymbol{v}_1,\boldsymbol{v}_2) \triangleq \left(D_{00} \cup D_{01}^{(\lfloor\frac{\delta_1-\delta_2}{2}\rfloor)}\right)^{\delta_1} \tag{24}$$

其中 $X^{(q)}$ 表示排序后的指标集合 X 中的前 q 个下标,如式(8)中所定义的一样. 我们定义

$$G(\boldsymbol{v}_1,w_1;\boldsymbol{v}_2,w_1) \triangleq \sum_{i\in I(\boldsymbol{v}_1,\boldsymbol{v}_2)} |r_i| \tag{25}$$

令 $\boldsymbol{v}$ 为 $\boldsymbol{v}_1$ 和 $\boldsymbol{v}_2$ 中具有较小相关差的一个. 若

$$\lambda(\boldsymbol{r},\boldsymbol{v}) \leqslant G(\boldsymbol{v}_1,w_1;\boldsymbol{v}_2,w_1) \tag{26}$$

则 $\boldsymbol{v}$ 为 $\boldsymbol{r}$ 的最大似然码字 $\boldsymbol{v}_{ML}$.

式(26)中给出的基于两个码字的最优性充分条件比推论 1 中给出的基于单个码字的 $j=1$ 情况下的充分条件更宽松,因此利用它能更快地终止基于可靠性译码算法的译码过程. 利用两个码字而非单个码字来得到最优性充分条件的优势如图 2 所示. 对于任意码字 $\boldsymbol{v}$(对应于信号序列 $\boldsymbol{c}$),以 $\boldsymbol{c}$ 为中心,$4d_{\min}(C)$ 为半径的 n 维超球内没有正确的码字. 因此,如果对于码字 $\boldsymbol{v}$ 和 $\boldsymbol{v}'$(分别对应于信号序列 $\boldsymbol{c}$ 和 $\boldsymbol{c}'$),对应的超球相交,那么可能基于这两个超球共有的信息将 n 维向量 $\boldsymbol{x}$ 排除,如图 2 所示,其中 $\boldsymbol{c}'$对应的超球的信息使我们能够确定码字 $\boldsymbol{c}$ 的最优性.

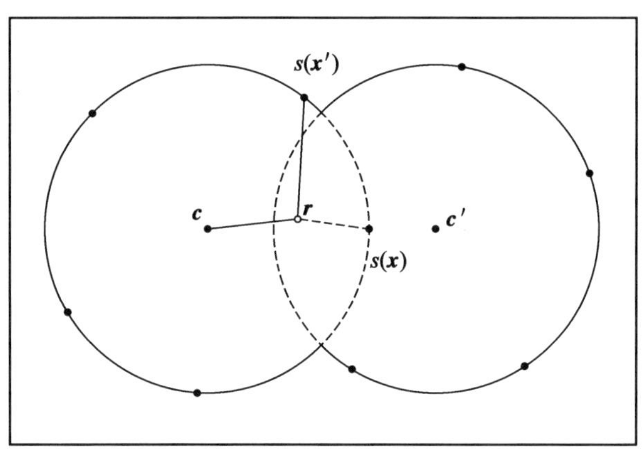

图 2　联合 $\boldsymbol{c}$ 和 $\boldsymbol{c}'$满足 $\boldsymbol{c}$ 最优的充分条件,但是仅基于 $\boldsymbol{c}$ 不满足最优性充分条件;$d_E(\boldsymbol{r},\boldsymbol{c})\leqslant d_E(\boldsymbol{r},s(\boldsymbol{x}'))$,但是 $d_E(\boldsymbol{r},\boldsymbol{c})>d_E(\boldsymbol{r},s(\boldsymbol{x}))$

射影几何与射影几何码

第6章

与欧氏几何类似,可以通过 Galois 域的元素来构造一个射影几何. 考虑 Galois 域 $GF(2^{(m+1)s})$,该域包含子域 $GF(2^s)$,令 α 为域 $GF(2^{(m+1)s})$ 中的一个本原元. 那么,α 的指数次幂元素 $\alpha^0,\alpha^1,\cdots,\alpha^{2^{(m+1)s}-2}$ 构成了域 $GF(2^{(m+1)s})$ 的所有非零元素. 令

$$n=\frac{2^{(m+1)s}-1}{2^s-1}=2^{ms}+2^{(m-1)s}+\cdots+2^s+1 \tag{1}$$

那么,$\beta=\alpha^n$ 的阶次为 2^s-1. 这 2^s 个元素 $0,1,\beta,\beta^2,\cdots,\beta^{2s-1}$ 构成了 Galois 域 $GF(2^s)$.

考虑元素 α 的前 n 个幂

$$\Gamma=\{\alpha^0,\alpha^1,\alpha^2,\cdots,\alpha^{n-1}\}$$

在 Γ 中没有元素 α^i 能够成为 $GF(2^s)$ 中的一个元素和 Γ 中的另一个元素 α^j 所构成的乘积(即对于 $\eta\in GF(2^s)$,$\alpha^i\neq\eta\alpha^j$). 假设 $\alpha^i=\eta\alpha^j$,那么有 $\alpha^{(i-j)}=\eta$. 由于 $\eta^{2s-1}=1$,我们得到 $\alpha^{(i-j)(2s-1)}=1$. 但这是

不可能的,因为$(i-j)(2^s-1)<2^{(m+1)s}-1$,且$\alpha$的阶次为$2^{(m+1)s}-1$. 因此,我们断定:对任何$\eta\in GF(2^s)$及$\Gamma$中的$\alpha^i$及$\alpha^j$,都有$\alpha^i\neq\eta\alpha^j$. 现在,我们将$GF(2^{(m+1)s})$域中的元素划分成如下$n$个互不相交的子集

$$\{\alpha^0,\beta\alpha^0,\beta^2\alpha^0,\cdots,\beta^{2^s-2}\alpha^0\}$$
$$\{\alpha^1,\beta\alpha^1,\beta^2\alpha^1,\cdots,\beta^{2^s-2}\alpha^1\}$$
$$\{\alpha^2,\beta\alpha^2,\beta^2\alpha^2,\cdots,\beta^{2^s-2}\alpha^2\}$$
$$\vdots$$
$$\{\alpha^{n-1},\beta\alpha^{n-1},\beta^2\alpha^{n-1},\cdots,\beta^{2^s-2}\alpha^{n-1}\}$$

其中$\beta=\alpha^n$为$GF(2^s)$中的一个本原元. 每一个集合含有2^s-1个元素,且每一个元素为该集合第一个元素的倍数. 在一个集合中,没有元素能成为由$GF(2^s)$中的一个元素和另一个不同集合的某个元素所构成的乘积. 现在,我们将每一个集合以其第一个元素表示如下

$$(\alpha^i)\triangleq\{\alpha^i,\beta\alpha^i,\cdots,\beta^{2^s-2}\alpha^i\}$$

其中$0\leqslant i<n$. 对于 Galois 域$GF(2^{(m+1)s})$中的任意元素α^j,如果$\alpha^j=\beta^l\alpha^i,0\leqslant i<n$,则用$(\alpha^i)$表示$\alpha^j$. 如果任意一个$GF(2^{(m+1)s})$中的元素都被用一个$GF(2^s)$中的$(m+1)$维向量来表示,那么$(\alpha^i)$就由$2^s-1$个$GF(2^s)$中的$(m+1)$维向量所组成. 对应于$\alpha^i$的$(m+1)$维向量就代表了$(\alpha^i)$中的$2^s-1$个$(m+1)$维向量. (α^i)中所有元素所对应的$(m+1)$维向量为α^i所对应的$(m+1)$维向量的倍数. $GF(2^s)$上代表(α^i)的$(m+1)$维向量可以被看作是$GF(2^s)$上的有限几何中的一个点. 那么,点

$$(\alpha^0),(\alpha^1),(\alpha^2),\cdots,(\alpha^{n-1})$$

就构成了 $GF(2^s)$ 上的一个 m 维射影几何，记为 $PG(m,2^s)$. 在该几何中，$\{\alpha^i,\beta\alpha^i,\cdots,\beta^{(2s-2)}\alpha^i\}$ 中的 2^s-1 个元素可以被看作是 $PG(m,2^s)$ 中相同的点. 这就是射影几何与欧氏几何的一个主要区别. 射影几何没有原点.

令 (α^i) 和 (α^j) 为 $PG(m,2^s)$ 中任意两个不同的点. 那么，通过（或连接）(α^i) 和 (α^j) 的直线（一维平面）由如下形式的点组成

$$(\eta_1\alpha^i+\eta_2\alpha^j) \tag{2}$$

其中 η_1 和 η_2 取自 $GF(2^s)$ 且不同时为零. 取自 $GF(2^s)$ 的 η_1 和 η_2 共有 $(2^s)^2-1$ 种可能的选择（除了 $\eta_1=\eta_2=0$ 的情况）. 然而，对于同一个点，η_1 和 η_2 总共有 2^s-1 种选择. 例如

$$\eta_1\alpha^i+\eta_2\alpha^j,\beta\eta_1\alpha^i+\beta\eta_2\alpha^j,\cdots,$$
$$\beta^{2s-2}\eta_1\alpha^i+\beta^{2s-2}\eta_2\alpha^j$$

代表 $PG(m,2^s)$ 中相同的点. 因此，$PG(m,2^s)$ 中的直线包含由

$$\frac{(2^s)^2}{2^s-1}=2^s+1$$

个点组成. 为了在直线 $(\eta_1\alpha^i+\eta_2\alpha^j)$ 上得到 2^s+1 个不同的点，我们只要简单地选择 η_1 和 η_2，使得 (η_1,η_2) 不是另一个选择 (η_1',η_2') 的倍数（即对于任意的 $\delta\in GF(2^s)$，$(\eta_1,\eta_2)\neq(\delta\eta_1',\delta\eta_2')$）.

例 1　令 $m=2,s=2$，考虑射影几何 $PG(2,2^2)$. 该几何可以由包含 $GF(2^2)$ 作为子域的 $GF(2^6)$ 来构造. 令

$$n=\frac{2^6-1}{2^2-1}=2^{2\times 2}+2^2+1=21$$

令 α 为 GF(2^6)的一个本原元. 令 $\beta=\alpha^{21}$, 那么, 0, 1, β 和 β^2 构成了 GF(2^2)域. 几何 PG(2, 2^2)由如下 21 个点组成

$$(\alpha^0),(\alpha^1),(\alpha^2),(\alpha^3),(\alpha^4),(\alpha^5),(\alpha^6),$$
$$(\alpha^7),(\alpha^8),(\alpha^9),(\alpha^{10}),(\alpha^{11}),(\alpha^{12}),(\alpha^{13}),$$
$$(\alpha^{14}),(\alpha^{15}),(\alpha^{16}),(\alpha^{17}),(\alpha^{18}),(\alpha^{19}),(\alpha^{20})$$

考虑通过点(α)和点(α^{20})的直线, 该直线由具有形式($\eta_1\alpha+\eta_2\alpha^{20}$)的 5 个点组成, 其中 η_1 和 η_2 取自 GF(2^2) = $\{0,1,\beta,\beta^2\}$. 这 5 个不同的点为

$$(\alpha)$$
$$(\alpha^{20})$$
$$(\alpha+\alpha^{20})=(\alpha^{57})=(\beta^2\alpha^{15})=(\alpha^{15})$$
$$(\alpha+\beta\alpha^{20})=(\alpha+\alpha^{41})=(\alpha^{56})=(\beta^2\alpha^{14})=(\alpha^{14})$$
$$(\alpha+\beta^2\alpha^{20})=(\alpha+\alpha^{62})=(\alpha^{11})$$

因此, $\{(\alpha),(\alpha^{11}),(\alpha^{14}),(\alpha^{15}),(\alpha^{20})\}$ 为 $PG(2,2^s)$ 中一条通过点(α)和点(α^{20})的直线.

令(α^l)为一个不在直线 $\{(\eta_1\alpha^i+\eta_2\alpha^j)\}$ 上的点. 那么, 直线 $\{(\eta_1\alpha^i+\eta_2\alpha^j)\}$ 和直线 $\{(\eta_1\alpha^l+\eta_2\alpha^j)\}$ 就有一个公共点(α^j)(唯一的一个公共点). 我们称这两条直线相交于点(α^j). PG($m,2^s$)中相交于一个给定点的直线的数目为

$$\frac{2^{ms}-1}{2^s-1}=1+2^s+\cdots+2^{(m-1)s} \qquad (3)$$

令 $\{(\alpha^{l_1}),(\alpha^{l_2}),\cdots,(\alpha^{l_{\mu+1}})\}$ 为 $\mu+1$ 个线性独立

的点(即当且仅当 $\eta_1=\eta_2=\cdots=\eta_{\mu+1}=0$ 时,有$\eta_1\alpha^{l_1}+\eta_2\alpha^{l_2}+\cdots+\eta_{\mu+1}\alpha^{l_{\mu+1}}=0$). 那么,PG$(m,2^s)$中的一个 μ 维平面由具有如下形式的点组成

$$(\eta_1\alpha^{l_1}+\eta_2\alpha^{l_2}+\cdots+\eta_{\mu+1}\alpha^{l_{\mu+1}}) \tag{4}$$

其中,$\eta_i\in \mathrm{GF}(2^s)$,且 $\eta_1,\eta_2,\cdots,\eta_{\mu+1}$ 不全为零. $\eta_1,\eta_2,\cdots,\eta_{\mu+1}$ 共有 $2^{(\mu+1)s}-1$ 种选择($\eta_1=\eta_2=\cdots=\eta_{\mu+1}=0$ 是不被允许的). 因为 η_1 到 $\eta_{\mu+1}$ 的选择中,总是有 2^s-1 个选择得到 PG$(m,2^s)$中的同一个点,所以 PG$(m,2^s)$中的一个 μ 维平面含有

$$\frac{2^{(\mu+1)s}-1}{2^s-1}=1+2^2+\cdots+2^{\mu s} \tag{5}$$

个点. 令 $\alpha^{l'_{\mu+1}}$ 为一个不在如下 μ 维平面中的点

$$\{(\eta_1\alpha^{l_1}+\eta_2\alpha^{l_2}+\cdots+\eta_{\mu+1}\alpha^{l_{\mu+1}})\}$$

则 μ 维平面$\{(\eta_1\alpha^{l_1}+\eta_2\alpha^{l_2}+\cdots+\eta_{\mu+1}\alpha^{l_{\mu+1}})\}$与 μ 维平面$\{(\eta_1\alpha^{l_1}+\eta_2\alpha^{l_2}+\cdots+\eta_\mu\alpha^{l_\mu}+\eta_{\mu+1}\alpha^{l'_{\mu+1}})\}$相交于$(\mu-1)$维平面$\{(\eta_1\alpha^{l_1}+\eta_2\alpha^{l_2}+\cdots+\eta_\mu\alpha^{l_\mu})\}$. PG$(m,2^s)$中相交于一个给定的$(\mu-1)$维平面的 μ 维平面的个数为

$$\frac{2^{(m-\mu+1)s}-1}{2^s-1}=1+2^s+\cdots+2^{(m-\mu)s} \tag{6}$$

$(\mu-1)$维平面 F 之外的任意一个点在一个且只在一个相交于平面 F 的 μ 维平面中.

令 $\boldsymbol{v}=(v_0,v_1,\cdots,v_{n-1})$为 GF(2)域上的一个 n 维向量,其中

$$n=\frac{2^{(m+1)s}-1}{2^s-1}=1+2^s+\cdots+2^{ms}$$

令 α 为 $GF(2^{(m+1)s})$ 的一个本原元. 我们用 α 的前 n 个幂将向量 $\boldsymbol{v}$ 中的分量标记如下:v_i 记为 α_i, $0 \leqslant i < n$. 通常, α_i 被称为 v_i 位置数. 令 F 为 $PG(m,2^s)$ 中的一个 μ 维平面. F 的关联向量为一个 $GF(2)$ 上的 n 维向量

$$\boldsymbol{v}_F = (v_0, v_1, \cdots, v_{n-1})$$

其第 i 个分量为

$$v_i = \begin{cases} 1, 若(\alpha^i)为 F 中的一个点 \\ 0, 其他 \end{cases}$$

定义 1　一个长度为 $n = \dfrac{2^{(m+1)s}-1}{2^s-1}$ 的 (μ,s) 阶二进制射影几何(PG)码被定义为最大循环码, 其零空间包含了 $PG(m,2^s)$ 中所有 μ 维平面的关联向量.

令 h 为一个小于 $2^{(m+1)s}-1$ 的非负整数, 且 $h^{(l)}$ 为 $2^l h$ 除以 $2^{(m+1)s}-1$ 得到的余数. 显然, $h^{(0)} = h$. 下面的定理刻画了 (μ,s) 阶 PG 码的生成多项式的根的特征(证明被省略).

定理 1　令 α 为 $GF(\alpha^{(m+1)s})$ 中的一个本原元, h 为一个小于 $2^{(m+1)s}-1$ 的非负整数. 那么, 长度为 $n = \dfrac{2^{(m+1)s}-1}{2^s-1}$ 的 (μ,s) 阶二进制射影几何(PG)码的生成多项式 $g(X)$ 以 α^k 为根的充要条件是: h 可以被 2^s-1 所整除, 且满足

$$0 \leqslant \max_{0 \leqslant l < s} W_{2^s}(h^{(l)}) = j(2^s-1) \tag{7}$$

其中, $0 \leqslant j \leqslant m-\mu$.

例 2　令 $m=2$, $s=2$, $\mu=1$. 考虑 $(1,2)$ 阶二进制 PG 码, 其长度为

$$n=\frac{2^{(2+1)\times 2}-1}{2^2-1}=21$$

令 α 为 GF(2^6) 中的一个本原元. 令 h 为一个小于 63 的非负整数. 由定理 1 可知,长度为 21 的(1,2)阶 PG 码的生成多项式 $g(X)$ 以 α^h 为根,当且仅当 h 可以被 3 所整除,且

$$0\leqslant\max_{0\leqslant l<2}W_{2^2}(h^{(l)})=3j$$

其中 $0\leqslant j\leqslant 1$. 满足上述条件且能够被 3 整除的整数有 0,3,6,9,12,18,24,33,36 和 48. 因此,生成多项式 $g(X)$ 的根为 $\alpha^0=1,\alpha^3,\alpha^6,\alpha^9,\alpha^{12},\alpha^{18},\alpha^{24},\alpha^{33},\alpha^{36}$ 和 α^{48}. 我们发现:

(1) 根 $\alpha^3,\alpha^6,\alpha^{12},\alpha^{24},\alpha^{33}$ 和 α^{48} 具有相同的最小多项式,$\phi_3(X)=1+X+X^2+X^4+X^6$;

(2) 根 α^9,α^{18} 和 α^{36} 具有相同的最小多项式,$\phi_9(X)=1+X^2+X^3$. 所以

$$\begin{aligned}g(X)&=(1+X)\phi_3(X)\phi_9(X)\\&=1+X^2+X^4+X^6+X^7+X^{10}\end{aligned}$$

因此,长度为 21 的(1,2)阶 PG 码为一个(21,11)循环码.

PG 码的译码类似于 EG 码的译码. 考虑一个长度为 $n=\frac{2^{(m+1)s}-1}{2^s-1}$ 的 (μ,s) 阶 PG 码. 该码的零空间含有 PG($m,2^s$) 中所有 μ 维平面的关联向量. 令 $F^{(\mu-1)}$ 为 PG($m,2^s$) 中一个含有点(α^{n-1})的 $(\mu-1)$ 维平面. 根据公式(6)可知,共有

$$J=\frac{2^{(m-\mu+1)s}-1}{2^s-1}$$

个 μ 维平面相交于$(\mu-1)$维平面 $F^{(\mu-1)}$. 这 J 个 μ 维平面的关联向量在与平面 $F^{(\mu-1)}$ 中的点相对应的位置上正交. 因此,由这 J 个关联向量构成的奇偶校验和在与平面 $F^{(\mu-1)}$ 中的点相对应的差错位上正交. 令 $S(F^{(\mu-1)})$代表与平面 $F^{(\mu-1)}$ 中的点相对应的差错位的和值. 那么,如果在接收向量中有不多于

$$\left\lfloor \frac{J}{2} \right\rfloor = \left\lfloor \frac{2^{(m-\mu+1)s}-1}{2(2^s-1)} \right\rfloor$$

个差错,我们就可以由这 J 个奇偶校验和来正确地确定差错和 $S(F^{(\mu-1)})$. 通过这种方法,我们可以确定所有包含点(α^{n-1})的$(\mu-1)$维平面所对应的一组差错和 $S(F^{(\mu-1)})$. 然后,我们利用这些差错和来确定一组差错和 $S(F^{(\mu-2)})$,这组差错和与所有含有点(α^{n-1})的$(\mu-2)$维平面相对应. 持续进行该操作,直到构造出所有在点(α^{n-1})相交的一维平面所对应的一组差错和 $S(F^{(1)})$为止. $S(F^{(1)})$这组差错和正交于位置在 α^{n-1} 上的差错位 e_{n-1}. 于是,我们就可以确定 e_{n-1} 的值. 为了实现对差错位 e_{n-1} 的译码,总共需要进行 μ 步正交化. 由于是循环码,所以我们可以通过相同的方法来确定其他的差错位. 因此,该码为 μ 步可译的. 在正交化的第 r 步,$1\leqslant r\leqslant\mu$,在与$(\mu-r)$维平面 $F^{(\mu-r)}$ 相对应的差错和上正交的差错和 $S(F^{(\mu-r+1)})$的数目为

$$J_{\mu-r+1} = \frac{2^{(m-\mu+r)s}-1}{2^s-1} \geqslant J$$

因此,如果在接收向量中存在的差错数不超过$\left\lfloor \frac{J}{2} \right\rfloor$个,在正交化操作的每一步,我们都可以正确地获得下

一步所需要的差错和. 由此可知,通过大数逻辑译码,长度为$\frac{2^{(m+1)s}-1}{2^s-1}$的$\mu$阶的 PG 码能够纠正

$$t_{ML}=\left\lfloor \frac{J}{2} \right\rfloor=\left\lfloor \frac{2^{(m-\mu+1)s}-1}{2(2^s-1)} \right\rfloor \tag{8}$$

个或者更少的差错. 它的最小距离至少为

$$2t_{ML}+1=2^{(m-\mu)s}+\cdots+2^s+2 \tag{9}$$

例 3　考虑 $m=2,s=2$ 的(1,2)阶(21,11)PG 码的译码. 该码的零空间含有 PG$(2,2^2)$中所有一维平面(直线)的关联向量. 令 α 为 GF(2^6)上的一个本原元,正如例 1 所指出的,几何 PG$(2,2^2)$由(α^0)到(α^{20})这 21 个点组成. 令 $\beta=\alpha^{21}$,那么,$0,1,\beta$ 和 β^2 就构成了 GF(2^2)域.

通过点(α^{20})的直线有 $2^2+1=5$ 条,它们是

$$\{(\eta_1\alpha^0+\eta_2\alpha^{20})\}=\{(\alpha^0),(\alpha^5),(\alpha^7),(\alpha^{17}),(\alpha^{20})\}$$
$$\{(\eta_1\alpha^1+\eta_2\alpha^{20})\}=\{(\alpha^1),(\alpha^{11}),(\alpha^{14}),(\alpha^{15}),(\alpha^{20})\}$$
$$\{(\eta_1\alpha^2+\eta_2\alpha^{20})\}=\{(\alpha^2),(\alpha^3),(\alpha^8),(\alpha^{10}),(\alpha^{20})\}$$
$$\{(\eta_1\alpha^4+\eta_2\alpha^{20})\}=\{(\alpha^4),(\alpha^6),(\alpha^{16}),(\alpha^{19}),(\alpha^{20})\}$$
$$\{(\eta_1\alpha^9+\eta_2\alpha^{20})\}=\{(\alpha^9),(\alpha^{12}),(\alpha^{13}),(\alpha^{18}),(\alpha^{20})\}$$

这些直线的关系向量(以多项式的形式表示)为

$$\boldsymbol{w}_1(X)=1+X^5+X^7+X^{17}+X^{20}$$
$$\boldsymbol{w}_2(X)=X+X^{11}+X^{14}+X^{15}+X^{20}$$
$$\boldsymbol{w}_3(X)=X^2+X^3+X^8+X^{10}+X^{20}$$
$$\boldsymbol{w}_4(X)=X^4+X^6+X^{16}+X^{19}+X^{20}$$
$$\boldsymbol{w}_5(X)=X^9+X^{12}+X^{13}+X^{18}+X^{20}$$

这些向量正交于数据位 20.

对于 $\mu=1$，我们获得了一类一步大数逻辑可译 PG 码. 对于 m=2，(1,s) 阶的 PC 码就成为差集码. 因此，差集码构成了 (1,s) 阶 PG 码的一个子类. 对于 $s=1$，(1,1) 阶 PG 码就成为极长码.

对于一个一般的 (μ,s) 阶 PG 码，没有什么简单的公式可以用来计算其奇偶校验位的数目. 然而，对于 $\mu=m-1$，长度为 $\frac{2^{(m+1)s}-1}{2^s-1}$ 的 $(m-1,s)$ 阶 PG 码的奇偶校验位的数目为

$$n-k=1+\binom{m+1}{m}^s \tag{10}$$

Goethals Delsarte，Smith 以及 Mac Williams 和 Mann 分别独立地得到了该表达式. 表 1 给出了一个 PG 码表.

表 1　PG 码表

m	s	μ	n	k	J	t_{ML}	m	s	μ	n	k	J	t_{ML}
2	2	1	21	11	5	2	5	2	4	1365	1328	5	2
2	3	1	73	45	9	4	5	2	3	1365	1063	21	10
3	2	2	85	68	5	2	5	2	2	1365	483	85	21
3	2	1	85	24	21	10	5	2	1	1365	76	341	170
2	4	1	273	191	17	8	2	6	1	4161	3431	65	32
4	2	3	341	315	5	2	6	2	5	5461	5411	5	2
4	2	2	341	195	21	10	6	2	4	5461	4900	21	10
4	2	1	341	45	85	42	6	2	3	5461	3185	85	42
3	3	2	585	520	9	4	6	2	2	5461	1064	341	170
3	3	1	585	184	73	36	6	2	1	5461	119	1365	682
2	5	1	1057	813	33	16							

PG 码首先由 Rudolph 所研究，此后又有许多人对其进行了推广.

第五编

推广及文献

Hamming 码的推广

第 7 章

§1 极大投射码

本节将把两种码联系起来,先来看一个例子.

例1 取 F 为 2 元域, $k=3$, $n=|PG(F^3)|=\frac{2^3-1}{2-1}=7$. 以

$$G=\begin{pmatrix}1&0&0&1&0&1&1\\0&1&0&1&1&1&0\\0&0&1&0&1&1&1\end{pmatrix}$$

为生成矩阵的线性码 C 是极大投射码,容易算出它的全部码字共 8 个,为

0 0 0 0 0 0 0

1 0 0 1 0 1 1

0 1 0 1 1 1 0

0 0 1 0 1 1 1

1 1 0 0 1 0 1

$$\begin{matrix} 1 & 0 & 1 & 1 & 1 & 0 & 0 \\ 0 & 1 & 1 & 1 & 0 & 0 & 1 \\ 1 & 1 & 1 & 0 & 0 & 0 & 1 \end{matrix}$$

它的参数是[7,3,4],它的纠错能力为1,检错能力为3.它的突出特点是每个非零码字的重量都是4;换言之,它是等距码,我们将指出,这不是偶然的;从本质上说,所有等距线性码都是由极大投射码按简单重复的方式构造出来的.

极大投射码是Hamming码的对偶码.我们也将采用多少对偶的方法研究它.

设 $C \leqslant F^n$ 是一个 $[n,k,d]$ 线性码;并设 C 有基底

$$\boldsymbol{g}_1=(g_{11},g_{12},\cdots,g_{1n}),\cdots,\boldsymbol{g}_k=(g_{k1},g_{k2},\cdots,g_{kn})$$

以它们为行向量的 $k\times n$ 矩阵

$$\boldsymbol{G}=\begin{pmatrix} g_{11} & g_{12} & \cdots & g_{1n} \\ \vdots & \vdots & & \vdots \\ g_{k1} & g_{k2} & \cdots & g_{kn} \end{pmatrix}$$

是线性码 C 的一个生成矩阵.那么矩阵 $\boldsymbol{G}$ 的秩为 k,对于任意码字 $\boldsymbol{c}\in C$,恰存在一个 k 维向量 $\boldsymbol{y}=(y_1,y_2,\cdots,y_k)\in F^k$ 使得 $\boldsymbol{c}=\boldsymbol{yG}$,并且容易验证以下命题.

命题1 以下映射是线性同构的

$$F^k \xrightarrow{\cong} C,\boldsymbol{y}\mapsto \boldsymbol{yG}$$

特别地,C 的所有线性子码也以这种方式与 F^k 的线性子空间一一对应.

另一方面,C 的对偶码 $C^{\perp}$ 以 $\boldsymbol{G}$ 为检测矩阵

$$C^{\perp}=\{\boldsymbol{x}\in F^n \mid \boldsymbol{Gx}^{\mathrm{T}}=\boldsymbol{0}\} \qquad (1)$$

这里 $\boldsymbol{x}^{\mathrm{T}}$ 为行矩阵 $\boldsymbol{x}=(x_1,x_2,\cdots,x_n)$ 的转置矩阵.

如同上一节,令

码	参数	重量分布	重量计数子
C	$[n,k,d]$	$(A_0,A_1,\cdots,A_n)$	$A_C(z)=\sum_{i=0}^{n}A_iz^i$
$C^{\perp}$	$[n,k',d']$	$(B_0,B_1,\cdots,B_n)$	$B_C(z)=\sum_{i=0}^{n}B_iz^i$

把矩阵 $\boldsymbol{G}$ 按列分块写成

$$\boldsymbol{G}=(\boldsymbol{G}_1,\boldsymbol{G}_2,\cdots,\boldsymbol{G}_n)$$

即 $\boldsymbol{G}_j$ 是 $\boldsymbol{G}$ 的第 j 列. 特别地,$\boldsymbol{G}_j\in F^k$. 那么 C 的任何码字 $\boldsymbol{c}\in C$ 对应于 $\boldsymbol{y}\in F^k$,使得

$$\boldsymbol{c}=\boldsymbol{y}\boldsymbol{G}=(\boldsymbol{y}\boldsymbol{G}_1,\boldsymbol{y}\boldsymbol{G}_2,\cdots,\boldsymbol{y}\boldsymbol{G}_n) \tag{2}$$

我们已经知道了如何从 $\boldsymbol{G}$ 确定 $C^{\perp}$ 的极小距离 $d'=d(C^{\perp})$. 特别地,容易得到以下命题.

命题2　以下四个条件等价:

(1) $d(C^{\perp})\geqslant 2$;

(2)对偶重量分布中 $B_1=0$;

(3) $\boldsymbol{G}$ 没有零列;

(4)对于任意 $1\leqslant i\leqslant n$,存在码字 $\boldsymbol{c}=(c_1,c_2,\cdots,c_n)\in C$ 使得 $c_i\neq 0$.

证明　(1)⇔(2):重量分布的定义.

(1)⇔(3):因为一个零向量线性相关,所以得出本断言.

(3)⇔(4):从式(2)直接得出.

向量空间 F^k 的投射空间 $\mathrm{PG}(F^k)$ 是 F^k 的所有1维子空间的集合,而

$$|\mathrm{PG}(F^k)| = \frac{q^k - 1}{q - 1}$$

那么生成矩阵 $\boldsymbol{G}$ 的每个非零列向量 $\boldsymbol{G}_i$ 生成的子空间 $\langle \boldsymbol{G}_i \rangle \in \mathrm{PG}(F^k)$. 由此,矩阵 $\boldsymbol{G}$(实际上任何 k 行的矩阵都可以)决定一个非负整值函数(其中 $\mathbf{Z}_+$ 记所有非负整数的集合)

$$m_G: \mathrm{PG}(F^k) \to \mathbf{Z}_+, L \mapsto m_G(L)$$

$$m_G(L) = |\{i \mid \boldsymbol{G}_i \neq \boldsymbol{0} \text{ 且} \langle \boldsymbol{G}_i \rangle = L\}| \qquad (3)$$

这里 $m_G(L)$ 称为 $L \in \mathrm{PG}(F^k)$ 在 $\boldsymbol{G}$ 中出现的重数(multiplicity). 这个术语没有反映零列的情况,我们就用 g_0 表示 $\boldsymbol{G}$ 中零列的个数.

使用这个术语,就可以如下描写投射码. 注意 $g_0 > 0$时 C 肯定不是投射码.

命题 3 设 $\boldsymbol{G}$ 是线性码 C 的生成矩阵,$g_0 = 0$. 则:

(1) C 为投射码当且仅当 $m_G(L) \leqslant 1$,对于任意 $L \in \mathrm{PG}(F^k)$;

(2) C 为极大投射码当且仅当 $m_G = 1$(常值函数 1).

考虑 F^k 的任一子空间 U. 显然 U 的 1 维子空间也是 F^k 的 1 维子空间,换言之,$\mathrm{PG}(U) \subseteq \mathrm{PG}(F^k)$.

引理 1 令 $m_G(U) = \sum_{L \in \mathrm{PG}(U)} m_G(L)$. 则 $m_G(U) + g_0$ 是 $\boldsymbol{G}$ 的列向量中属于 U 的向量个数.

证明 设生成矩阵 $\boldsymbol{G}$ 的列向量 $\boldsymbol{G}_i \in U$. 如果 $\boldsymbol{G}_i = \boldsymbol{0}$,则它被计数在 g_0 中,而且零列的计数没有重复. 如果 $\boldsymbol{G}_i \neq \boldsymbol{0}$,则 $\langle \boldsymbol{G}_i \rangle = L \in \mathrm{PG}(U)$,它被计数在 $m_G(L)$ 中. 反之,对于任意 $L \in \mathrm{PG}(U)$,按 $m_G(L)$ 的定义,在

$m_G(L)$的计数中做贡献的 $\boldsymbol{G}_i$ 必属于 U. 所以得到引理结论.

我们利用这个工具来研究码字的重量. 设 $\boldsymbol{c}\in C$,由命题 1,存在唯一的 $\boldsymbol{y}\in F^k$ 使得 $\boldsymbol{c}=\boldsymbol{yG}$. 另一方面,在向量空间 F^k 中把$\langle\boldsymbol{y}\rangle$的正交子空间$\langle\boldsymbol{y}\rangle^{\perp}$简记为 $\boldsymbol{y}^{\perp}$,它是 F^k 的一个 $k-1$ 维子空间,这种最大维数的真子空间称为超平面.

命题 4　$w(\boldsymbol{c})=w(\boldsymbol{yG})=n-m_G(\boldsymbol{y}^{\perp})-g_0$.

证明　码字 $\boldsymbol{yG}$ 的第 i 个分量为零当且仅当 $\boldsymbol{yG}_i=\boldsymbol{0}$,当且仅当 $\boldsymbol{G}_i\in\boldsymbol{y}^{\perp}$. 所以 $\boldsymbol{yG}$ 的零分量个数是生成矩阵 $\boldsymbol{G}$ 的列向量中属于 $\boldsymbol{y}^{\perp}$ 的向量个数. 本命题立即由引理 1 导出.

因为当 $\boldsymbol{y}$ 跑遍 F^k 时,一方面 $\boldsymbol{yG}$ 跑遍码 C 中的码字,另一方面 $\boldsymbol{y}^{\perp}$跑遍 F^k 的超平面.

定理 1　设 $\boldsymbol{G}$ 是线性码 C 的生成矩阵,设 m_G 如(3)所定义. 则 C 的极小距离

$$d(C)=n-\max\{m_G(W)\mid W\text{ 跑遍 }F^k\text{ 的超平面}\}=g_0$$

作为命题 4 的另一个推论,很容易知道极大投射码是等距码,即任意两码字的距离为常数的码. 下面将叙述的是一个比这更广的结论. 先介绍一个简单结论.

引理 2　线性码是等距的当且仅当它是等重的.

证明　$d(\boldsymbol{c},\boldsymbol{c}')=d$ 对于任意 $\boldsymbol{c}\neq\boldsymbol{c}'\in C$ 当且仅当 $w(\boldsymbol{c}-\boldsymbol{c}')=d$,对于任意 $\boldsymbol{c}\neq\boldsymbol{c}'\in C$ 当且仅当 $w(\boldsymbol{c})=d$ 对于任意 $\boldsymbol{0}\neq\boldsymbol{c}\in C$.

推论 1　如果由 q 元$[n,k,d]$线性码 C 的生成矩阵 $\boldsymbol{G}$ 确定的函数 $m_G=g$ 是常值函数,则 C 是参数为

$\left[g\frac{q^{k-1}-1}{q-1}+g_0,k,gq^{k-1}\right]$的等距码. 特别地,极大投射码是参数为$\left[\frac{q^k-1}{q-1},k,q^{k-1}\right]$的等距码.

证明 设对于任意 $L\in \mathrm{PG}(F^k)$ 有 $m_G(L)=g$ 是常数,则生成矩阵 $\boldsymbol{G}$ 的非零列共有

$$g\cdot|\mathrm{PG}(F^k)|=g\frac{q^k-1}{q-1}$$

故 $n=g\frac{q^k-1}{q-1}+g_0$.

对于 F^k 的任意超平面 W 也有

$$m_G(W)=g|\mathrm{PG}(W)|=g\frac{q^{k-1}-1}{q-1}$$

这是常数. 那么由命题 4,任意码字的重量

$$w(\boldsymbol{c})=n-g\frac{q^{k-1}-1}{q-1}-g_0=gq^{k-1}$$

也是常数. 如果 C 是极大投射码,那么 $g_0=0,g=1$,$n=\frac{q^k-1}{q-1}$,从而 $d=q^{k-1}$.

我们的主要目的是要证明推论 1 的逆命题也是成立的. 为此先做一点准备工作,在下一结论中 C 不必是线性码.

引理 3 设 C 是 F 上的含零向量的等重码,即任意两个非零码字的重量相等;并设 $|C|=q^k$. 如果形式对偶码的形式重量分布中的 $B_1=0$,那么存在正整数 m 使得

$$n=\frac{m(q^k-1)}{q-1}$$

和

$$d = mq^{k-1}$$

证明 按假设,$A_0 = 1, A_d = q^k - 1$,而其他的 $A_i = 0$,那么

$$A_C(z) = 1 + (q^k - 1)z^d$$

由 Mac Williams 恒等式,我们有

$$\begin{aligned} q^k \cdot B_C(z) &= (1 + (q-1)z)^n \cdot \\ &\quad \left(1 + (q^k - 1)\left(\frac{1-z}{1+(q-1)z}\right)^d\right) \\ &= (1 + (q-1)z)^n + (q^k - 1)(1-z)^d \cdot \\ &\quad (1 + (q-1)z)^{n-d} \end{aligned}$$

特别地

$$q^k \cdot B_1 = q(q^{k-1}(q-1)n - (q^k - 1)d)$$

而由假设,$B_1 = 0$,所以

$$q^{k-1}(q-1)n - (q^k - 1)d = 0$$

即

$$d = \frac{q^{k-1}(q-1)n}{(q^k - 1)} = \frac{nq^{k-1}}{q^{k-1} + \cdots + q + 1}$$

为整数. 但是 q^{k-1} 与 $q^{k-1} + \cdots + q + 1$ 是互素的整数,这是因为整数 q 和 $q-1$ 使得

$$qq^{k-1} - (q-1)(q^{k-1} + \cdots + q + 1) = 1$$

所以存在正整数 m 使得

$$n = m(q^{k-1} + \cdots + q + 1) = \frac{m(q^k - 1)}{q - 1}$$

随之 $d = mq^{k-1}$.

定理2 设 $\boldsymbol{G}$ 是线性码 C 的生成矩阵,m_G 是由(3)确定的函数,则 C 是等距码当且仅当 m_G 是常值

函数.

证明 充分性已在推论 1 中获证.

设 C 是等距码,要证明 m_G 是常值函数. 设码 C 的参数是$[n,k,d]$,其中 d 是任两码字的距离,那么 $|C|=q^k$. 令 $\boldsymbol{G}=(\boldsymbol{G}_1,\boldsymbol{G}_2,\cdots,\boldsymbol{G}_n)$是 C 的生成矩阵,并仍用(3)中的记号. 如果 $k=1$,那么$|\mathrm{PG}(F^k)|=1$,则 m_G 显然是常值函数. 以下设 $k>1$. 如果 $\boldsymbol{G}_i=\boldsymbol{0}$ 对于某 $1\leqslant i\leqslant n$,那么对于任意 $\boldsymbol{c}\in C$ 其 i 分量 $c_i=0$;把从 $\boldsymbol{G}$ 中去掉列 $\boldsymbol{G}_i$ 后的矩阵记为 $\boldsymbol{G}'$,则以矩阵 $\boldsymbol{G}'$ 为生成矩阵的线性码 C'仍是等距码;按对码长 n 的归纳法,$m_{G'}$ 是常值函数,但去掉的是零列,所以 $m_G=m_{G'}$从而 m_G 也是常值函数. 故可进一步设所有 $\boldsymbol{G}_i\neq\boldsymbol{0}$. 那么由命题 2,对偶重量分布中的 $B_1=0$;再由引理 3 就有:

(i)存在正整数 m,使得 $n=\dfrac{m(q^k-1)}{q-1}$,$d=mq^{k-1}$;

现在我们证明:

(ii)对于任意 $L\in\mathrm{PG}(F^k)$有 $m_G(L)>0$.

如果不是这样,那么存在 $L\in\mathrm{PG}(F^k)$使得 $m_G(L)=0$,即$\langle\boldsymbol{G}_i\rangle\neq L$ 对于任意 $1\leqslant i\leqslant n$. 那么,由命题 1 知 C 有子码

$$\hat{C}=\{\boldsymbol{yG}=(\boldsymbol{yG}_1,\boldsymbol{yG}_2,\cdots,\boldsymbol{yG}_n)\mid\boldsymbol{y}\in L^{\perp}\}$$

是 $k-1$ 维的线性子码,它也是线性等距码,因为它的每个非零码字的重量也是 d;它的参数$[\hat{n},\hat{k},\hat{d}]$就是 $\hat{n}=n$,$\hat{k}=k-1$,$\hat{d}=d$. 而且对于任意 $1\leqslant i\leqslant n$,由于$\langle\boldsymbol{G}_i\rangle\neq L$,故存在 $\boldsymbol{0}\neq\boldsymbol{y}\in L^{\perp}$ 使得 $\boldsymbol{yG}_i\neq\boldsymbol{0}$,即存在 $\hat{C}$ 的

码字其 i 分量非零. 所以 $\hat{C}$ 的生成矩阵的所有列非零. 仍由命题 2, 参看(ⅰ), 我们有正整数 $\hat{m}$, 使得

$$n=\hat{n}=\frac{\hat{m}(q^{k-1}-1)}{q-1}$$

$$d=\hat{d}=\hat{m}q^{k-2}$$

把它们与(i)比较, 得到

$$\frac{\hat{m}(q^{k-1}-1)}{q-1}=\frac{m(q^{k}-1)}{q-1}$$

$$\hat{m}q^{k-2}=mq^{k-1}$$

从后一式得 $\hat{m}=mq$, 代入前一式得

$$\frac{q(q^{k}-1)}{q-1}=\frac{q^{k}-1}{q-1}$$

$$=q^{k-1}+\cdots+q+1$$

特别地, q 整除 $q^{k-1}+\cdots+q+1$ 显然是不可能的. 所以断言(ii)成立.

根据断言(ii), 适当地选取置换矩阵 $\boldsymbol{P}$ 就可使得

$$\boldsymbol{GP}=(\boldsymbol{G}',\boldsymbol{K})=(\boldsymbol{G}',\boldsymbol{K}_1,\boldsymbol{K}_2,\cdots,\boldsymbol{K}_s)$$

其中 $s=\frac{q^{k}-1}{q-1}$, 而 $\langle\boldsymbol{K}_i\rangle$, $i=1,2,\cdots,s$, 恰好跑遍 $\mathrm{PG}(F^{k})$ 的全部元, $\boldsymbol{K}$ 是 k 维极大投射码 D 的生成矩阵, 而 $\boldsymbol{G}'$ 是一个 $k\times r$ 矩阵, $r=n-\frac{q^{k}-1}{q-1}$. 设以 $\boldsymbol{GP}$ 为生成矩阵的线性码是 $\widetilde{C}$, 那么 $C\cong\widetilde{C}$, 从而 $\widetilde{C}$ 是等距码而 $m_{GP}=m_G$. 所以我们可设

$$\boldsymbol{G}=(\boldsymbol{G}',\boldsymbol{K})=(\boldsymbol{G}',\boldsymbol{K}_1,\boldsymbol{K}_2,\cdots,\boldsymbol{K}_s)$$

如果 $\boldsymbol{G}'=\boldsymbol{0}$, 那么 C 是极大投射码, 则 $m_G=1$ 是常值函数.

再设 $\boldsymbol{G}'\neq\boldsymbol{0}$. 把码 C 的每个码字 $\boldsymbol{yG}$ 的后 s 位截

去,得到长 $n-s$ 的字 $\boldsymbol{yG}$. 对于任意非零的 $\boldsymbol{y},\boldsymbol{y}'\in F^k$,因为

$$w(\boldsymbol{yG}')+w(\boldsymbol{yK})=w(\boldsymbol{y}'\boldsymbol{G}')+w(\boldsymbol{y}'\boldsymbol{K})$$

而且

$$w(\boldsymbol{yK})=w(\boldsymbol{y}'\boldsymbol{K})$$

所以:(iii)$w(\boldsymbol{yG}')=w(\boldsymbol{y}'\boldsymbol{G}')$,对于任意非零的 $\boldsymbol{y},\boldsymbol{y}'\in F^k$.

如果 $\boldsymbol{G}'$的秩小于 k,那么 $\boldsymbol{G}'$的所有列向量生成的子空间 U 是 F^k 的真子空间,从而 $U^{\perp}$ 是非零子空间,即有 $\boldsymbol{0}\neq\boldsymbol{y}_0\in U^{\perp}$,那么 $\boldsymbol{y}_0\boldsymbol{G}'=\boldsymbol{0}$;但另一方面,因 $\boldsymbol{G}'\neq\boldsymbol{0}$,故有 $\boldsymbol{y}'\in F^k$ 使得 $\boldsymbol{y}'\boldsymbol{G}'\neq\boldsymbol{0}$,这与(iii)相矛盾. 所以 $\boldsymbol{G}'$的秩只能是 k.

因此,从码 C 的每个码字截去后 s 位得到了一个参数为$[n-s,k,d-q^{k-1}]$的等距线性码,其生成矩阵是 $\boldsymbol{G}'$. 按对长度的归纳法 $m_{G'}$ 是常值函数. 于是得到 $m_G=m_{G'}+m_K$ 也是常值函数.

推论 2　C 是线性等距码当且仅当它的生成矩阵 $\boldsymbol{G}$ 在适当的列置换后可写成

$$\boldsymbol{G}=(\boldsymbol{K}^{(1)},\boldsymbol{K}^{(2)},\cdots,\boldsymbol{K}^{(m)},\boldsymbol{0})$$

其中每个 $\boldsymbol{K}^{(j)}$ 是一个极大投射码的生成矩阵. 特别地,线性等距码的参数必形如

$$\left[\frac{m(q^k-1)}{q-1}+s,k,mq^{k-1}\right]$$

推论 3　存在线性码 C 达到 Plotkin 界,而且只有以下述矩阵为生成矩阵的线性等距码达到 Plotkin 界

$$\boldsymbol{G}=(\boldsymbol{K}^{(1)},\boldsymbol{K}^{(2)},\cdots,\boldsymbol{K}^{(m)})$$

其中每个 $\boldsymbol{K}^{(j)}$ 是一个极大投射码的生成矩阵.

§2　Goppa　码　类

1. 推广 Hamming 码

我们知道,二元 Hamming 码是能够纠正一个差错的完全码. 它是由其校验矩阵 $\boldsymbol{H}_m$ 来定义的,这里

$$\boldsymbol{H}_m=(\boldsymbol{h}_0,\boldsymbol{h}_1,\cdots,\boldsymbol{h}_{n-1}) \tag{1}$$

其中 $n=2^m-1(m\geqslant 3)$,$\boldsymbol{h}_k(k=0,1,\cdots,n-1)$为 m 长二元非零列向量

$$\boldsymbol{h}_k=\begin{pmatrix} h_{0k}\\ h_{1k}\\ \vdots\\ h_{m-1,k}\end{pmatrix},k=0,1,\cdots,n-1 \tag{2}$$

一个 n 长二元向量 $\boldsymbol{x}=(x_0,x_1,\cdots,x_{n-1})\in V_n(F_2)$是个码字,当且仅当它适合下式

$$x_0\boldsymbol{h}_0+x_1\boldsymbol{h}_1+\cdots+x_{n-1}\boldsymbol{h}_{n-1}=0 \tag{3}$$

上式实质上是对码字 $\boldsymbol{x}$ 的 m 个校验式

$$x_0h_{j0}+x_1h_{j1}+\cdots+x_{n-1}h_{j,n-1}=0$$
$$j=0,1,\cdots,m-1 \tag{4}$$

就是说,m 个校验式能纠正 $n=2^m-1$ 长码字中的一个差错. 那么,我们要想纠正其中的两个差错,应该使用多少个校验式呢?

为纠正两个差错而使校验式的数目加倍是自然的想法. 现在,仍设 $n=2^m-1(m\geqslant 3)$,而考虑 $2m\times n$ 阶

二元矩阵 $\boldsymbol{H}_{2m}$，并简记为

$$\boldsymbol{H}_{2m}=\begin{pmatrix}\boldsymbol{h}_0 & \boldsymbol{h}_1 & \cdots & \boldsymbol{h}_{n-1}\\ z_0 & z_1 & \cdots & z_{n-1}\end{pmatrix} \tag{5}$$

其中 $z_0,z_1,\cdots,z_{n-1}$ 为 $\boldsymbol{h}_0,\boldsymbol{h}_1,\cdots,\boldsymbol{h}_{n-1}$ 的任一排列，对应关系为 $\boldsymbol{h}_k\to z_k$，可视为一种函数关系，$z_k=f(\boldsymbol{h}_k)$，$k=0,1,\cdots,n-1$. 于是式(5)可写为

$$\boldsymbol{H}_{2m}=\begin{pmatrix}\boldsymbol{h}_0 & \boldsymbol{h}_1 & \cdots & \boldsymbol{h}_{n-1}\\ f(\boldsymbol{h}_0) & f(\boldsymbol{h}_1) & \cdots & f(\boldsymbol{h}_{n-1})\end{pmatrix} \tag{6}$$

现在的问题是，将上述 $\boldsymbol{H}_{2m}$ 作为一个线性码的校验矩阵，而使其能纠正两个差错，那么，应该怎样选择对应法则 $f(\boldsymbol{h})$ 呢？利用校验子译法，这就等于说，对于 $s_i\in V_m(F_2)$，$i=1,2$，如何选择 $f(\boldsymbol{h})$，使得方程组

$$\begin{cases}\boldsymbol{h}_i+\boldsymbol{h}_j=\boldsymbol{s}_1\\ f(\boldsymbol{h}_i)+f(\boldsymbol{h}_j)=\boldsymbol{s}_2\end{cases} \tag{7}$$

对 $\boldsymbol{h}_i$ 及 $\boldsymbol{h}_j$ 于 $V_m(F_2)$ 中有确定解，以便确定两个错位 $\boldsymbol{h}_i$ 及 $\boldsymbol{h}_j$. 为使 $(\boldsymbol{s}_1,\boldsymbol{s}_2)=(\boldsymbol{0},\boldsymbol{0})$ 对应一个码字，我们还应使 f 满足条件

$$f(\boldsymbol{0})=\boldsymbol{0} \tag{8}$$

下面我们试着选择 f，使它在条件(8)下，给出方程组(7)的解. 因为各 $\boldsymbol{h}_k$ 及 $f(\boldsymbol{h}_k)$ 都是 $V_m(F_2)$ 中的元素，所以为向量运算方便起见，可把它们视为扩域 F_{2^m} 中的元素. 这里 F_{2^m} 为具有 2^m 个元素的 Galois 域，而 $V_m(F_2)$ 与 F_{2^m} 中的元素可建立一一对应关系.

首先，若取 f 为线性函数，即

$$f(\boldsymbol{h})=c\boldsymbol{h} \tag{9}$$

这里 c 为常数. 此时，方程组(7)化为

$$\begin{cases}\boldsymbol{h}_i+\boldsymbol{h}_j=\boldsymbol{s}_1\\ c(\boldsymbol{h}_i+\boldsymbol{h}_j)=\boldsymbol{s}_2\end{cases}\tag{10}$$

当 $c\neq 0, c^{-1}\boldsymbol{s}_2\neq\boldsymbol{s}_1$ 时,方程组(10)无解,否则为不定解.

其次,试取 f 为二次函数,令

$$f(\boldsymbol{h})=\boldsymbol{h}^2, \boldsymbol{h}\in F_{2^m}\tag{11}$$

这时,方程组(7)化为

$$\begin{cases}\boldsymbol{h}_i+\boldsymbol{h}_j=\boldsymbol{s}_1\\ \boldsymbol{h}_i^2+\boldsymbol{h}_j^2=\boldsymbol{s}_2\end{cases}\tag{12}$$

注意,在特征为2的Galois域中,有

$$(\boldsymbol{h}_i+\boldsymbol{h}_j)^2=\boldsymbol{h}_i^2+\boldsymbol{h}_j^2\tag{13}$$

于是方程组(12)又化为

$$\begin{cases}\boldsymbol{h}_i+\boldsymbol{h}_j=\boldsymbol{s}_1\\ (\boldsymbol{h}_i+\boldsymbol{h}_j)^2=\boldsymbol{s}_2\end{cases}\tag{14}$$

这在 $\boldsymbol{s}_1=\boldsymbol{0}\neq\boldsymbol{s}_2$ 下无解;当 $\boldsymbol{s}_1\neq\boldsymbol{0}$ 时,而 $\boldsymbol{s}_1^{-1}\boldsymbol{s}_2\neq\boldsymbol{s}_1$ 下亦无解;否则为不定解.

以上表明,假设(9)及(11)都不能解决问题. 为此,进一步考虑立方函数,令

$$f(\boldsymbol{h})=\boldsymbol{h}^3, \boldsymbol{h}\in F_{2^m}\tag{15}$$

这时方程组(7)化为

$$\begin{cases}\boldsymbol{h}_i+\boldsymbol{h}_j=\boldsymbol{s}_1\\ \boldsymbol{h}_i^3+\boldsymbol{h}_j^3=\boldsymbol{s}_2\end{cases}\tag{16}$$

在 $\boldsymbol{s}_1\neq\boldsymbol{0}$ 下,考虑方程组(16)的解. 有

$$\boldsymbol{h}_i^3+\boldsymbol{h}_j^3=(\boldsymbol{h}_i+\boldsymbol{h}_j)(\boldsymbol{h}_i^2+\boldsymbol{h}_i\boldsymbol{h}_j+\boldsymbol{h}_j^2)=\boldsymbol{s}_1(\boldsymbol{s}_1^2+\boldsymbol{h}_i\boldsymbol{h}_j)$$

化简后可得

$$\boldsymbol{h}_i\boldsymbol{h}_j=\frac{\boldsymbol{s}_2}{\boldsymbol{s}_1}+\boldsymbol{s}_1^2 \tag{17}$$

于是,在给定 $\boldsymbol{s}_1$ 及 $\boldsymbol{s}_2$ 下,方程组(16)的解 $\boldsymbol{h}_i$ 及 $\boldsymbol{h}_j$ 为下列二次方程的根

$$D^2+\boldsymbol{s}_1D+(\boldsymbol{s}_1^{-1}\boldsymbol{s}_2+\boldsymbol{s}_1^2)=0 \tag{18}$$

一般说来,在 F_{2^m} 中,上述方程(18),不一定恒有解,也没有一个通用的求根公式. 但当$(\boldsymbol{s}_1,\boldsymbol{s}_2)$是不超过两个差错的校验子时,方程(18)必定有解,而且其解可用试验法得到,即试验 F_{2^m} 中所有元素,哪个满足方程(18)便为其解.

总之,当$(\boldsymbol{s}_1,\boldsymbol{s}_2)=(\boldsymbol{0},\boldsymbol{0})$时,方程(16)或(18)的解取为$(\boldsymbol{h}_i,\boldsymbol{h}_j)=(\boldsymbol{0},\boldsymbol{0})$,认为无差错出现;而当 $\boldsymbol{s}_2=\boldsymbol{s}_1^3$ 时,认为只有一个差错出现,错位出现在 $\boldsymbol{h}_i=\boldsymbol{s}_1$ 所对应的位置上;当方程(18)无解时,认为有多于两个差错出现,而不能纠正,作为检错;当方程(18)恰有两个解 $\boldsymbol{h}_i,\boldsymbol{h}_j\in F_{2^m}$ 时,认为有两个差错出现,错位处于 $\boldsymbol{h}_i$ 及 $\boldsymbol{h}_j$ 对应的位置上,即错位为$(\boldsymbol{h}_i,\boldsymbol{h}_i^3)$及$(\boldsymbol{h}_j,\boldsymbol{h}_j^3)$.

在条件(15)下,矩阵(6)化为

$$\boldsymbol{H}=\begin{pmatrix}\boldsymbol{h}_0 & \boldsymbol{h}_1 & \cdots & \boldsymbol{h}_{n-1}\\ \boldsymbol{h}_0^3 & \boldsymbol{h}_1^3 & \cdots & \boldsymbol{h}_{n-1}^3\end{pmatrix} \tag{19}$$

其中 $\boldsymbol{0}\neq\boldsymbol{h}_k\in V_m(F_2),k=0,1,\cdots,n-1,n=2^m-1,m\geqslant3$.

以矩阵(19)为校验阵的线性码 $\mathscr{C}$ 就是纠正两个差错的 BCH 码.

例 1 设 α 是 Galois 域 $F_{16}=\mathrm{GF}(16)$ 中的一个本原元,它在 F_2 上的极小多项式为 $p(D)=D^4+D+1$,这是一个本原多项式,它的 4 个根 $\alpha,\alpha^2,\alpha^4,\alpha^8$ 都是本

原元,将别地,有

$$\alpha^4+\alpha+1=0 \tag{20}$$

依此可以给出 F_{16} 中各元的二元向量表现,F_{16} 中每元均为 4 维二元向量. 令

$$H_8=\begin{pmatrix}1 & \alpha & \alpha^2 & \alpha^3 & \alpha^4 & \alpha^5 & \alpha^6 & \alpha^7 & \alpha^8 & \alpha^9 & \alpha^{10} & \alpha^{11} & \alpha^{12} & \alpha^{13} & \alpha^{14}\\ 1 & \alpha^3 & \alpha^6 & \alpha^9 & \alpha^{12} & 1 & \alpha^3 & \alpha^6 & \alpha^9 & \alpha^{12} & 1 & \alpha^3 & \alpha^6 & \alpha^9 & \alpha^{12}\end{pmatrix} \tag{21}$$

则它的二元表现为

$$H_8=\begin{pmatrix}1&0&0&0&1&0&0&1&1&0&1&0&1&1&1\\0&1&0&0&1&1&0&1&0&1&1&1&1&0&0\\0&0&1&0&0&1&1&0&1&0&1&1&1&1&0\\0&0&0&1&0&0&1&1&0&1&0&1&1&1&1\\1&0&0&0&1&1&0&0&0&1&1&0&0&0&1\\0&0&0&1&1&0&0&0&1&1&0&0&0&1&1\\0&0&1&0&1&0&0&1&0&1&0&0&1&0&1\\0&1&1&1&1&0&1&1&1&1&0&1&1&1&1\end{pmatrix} \tag{22}$$

以上述 $\boldsymbol{H}_8$ 为校验矩阵的(15,7)线性码 $\mathscr{C}$ 就是一个二元 BCH 码,码的最小距离是 3,它能纠正两个差错. 比如,错误图样为 $e=(001000001000000)$,即在(α^2,α^6)及(α^8,α^9)位置上出现错误. 这时校验式为

$$(\boldsymbol{s}_1,\boldsymbol{s}_2)=(\alpha^2+\alpha^8,\alpha^6+\alpha^9)=(1,\alpha^5) \tag{23}$$

方程(18)化为

$$D^2+D+(\alpha^5+1)=0$$

即

$$(D+\alpha^2)(D+\alpha^8)=0 \tag{24}$$

由此可得两个错位为 α^2 及 α^8 所对应的位置,即错位为(α^2,α^6)及(α^8,α^9).

此外,若出现三个错误,比如,e = (110100000000000),即错位出现在1,α 及 α^3 所对应的位置上. 这时 $\boldsymbol{s}_1 = 1+\alpha+\alpha^3 = \alpha^7$,$\boldsymbol{s}_2 = 1+\alpha^3+\alpha^9 = \alpha^4$,方程(18)化为

$$D^2+\alpha^7 D+(\alpha^8\alpha^4+\alpha^{14})=0$$

即

$$D^2+\alpha^7 D+\alpha^5=0 \tag{25}$$

此方程于 F_{16} 中经试验无根,故判定至少发生三个以上错误.

2. BCH **码的定义及性能**

BCH 码是迄今最重要的实用码类之一. 它是由法国数学家 A. Hocquenghem(霍昆格姆)于 1959 年首先发现的,但当时未被人们注意;1960 年由 R. C. Boe 及 D. K. Ray-Chaudhuri(博斯及查德胡里)正式发表①.

设 $\alpha_0,\alpha_1,\cdots,\alpha_{n-1}$ 是 Galois 域 F_{2^m} 中的所有非零元,$n=2^m-1$. 对任意正整数 $t\leqslant\frac{n-1}{2}$,写矩阵

$$\boldsymbol{H}=\begin{pmatrix} \alpha_0 & \alpha_1 & \cdots & \alpha_{n-1} \\ \alpha_0^3 & \alpha_1^3 & \cdots & \alpha_{n-1}^3 \\ \alpha_0^5 & \alpha_1^5 & \cdots & \alpha_{n-1}^5 \\ \vdots & \vdots & & \vdots \\ \alpha_0^{2t-1} & \alpha_1^{2t-1} & \cdots & \alpha_{n-1}^{2t-1} \end{pmatrix} \tag{26}$$

① 见 Information and Control,3,pp. 68-79,March,1960.

以此矩阵 $\boldsymbol{H}$ 为校验矩阵的 (n,k) 线性码 $\mathscr{C}$ 就是 BCH 码，即

$$\mathscr{C} \triangleq \{\boldsymbol{x} \in V_n(F_2) \mid \boldsymbol{H}\boldsymbol{x}^{\mathrm{T}} = \boldsymbol{0}\} \tag{27}$$

就是说，一个 n 维二元向量 $\boldsymbol{x} = (x_0, x_1, \cdots, x_{n-1})$ 是个码字，$\boldsymbol{x} \in \mathscr{C}$，当且仅当它满足下列 t 个方程

$$\sum_{i=0}^{n-1} x_i \alpha_i^j = 0, j = 1,3,\cdots,2t-1 \tag{28}$$

此码 $\mathscr{C}$ 称为 BCH(n,k,t)码.

上述定义的 BCH 码 $\mathscr{C}$ 可以作成循环码，只要取 $\alpha_i = \alpha^i (i=0,1,\cdots,n-1)$. 这里 α 是 F_{2^m}中的任一本原元，$\alpha^{2m-1}=1$. 事实上，此时方程(28)化为

$$\sum_{i=0}^{n-1} x_i \alpha^{ij} = 0, j = 1,3,\cdots,2t-1$$

即

$$x_0 + x_1\alpha^j + x_2\alpha^{2j} + \cdots + x_{n-1}\alpha^{(n-1)j} = 0$$
$$j = 1,3,\cdots,2t-1 \tag{29}$$

在此式两边乘 α^j，注意到 $\alpha^n = \alpha^{2^m-1} = 1$，有

$$x_{n-1} + x_0\alpha^j + x_1\alpha^{2j} + \cdots + x_{n-2}\alpha^{(n-1)j} = 0$$
$$j = 1,3,\cdots,2t-1 \tag{30}$$

这表明，当 $\boldsymbol{x} \in \mathscr{C}$ 时，有 $\boldsymbol{s}\boldsymbol{x} \in \mathscr{C}$. 因此 $\mathscr{C}$ 是循环码.

由已知，循环码用多项式表现很方便. 为此，记

$$x(D) = x_0 + x_1 D + \cdots + x_{n-1} D^{n-1} \tag{31}$$

于是 $x(D)$是一个码字多项式，当且仅当

$$x(\alpha^j) = 0, j = 1,3,\cdots,2t-1 \tag{32}$$

考虑到在特征为 2 的域 F_{2^m}中，有

$$[x(D)]^2 = x(D^2) \tag{33}$$

式(32)等价于

$$x(\alpha^j)=0, j=1,2,\cdots,2t \tag{34}$$

此外,设 $g(D)$ 为循环码 $\mathscr{C}$ 的生成多项式,则 $x(D)\in\mathscr{C}$ 当且仅当 $g(D)|x(D)$,即存在 $a(D)$,使

$$x(D)=a(D)g(D) \tag{35}$$

又因为 $g(D)$ 也是一个码字,所以必有

$$g(\alpha^j)=0, j=1,2,\cdots,2t \tag{36}$$

而 $g(D)$ 是 $\mathscr{C}$ 中次数最低者,所以 $g(D)$ 是以 $\{\alpha^j, j=1,2,\cdots,2t\}$ 为根的最低次多项式(取首项系数为 1). 设 $\mathscr{C}$ 为 (n,k) 线性码,则

$$k=n-|g(D)| \tag{37}$$

设 $f_{\alpha^j}(D)$ 为 α^j 的最小多项式,$j=1,3,5,\cdots$,则

$$g(D)=[f_{\alpha}(D),f_{\alpha^3}(D),f_{\alpha^5}(D),\cdots] \tag{38}$$

这里用符号 $[a(D),b(D),\cdots]$ 表示 $a(D),b(D),\cdots$ 的最小公倍式.

例 2 设 α 为 F_{2^4} 的一个本原元,满足 $\alpha^4+\alpha+1=0$,令

$$\boldsymbol{H}=\begin{pmatrix}1 & \alpha & \alpha^2 & \cdots & \alpha^{14}\\ 1 & \alpha^3 & \alpha^6 & \cdots & \alpha^{42}\\ 1 & \alpha^5 & \alpha^{10} & \cdots & \alpha^{70}\end{pmatrix} \tag{39}$$

以 $\boldsymbol{H}$ 为校验矩阵的 BCH 码 $\mathscr{C}$,记为 (n,k,t) 码,这里 $n=15, t=3, k$ 待定. 我们先确定此码的生成多项式 $g(D)$. 为此,作 α,α^3 及 α^5 的最小多项式 $f_{\alpha}(D)$, $f_{\alpha}{}^3(D)$ 及 $f_{\alpha^5}(D)$ 为

$$\begin{cases} f_{\alpha}(D)=(D-\alpha)(D-\alpha^2)(D-\alpha^4)(D-\alpha^8) \\ \qquad =D^4+D+1 \\ f_{\alpha^3}(D)=(D-\alpha^3)(D-\alpha^6)(D-\alpha^9)(D-\alpha^{12}) \\ \qquad =D^4+D^3+D^2+D+1 \\ f_{\alpha^5}(D)=(D-\alpha^5)(D-\alpha^{10}) \\ \qquad =D^2+(\alpha^{10}+\alpha^5)D+\alpha^{15} \\ \qquad =D^2+D+1 \end{cases} \tag{40}$$

这里$f_{\alpha}(D)$,$f_{\alpha^3}(D)$及$f_{\alpha^5}(D)$全是F_2上的不可约多项式. 由此便得生成多项式$g(D)$为

$$\begin{aligned} g(D) &= [f_{\alpha}(D), f_{\alpha^3}(D), f_{\alpha^5}(D)] \\ &= f_{\alpha}(D) f_{\alpha^3}(D) f_{\alpha^5}(D) \end{aligned}$$

即

$$g(D)=D^{10}+D^8+D^5+D^4+D^2+D+1 \tag{41}$$

由此,知$|g(D)|=n-k=10$,所以$k=5$. 此外,$g(D)$的权重为7,码的最小距离$d_{\min}(\mathscr{C})=7$,此码是能纠正$t=3$个错误的线性循环码.

一般说来,关于BCH(n,k,t)码的性能有下述结论:

定理1　设$\mathscr{C}$是由式(27)定义的BCH(n,k,t)码,则

(i)　$$d_{\min}(\mathscr{C})\geqslant 2t+1 \tag{42}$$

(ii)　$$k\geqslant n-mt \tag{43}$$

其中$d_{\min}(\mathscr{C})$为码$\mathscr{C}$的最小距离. 就是说,BCH(n,k,t)码能纠正任何小于或等于t个差错,且码的传信率

$$R \triangleq \frac{k}{n} \geqslant 1 - \frac{m}{n}t$$

此码保证了指定的纠错能力大于或等于 t，同时具有较高的传信率.

证明 (i) $\boldsymbol{x} = (x_0, x_1, \cdots, x_{n-1}) \in \mathscr{C}$ 当且仅当

$$\sum_{i=0}^{n-1} x_i \alpha_i^j = 0, j = 1, 3, \cdots, 2t-1 \tag{44}$$

在特征为 2 的域中，上式等价于下式

$$\sum_{i=0}^{n-1} x_i \alpha_i^j = 0, j = 1, 2, \cdots, 2t \tag{45}$$

由此可见，码 $\mathscr{C}$ 的校验矩阵可写为

$$\boldsymbol{H}^* \triangleq \begin{pmatrix} \alpha_0 & \alpha_1 & \cdots & \alpha_{n-1} \\ \alpha_0^2 & \alpha_1^2 & \cdots & \alpha_{n-1}^2 \\ \vdots & \vdots & & \vdots \\ \alpha_0^{2t} & \alpha_1^{2t} & \cdots & \alpha_{n-1}^{2t} \end{pmatrix} \quad (2t \leqslant n-1) \tag{46}$$

为得(43)，只需证 $\boldsymbol{H}^*$ 中任意 $r \leqslant 2t$ 列都线性无关. 为此，任取 $\boldsymbol{H}^*$ 中 r 列，$r \leqslant 2t$，首行为 $\alpha_{j_1}, \alpha_{j_2}, \cdots, \alpha_{j_r}$ $(0 \leqslant j_1 < j_2 < \cdots < j_r \leqslant n-1)$. 要证这 r 列线性无关，只需注意 $\boldsymbol{F}_{2^m}$ 上 Vandermonde 行列式

$$\begin{vmatrix} \beta_1 & \beta_2 & \cdots & \beta_r \\ \beta_1^2 & \beta_2^2 & \cdots & \beta_r^2 \\ \vdots & \vdots & & \vdots \\ \beta_1^r & \beta_2^r & \cdots & \beta_r^r \end{vmatrix} = \beta_1 \beta_2 \cdots \beta_r \prod_{i<j} (\beta_j - \beta_i) \neq 0 \tag{47}$$

其中 $\beta_k \triangleq \alpha_{j_k} (k = 1, 2, \cdots, r)$

(ii) 为证式(43)，注意到 $\mathscr{L}$ 中元素个数即是方

程组(44)中的解 $\boldsymbol{x}\in V_n(F_2)$ 的数目. 式(44)中各元 α_i^j 为 F_2 上的 m 维列向量，则式(44)实际上是 F_2 上具有 n 个未知量$(x_0,x_1,\cdots,x_{n-1})$及 mt 个方程的齐次线性方程组，此方程组系数矩阵的秩小于或等于 mt，因而其解空间 $\mathscr{L}$ 的维数 $k\geqslant n-mt$.

§3　再　论　BCH　码

我们先回忆一下二元 Hamming 码的定义，设 r 是个大于 1 的整数. 再设 α 是 F_{2^r}的一个本原元，那么 α^j，$j=0,1,2,\cdots,2^r-2$，就是 F_{2^r}中全部不等于 0 的元素，将它们表示成 $\alpha^0=1,\alpha^1,\alpha^2,\cdots,\alpha^{r-1}$的线性组合

$$\alpha^j=\sum_{i=0}^{r-1}a_{ij}\alpha^i,j=0,1,2,\cdots,2^r-2$$

其中 $a_{ij}\in F_2$. 这样每个 $\alpha^j(0\leqslant j\leqslant 2^r-2)$都唯一地确定 F_2 上的一个 r 维列向量

$$\begin{pmatrix} a_{0j} \\ a_{1j} \\ \vdots \\ a_{r-1,j} \end{pmatrix}$$

这 2^r-1 个列向量两两相异. 将这 2^r-1 个列向量按 $j=0,1,2,\cdots,2^r-2$ 为序排成 F_2 上的一个 $r\times(2^r-1)$ 矩阵

$$H=\begin{pmatrix}\alpha_{00} & \alpha_{01} & \alpha_{02} & \cdots & \alpha_{0,2^r-2}\\ \alpha_{10} & \alpha_{11} & \alpha_{12} & \cdots & \alpha_{1,2^r-2}\\ \alpha_{20} & \alpha_{21} & \alpha_{22} & \cdots & \alpha_{2,2^r-2}\\ \vdots & \vdots & \vdots & & \vdots\\ \alpha_{r-1,0} & \alpha_{r-1,1} & \alpha_{r-1,2} & \cdots & \alpha_{r-1,2^r-2}\end{pmatrix}$$

那么 rank $\boldsymbol{H}=r$,而以 $\boldsymbol{H}$ 为校验矩阵的二元$(2^r-1,2^r-1-r)$线性码就叫作二元$(2^r-1,2^r-1-r)$ Hamming 码. 我们总是把 $\boldsymbol{H}$ 简记作

$$\boldsymbol{H}=(1,\alpha,\alpha^2,\cdots,\alpha^{2^r-2})$$

其中 α^j 代表 F_{2^r}中元素 α^j 所确定的 r 维列向量$(a_{0j},a_{1j},\cdots,a_{r-1j})^{\mathrm{T}}$,$j=0,1,2,\cdots,2^r-2$. 这样一来,容易看出二元 Hamming 码是循环码,以 α 的极小多项式为生成多项式.

二元 Hamming 码可以很自然地做如下的推广:

设 d 是个整数,而 $1<d<n$. 我们构造 F_2 上的一个 $r(d-1)\times(2^r-1)$矩阵

$$\begin{pmatrix}1 & \alpha & \alpha^2 & \cdots & \alpha^{2^r-2}\\ 1 & \alpha^2 & (\alpha^2)^2 & \cdots & (\alpha^2)^{2^r-2}\\ \vdots & \vdots & \vdots & & \vdots\\ 1 & \alpha^{d-1} & (\alpha^{d-1})^2 & \cdots & (\alpha^{d-1})^{2^r-2}\end{pmatrix}\qquad(1)$$

其中 α^j 仍和上面一样代表 F_{2^r}中元素 α^j 所确定的 r 维列向量$(a_{0j},a_{1j},a_{2j},\cdots,a_{rj})^{\mathrm{T}}$,$0\leqslant j\leqslant 2^r-2$. 我们把这个矩阵记作 $\boldsymbol{H}$. 一般说来,$\boldsymbol{H}$ 的秩小于 $r(d-1)$. $V_{2^r-1}(F_2)$中所有适合条件

$$\boldsymbol{Hc}^{\mathrm{T}}=\boldsymbol{0}$$

的向量 $\boldsymbol{c}=(c_0,c_1,c_2,\cdots,c_{2^r-2})$ 组成一个子空间. 我们把这个子空间叫作设计距离 d 的二元本原 BCH 码. 像 Hamming 码一样,可以证明它是个循环码,以 α 的极小多项式 $m_1(x)$,α^2 的极小多项式 $m_2(x)$,……和 α^{d-1} 的极小多项式 $m_{d-1}(x)$ 的最小公倍式

$$[m_1(x),m_2(x),\cdots,m_{d-1}(x)]$$

为生成多项式,它的码长是 2^r-1.

自然可以把二元本原 BCH 码推广成 q 元本元 BCH 码,这里 q 是一个素数的幂. 更进一步,它还可以做如下的推广.

设 q 是一个素数的幂,n 是与 q 互素的一个大于 1 的整数. 假定 q 在群 J_n^* 中的阶是 r,设 F_{q^r} 是 q^r 个元素的有限域,它包有 F_q 作为子域. 再设 α 是 $F_{q^r}^*$ 中的一个 n 阶元. 实际上,如果 ξ 是 F_{q^r} 的一个本原元,那么 $\alpha=\xi^{\frac{q^r-1}{n}}$ 就是 $F_{q^r}^*$ 中的一个 n 阶元. 因 q 在群 J_n^* 中的阶是 r,所以 α 在 F_q 上的极小多项式是 r 次的. 这样,$1,\alpha,\alpha^2,\cdots,\alpha^{r-1}$ 就是 F_{q^r} 在 F_q 上的一组基. 于是 α 的任意一个幂 $\alpha^j(0\leqslant j\leqslant n-1)$ 都可以唯一地表示成它们的线性组合,而系数属于 F_q,即

$$\alpha^j=\sum_{i=0}^{r-1}a_{ij}\alpha^i,a_{ij}\in F_q$$

这样每个 α^j 都唯一确定 F_q 上的一个 r 维列向量

$$\alpha^j \to \begin{pmatrix} a_{0j} \\ a_{1j} \\ a_{2j} \\ \vdots \\ a_{r-1,j} \end{pmatrix}$$

设 d 是一个整数，而 $1 < d < n$，我们构造一个 $r(d-1) \times n$ 矩阵

$$\boldsymbol{H} = \begin{pmatrix} 1 & \alpha & \alpha^2 & \cdots & \alpha^{n-1} \\ 1 & \alpha^2 & (\alpha^2)^2 & \cdots & (\alpha^2)^{n-1} \\ \vdots & \vdots & \vdots & & \vdots \\ 1 & \alpha^{d-1} & (\alpha^{d-1})^2 & \cdots & (\alpha^{d-1})^{n-1} \end{pmatrix} \quad (2)$$

其中 $\alpha^j(0 \leqslant j \leqslant n-1)$ 表示 F_{q^r} 中元素 α^j 所唯一确定的列向量 $(a_{0j}, a_{1j}, \cdots, a_{r-1,j})^{\mathrm{T}}$. 一般来说，$\boldsymbol{H}$ 的秩小于 $r(d-1)$. 但 $V_n(F_q)$ 中所有适合条件

$$\boldsymbol{H}\boldsymbol{c}^{\mathrm{T}} = \boldsymbol{0}$$

的向量 $\boldsymbol{c} = (c_0, c_1, c_2, \cdots, c_{n-1})$ 仍组成一个子空间. 我们把这个子空间叫作码长 n 的设计距离 d 的 q 元(非本原)BCH 码. 当 $n = q^r - 1$ 时，即 α 是 F_{q^r} 中的本原元时，我们就得到设计距离 d 的码长 $q^r - 1$ 的 q 元本原 BCH 码.

我们先证明：

定理 1 设计距离 d 的码长 n 的 q 元 BCH 码是循环码，它的生成多项式是

$$[m_1(x), m_2(x), \cdots, m_{d-1}(x)]$$

其中 $m_j(x)$ 是 $\alpha^j(1 \leqslant j \leqslant d-1)$ 的极小多项式. 实际上，

它的生成多项式就是从 $m_1(x), m_2(x), \cdots, m_{d-1}(x)$ 中删去重复的以后剩下的多项式的乘积，也是 $\alpha, \alpha^2, \cdots, \alpha^{d-1}$ 都适合的次数最低的首项系数等于1的多项式.

证明　设 $\boldsymbol{c}=(c_0, c_1, c_2, \cdots, c_{n-1})$ 是一个码字，那么 $\boldsymbol{H}\boldsymbol{c}^{\mathrm{T}}=\boldsymbol{0}$，即

$$c_0+c_1\alpha^j+c_1(\alpha^j)^2+\cdots+c_{n-1}(\alpha^j)^{n-1}=0$$
$$j=1,2,\cdots,d-1$$

这就是说 $\alpha, \alpha^2, \cdots, \alpha^{d-1}$ 都是多项式

$$c(x)=c_0+c_1x+c_2x^2+\cdots+c_{n-1}x^{n-1}$$

的根. 因此

$$m_j(x) \mid c(x), j=1,2,\cdots,d-1$$

令

$$m(x)=[m_1(x), m_2(x), \cdots, m_{d-1}(x)]$$

那么

$$m(x) \mid c(x)$$

反过来，如果 $m(x) \mid c(x)$，而

$$c(x)=\sum_{i=0}^{n-1} c_i x^i, c_i \in F_q$$

那么 $\alpha, \alpha^2, \cdots, \alpha^{d-1}$ 都是 $c(x)$ 的根. 于是 $\boldsymbol{H}\boldsymbol{c}^{\mathrm{T}}=\boldsymbol{0}$，而 $\boldsymbol{c}=(c_0, c_1, \cdots, c_n)$. 这就是说 $\boldsymbol{c}$ 是一个码字.

这样定理1就完全证明了.

我们再证明：

定理2　设计距离 d 的码长 n 的 q 元BCH码的极小距离大于或等于 d，因而是可以纠正 $\left[\frac{d-1}{2}\right]$ 个差错的纠错码.

证明 用 $\boldsymbol{h}'_0,\boldsymbol{h}'_1,\boldsymbol{h}'_2,\cdots,\boldsymbol{h}'_{n-1}$依序代表 $\boldsymbol{H}$ 的第 0 列,第 1 列,第 2 列,……,第 $n-1$ 列. 如果 $\boldsymbol{H}$ 的 n 个列有一个线性关系

$$c_0\boldsymbol{h}'_0+c_1\boldsymbol{h}'_1+c_2\boldsymbol{h}'_2+\cdots+c_{n-1}\boldsymbol{h}'_{n-1}=\boldsymbol{0}',c_i\in F_q$$

令

$$\boldsymbol{c}=(c_0,c_1,c_2,\cdots,c_{n-1})$$

那么

$$\boldsymbol{H}\boldsymbol{c}^{\mathrm{T}}=\boldsymbol{0}^{\mathrm{T}}$$

这就是说 $\boldsymbol{c}$ 是一个码字. 因此要证明设计距离 d 的码长 n 的 BCH 码的极小距离大于或等于 d,只要证明 $\boldsymbol{H}$ 的任意 $d-1$ 个列都在 F_q 上线性无关即可.

任选 H 的 $d-1$ 列:第 i_1 列,第 i_2 列,……,第 i_{d-1} 列,$0\leqslant i_1<i_2<\cdots<i_{d-1}\leqslant n-1$. 令 $\beta_1=\alpha^{i_1},\beta_2=\alpha^{i_2},\cdots,\beta_{d-1}=\alpha^{i_{d-1}}$,那么 $\boldsymbol{H}$ 的第 i_1 列,第 i_2 列,……,第 i_{d-1}列构成的子矩阵就是 $r(d-1)\times(d-1)$矩阵

$$\boldsymbol{H}_{i_1i_2\cdots i_{d-1}}=\begin{pmatrix}\beta_1 & \beta_2 & \cdots & \beta_{d-1}\\ \beta_1^2 & \beta_2^2 & \cdots & \beta_{d-1}^2\\ \vdots & \vdots & & \vdots\\ \beta_1^{d-1} & \beta_2^{d-1} & \cdots & \beta_{d-1}^{d-1}\end{pmatrix}$$

可将 $\boldsymbol{H}_{i_1i_2\cdots i_{d-1}}$看作 F_{q^r}上的一个$(d-1)\times(d-1)$矩阵. 如将 $\boldsymbol{H}_{i_1i_2\cdots i_{d-1}}$看作 F_{q^r}上的$(d-1)\times(d-1)$矩阵,它的列在 F_{q^r}上线性无关,那么将它看作 F_q上的$r(d-1)\times d-1$ 矩阵,它的列自然在 F_q 上线性无关. 要证将 $\boldsymbol{H}_{i_1i_2\cdots i_{d-1}}$看作 F_{q^r}上的$(d-1)\times(d-1)$矩阵时它的列在 F_{q^r}上线性无关,只要证明它的秩等于 $d-1$ 就行了,而这只要证明它的行列式不等于 0 就行了. 我们有

$$|\boldsymbol{H}_{i_1 i_2 \cdots i_{d-1}}| = \beta_1\beta_2\cdots\beta_{d-1}\begin{vmatrix} 1 & 1 & \cdots & 1 \\ \beta_1 & \beta_2 & \cdots & \beta_{d-1} \\ \beta_1^2 & \beta_2^2 & \cdots & \beta_{d-1}^2 \\ \vdots & \vdots & & \vdots \\ \beta_1^{d-2} & \beta_2^{d-2} & \cdots & \beta_{d-1}^{d-2} \end{vmatrix}$$

上式右方的行列式是 Vandermonde 行列式，因为 α 是 n 阶元，所以

$$\beta_1 = \alpha^{i_1}, \beta_2 = \alpha^{i_2}, \cdots, \beta_{d-1} = \alpha^{i_{d-1}}$$
$$0 \leqslant i_1 < i_2 < \cdots < i_{d-1} \leqslant n-1$$

是 $d-1$ 个两两不等的非零元. 因此上式右方不等于 0. 于是

$$|\boldsymbol{H}_{i_1 i_2 \cdots i_{d-1}}| \neq 0$$

这证明了 $\boldsymbol{H}$ 的任意 $d-1$ 列都线性无关. 因此设计距离 d 的码长 n 的 q 元 BCH 码的极小距离大于或等于 d.

我们举一个例子. 考察设计距离 9 的码长 31 的二元本原 BCH 码. 设 α 是 F_{2^5} 的一个本原元，那么

$$\begin{aligned} m_1(x) &= m_2(x) = m_4(x) = m_8(x) \\ &= (x-\alpha)(x-\alpha^2)(x-\alpha^4)(x-\alpha^8)(x-\alpha^{16}) \\ m_3(x) &= m_6(x) \\ &= (x-\alpha^3)(x-\alpha^6)(x-\alpha^{12})(x-\alpha^{24})(x-\alpha^{17}) \\ m_5(x) &= (x-\alpha^5)(x-\alpha^{10})(x-\alpha^{20})(x-\alpha^9)(x-\alpha^{18}) \\ &= m_9(x) = m_{10}(x) \end{aligned}$$

因此它的极小多项式

$$g(x) = m_1(x)m_3(x)m_5(x)m_7(x)$$

以 $\alpha, \alpha^2, \cdots, \alpha^{10}$ 为根. 于是 $g(x)$ 就生成一个极小距离

大于或等于 11 的循环码,而定理 2 只保证 $g(x)$ 的极小距离大于或等于 9,求 BCH 码的极小距离的确切值,是一个有意义的问题.

另一个问题是计算 BCH 码的信息位的个数. 重要的是 BCH 码的信息率比较高,以二元本原 BCH 码为例,即取 $q=2$ 而 $n=q^r-1$. 这时设计距离 $2t+1$ 的二元本原 BCH 码的校验矩阵可从矩阵

$$\begin{pmatrix} 1 & \alpha & \alpha^2 & \cdots & \alpha^{n-1} \\ 1 & \alpha^3 & (\alpha^3)^2 & \cdots & (\alpha^3)^{n-1} \\ \vdots & \vdots & \vdots & & \vdots \\ 1 & \alpha^{2t-1} & (\alpha^{2t-1})^2 & \cdots & (\alpha^{2t-1})^{n-1} \end{pmatrix}$$

中选线性无关行向量的一个极大组得到,因此这个码的信息率大于或等于 $1-\dfrac{rt}{2^r-1}$.

正是因为 BCH 码的信息率比较高,所以它受到人们很大的注意. 特别是对它的译码方法进行了很多研究,从而发展了代数译码方法. 下面我们将介绍这个方法.

我们先做一些说明. 设 C 是个设计距离等于 $2t+1$ 的码长等于 n 的 q 元 BCH 码,以

$$\boldsymbol{H}=\begin{pmatrix} 1 & \alpha & \alpha^2 & \cdots & \alpha^{n-1} \\ 1 & \alpha^2 & (\alpha^2)^2 & \cdots & (\alpha^2)^{n-1} \\ \vdots & \vdots & \vdots & & \vdots \\ 1 & \alpha^{2t} & (\alpha^{2t})^2 & \cdots & (\alpha^{2t})^{n-1} \end{pmatrix} \tag{3}$$

为校验矩阵,其中 α 是 $F_{q^r}^*$ 中的一个 n 阶元,而 r 是 q 在群 J_n^* 中的阶. 和 Hamming 码一样,我们把 $V_n(F_q)$

中的向量的各分量从左往右依序叫作 α^0 位，α^1 位，α^2 位，……，α^{n-1}位的分量. 设发方发出 C 的一个码字 $\boldsymbol{c}$，而收方收到的是 $\boldsymbol{r}$，那么 $\boldsymbol{e}=\boldsymbol{r}-\boldsymbol{c}$ 就是码字 $\boldsymbol{c}$ 在信道中传送时产生的差错模式. 设 $w(\boldsymbol{e})=e\leqslant t$，那么 $\boldsymbol{e}$ 顶多有 t 个分量不等于 0. 假定 $\boldsymbol{e}$ 的 X_1 位，X_2 位，……，X_e 位的分量分别是 F_q 中的非零元素 $Y_1,Y_2,\cdots,Y_e$，这里 $X_1,X_2,\cdots,X_e$ 是 α 的 e 个两两不同的幂 $\alpha^{i_1},\alpha^{i_2},\cdots,\alpha^{i_e}$ $(0\leqslant i_1,i_2,\cdots,i_t\leqslant n-1)$，而 $\boldsymbol{e}$ 的其余各位都等于 0，那么 $X_1,X_2,\cdots,X_e\in F_{q^r}$，而 $Y_1,Y_2,\cdots,Y_e\in F_q$. 我们把 $X_1,X_2,\cdots,X_e$ 叫作错位，而 $Y_1,Y_2,\cdots,Y_e$ 叫作相应这些错位的错值. 译码的任务就是要从收到的字 $\boldsymbol{r}$ 求出错位 $X_1,X_2,\cdots,X_e$ 和相应的错值 $Y_1,Y_2,\cdots,Y_e$，这样就求出了 $\boldsymbol{e}$，然后就将 $\boldsymbol{r}$ 译成 $\boldsymbol{r}-\boldsymbol{e}=\boldsymbol{c}$.

为了便于了解 BCH 码的代数译码方法，我们先以设计距离等于 5 的二元 BCH 码为例，来说明这个方法的主要步骤.

设 n 是个奇数，2 在群 J_n^* 中的阶是 r，α 是 F_{2^r}中的一个 n 阶元. 令

$$\boldsymbol{H}=\begin{pmatrix}1 & \alpha & \alpha^2 & \cdots & \alpha^{n-1}\\ 1 & \alpha^2 & (\alpha^2)^2 & \cdots & (\alpha^2)^{n-1}\\ 1 & \alpha^3 & (\alpha^3)^2 & \cdots & (\alpha^3)^{n-1}\\ 1 & \alpha^4 & (\alpha^4)^2 & \cdots & (\alpha^4)^{n-1}\end{pmatrix}$$

那么 $V_n(F_2)$中所有适合条件 $\boldsymbol{H}\boldsymbol{c}^{\mathrm{T}}=\boldsymbol{0}$ 的向量 $\boldsymbol{c}$ 就组成设计距离 5 的码长 n 的二元 BCH 码，将这个码记作 C. 根据定理 2，C 是可以纠正两个差错的纠错码. 设数字通信中采用 C 作为纠错码. 设发方发出一个码字 $\boldsymbol{c}$，

而收方收到一个字 $\boldsymbol{r}$，那么 $\boldsymbol{e}=\boldsymbol{r}-\boldsymbol{c}$ 就是差错模式. 假定 $\rho(\boldsymbol{e})\leqslant 2$. 设 $\boldsymbol{e}$ 的 X_1 位和 X_2 位的分量可能等于 1，而其余的分量都等于 0.

译码的第一步是计算校验子

$$\boldsymbol{s}^{\mathrm{T}}=\boldsymbol{H}\boldsymbol{r}^{\mathrm{T}}=\boldsymbol{H}(\boldsymbol{c}+\boldsymbol{e})^{\mathrm{T}}=\boldsymbol{H}\boldsymbol{e}^{\mathrm{T}}$$

记 $\boldsymbol{s}=(s_1,s_2,s_3,s_4)$，我们有

$$s_j=X_1^j+X_2^j, j=1,2,3,4$$

因 $s_2=s_1^2, s_4=s_2^2=s_1^4$，所以只要知道 s_1 和 s_3 就行了. 设 $\boldsymbol{r}=(r_0,r_1,r_2,\cdots,r_{n-1})$，那么

$$s_1=r_0+r_1\alpha+r_2\alpha^2+\cdots+r_{n-1}\alpha^{n-1}$$

$$s_3=r_0+r_1\alpha^3+r_2(\alpha^3)^2+\cdots+r_{n-1}(\alpha^3)^{n-1}$$

因此 s_1 和 s_3 可以利用两个分别以 α 的极小多项式和以 α^3 的极小多项式为除式的除法电路算出.

译码的第二步是计算找错位多项式

$$\begin{aligned}\sigma(z)&=(1-X_1z)(1-X_2z)\\&=1-(X_1+X_2)z+X_1X_2z^2\end{aligned}$$

（注意 $\sigma(z)$ 的根正好是 $\boldsymbol{c}$ 的错位的逆.）分以下几个情形讨论.

（1）$s_1=s_3=0$. 由

$$s_1=X_1+X_2=0, s_3=X_1^3+X_2^3=0$$

推出 $X_1=X_2=0$. 因此

$$\sigma(z)=1$$

（2）$s_1\neq 0$ 而 $s_3=s_1^3$. 这时由

$$\begin{aligned}s_1^3&=(X_1+X_2)^3\\&=X_1^3+X_1X_2(X_1+X_2)+X_2^3\end{aligned}$$

$$= s_3 + X_1X_2s_1 \qquad (4)$$

及 $s_3 = s_1^3$ 推出 $X_1X_2s_1 = 0$. 因此 X_1 和 X_2 中一定有一个而且只有一个等于 0. 不妨设 $X_2 = 0$. 那么

$$\sigma(z) = 1 - X_1z$$

(3) $s_1 \neq 0, s_3 \neq s_1^3$. 这时从式(4)推出 $X_1X_2 = s_1^2 + \frac{s_3}{s_1}$. 因此找错位多项式是

$$\sigma(z) = 1 + s_1z + \left(s_1^2 + \frac{s_3}{s_1}\right)z^2$$

译码的第三步是求找错位多项式 $\sigma(z)$ 的根,然后改正 $\boldsymbol{c}$ 在传送过程中出现的差错仍分上面三个情形讨论.

(1) $s_1 = s_3 = 0$. 这时 $\sigma(z) = 1$. 这说明 $\boldsymbol{c}$ 在传送过程中没有出现差错,因此 $\boldsymbol{r} = \boldsymbol{c}$.

(2) $s_1 \neq 0$ 而 $s_3 = s_1^3$. 这时 $\sigma(z) = 1 - X_1z$. 这说明 $\boldsymbol{c}$ 的传送过程中出现了一个差错. 设 $X_1 = \alpha^{-i}(0 \leqslant i \leqslant n-1)$. 这表明 $\boldsymbol{c}$ 在传送过程中仅 α^i 位发生差错. 这时将 $\boldsymbol{r}$ 的 α^i 位的值加以改变(即如果 $\boldsymbol{r}$ 的 α^i 位的值是 0,就改成 1,而如果是 1,就改成 0),就得到 $\boldsymbol{c}$.

(3) $s_1 \neq 0$ 而 $s_3 \neq s_1^3$. 这时 $\sigma(z)$ 是个二次多项式,用试探法求这个多项式的根,即将 $\alpha^0, \alpha^1, \alpha^2, \cdots, \alpha^{n-1}$ 逐个地代入 $\sigma(z)$ 看是否得 0. 设 $\sigma(z)$ 的两个根是 $\alpha^{-i}, \alpha^{-j}(0 \leqslant i < j \leqslant n-1)$,这表明 $\boldsymbol{c}$ 在传送过程中 α^i 位和 α^j 位的码元被传错. 这时将 $\boldsymbol{r}$ 的 α^i 位和 α^j 位的值加以改变,就得到 $\boldsymbol{c}$.

现在我们来介绍设计距离等于 $2t+1$ 而码长等于

n 的 q 元 BCH 码的代数译码方法,用 C 代表这个码,它的校验矩阵是(3)中的 $\boldsymbol{H}$. 我们知道 C 是可以纠正 t 个差错的纠错码. 设在数字通信中选用了 C 作为纠错码. 设码字 $\boldsymbol{c}=(c_0,c_1,c_2,\cdots,c_{n-1})$ 被传送,即发方发出码字 $\boldsymbol{c}$,再设收方收到的字是 $\boldsymbol{r}=(r_0,r_1,r_2,\cdots,r_{n-1})$,那么差错模式是

$$\boldsymbol{e}=\boldsymbol{r}-\boldsymbol{c}=(e_0,e_1,e_2,\cdots,e_{n-1})$$

收方译码器的任务就是如何从 $\boldsymbol{r}$ 求出 $\boldsymbol{e}$,从而正确译出 $\boldsymbol{c}=\boldsymbol{r}-\boldsymbol{e}$. 译码分四步进行:

译码的第一步是计算校验子,即计算

$$\boldsymbol{s}^{\mathrm{T}}=\boldsymbol{H}\boldsymbol{r}^{\mathrm{T}}$$

其中 $\boldsymbol{s}=(s_1,s_2,\cdots,s_{2t})$,而

$$s_i=r_0+r_1\alpha^i+r_2(\alpha^i)^2+\cdots+r_{n-1}(\alpha^i)^{n-1}$$

$$i=1,2,\cdots,2t$$

我们知道,s_i 的计算可以利用以 α^i 的极小多项式作除式的除法电路来实现.

设 $w(\boldsymbol{e})=e\leqslant t$,并设 $\boldsymbol{e}$ 的 X_1 位,X_2 位,……,X_e 位的分量分别是 F_q 中的非零元素 $Y_1,Y_2,\cdots,Y_e$,而 $\boldsymbol{e}$ 的其余位置的分量都等于 0. 我们有 $X_j\in F_{q^r}$ 而 $Y_j\in F_q$ $(j=1,2,\cdots,e)$. 译码器的任务就是要从第一步算出的校验子 $\boldsymbol{s}^{\mathrm{T}}=\boldsymbol{H}\boldsymbol{r}^{\mathrm{T}}$,算出错位 $X_1,X_2,\cdots,X_e$ 和相应的错值 $Y_1,Y_2,\cdots,Y_e$,这样就求出了 $\boldsymbol{e}$,然后就可以把 $\boldsymbol{r}$ 正确译成 $\boldsymbol{r}-\boldsymbol{e}=\boldsymbol{c}$.

译码的第二步是从第一步算出的校验子 $\boldsymbol{s}^{\mathrm{T}}=\boldsymbol{H}\boldsymbol{r}^{\mathrm{T}}$ 算出找错位多项式

$$\sigma(z)=(1-X_1z)(1-X_2z)\cdots(1-X_ez)$$

令

$$\sigma(z)=1+\sigma_1 z+\sigma_2 z^2+\cdots+\sigma_e z^e$$

而 $\boldsymbol{s}=(s_1,s_2,\cdots,s_m)$，那么这就是说要从 $s_1,s_2,\cdots,s_m$ 算出 $\sigma_1,\sigma_2,\cdots,\sigma_e$. 因为一般来说 $e>2$，这时问题就比前面举的例子复杂了.

令

$$c(x)=c_0+c_1x+c_2x^2+\cdots+c_{n-1}x^{n-1}$$

$$r(x)=r_0+r_1x+r_2x^2+\cdots+r_{n-1}x^{n-1}$$

$$e(x)=e_0+e_1x+e_2x^2+\cdots+e_{n-1}x^{n-1}$$

那么 $c(x)=r(x)-e(x)$. 显然有 $c(\alpha^i)=0$，因此

$$s_i=r(\alpha^i)=e(\alpha^i),i=1,2,\cdots,2t \tag{5}$$

可以将(5)写成

$$s_i=\sum_{j=1}^{e} Y_j X_j^i,i=1,2,\cdots,2t \tag{6}$$

将 $(1-X_jz)^{-1}$ 表示成

$$\frac{1}{1-X_jz}=1+X_jz+X_j^2z^2+\cdots+X_j^{2t-1}z^{2t-1}+\frac{X_j^{2t}z^{2t}}{1-X_jz}$$

将上式双方乘以 Y_jX_j，然后再对 j 求和，利用式(6)可得

$$\sum_{j=1}^{e}\frac{Y_jX_j}{1-X_jz}=s(z)+\sum_{j=1}^{e}\frac{Y_jX_j^{2t+1}z^{2t}}{1-X_jz} \tag{7}$$

其中令

$$s(z)=s_1+s_2z+s_3z^2+\cdots+s_{2t}z^{2t-1}$$

再令

$$w(z)=\sum_{j=1}^{e}Y_jX_j\prod_{\substack{k=1\\k\neq j}}^{e}(1-X_kz)$$

那么

$$\frac{w(z)}{\sigma(z)} = \sum_{j=1}^{e} \frac{Y_j X_j}{1 - X_j z} \tag{8}$$

由(7)(8)两式推出

$$\frac{w(z)}{\sigma(z)} = s(z) + \sum_{j=1}^{e} \frac{Y_j X_j^{2t+1} z^{2t}}{1 - X_j z}$$

于是

$$w(z) = s(z)\sigma(z) + \varphi(z) \tag{9}$$

其中

$$\begin{aligned}\varphi(z) &= \sum_{j=1}^{e} \frac{Y_j X_j^{2t+1} z^{2t}}{1 - X_j z}\sigma(z)\\ &= \sum_{j=1}^{e} Y_j X_j^{2t+1} z^{2t} \prod_{\substack{k=1\\k\neq j}}^{e} (1 - X_k z)\end{aligned}$$

注意 $\varphi(z)$是一个多项式,它的 i 次项$(0\leqslant i\leqslant 2t-1)$的系数都等于0,那么由式(9)推出

$$w(z) \equiv s(z)\sigma(z) \pmod{z^{2t}} \tag{10}$$

注意有

$$\sigma(0) = 1$$

$$\partial^0 \sigma(z) = e, \partial^0 \omega(z) < e$$

而且容易证明

$$(\sigma(z), \omega(z)) = 1$$

写

$$\sigma(z) = 1 + \sigma_1 z + \sigma_2 z^2 + \cdots + \sigma_e z^e, \sigma_e \neq 0, \sigma_i \in F_{q^r}$$

$$\omega(z) = \omega_0 + \omega_1 z + \omega_2 z^2 + \cdots + \omega_{e-1} z^{e-1}, \omega_i \in F_{q^r}$$

那么比较式(10)双方零次项,一次项,……,直到 $2t-1$ 次项的系数,得出下面的关系式

$$\begin{pmatrix} \omega_0 \\ \omega_1 \\ \omega_2 \\ \vdots \\ \omega_{e-1} \end{pmatrix} = \begin{pmatrix} 1 & & & & \\ \sigma_1 & 1 & & & 0 \\ \sigma_2 & \sigma_1 & 1 & & \\ \vdots & \ddots & \ddots & \ddots & \\ \sigma_{e-1} & \cdots \sigma_2 & & \sigma_1 & 1 \end{pmatrix} \begin{pmatrix} s_1 \\ s_2 \\ s_3 \\ \vdots \\ s_e \end{pmatrix}$$

以及

$$s_k + \sigma_1 s_{k-1} + \sigma_2 s_{k-2} + \cdots + \sigma_e s_{k-e} = 0$$

$$k = e+1, e+2, \cdots, 2t \tag{11}$$

这就是说 $\sigma_1, \sigma_2, \cdots, \sigma_e$ 必须适合式(11),换句话说,$\langle \sigma(z), e \rangle$就是产生长为 $2t$ 的 q^r 元序列

$$s_1, s_2, \cdots, s_{2t} \tag{12}$$

的一个线性移位寄存器.

我们先证明:

引理 1　假定 $e \leqslant t$. 如果$\langle \hat{\sigma}(z), \hat{e} \rangle$是产生(12)的一个最短线性移位寄存器,那么一定有

$$\hat{\sigma}(z) = \sigma(z), \hat{e} = e$$

证明　设$\langle \hat{\sigma}(z), \hat{e} \rangle$是产生(12)的一个最短线性移位寄存器,那么 $\hat{e} \leqslant e$. 令

$$\hat{\sigma}(z) = 1 + \hat{\sigma}_1 z + \hat{\sigma}_2 z^2 + \cdots + \hat{\sigma}_{\hat{e}} z^{\hat{e}}$$

那么

$$s_k + \hat{\sigma}_1 s_{k-1} + \hat{\sigma}_2 s_{k-2} + \cdots + \hat{\sigma}_{\hat{e}} s_{k-\hat{e}} = 0$$

$$k = \hat{e}+1, \hat{e}+2, \cdots, 2t$$

令

$$\hat{\omega}(z) = (s(z)\hat{\sigma}(z))_{z^{2t}} \tag{13}$$

即 $\hat{\omega}(z)$ 是用 z^{2t} 去除 $s(z)\hat{\sigma}(z)$ 所得的余式,那么

$\partial^0 \hat{\omega}(z) < \hat{e}$. 把式(13)写作

$$\hat{\omega}(z) \equiv s(z)\hat{\sigma}(z) \pmod{z^{2t}} \tag{14}$$

将式(10)双方都乘以$\hat{\sigma}(z)$,而把(14)双方都乘以$\sigma(z)$,所得到的两个同余式的右方相同,因此它们的左方必同余模 z^{2t},即

$$\hat{\sigma}(z)\omega(z) \equiv \sigma(z)\hat{\omega}(z) \pmod{z^{2t}} \tag{15}$$

因

$$\partial^0 \sigma(z) = e, \partial^0 \omega(z) < e$$

$$\partial^0 \hat{\sigma}(z) \leqslant \hat{e}, \partial^0 \hat{\omega}(z) < \hat{e}$$

而

$$e \leqslant t, \hat{e} \leqslant e$$

所以式(15)实际上是恒等式,即

$$\hat{\sigma}(z)\omega(z) = \sigma(z)\hat{\omega}(z)$$

但$(\sigma(z), \omega(z)) = 1$,所以一定有

$$\sigma(z) \mid \hat{\sigma}(z)$$

可是 $\partial^0 \sigma(z) = e \geqslant \hat{e} \geqslant \partial^0 \hat{\sigma}(z)$,所以

$$\sigma(z) = \hat{\sigma}(z)$$

$$e = \hat{e}$$

这证明了引理 1.

根据引理 1,在 $e \leqslant t$ 的前提下,$\langle \sigma(z), e \rangle$就是产生(12)的最短线性移位寄存器,自然可以用线性移位寄存器的综合算法去求产生(12)的最短线性移位寄存器,我们把这个算法重新写在下面:

求找错位多项式的迭代算法 设收到的字 $\boldsymbol{r}$ 的校验子 $s_1, s_2, \cdots, s_{2t}$已算出,对 n 用归纳法来定义一系列的线性移位寄存器

$$\langle \sigma_n(z), l_n \rangle, n = 1, 2, \cdots, 2t$$

(1) 设 n_0 是个正整数，使

$$s_1 = s_2 = \cdots = s_{n_0 - 1} = 0, s_{n_0} \neq 0$$

那么约定

$$d_0 = d_1 = d_2 = \cdots = d_{n_0 - 2} = 0, d_{n_0 - 1} = s_{n_0}$$

并令

$$\sigma_1(z) = \sigma_2(z) = \cdots = \sigma_{n_0 - 1}(z) = 1$$

$$l_1 = l_2 = \cdots = l_{n_0 - 1} = 0$$

$$\sigma_{n_0}(z) = 1 - d_{n_0 - 1} z^{n_0}, l_{n_0} = n_0$$

(2) 设 $\langle \sigma_i(z), l_i \rangle, i = 1, 2, \cdots, n\ (n_0 \leqslant n < 2t)$ 已求得，而

$$l_1 = l_2 = \cdots = l_{n_0 - 1} = 0 < l_{n_0} \leqslant l_{n_0 + 1} \leqslant \cdots \leqslant l_n$$

令

$$\sigma_n(z) = 1 + \sigma_{n1} z + \sigma_{n2} z^2 + \cdots + \sigma_{n l_n} z^{l_n}$$

计算

$$d_n = s_{n+1} + \sigma_{n1} s_n + \sigma_{n2} s_{n-1} + \cdots + \sigma_{n l_n} s_{n - l_n + 1}$$

区别下面两种情形：

(1) $d_n = 0$. 这时令

$$\sigma_{n+1}(z) = \sigma_n(z), l_{n+1} = l_n$$

(2) $d_n \neq 0$. 这时有 $m\ (1 \leqslant m < n)$ 使

$$l_m < l_{m+1} \leqslant l_{m+2} = \cdots = l_n$$

那么令

$$\sigma_{n+1}(z) = \sigma_n(z) - d_n d_m^{-1} z^{n-m} \sigma_m(z)$$

$$l_{n+1} = \max\{l_n, n + 1 - l_n\}$$

最后我们得到 $\langle \sigma_{2t}(z), l_{2t} \rangle$. 如果 $\boldsymbol{r}$ 的错位个数 $e \leqslant t$，那么 $\sigma_{2t}(z)$ 就是找错位多项式 $\sigma(z)$，即

$$\sigma(z)=\sigma_{2t}(z)$$

当然也可以采用修饰的综合算法，这样可以使求逆元素的运算减成一次.

译码的第三步是去求错位，即求 $\sigma(z)$ 的根的逆. 我们知道，$\alpha^i(0\leqslant i\leqslant n-1)$ 是一个错位，当且仅当 $\sigma(\alpha^{-i})=0$，这一步可以采用试探法.

设码字 $\boldsymbol{c}=(c_0,c_1,c_2,\cdots,c_{n-1})$ 是从足码最大的位发送起的，即先发送 c_{n-1}，再发送 c_{n-2}，……，最后发送 c_0. 采用循环码的第一种编码方法就是这样的. 这时最好先检查 α^{n-1}，看它是不是错位，这只要检查 α 是不是 $\sigma(z)$ 的根，即

$$1+\sigma_1\alpha+\sigma_2\alpha^2+\cdots+\sigma_e\alpha^e$$

是不是等于 0. 因此要试探 α^{n-1} 是不是错位，译码器只要先算出 $\sigma_1\alpha,\sigma_2\alpha^2,\cdots,\sigma_e\alpha^e$，然后将它们相加；如果相加的结果等于 -1，α^{n-1} 就是一个错位，否则就不是.

下一步是检查 α^{n-2} 是不是错位，和上面的道理一样，α^{n-2} 是一个错位，当且仅当 $\sigma(\alpha^2)=0$，因而当且仅当

$$1+\sigma_1\alpha^2+\sigma_2\alpha^{2\cdot 2}+\cdots+\sigma_e\alpha^{2e}=0$$

因此这时译码器要先算出 $\sigma_1\alpha^2,\sigma_2\alpha^{2\cdot 2},\cdots,\sigma_e\alpha^{2e}$，然后将它们相加；如果结果等于 -1，α^{n-2} 就是一个错位，否则就不是.

一般地，$\alpha^{n-j}(j=1,2,\cdots,n)$ 是一个错位，当且仅当 $\sigma(\alpha^j)=0$，因而当且仅当

$$1+\sigma_1\alpha^j+\sigma_2\alpha^{j\cdot 2}+\cdots+\sigma_e\alpha^{j\cdot e}=0$$

因此这时译码器要先算出 $\sigma_1\alpha^j,\sigma_2\alpha^{j\cdot 2},\cdots,\sigma_e\alpha^{j\cdot e}$，然

后将它们相加;如果结果等于 -1,α^{n-j}就是一个错位,否则就不是.

译码的第四步是计算错值. 对于二元码,错值都等于 1,因此这一步是不需要的. 但是对于 q 元码,错值是 F_q 中的非零元,因此这一步是需要的. 我们回忆,在第二步中已经引进了

$$\omega(z) = \sum_{j=1}^{e} Y_j X_j \prod_{\substack{k=1 \\ k\neq j}}^{e} (1 - X_k z)$$

再令

$$\sigma^{(i)}(z) = \prod_{j\neq i} (1 - X_j z), i = 1,2,\cdots,e$$

将 $z = X_i^{-1}$ 代入 $\omega(z)$就得到

$$\omega(X_i^{-1}) = Y_i X_i \sigma^{(i)}(X_i^{-1})$$

因此

$$Y_i = \frac{\omega(X_i^{-1})}{X_i \sigma^{(i)}(X_i^{-1})} \tag{16}$$

用 $\tilde{\omega}(z)$表示与 $\omega(z)$互反的多项式,并用 $\tilde{\sigma}^{(i)}(z)$表示与 $\sigma^{(i)}(z)$互反的多项式. 那么将式(16)右方分子和分母都乘以 X_i^{e-1},就有

$$Y_i = \frac{X_i^{e-1-\partial^0\omega(z)} \tilde{\omega}(X_i)}{X_i \tilde{\sigma}^{(i)}(X_i)} \tag{17}$$

在第二步中已经证明了

$$\omega(z) \equiv s(z)\sigma(z) (\bmod z^{2t})$$

$$\partial^0 \omega(z) \leqslant e - 1$$

因此 $\omega(z)$可以按下式算出

$$\omega(z)=(s(z)\sigma(z))_{z^e}$$

而$\sigma^{(i)}(z)$可以按下式算出

$$\sigma^{(i)}(z)=\frac{\sigma(z)}{1-X_i z}$$

所以错值Y_i可以按公式(17)算出.

译码的最后一步就是按照所求出的错位和错值去改正收到的字里的差错. 一旦差错改正,这个字的译码工作就完成了.

应该指出,这个译码算法是可以用硬件来实现的.

对于二元BCH码,上述译码算法中,除了第四步不需要之外,第二步也可以化简. 我们先证明:

引理2 对于设计距离等于$2t+1$而码长为n的q元BCH码,当按照上述译码算法中第二步的迭代算法求$\sigma(z)$时,令

$$\omega_n(z)=(s(z)\sigma_n(z))_{z^n},n=0,1,2,\cdots,2t$$

那么当被传送的码字在信道中出现的差错个数$e\leqslant t$时,一定有:

(1)$\partial^0\omega_n(z)<l_n$;

(2)$s(z)\sigma_n(z)\equiv\omega_n(z)+d_n z^n(\bmod z^{n+1})$.

证明 写

$$\sigma_n(z)=1+\sigma_{n1}z+\sigma_{n2}z^2+\cdots+\sigma_{nl_n}z^{l_n}$$

因为

$$l_n\leqslant n$$

$$l_n\leqslant l_{2t}=e\leqslant t,n=0,1,2,\cdots,2t$$

所以

$$s(z)\sigma_n(z) \equiv s_1 + (s_1 + \sigma_{n1}s_1)z + (s_3 + \sigma_{n1}s_2 + \sigma_{n2}s_1)z^2 + \cdots + (s_{l_n} + \sigma_{n1}s_{l_n-1} + \sigma_{n2}s_{l_n-2} + \cdots + \sigma_{nl_n-1}s_1)z^{l_n-1} + \sum_{k=l_n+1}^{n}(s_k + \sigma_{n1}s_{k-1} + \sigma_{n2}s_{k-2} + \cdots + \sigma_{nl_n}s_{k-l_n})z^{k-1} (\bmod z^n)$$

但 $\langle \sigma_n(z), l_n \rangle$ 是产生

$$s_1, s_2, \cdots, s_n$$

的一个最短线性移位寄存器,所以

$$s_k + \sigma_{n1}s_{k-1} + \sigma_{n2}s_{k-2} + \cdots + \sigma_{nl_n}s_{k-l_n} = 0$$
$$k = l_n + 1, l_n + 2, \cdots, n$$

因此

$$\begin{aligned}\omega_n(z) &= (s(z)\sigma_n(z))_{z^n} \\ &= s_1 + (s_2 + \sigma_{n1}s_1)z + \\ &\quad (s_3 + \sigma_{n1}s_2 + \sigma_{n2}s_1)z^2 + \cdots + \\ &\quad (s_{l_n} + \sigma_{n1}s_{l_n-1} + \sigma_{n2}s_{l_n-2} + \cdots + \sigma_{nl_n-1}s_1)z^{l_n-1}\end{aligned}$$

于是

$$\partial^0 \omega_n(z) < l_n$$

更进一步,我们有

$$s(z)\sigma_n(z) \equiv \omega_n(z) + (s_{n+1} + \sigma_{n1}s_n + \sigma_{n2}s_{n-1} + \cdots + \sigma_{nl_n}s_{n-l_n+1})z^n (\bmod z^{n+1})$$

可是

$$d_n = s_{n+1} + \sigma_{n1}s_n + \sigma_{n2}s_{n-1} + \cdots + \sigma_{nl_n}s_{n-l_n+1}$$

所以

$$s(z)\sigma_n(z) \equiv \omega_n(z) + d_n z^n (\bmod z^{n+1})$$

从现在起假定 $q = 2$,即局限于讨论二元 BCH 码.

我们要证明,在求找错位多项式 $\sigma(z)$ 的迭代算法(以下简称迭代算法)中,当 n 是奇数时($0<n<2t$),总有 $d_n=0$. 为了证明这一事实,我们先引进一些记号.

设 $f(x)$ 是 F_{2^r} 上的一个多项式. 如果 $f(z)$ 中 z 的奇次方项的系数都等于 0,$f(z)$ 就叫作偶多项式;如果 $f(z)$ 中 z 的偶次方项的系数都等于 0,$f(z)$ 就叫作奇多项式. 设

$$f(z)=a_0+a_1z+a_2z^2+a_3z^3+\cdots+a_nz^n$$

令

$$\hat{f}(z)=a_1z+a_3z^3+a_5z^5+\cdots$$

$$\hat{\hat{f}}(z)=a_0+a_2z^2+a_4z^4+\cdots$$

那么

$$f(z)=\hat{f}(z)+\hat{\hat{f}}(z)$$

而 $\hat{f}(z)$ 和 $\hat{\hat{f}}(z)$ 分别是奇次多项式和偶次多项式,分别叫作 $f(z)$ 的奇次部分和偶次部分.

假定在数字通信中采用的是一个设计距离 $2t+1$ 的码长 n 的二元 BCH 码,它的校验矩阵是 $\boldsymbol{H}$,而其中 α 是 $F_{2^r}^*$ 中的一个 n 阶元,2 在 J_n^* 中的阶是 r. 设发方发出一个码字 $\boldsymbol{c}$,而收到的字是 $\boldsymbol{r}$. 那么 $\boldsymbol{e}=\boldsymbol{r}-\boldsymbol{c}$ 就是差错模式. 和前面一样仍设 $w(\boldsymbol{e})=e\leqslant t$,而 $X_1,X_2,\cdots,X_e$ 是错位,即 $\boldsymbol{e}$ 的非零分量所在的位置. 我们有

$$s_i=\sum_{j=1}^{e}X_j^i,i=1,2,\cdots$$

而

$$s(z)=s_1+s_2z+s_3z^2+\cdots+s_{2t}z^{2t-1}$$

再令

$$s_0(z)=zs(z)=s_1z+s_2z^2+s_3z^3+\cdots+s_{2t}z^{2t}$$

那么我们有：

引理 3　$s_0(z)^2=\hat{\hat{s}}_0(z)(\bmod z^{2t+1})$.

证明　对任意正整数 i，我们有

$$s_i^2=(\sum_{j=1}^{e}X_j^i)^2=\sum_{j=1}^{e}X_j^{2i}=s_{2i} \tag{18}$$

因此

$$\begin{aligned} s_0(z)^2&=s_1^2z^2+s_2^2z^4+s_3^2z^6+\cdots+s_{2t}^2z^{4t}\\ &\equiv s_2z^2+s_4z^4+s_6z^6+\cdots+s_{2t}z^{2t}(\bmod z^{2t+1}) \end{aligned}$$

但

$$\hat{\hat{s}}_0(z)=s_2z^2+s_4z^4+s_6z^6+\cdots+s_{2t}z^{2t}$$

所以

$$s_0(z)^2\equiv\hat{\hat{s}}_0(z)(\bmod z^{2t+1})$$

现在我们去证明：

定理 3　对于设计距离等于 $2t+1$ 的码长等于 n 的二元 BCH 码来说，如果被传送的码字在传送过程中产生的差错个数 $e\leqslant t$，那么按照求找错位多项式 $\sigma(z)$ 的迭代算法去求 $\sigma(z)$ 时，一定有：

(1) $z\omega_n(z)=\hat{\sigma}_n(z)$，$n=0,1,2,\cdots,2t$；

(2) $d_n=0$ 对于奇数 n，即对于 $n=1,3,5,\cdots,2t-1$.

证明　我们对 n 用数学归纳法来证明这个定理.

设 n_0 是个正整数，使

$$s_1=s_2=\cdots=s_{n_0-1}=0,s_{n_0}\neq0$$

那么从式(18)推出 n_0 一定是奇数. 令

$$n_0 = 2k_0 + 1$$

根据迭代算法

$$d_0 = d_1 = d_2 = \cdots = d_{2k_0 - 1} = 0$$

特别地

$$d_1 = d_3 = \cdots = d_{2k_0 - 1} = 0$$

这证明了(2)对于 $n \leqslant 2k_0$ 成立.

仍根据迭代算法

$$\sigma_1(z) = \sigma_2(z) = \cdots = \sigma_{2k_0}(z) = 1$$

因此对于 $n \leqslant 2k_0$,有

$$\omega_n(z) = (s(z)\sigma_n(z))_{z^{n+1}} = (s(z))_{z^{n+1}} = 0$$

于是

$$z\omega_n(z) = 0$$

显然对于 $n \leqslant 2k_0$,有

$$\hat{\sigma}_n(z) = 0$$

因此对于 $n \leqslant 2k_0$,有

$$z\omega_n(z) = \hat{\sigma}_n(z)$$

这证明了(2)对于 $n \leqslant 2k_0$ 也成立. 因此定理 3 对于 $n \leqslant 2k_0$ 成立.

现在假定定理 3 对于 n 成立,而 $2k_0 \leqslant n < 2t$. 我们去证明它对于 $n+1$ 也成立,分别考察 n 是偶数和奇数这两种情形.

(ⅰ)$n = 2k$ 是偶数. 先去证明(1)对于 $2k+1$ 成立. 再区别 $d_{2k} = 0$ 和 $d_{2k} \neq 0$ 这两种情形.

①$d_{2k} = 0$. 这时根据综合算法

$$\sigma_{2k+1}(z) = \sigma_{2k}(z), l_{2k+1} = l_{2k}$$

根据引理 2,有

$$s(z)\sigma_{2k}(z) \equiv \omega_{2k}(z) + d_{2k}z^{2k} \pmod{z^{2k+1}}$$
$$\equiv \omega_{2k}(z) \pmod{z^{2k+1}}$$

因此

$$\omega_{2k+1}(z) = (s(z)\sigma_{2k+1}(z))_{z^{2k+1}}$$
$$= (s(z)\sigma_{2k}(z))_{z^{2k+1}}$$
$$= \omega_{2k}(z)$$

根据归纳法假设

$$z\omega_{2k}(z) = \hat{\sigma}_{2k}(z)$$

所以

$$z\omega_{2k+1}(z) = \hat{\sigma}_{2k+1}(z)$$

②$d_{2k} \neq 0$. 先考察 $k = k_0$，即 $n = n_0 - 1$ 的情形，这时根据迭代算法，有

$$d_{2k_0} = s_{2k_0+1} \neq 0$$
$$\sigma_{2k_0+1}(z) = 1 + d_{2k_0}z^{2k_0+1}, l_{2k_0+1} = 2k_0 + 1$$

于是

$$\omega_{2k_0+1}(z) = (s(z)\sigma_{2k_0+1}(z))_{z^{2k_0+1}} = s_{2k_0+1}z^{2k_0}$$
$$z\omega_{2k_0+1}(z) = s_{2k_0+1}z^{2k_0+1} = \hat{\sigma}_{2k_0+1}(z)$$

再考察 $k > k_0$，即 $n > n_0$ 的情形. 根据 n_0 的选取，归纳法假设和迭代算法，得

$$d_0 = d_1 = d_2 = \cdots = d_{2k_0-1} = 0, d_{2k_0} \neq 0$$
$$d_{2k_0+1} = d_{2k_0+2} = \cdots = d_{2k-1} = 0$$
$$l_1 = l_2 = \cdots = l_{2k_0} = 0, l_{2k_0+1} = 2k_0 + 1 > 0$$
$$l_{2k_0+1} = l_{2k_0+2} \leqslant l_{2k_0+3} = l_{2k_0+4} \leqslant \cdots \leqslant l_{2k-1} = l_{2k}$$

那么有 $m(0 \leqslant m < k)$ 使

$$l_{2m} < l_{2m+1} = l_{2m+2} = \cdots = l_{2k}$$

这时

$$\sigma_{2k+1}(z)=\sigma_{2k}(z)+d_{2k}d_{2m}^{-1}z^{2(k-m)}\sigma_{2m}(z)$$

$$\begin{aligned}\omega_{2k+1}(z)&=(s(z)\sigma_{2k+1}(z))_{z^{2k+1}}\\&=(s(z)\sigma_{2k}(z))_{z^{2k+1}}+\\&\quad(d_{2k}d_{2m}^{-1}z^{2(k-m)}s(z)\sigma_{2m}(z))_{z^{2k+1}}\end{aligned}$$

根据引理 2,得

$$s(z)\sigma_{2k}(z)\equiv\omega_{2k}(z)+d_{2k}z^{2k}(\bmod z^{2k+1})$$

$$s(z)\sigma_{2m}(z)\equiv\omega_{2m}(z)+d_{2m}z^{2m}(\bmod z^{2m+1})$$

因此

$$\omega_{2k+1}(s)=\omega_{2k}(z)+d_{2k}d_{2m}^{-1}z^{2(k-m)}\omega_{2m}(z)$$

根据归纳法假设

$$z\omega_{2k}(z)=\hat{\sigma}_{2k}(z)$$

$$z\omega_{2m}(z)=\hat{\sigma}_{2m}(z)$$

所以

$$\begin{aligned}z\omega_{2k+1}(z)&=\hat{\sigma}_{2k}(z)+d_{2k}d_{2m}^{-1}z^{2(k-m)}\hat{\sigma}_{2m}(z)\\&=\hat{\sigma}_{2k+1}(z)\end{aligned}$$

这证明了(1)对于 $2k+1$ 成立.

再去证明(2)对于 $2k+1$ 也成立. 根据引理 2,有

$$s(z)\sigma_{2k+1}(z)\equiv\omega_{2k+1}(z)+d_{2k+1}z^{2k+1}(\bmod z^{2k+2})$$

于是

$$zs(z)\sigma_{2k+1}(z)\equiv z\omega_{2k+1}(z)+d_{2k+1}z^{2k+2}(\bmod z^{2k+3})$$

刚才已经证明

$$z\omega_{2k+1}(z)=\hat{\sigma}_{2k+1}(z)$$

又根据定义

$$zs(z)=s_0(z)$$

所以

$$s_0(z)\sigma_{2k+1}(z)\equiv\hat{\sigma}_{2k+1}(z)+d_{2k+1}z^{2k+2}(\bmod z^{2k+3})$$

比较上式双方奇次部分和偶次部分得

$$\hat{s}_0(z)\hat{\hat{\sigma}}_{2k+1}(z)+(\hat{\hat{s}}_0(z)+1)\hat{\sigma}_{2k+1}(z)\equiv 0(\bmod z^{2k+3}) \tag{19}$$

$$\hat{\hat{s}}_0(z)\hat{\hat{\sigma}}_{2k+1}(z)+\hat{s}_0(z)\hat{\sigma}_{2k+1}(z)\equiv d_{2k+1}z^{2k+2}(\bmod z^{2k+3}) \tag{20}$$

将式(19)乘以 $\hat{s}_0(z)$，将式(20)乘以 $\hat{\hat{s}}(z)+1$，然后相加，得

$$\begin{aligned}&(\hat{s}_0(z)^2+\hat{\hat{s}}_0(z)^2+\hat{\hat{s}}_0(z))\hat{\hat{\sigma}}_{2k+1}(z)\\ \equiv\ & d_{2k+1}z^{2k+2}(\hat{\hat{s}}(z)+1)(\bmod z^{2k+3})\end{aligned} \tag{21}$$

但

$$\hat{s}_0(z)^2+\hat{\hat{s}}_0(z)^2=(\hat{s}_0+\hat{\hat{s}}_0(z))^2=(s(z))^2$$

而根据引理 3，得

$$(s(z))^2\equiv\hat{\hat{s}}_0(z)(\bmod z^{2t+1})$$

因为 $2k+1<2t$，所以 $2k+3\leqslant 2t+1$. 因此

$$\hat{s}_0(z)^2+\hat{\hat{s}}_0(z)^2\equiv\hat{\hat{s}}_0(z)(\bmod z^{2k+3}) \tag{22}$$

将式(22)代入式(21)得

$$0\equiv d_{2k+1}z^{2k+2}(\hat{\hat{s}}_0(z)+1)(\bmod z^{2k+3})$$

因此立刻推出 $d_{2k+1}=0$. 这证明了(2)对于 $2k+1$ 也成立.

(ⅱ) $n=2k+1$ 是奇数. 根据归纳法假设

$$z\omega_{2k+1}(z)=\hat{\sigma}_{2k+1}(z)$$

$$d_{2k+1}=0$$

因此

$$\sigma_{2k+2}(z)=\sigma_{2k+1}(z)$$

$$\omega_{2k+2}(z)=(s(z)\sigma_{2k+2}(z))_{z^{2k+2}}$$
$$=(s(z)\sigma_{2k+1}(z))_{z^{2k+2}}$$

根据引理2,得

$$s(z)\sigma_{2k+1}(z)\equiv\omega_{2k+1}(z)+d_{2k+1}z^{2k+1}(\bmod z^{2k+2})$$

因为 $d_{2k+1}=0$,所以

$$\omega_{2k+1}(z)=(s(z)\sigma_{2k+1}(z))_{z^{2k+2}}$$

因此

$$\omega_{2k+2}(z)=\omega_{2k+1}(z)$$

于是

$$z\omega_{2k+2}(z)=z\omega_{2k+1}(z)=\hat{\sigma}_{2k+1}(z)=\hat{\sigma}_{2k+2}(z)$$

这证明了定理3对于 $2k+2$ 也成立.

根据数学归纳法,定理3成立.

基于定理3,二元BCH码的译码算法的第二步中求找错位多项式的迭代算法可以化简如下:

求找错位多项式的迭代算法($q=2$) 设收到的字 $\boldsymbol{r}$ 的校验子

$$s_1,s_2,\cdots,s_{2t}$$

已算出,而

$$s_1=s_2=\cdots=s_{n_0-1}=0,s_{n_0}\neq 0$$

那么 n_0 一定是奇数. 令 $n_0=2k_0+1$. 对 k 用数学归纳法来定义一系列的线性移位寄存器

$$\langle\sigma_{2k}(z),l_{2k}\rangle,k=1,2,\cdots,t$$

(1)令

$$\sigma_2(z)=\sigma_4(z)=\cdots=\sigma_{2k_0}(z)=1$$
$$l_2=l_4=\cdots=l_{2k_0}=0$$

$$\sigma_{2(k_0+1)}(z)=1+d_{2k_0}z^{2k_0+1},l_{2(k_0+1)}=2k_0+1$$

其中

$$d_{2k_0}=s_{2k_0+1}$$

(2)设$\langle\sigma_{2i}(z),l_{2i}\rangle$对 $i=1,2,\cdots,k(k_0+1\leqslant k<t)$ 已求得,而

$$l_2=l_4=\cdots=l_{2k_0}=0<l_{2(k_0+1)}\leqslant l_{2(k_0+2)}\leqslant\cdots\leqslant l_{2k}$$

令

$$\sigma_{2k}(z)=1+\sigma_{2k,1}z+\sigma_{2k,2}z^2+\cdots+\sigma_{2k,l_{2k}}z^{l_{2k}}$$

计算

$$d_{2k}=s_{2k+1}+\sigma_{2k,1}s_{2k}+\sigma_{2k,2}s_{2k-1}+\cdots+\sigma_{2k,l_{2k}}s_{2k-l_{2k}+1}$$

区别下面两种情形:

①$d_{2k}=0$. 令

$$\sigma_{2(k+1)}(z)=\sigma_{2k}(z),l_{2(k+1)}=l_{2k}$$

②$d_{2k}\neq0$. 则有 $m(0\leqslant m<k)$使

$$l_{2m}<l_{2(m+1)}=l_{2(m+2)}=\cdots=l_{2k}$$

那么令

$$\sigma_{2(k+1)}(z)=\sigma_{2k}(z)-d_{2k}d_{2m}^{-1}z^{2(k-m)}\sigma_{2m}(z)$$

$$l_{2(k+1)}=\max\{l_{2k},2k+1-l_{2k}\}$$

最后我们得到$\langle\sigma_{2t}(z),l_{2t}\rangle$. 如果 $\boldsymbol{r}$ 的错位个数 $e\leqslant t$,那么 $\sigma_{2t}(z)$就是找错位多项式 $\sigma(z)$.

我们再指出,采用修饰的综合算式,可以避免上面这个算法中求逆元素的运算.

修饰的求找错位多项式的迭代算法$(q=2)$　设收到的字 $\boldsymbol{r}$ 的校验子

$$s_1,s_2,\cdots,s_{2t}$$

已算出,而

$$s_1=s_2=\cdots=s_{n_0-1}=0,s_{n_0}\neq 0$$

那么 n_0 一定是奇数. 令 $n_0=2k_0+1$. 对 k 用数学归纳法来定义一系列的多项式 $\tau_{2i}(z)$ 和一系列的非负整数 $l_{2i}(i=1,2,\cdots,t)$,而

$$\partial^0\tau_{2i}(z)\leqslant l_{2i},i=1,2,\cdots,t$$

(1)令

$$\tau_2(z)=\tau_4(z)=\cdots=\tau_{2k_0}(z)=1$$

$$l_2=l_4=\cdots=l_{2k_0}=0$$

$$\tau_{2(k_0+1)}(z)=1+D_{2k_0}z^{2k_0+1},l_{2(k_0+1)}=2k_0+1$$

其中

$$D_{2k_0}=s_{2k_0+1}$$

(2)设 $\tau_{2i}(z)$,l_{2i}对 $i=1,2,\cdots,k(k_0+1\leqslant k<t)$已求得,而

$$\partial^0\tau_{2i}(z)\leqslant l_{2i}$$

$$l_2=l_4=\cdots=l_{2k_0}=0<l_{2(k_0+1)}\leqslant l_{2(k_0+2)}\leqslant\cdots\leqslant l_{2k}$$

令

$$\tau_{2k}(z)=\tau_{2k,0}+\tau_{2k,1}z+\tau_{2k,2}z^2+\cdots+\tau_{2k,l_{2k}}z^{l_{2k}}$$

计算

$$D_{2k}=\tau_{2k,0}s_{2k+1}+\tau_{2k,1}s_{2k}+\tau_{2k,2}s_{2k-1}+\cdots+\tau_{2k,l_{2k}}s_{2k-l_{2k}+1}$$

区别下面两种情形:

①$D_{2k}=0$. 令

$$\tau_{2k+2}(z)=\tau_{2k}(z),l_{2k+2}=l_{2k}$$

②$D_{2k}\neq 0$. 则有 $m(1\leqslant m<k)$使

$$l_{2m}<l_{2(m+1)}=l_{2(m+2)}=\cdots=l_{2k}$$

那么令

$$\tau_{2(k+1)}=D_{2m}\tau_{2k}(z)-D_{2k}z^{2(k-m)}\tau_{2m}(z)$$

$$l_{2(k+1)}=\max\{l_{2k},2k+1-l_{2k}\}$$

最后我们得到 $\tau_{2t}(z)$. 可知

$$\tau_{2t}(z)=\tau_{2t,0}\sigma_{2t}(z),\tau_{2t,0}\in F_{2^r}^*$$

既然 $\tau_{2t}(z)$ 和 $\sigma_{2t}(z)$ 只差 $F_{2^r}^*$ 中的一个因子,所以它们有相同的根. 因此我们不必去求 $\sigma_{2t}(z)$ 的根,而去求 $\tau_{2t}(z)$ 的根就行了,这样就可以得到错位.

最后我们再指出 q 元 BCH 码可做如下的推广. 仍设 α 是 F_q 上的一个 n 阶元,$(n,q)=1$,而 q 在 J_n^* 中的阶是 r,设 m_0 是个正整数,d 是个整数而 $2\leqslant d\leqslant n-1$,那么

$$\alpha^{m_0},\alpha^{m_0+1},\alpha^{m_0+2},\cdots,\alpha^{m_0+d-2}$$

这 d_0-1 个元素两两相异. 我们构造一个 $r(d-1)\times n$ 矩阵

$$\begin{pmatrix} 1 & \alpha^{m_0} & (\alpha^{m_0})^2 & \cdots & (\alpha^{m_0})^{n-1} \\ 1 & \alpha^{m_0+1} & (\alpha^{m_0+1})^2 & \cdots & (\alpha^{m_0+1})^{n-1} \\ \vdots & \vdots & \vdots & & \vdots \\ 1 & \alpha^{m_0+d-2} & (\alpha^{m_0+d-2})^2 & \cdots & (\alpha^{m_0+d-2})^{n-1} \end{pmatrix}$$

我们把以这个矩阵为校验矩阵的码长 n 的 q 元线性码叫作设计距离 d 的码长 n 的 q 元广义 BCH 码. 完全和定理 1 一样,可以证明设计距离 d 的码长 n 的 q 元广义 BCH 码是循环群,它的生成多项式是 F_q 上以 α^{m_0},$\alpha^{m_0+1},\alpha^{m_0+2},\cdots,\alpha^{m_0+d-2}$ 为根的次数最低的多项式. 完全和定理 2 一样,可以证明它的极小距离大于或等于 d. 更进一步,本节介绍的 q 元 BCH 码的代数译码方法完全可以推广到 q 元广义 BCH 码上来. 由于推导完全一样,我们就都不重复了.

前面讨论的纠错码都是纠正独立差错的码. 但有时码字在信道中传送时,特别在短波信道中传送时,差错往往是成区间出现的,即连续几个位的码元都发生差错,或连续几个位的码元除其中少数几个以外都发生差错. 因此讨论纠正成区间的差错的码是有意义的.

§4 有限交换群的 Fourier 变换

本节始终设 X 是阶为 n 的有限交换群,但运算写作乘法"·";而$\mathbb{C}^*$是复数域的乘群. 设χ 和 ψ 都是从 X 到$\mathbb{C}^*$的函数,则可定义函数乘法如下

$$(\chi\psi)(a)=\chi(a)\psi(a),\ \forall a\in X$$

这当然还是从 X 到$\mathbb{C}^*$的函数,这个运算显然满足交换律. 进一步,如果χ 和 ψ 都是群同态,则易验证$\chi\psi$ 也是群同态

$$\begin{aligned}(\chi\psi)(aa')&=\chi(aa')\psi(aa')\\&=\chi(a)\chi(a')\psi(a)\psi(a')\\&=\chi(a)\psi(a)\chi(a')\psi(a')\\&=(\chi\psi)(a)(\chi\psi)(a')\end{aligned}$$

而且常值函数 $1:X\to\mathbb{C}^*,a\mapsto 1$,显然满足 $1\chi=\chi$. 又对函数$\chi:X\to\mathbb{C}^*$,令$\chi^{-1}:X\to\mathbb{C}^*$为函数

$$\chi^{-1}(a)=(\chi(a))^{-1}$$

则当χ 是群同态时,χ^{-1}也是群同态

$$\chi^{-1}(aa')=(\chi(aa'))^{-1}$$

$$= (\chi(a)\chi(a'))^{-1}$$
$$= (\chi(a))^{-1}(\chi(a'))^{-1}$$
$$= \chi^{-1}(a)\chi^{-1}(a')$$

常值函数 $1: X \to \mathbb{C}^*$ 显然是群同态，也就是一个线性特征标，称为单位特征标(unity character)，或称为主特征标(principal character). 这样我们可给出以下定义.

定义 1　从有限交换群 X 到复数域乘群 $\mathbb{C}^*$ 的任一群同态称为 X 的一个线性复特征标(character)，简称线性特征标. X 的所有线性特征标的集合，记作 X^*，在函数乘法之下是一个交换群，称为 X 的对偶群(dual group).

注 1　显然对于任意域 F 所有的定义都一样给出：任一群同态 $\chi: X \to F^*$ 称为 X 的一个 F - 线性特征标，所有 F - 线性特征标的集合在函数乘法之下构成一个群，等等. 但下面要做的事不是对于任意的域都成立，只是在一定条件下成立.

实际上，$X^* \cong X$；但是我们将给出比这多得多的信息.

引理 1　设 $C = \langle a \rangle$ 是 m 阶循环群，设 ω 是 m 次本原单位根.

(1) 对于任意线性特征标 $\psi: C \to \mathbb{C}^*$，存在整数 k 使得 $\psi(a) = \omega^k$ 而 $\psi(a^i) = \omega^{ki}$，而且整数 k 在模 m 时是唯一的.

(2) $\mathbb{C}^* = \{\chi^{(k)} \mid k = 0, 1, \cdots, m-1\}$. 其中 $\chi^{(k)}(a) = \omega^k$，而且 $\mathbb{Z}_m \to \mathbb{C}^*$，$k \mapsto \chi^{(k)}$ 是群同构，从而 $C \to \mathbb{C}^*$，$a^k \mapsto \chi^{(k)}$ 是群同构. 特别是 $\mathbb{C}^* = \langle \chi \rangle$，其中

$\chi = \chi^{(1)}$而$\chi^{(k)} = \chi^k$.

证明 因为

$$\psi(a)^m = \psi(a^m) = \psi(1) = 1$$

所以 $\psi(a)$是一个 m 次单位根. 因此引理所说的 k 存在而且模 m唯一. 令 k 对应特征标$\chi^{(k)}$使得

$$\chi^{(k)}(a) = \omega^k$$

这样确定的线性特征标恰与$\mathbb{Z}_m$的元素一一对应. 而且

$$\begin{aligned}(\chi^{(k)}\chi^{(k')})(a) &= \chi^{(k)}(a)\chi^{(k')}(a)\\ &= \omega^k\omega^{k'} = \omega^{k+k'}\\ &= \omega^{(k+k')}(a)\end{aligned}$$

即 $k \mapsto \chi^{(k)}$是从$\mathbb{Z}_m$到$\mathbb{C}^*$的同构. 最后,$\mathbb{Z}_m \to C, k \mapsto a^k$是群同构,所以 $C \to \mathbb{C}^*, a^k \mapsto \chi^{(k)}$是群同构.

再把任意有限交换群 X 写成循环群的直积,引用上述引理就可以把 X 的对偶群 X^* 弄清楚了.

由此我们得到以下定理:

定理 1 设 n 阶有限交换群

$$X = C_1 \times C_2 \times \cdots \times C_r$$

其中 $C_i = \langle a_i \rangle$是 n_i 阶循环群,$|a_i| = n_i$(从而 $n_1n_2\cdots n_r = n$). 对于每个$1 \leqslant i \leqslant r$,设 $\omega_i \in \mathbb{C}^*$是一个本原的 n_i 次单位根,令$\chi_i \in \mathbb{C}_i^*$,使得$\chi_i(a_i) = \omega_i$,则

$$\begin{aligned}X^* &= \mathbb{C}_1^* \times \mathbb{C}_2^* \times \cdots \times \mathbb{C}_r^*\\ &= \{\chi_1^{k_1} \times \chi_2^{k_2} \times \cdots \times \chi_r^{k_r} | 0 \leqslant k_i < n_i\} \cong X\end{aligned}$$

其中

$$(\chi_1^{k_1} \times \chi_2^{k_2} \times \cdots \times \chi_r^{k_r})(a_1^{t_1}a_2^{t_2}\cdots a_r^{t_r}) = \omega_1^{k_1t_1}\omega_2^{k_2t_2}\cdots\omega_r^{k_rt_r}$$

证明 对于任意线性特征标$\chi \in X^*$,限制χ 到 C_i就应是 C_i 的一个线性特征标,按引理 1 存在$0 \leqslant k_i < n_i$

使得

$$\chi|_{C_i}=\chi_i^{k_i}$$

其中

$$\chi_i^{k_i}(a_i)=\omega_i^{k_i}$$

对于任意 $a\in X$,有唯一分解

$$a=a_1^{t_1}a_2^{t_2}\cdots a_r^{t_r}$$

因为χ 是同态,所以

$$\begin{aligned}\chi(a)&=\chi(a_1^{t_1}a_2^{t_2}\cdots a_r^{t_r})\\&=\chi(a_1^{t_1})\chi(a_2^{t_2})\cdots\chi(a_r^{t_r})\\&=\chi_1^{k_1}(a_1^{t_1})\chi_2^{k_2}(a_2^{t_2})\cdots\chi_r^{k_r}(a_r^{t_r})\\&=\omega_1^{k_1t_1}\omega_2^{k_2t_2}\cdots\omega_r^{k_rt_r}\end{aligned}\tag{1}$$

这样就给出了映射

$$X^*\to\mathbb{C}_1^*\times\mathbb{C}_2^*\times\cdots\times\mathbb{C}_r^*$$

$$x\mapsto(\chi|_{c_1},\chi|_{c_2},\cdots,\chi|_{c_r})=(\chi_1^{k_1},\chi_2^{k_2},\cdots,\chi_r^{k_r})\tag{2}$$

这显然是同态映射. 反之,对于任意$(\chi_1^{k_1},\chi_2^{k_2},\cdots,\chi_r^{k_r})\in\mathbb{C}_1^*\times\mathbb{C}_2^*\times\cdots\times\mathbb{C}_r^*$,由式(1)可以定义一个$\chi:X\to\mathbb{C}^*$,容易证明它是一个线性特征标. 所以(2)是同构.

最后,由引理1,$C_i^*\cong C_i$,故

$$\mathbb{C}_1^*\times\mathbb{C}_2^*\times\cdots\times\mathbb{C}_r^*\cong C_1\times C_2\times\cdots\times C_r\cong X$$

定理2(特征标正交关系)　对于任意$\chi,\psi\in X^*$有

$$\sum_{a\in X}\chi(a)\psi(a^{-1})=\begin{cases}|X|,若\chi=\psi\\0,若\chi\neq\psi\end{cases}$$

证明　由定理1可以设

$$\chi=\chi_1^{k_1}\times\chi_2^{k_2}\times\cdots\times\chi_r^{k_r}$$

$$\psi=\chi_1^{k'_1}\times\chi_2^{k'_2}\times\cdots\times\chi_r^{k'_r}$$

注意,$\chi=\psi$ 当且仅当 $k_i=k_i'$,对所有 $i=1,2,\cdots,r$. 再设 $a=a_1^{t_1}a_2^{t_2}\cdots a_r^{t_r}$,在 t_i 分别跑遍 $0,1,\cdots,n_i-1$ 时,a 就跑遍 X. 所以

$$
\begin{aligned}
&\sum_{a\in X}\chi(a)\psi(a^{-1})\\
=&\sum_{0\leqslant t_1<n_1}\cdots\sum_{0\leqslant t_r<n_r}(\chi_1^{k_1}(a_1^{t_1})\chi_2^{k_2}(a_2^{t_2})\cdots\chi_r^{k_r}(a_r^{t_r}))\cdot\\
&(\chi_1^{k_1'}(a_1^{-t_1})\chi_2^{k_2'}(a_2^{-t_2})\cdots\chi_r^{k_r'}(a_r^{-t_r}))\\
=&\sum_{0\leqslant t_1<n_1}\cdots\sum_{0\leqslant t_r<n_r}(\omega_1^{k_1t_1}\omega_2^{k_2t_2}\cdots\omega_r^{k_rt_r})(\omega_1^{-k_1't_1}\omega_1^{-k_2't_2}\cdots\omega_r^{-k_r't_r})\\
=&\sum_{0\leqslant t_1<n_1}\cdots\sum_{0\leqslant t_r<n_r}\omega_1^{(k_1-k_1')t_1}\omega_2^{(k_2-k_2')t_2}\cdots\omega_r^{(k_r-k_r')t_r}\\
=&\prod_{i=1}^{r}(1+\omega_i^{k_i-k_i'}+\cdots+(\omega_i^{k_i-k_i'})^{n_i-1})
\end{aligned}
$$

对于任一 ω_i,如果 $k_i-k_i'\neq 0$,那么 $\omega_i^{k_i-k_i'}\neq 1$ 是一个 n_i 次单位根,那么

$$1+\omega_i^{k_i-k_i'}+\cdots+(\omega_i^{k_i-k_i'})^{n_i-1}=\frac{1-(\omega_i^{k_i-k_i'})^{n_i}}{1-\omega_i^{k_i-k_i'}}=0$$

所以只要 $\chi\neq\psi$ 就有 $1\leqslant i\leqslant r$ 使得 $k_i\neq k_i'$,因此就有

$$\sum_{a\in X}\chi(a)\psi(a^{-1})=0$$

不然对于所有 $i=1,2,\cdots,r$ 都有 $k_i=k_i'$,故

$$1+\omega_i^{k_i-k_i'}+\cdots+(\omega_i^{k_i-k_i'})^{n_i-1}=n_i$$

从而

$$\sum_{a\in X}\chi(a)\psi(a^{-1})=\prod_{i=1}^{r}n_i=n=|X|$$

换一个角度来考虑对偶问题. 类似于线性代数中的双线性函数(或称双线性型),我们引入下述概念.

定义 2 定义在有限交换群 X 上的复值二元函数

$X\times X\to\mathbb{C}^*$, $(a,b)\mapsto(a\mid b)$（把 (a,b) 的象记作 $(a\mid b)$）称为 X 的双同态复函数（bihomomorphic complex function）. 如果

$$(aa'\mid b)=(a\mid b)(a'\mid b),\ \forall a,a',b\in X$$
$$(a\mid bb')=(a\mid b)(a\mid b'),\ \forall a,b,b'\in X$$

进一步，X 的一个双同态复函数 $(a\mid b)$ 称为对称的（symmetric），如果 $(a\mid b)=(b\mid a)$ 对于任意 $a,b\in X$；双同态复函数 $(a\mid b)$ 称为非退化的（non-degenerate）如果对于任意 $1\neq a\in X$ 存在 $b\in X$ 使得 $(a\mid b)\neq 1$.

注 2　双同态复函数 $(-\mid-)$ 的意义在于，任意 $a\in X$ 给出了 X 到 $\mathbb{C}^*$ 的一个群同态

$$a^*=(a\mid -):X\to\mathbb{C}^*,x\mapsto a^*(x)=(a\mid x)\quad(3)$$

也就是给出了一个线性特征标 $a^*\in X^*$，而且

$$X\to X^*,a\mapsto a^*\quad(4)$$

是群同态；进一步，如果双同态复函数 $(-\mid-)$ 是非退化的，那么这是群同构. 所以，只要 X 有了一个非退化的双同态复函数，就可以把 X 自己等同于其对偶群 X^*.

引理 2　任何有限交换群 X 上的非退化的对称的双同态复函数存在.

证明　仍用定理 1 中的记号，对于任意

$$a=a_1^{t_1}a_2^{t_2}\cdots a_r^{t_r}\in X$$
$$b=a_1^{s_1}a_2^{s_2}\cdots a_r^{s_r}\in X$$

令

$$(a\mid b)=\omega_1^{t_1s_1}\omega_2^{t_2s_2}\cdots\omega_r^{t_rs_r}$$

则易验证这是一个非退化的对称的双同态复函数.

以下始终假设 X 是有限交换群，以$\mathbb{C}^X$记所有从 X 到$\mathbb{C}$ 的函数的集合. 设$(-|-)$是 X 上的一个非退化的双同态复函数.

定理 3 对于任意 $a,b\in X$ 有

$$\sum_{x\in X}(a\mid x)(b\mid x^{-1}) = \begin{cases}|X|, 若\ a=b\\ 0, 若\ a\neq b\end{cases}$$

证明 由注 2 知作为复函数$(a|-)\in X^*$ 和 $(b|-)\in X^*$，而且因为双同态复函数$(-|-)$是非退化的，这两个特征标只在 $a=b$ 时是相等的，所以这就是特征标的正交关系.

注 3 我们知道

$$(b|x^{-1})=(b|x)^{-1}=(b^{-1}|x)$$

从而

$$(a|x)(b|x^{-1})=(ab^{-1}|x)$$

所以定理 3 也可叙述为

$$\sum_{x\in X}(ab^{-1}\mid x) = \begin{cases}|X|, 若\ a=b\\ 0, 若\ a\neq b\end{cases} \tag{5}$$

又因为$(-|x)$也可看作 X 的线性特征标，而且

$$X\to X^*, x\mapsto(\cdot|x)$$

也是同构，那么定理 3 还可叙述为

$$\sum_{x\in X}(a\mid x)(b^{-1}\mid x) = \begin{cases}|X|, 若\ a=b\\ 0, 若\ a\neq b\end{cases} \tag{6}$$

定义 3 对于任意 $f\in\mathbb{C}^X$(即 f 是 X 上的复值函数)构作 X 上的两个复值函数 Φf 和 Ψf 如下：对于任意 $a\in X$，令

$$\Phi f(a) = \sum_{x\in X}f(x)(x\mid a)$$

$$\Psi f(a)=\frac{1}{|X|}\sum_{x\in X}f(x)(a\mid x^{-1})$$

那么得到$\mathbb{C}^X$的两个交换

$$\Phi:\mathbb{C}^X\to\mathbb{C}^X,f\mapsto\Phi f$$

$$\Psi:\mathbb{C}^X\to\mathbb{C}^X,f\mapsto\Psi f$$

分别称为交换群X上复值函数的 Fourier 变换和 Fourier 逆变换.

命题　对于任意$f\in\mathbb{C}^X$有$\Psi\Phi f=f$和$\Phi\Psi f=f$.

证明　对于任意$a\in X$,有

$$\begin{aligned}\Psi\Phi f(a)&=\frac{1}{|X|}\sum_{x\in X}\Phi f(x)(a\mid x^{-1})\\&=\frac{1}{|X|}\sum_{x\in X}\sum_{y\in X}f(y)(y\mid x)(a\mid x^{-1})\\&=\frac{1}{|X|}\sum_{y\in X}f(y)\sum_{x\in X}(y\mid x)(a\mid x^{-1})\end{aligned}$$

但是由定理3得

$$\sum_{x\in X}(y\mid x)(a\mid x^{-1})=\begin{cases}|X|,若y=a\\0,若y\neq a\end{cases}$$

所以

$$\Psi\Phi f(a)=f(a)$$

故得$\Psi\Phi f=f$.

类似可证$\Phi\Psi f=f$.

§5　一般对偶码 Mac Williams 恒等式

设F是一个q元的有限域. 但这次我们先考虑一

般的码,即 F^n 的任意子集 C. 令 $X = F^n$,把它看作一个加群就可以应用前面的思想,只是注意这里 X 的运算是加法"+". 首先我们来确定一个 X 上的非退化的对称的双同态复函数$(-|-)$.

在向量空间 F^n 上有典型对称双线性型$\langle -,-\rangle$

$$\langle \boldsymbol{x},\boldsymbol{y}\rangle = x_1y_1 + x_2y_2 + \cdots + x_ny_n$$

$$\forall \boldsymbol{x} = (x_1,x_2,\cdots,x_n),\boldsymbol{y} = (y_1,y_2,\cdots,y_n) \in F^n$$

它是非退化的,因为它在 F^n 的典型基底下的矩阵是单位矩阵. 再把 F 作为加群取一个非单位的线性特征标 $\theta:F\to\mathbb{C}^*$,这样就得到一个二元函数

$$X \times X: \to \mathbb{C}^*, (\boldsymbol{x},\boldsymbol{y}) \mapsto \theta\langle \boldsymbol{x},\boldsymbol{y}\rangle \left(= \prod_{i=1}^{n}\theta(x_iy_i)\right) \tag{1}$$

引理 1 $X = F^n$ 上的二元复值函数 $\theta\langle \boldsymbol{x},\boldsymbol{y}\rangle$ 是非退化的对称的双同态复函数.

证明 对于任意 $\boldsymbol{x},\boldsymbol{x}',\boldsymbol{y} \in X$,由典型内积$\langle -,-\rangle$的双线性可得

$$\begin{aligned}\theta\langle \boldsymbol{x}+\boldsymbol{x}',\boldsymbol{y}\rangle &= \theta(\langle \boldsymbol{x},\boldsymbol{y}\rangle + \langle \boldsymbol{x}',\boldsymbol{y}\rangle)\\ &= \theta\langle \boldsymbol{x},\boldsymbol{y}\rangle \cdot \theta\langle \boldsymbol{x}',\boldsymbol{y}\rangle\end{aligned}$$

同样可计算

$$\begin{aligned}\theta\langle \boldsymbol{x},\boldsymbol{y}+\boldsymbol{y}'\rangle &= \theta(\langle \boldsymbol{x},\boldsymbol{y}\rangle + \langle \boldsymbol{x},\boldsymbol{y}'\rangle)\\ &= \theta\langle \boldsymbol{x},\boldsymbol{y}\rangle \cdot \theta\langle \boldsymbol{x},\boldsymbol{y}'\rangle\end{aligned}$$

又因典型内积$\langle -,-\rangle$是对称的,易知 $\theta\langle \boldsymbol{x},\boldsymbol{y}\rangle$ 也是对称的. 最后设 $\boldsymbol{0} \neq \boldsymbol{x} \in X$,由典型内积$\langle -,-\rangle$的非退化性,$\boldsymbol{x}$ 诱导非零的线性函数

$$X = F^n \to \boldsymbol{F}, \boldsymbol{y} \to \langle \boldsymbol{x},\boldsymbol{y}\rangle$$

特别地，这是满射. 另一方面，$\theta: F \to \mathbb{C}^*$ 是非单位特征标，故有 $\lambda \in F$ 使得 $\theta(\lambda) \neq 1$. 令 $\boldsymbol{y} \in X$ 满足 $\langle \boldsymbol{x}, \boldsymbol{y} \rangle = \lambda$，则 $\theta\langle \boldsymbol{x}, \boldsymbol{y} \rangle = \theta(\lambda) \neq 1$.

以下对 $X = F^n$ 我们总是用(1)这个非退化的对称的双同态复函数 $\theta\langle \boldsymbol{x}, \boldsymbol{y} \rangle$. 因为典型双线性型 $\langle -, - \rangle$ 限制到任何子空间也是双线性型，我们有以下引理：

引理 2(正交关系)　如果 Y 是 X 的子空间，则

$$\sum_{\boldsymbol{y} \in Y} \theta\langle \boldsymbol{x}, \boldsymbol{y} \rangle \theta\langle \boldsymbol{x}', \boldsymbol{y} \rangle = \begin{cases} |Y|, \text{若 } \boldsymbol{x} + \boldsymbol{x}' \in Y^{\perp} \\ 0, \text{否则} \end{cases}$$

特别是，该公式对 $Y = X(= F^n)$ 成立.

证明之前做两个注解：

注 1　因为 $\theta\langle -, - \rangle$ 是双同态函数，所以

$$\theta\langle \boldsymbol{x}, \boldsymbol{y} \rangle \theta\langle \boldsymbol{x}', \boldsymbol{y} \rangle = \theta\langle \boldsymbol{x} + \boldsymbol{x}', \boldsymbol{y} \rangle$$

等价地，上述公式还可写成

$$\sum_{\boldsymbol{y} \in Y} \theta\langle \boldsymbol{x} + \boldsymbol{x}', \boldsymbol{y} \rangle = \begin{cases} |Y|, \text{若 } \boldsymbol{x} + \boldsymbol{x}' \in Y^{\perp} \\ 0, \text{否则} \end{cases} \tag{2}$$

注 2　该公式对 $Y = X(= F^n)$ 当然也成立，写出来就是一个前面已提到的形式

$$\sum_{y \in X} \theta\langle \boldsymbol{x}, y \rangle = \begin{cases} |X|, \text{若 } \boldsymbol{x} = \boldsymbol{0} \\ 0, \text{否则} \end{cases}$$

证明　因为对 $\boldsymbol{x}, \boldsymbol{x}' \in F^n$，如果 $\boldsymbol{x} + \boldsymbol{x}' \notin Y^{\perp}$，那么 $\theta\langle \boldsymbol{x} + \boldsymbol{x}', - \rangle$ 就诱导 Y 的一个非单位的线性特征标 $Y \to \mathbb{C}^*$. 所以本引理就是有限交换群 Y 上的特征标的正交关系.

特别地，我们有了 Fourier 变换

$$\Phi: \mathbb{C}^X \to \mathbb{C}^X, f \mapsto \Phi f$$

$$\Phi f(\boldsymbol{x}) = \sum_{\boldsymbol{t} \in X} f(\boldsymbol{t}) \theta\langle \boldsymbol{t}, \boldsymbol{x} \rangle$$

$$\forall f \in \mathbb{C}^X, \forall \boldsymbol{x} \in X (= F^n)$$

而且对于任意 $\boldsymbol{a} \in X$,由正交关系有

$$\begin{aligned}\Phi^2 f(\boldsymbol{a}) &= \sum_{\boldsymbol{x} \in X} \left(\sum_{\boldsymbol{y} \in X} f(\boldsymbol{y}) \theta\langle \boldsymbol{y}, \boldsymbol{x} \rangle \right) \theta\langle \boldsymbol{x}, \boldsymbol{a} \rangle \\ &= \sum_{\boldsymbol{y} \in X} f(\boldsymbol{y}) \sum_{\boldsymbol{x} \in X} \theta\langle \boldsymbol{y}, \boldsymbol{x} \rangle \theta\langle \boldsymbol{x}, \boldsymbol{a} \rangle \\ &= |X| \cdot f(-\boldsymbol{a})\end{aligned}$$

即是

$$\Phi^2 f(\boldsymbol{a}) = |X| \cdot f(-\boldsymbol{a}), \forall \boldsymbol{a} \in X \tag{3}$$

又对于任意 $f \in \mathbb{C}^X$,令 $|f| = \sum_{\boldsymbol{x} \in X} f(\boldsymbol{x})$. 因为对于任意 $\boldsymbol{x} \in X$ 有

$$\theta\langle \boldsymbol{x}, \boldsymbol{0} \rangle = \theta(\boldsymbol{0}) = 1$$

故有

$$\sum_{\boldsymbol{x} \in X} f(\boldsymbol{x}) = \sum_{\boldsymbol{x} \in X} f(\boldsymbol{x}) \theta\langle \boldsymbol{x}, \boldsymbol{0} \rangle$$

即

$$|f| = \sum_{\boldsymbol{x} \in X} f(\boldsymbol{x}) = \Phi f(\boldsymbol{0}) \tag{4}$$

注意到 X 的任何码 C,也就是任何子集 $C \subseteq X$,可以用所谓特征函数(characteristic function)来刻画

$$\chi_C(\boldsymbol{x}) = \begin{cases} 1, 若\ \boldsymbol{x} \in C \\ 0, 否则 \end{cases}, |C| = |\chi_C| \tag{5}$$

命题 1 符号如上. 如果 C 是线性码,那么 $\chi_{C^\perp} = \frac{1}{|C|} \Phi \chi_C$ 是 $C^\perp$ 的特征函数.

证明 对于任意 $\boldsymbol{x} \in X (= F^n)$ 我们有

$$\begin{aligned}\frac{1}{|C|}\Phi\chi_C(\boldsymbol{x}) &= \frac{1}{|C|}\sum_{\boldsymbol{y}\in F^n}\chi_C(\boldsymbol{y})\theta\langle\boldsymbol{y},\boldsymbol{x}\rangle \\ &= \frac{1}{|C|}\sum_{\boldsymbol{y}\in C}\chi_C(\boldsymbol{y})\theta\langle\boldsymbol{y},\boldsymbol{x}\rangle \\ &= \begin{cases}1, 若\ \boldsymbol{x}\in C^{\perp} \\ 0, 否则\end{cases}\end{aligned}$$

因为我们可以把 X 的子集看作一个 X 上的函数，一般地，我们就把任意一个函数 $f\in\mathbb{C}^X$ 看作 X 的一个"形式子集"，它以 f 为特征函数. 因此引入以下定义：

定义 1　对于任意码 $C\subseteq F^n$，我们把以 $\frac{1}{|C|}\Phi\chi_C$ 为特征函数的形式子集 C^* 称为码 C 的形式对偶码(formal dual code)，即 $\chi_{C^*}=\frac{1}{|C|}\Phi\chi_C$；并且我们记 $|C^*|=|\chi_{C^*}|$.

由于技术上的原因，以下我们总假设：

假设　$\mathbf{0}\in C$(容易验证 $\chi_{C^*}(\mathbf{0})=1$).

这个假设无碍大局，因为如果 $\mathbf{0}\notin C$，我们可以取 $\boldsymbol{c}_0\in C$，再把 C 换为 $\{\boldsymbol{c}-\boldsymbol{c}_0 \mid \boldsymbol{c}\in C\}$，这后一个子集的距离结构与 C 完全是一样的.

命题 2　设 $C\subseteq X(=F^n)$ 是一个码.

(1) $C^*=C^{\perp}$，如果 C 是线性码；

(2) $|C|\cdot|C^*|=|X|=q^n$；

(3) $C^{**}=-C$；特别地，$C^{**}=C$，若 C 是线性码或 $p=2$(这里 p 表示域 F 的特征).

证明　结论(1)已在命题 1 中证明过了. 因为

$$\chi_{C^*}=\frac{1}{|C|}\Phi\chi_C$$

根据式(3)和式(4)和假设我们有

$$\begin{aligned}|C^*| &= |\chi_{C^*}| = \Phi\chi_{C^*}(\mathbf{0}) \\ &= \frac{1}{|C|}\Phi\Phi\chi_C(\mathbf{0}) \\ &= \frac{1}{|C|}|X| \cdot \chi_C(\mathbf{0}) = \frac{|X|}{|C|}\end{aligned}$$

这就是(2). 最后,由定义可知 C^{**} 的特征函数是 $\frac{1}{|C^*|}\Phi\chi_{C^*}$,那么

$$\begin{aligned}\frac{1}{|C^*|}\Phi\chi_{C^*}(\boldsymbol{x}) &= \frac{1}{|C^*|}\Phi\left(\frac{1}{|C|}\Phi\chi_C\right)(\boldsymbol{x}) \\ &= \frac{1}{|C^*||C|}\Phi\Phi\chi_C(\boldsymbol{x}) \\ &= \frac{1}{|C^*||C|}|X|\chi_C(-\boldsymbol{x}) \\ &= \chi_C(-\boldsymbol{x})\end{aligned}$$

这就是(3).

继续我们上面的记号:$X = F^n$, $C \subseteq \boldsymbol{F}^n$ 是一个码,$\mathbf{0} \in C$. 进一步设

$$X_i = \{\boldsymbol{x} \in X | w(\boldsymbol{x}) = i\}$$

定义 2 设 $A_i = |C \cap X_i|$,它是重量为 i 的码字的个数. 称 $(A_0, A_1, \cdots, A_n)$ 是码 C 的重量分布(weight distribution),而下面关于不定元 z 的多项式

$$A_C(z) = \sum_{i=0}^{n} A_i z^i \tag{6}$$

称为码 C 的重量计数子(weight enumerator). 显然 $|C \cap X_i| = \sum_{\boldsymbol{x} \in X_i} \chi_C(\boldsymbol{x})$. 因此,对于任意 $f \in \mathbb{C}^X$,为方便

起见,我们记

$$|f(X_i)| = \sum_{x \in X_i} f(\boldsymbol{x})$$

那么

$$A_i = |\chi_C(X_i)|$$

因此,对于形式对偶码 C^*,我们定义它的形式重量分布(formal weight distribution)为$(B_0, B_1, \cdots, B_n)$,其中

$$B_i = |\chi_{C^*}(X_i)| = \sum_{\boldsymbol{x} \in X_i} \chi_{C^*}(\boldsymbol{x}) \tag{7}$$

并定义它的对偶重量计数子(dual weight enumerator)为

$$B_C(z) = \sum_{i=0}^{n} B_i z^i \tag{8}$$

因为$\chi_{C^*} = |C|^{-1} \Phi \chi_C$,所以

$$B_i = \frac{|\Phi \chi_C(X_i)|}{|\chi_C|} = \frac{1}{|C|} \sum_{\boldsymbol{t} \in X_i} \sum_{\boldsymbol{x} \in X} \chi_C(\boldsymbol{x}) \theta \langle \boldsymbol{x}, \boldsymbol{t} \rangle \tag{9}$$

定理(Mac Williams 恒等式)

$$B_C(z) = |C|^{-1}(1 + (q-1)z)^n A_C\left(\frac{1-z}{1+(q-1)z}\right)$$

§6　BCH 码的推广与 Goppa 码类

1. BCH 码的 Goppa 表现

设 $\alpha_0, \alpha_1, \cdots, \alpha_{n-1}$ 是 Galois 域 F_{2^m} 中非零元的任一排序,$n = 2^m - 1$,则 BCH(n, k, t) 码 $\mathscr{C}$ 中的任一码字

$\boldsymbol{x}=(x_0,x_1,\cdots,x_{n-1})\in V_n(F_2)$,按定义满足

$$\sum_{i=0}^{n-1} x_i\alpha_i^j = 0, j = 1,2,\cdots,2t \tag{1}$$

$$2t\leqslant n-1$$

设 $\boldsymbol{y}=(y_0,y_1,\cdots,y_{n-1})\in V_n(F_2)$ 为任一 n 维二元向量,视为接收信号,它对应的校验子为

$$\boldsymbol{S}=\boldsymbol{H}\boldsymbol{y}^{\mathrm{T}}=(s_1,s_2,\cdots,s_{2t})^{\mathrm{T}} \tag{2}$$

其中

$$s_j = \sum_{i=0}^{n-1} y_i\alpha_i^j, j = 1,2,\cdots,2t \tag{3}$$

由此得系数在 F_{2^m} 中的多项式为

$$s(D)=s_1+s_2D+\cdots+s_{2t}D^{2t-1} \tag{4}$$

将式(3)代入式(4),有

$$s(D) = \sum_{j=1}^{2t} s_jD^{j-1} = \sum_{j=1}^{2t} D^{j-1}\cdot\sum_{i=0}^{n-1} y_i\alpha_i^j \tag{5}$$

$$s(D) = \sum_{i=0}^{n-1} y_i\sum_{j=1}^{2t}\alpha_i^jD^{j-1} \tag{6}$$

Galois 域 F_{2^m} 上多项式在模 D^{2t} 运算下构成一个多项式环,记为 $R(D^{2t})$. 在环 $R(D^{2t})$ 中,对任意 $\alpha\in F_{2^m}$,多项式

$$a(D)\triangleq 1+\alpha D+\alpha^2D^2+\cdots+\alpha^{2t-1}D^{2t-1} \tag{7}$$

有逆元 $a^{-1}(D)$,且

$$a^{-1}(D)=1-\alpha D \tag{8}$$

为此,注意到 $a(D)$ 与 D^{2t} 互素,所以存在两个多项式 $u(D)$ 与 $v(D)$,使

$$u(D)a(D)+v(D)D^{2t}=1 \tag{9}$$

从而有

$$u(D)a(D)\equiv 1(\bmod D^{2t}) \tag{10}$$

$$[u(D)]_{D^{2t}}a(D)\equiv 1(\bmod D^{2t}) \tag{11}$$

这里$[u(D)]D^{2t}$表示多项式 $u(D)$ 被 D^{2t} 除所得的余式,它就是 $a(D)$的逆元,即

$$a^{-1}(D)=[u(D)]_{D^{2t}} \tag{12}$$

事实上. 由于

$$1-\alpha^{2t}D^{2t}=(1-\alpha D)(1+\alpha D+\alpha^2D^2+\cdots+\alpha^{2t-1}D^{2t-1})$$

即

$$(1-\alpha D)(1+\alpha D+\cdots+\alpha^{2t-1}D^{2t-1})+\alpha^{2t}D^{2t}=1 \tag{13}$$

及逆元的唯一性,可直接得到$(1-\alpha D)$与 $a(D)$互为逆元,即

$$\begin{cases}a^{-1}(D)=(1-\alpha D)\\(1-\alpha D)^{-1}=a(D)\end{cases} \tag{14}$$

据此,式(6)可写为

$$s(D)\equiv\sum_{i=0}^{n-1}y_i\alpha_i\cdot(1-\alpha_iD)^{-1}(\bmod D^{2t}) \tag{15}$$

由此可知,$\boldsymbol{x}\in V_n(F_2)$是一个码字,$\boldsymbol{x}\in\mathscr{C}$,当且仅当 $s(D)=0$,即

$$\sum_{i=0}^{n-1}x_i(D-\alpha_i^{-1})^{-1}\equiv 0(\bmod D^{2t}) \tag{16}$$

再注意到,$\alpha_0^{-1},\alpha_1^{-1},\cdots,\alpha_{n-1}^{-1}$是 $\alpha_0,\alpha_1,\cdots,\alpha_{n-1}$的另一排序,由此及式(16),可将 BCH$(n,k,t)$码 $\mathscr{C}$改为如下定义

$$\mathscr{C}\triangleq\{\boldsymbol{x}\in V_n(F_2)\mid\sum_{i=0}^{n-1}x_i(D-\beta_i)^{-1}\equiv 0(\bmod D^{2t})\} \tag{17}$$

其中 $\beta_0,\beta_1,\cdots,\beta_{n-1}$为 F_{2^m}中非零元的全体,$2t\leqslant n-1$,

$n=2^m-1$.

按式(17)定义的 BCH 码称为 BCH 码的 Goppa 表现,它与式(27)定义的 BCH 码等价(假定 $\beta_i=\alpha_i^{-1}$).现在由式(17)出发,就可以将 BCH 码推广成更一般的一个码类——Goppa 码类.

2. Goppa 码类

推广是从两个方面进行的. 首先,基域 F_2 换为任意 Galois 域 F_q,就是说,将二元码推广为任意 q 元码(q 为某素数的幂);其次,将多项式环 $R(D^{2t})$ 换为更一般的多项式环 $R(G(D))$,这里 $G(D)$是系数在扩域 F_{q^m}上的任一多项式,称为 Goppa 多项式.

现在定义 F_q 上(n,k,t)Goppa 码 $\mathscr{C}$ 为

$$\mathscr{C}\triangleq\{\boldsymbol{x}\in V_n(F_q)\mid\sum_{i=0}^{n-1}x_i(D-\alpha_i)^{-1}\equiv 0(\bmod G(D))\}\text{①}\tag{18}$$

其中 $A\triangleq\{\alpha_0,\alpha_1,\cdots,\alpha_{n-1}\}$为 F_{q^m}中任一组元,$G(D)$为 F_{q^m}上任一多项式,满足

$$\begin{cases}G(\alpha_i)\neq 0,i=0,1,\cdots,n-1\\|G(D)|=t\end{cases}\tag{19}$$

为明确起见,上述定义的 Goppa 码记为 $\mathscr{C}(A,G)$,F_q 称为它的基域.

---

① $(D-\alpha_i)^{-1}$是模 $G(D)$多项式环中$(D-\alpha_i)$的逆元,$(D-\alpha_i)^{-1}=\frac{-1}{G(\alpha_i)}\cdot\left(\frac{G(D)-G(\alpha_i)}{D-\alpha_i}\right)$它是一个 $t-1$ 次多项式,$t=|G(D)|$.

Goppa 码是一类性能优良并具有广泛应用的非常重要的码类. 它是 V. D. Goppa 于 1970 年首先发表的①. 许多重要的实用码类,如 Hamming 码、BCH 码及 Reed-Solomon 码等,都是它的特殊情形.

定理 1　由式(18)定义的 Goppa 码 $\mathscr{C}(A,G)$ 是 F_q 上的(n,k)线性码,具有下列性能

(i)
$$d_{\min}(\mathscr{C}) \geqslant t+1 \tag{20}$$

(ii)
$$k \geqslant n-mt \tag{21}$$

证明　显然,$\mathscr{C}(A,G)$是线性码.

(i)为得式(20),用反证法. 设有一个非零码字 $\boldsymbol{x}=(x_0,x_1,\cdots,x_{n-1})\in\mathscr{C}(A,G)$,它的 Hamming 权 $w_H(\boldsymbol{x})=l\leqslant t$. 设$\{\gamma_1,\gamma_2,\cdots,\gamma_l\}=\{\alpha_j:x_j\neq 0\}$,由(18)有

$$\sum_{j=1}^{l} y_j(D-\gamma_j)^{-1}\equiv 0(\mathrm{mod}\ G(D)) \tag{22}$$

其中 y_j 是 F_q 中的非零元,对应 γ_i 的 x 分量. 记

$$\begin{cases} b(D)\triangleq\prod_{j=1}^{l}(D-\gamma_j) \\ a(D)\triangleq\sum_{j=1}^{l}y_j\prod_{i\neq j}(D-\gamma_i) \end{cases} \tag{23}$$

再注意到 $G(\gamma_j)\neq 0, j=1,\cdots,l$,所以 $b(D)$ 与 $G(D)$ 互素,从而 $b(D)$ 在模 $G(D)$ 环中有逆元 $b^{-1}(D)$. 这样式(22)可写为

$$a(D)b^{-1}(D)\equiv 0(\mathrm{mod}\ G(D)) \tag{24}$$

由此便得

---

① V. D. Goppa, A new class of linear error-Correcting Codes, *Problems of Info. Transmission*, 6, 1970, pp. 207-212

$$a(D)\equiv 0(\bmod G(D)) \tag{25}$$

这就意味着 $G(D)|a(D)$,即 $a(D)$ 是 $G(D)$ 的倍式. 不过另一方面注意到 $a(D)$ 的次数小于 $G(D)$ 且 $a(D)$ 不恒为零

$$\begin{cases}|a(D)|\leqslant l-1<|G(D)|=t\\ a(\gamma_j)=y_j\prod\limits_{i\neq j}(\gamma_j-\gamma_i)\neq 0\end{cases} \tag{26}$$

这样,结果式(26)与式(25)相矛盾. 于是 $\mathscr{C}(A,G)$ 中所有非零码字的权大于或等于 $t+1$,即式(20)成立.

(ii)下面证明式(21)成立. 为此,首先注意到 $(D-\alpha_i)^{-1}$ 是一个系数在 F_{q^m} 上的 $(t-1)$ 次多项式,记为 $a_j(D)$,即

$$(D-\alpha_i)^{-1}=a_i(D)=\sum_{j=0}^{t-1}a_{ij}D_j \tag{27}$$

$$(a_{ij}\in F_{q^m},i=0,1,\cdots,n-1,j=0,1,\cdots,t-1)$$

事实上,设 Goppa 多项式 $G(D)$ 为

$$G(D)=g_tD^t+g_{t-1}D^{t-1}+\cdots+g_1D+g_0$$
$$(g_i\in F_{q^m}) \tag{28}$$

则对任一 $\alpha\in F_{q^m}$, $G(\alpha)\neq 0$,有

$$(D-\alpha)^{-1}=-G^{-1}(\alpha)\cdot\left[\frac{G(D)-G(\alpha)}{D-\alpha}\right] \tag{29}$$

其中

$$G(D)-G(\alpha)=g_t(D^t-\alpha^t)+g_{t-1}(D^{t-1}-\alpha^{t-1})+\cdots+g_1(D-\alpha)$$

$$\frac{G(D)-G(\alpha)}{D-\alpha}$$
$$=g_t(D^{t-1}+\alpha D^{t-2}+\cdots+\alpha^{t-1})+$$

$$g_{t-1}(D^{t-2}+\alpha D^{t-3}+\cdots+\alpha^{t-2})+\cdots+g_1$$
$$=g_tD^{t-1}+(g_t\alpha+g_{t-1})D^{t-2}+\cdots+g_1 \qquad (30)$$

将式(30)代入式(29),便知$(D-\alpha)^{-1}$为 F_{q^m}上$(t-1)$次多项式.

任一码字 $\boldsymbol{x}=(x_0,x_1,\cdots,x_{n-1})\in\mathscr{C}(A,G)$,当且仅当

$$\sum_{i=0}^{n-1}x_ia_i(D)\equiv 0(\bmod G(D)) \qquad (31)$$

由此及(27),有

$$\sum_{i=0}^{n-1}x_ia_i(D)=\sum_{j=0}^{t-1}\left(\sum_{i=0}^{n-1}x_ia_{ij}\right)D^i\equiv 0(\bmod G(D)) \qquad (32)$$

$$\sum_{i=0}^{n-1}x_ia_{ij}=0,j=0,1,\cdots,t-1 \qquad (33)$$

由此可见,式(31)与式(33)等价. 再注意到 $a_{ij}\in F_{q^m}$,可视为 F_q 上的 m 维向量,而 $x_i\in F_q$. 这样,式(33)可视为 F_q 上含 n 个未知量$(x_0,x_1,\cdots,x_{n-1})$及 mt 个方程的齐次线性方程组. 而 $\mathscr{C}(A,G)$就是这个方程组的解空间,因而其维数 $k\geqslant n-mt$.

进一步,在二元基域 F_2 情况下,若假定 Goppa 多项式 $G(D)$为 F_{2^m}上的不可约多项式,还可得到更好的结论:

定理 2　设 Goppa 码 $\mathscr{C}=\mathscr{C}(A,G)$的基域为 F_2 $(q=2)$,Goppa 多项式 $G(D)$是 F_{2^m}上的不可约多项式,$|G(D)|=t$,则

$$d_{\min}(\mathscr{C})\geqslant 2t+1 \qquad (34)$$

证明　$A\triangleq\{\alpha_0,\alpha_1,\cdots,\alpha_{n-1}\}\subseteq F_{2^m}$,对每个 $\boldsymbol{x}=$

$(x_0,x_1,\cdots,x_{n-1})\in V_n(F_2)$，令

$$x_A(D)\triangleq\sum_{i=0}^{n-1}x_i(D-\alpha_i)^{-1}\tag{35}$$

其中$(D-\alpha_i)^{-1}$为$(D-\alpha_i)$在模 $G(D)$环中的逆元，即

$$(D-\alpha_i)^{-1}=-G^{-1}(\alpha_i)\left[\frac{G(D)-G(\alpha_i)}{D-\alpha_i}\right]\tag{36}$$

按 Goppa 码的定义，$\boldsymbol{x}\in\mathscr{C}$当且仅当

$$x_A(D)\equiv 0(\bmod G(D))\tag{37}$$

令

$$f(D)\triangleq\prod_{i=0}^{n-1}(D-\alpha_i)^{x_i},\forall x_i\in F_2\tag{38}$$

则

$$f'(D)=\sum_{i=0}^{n-1}x_i\prod_{j\neq i}(D-\alpha_j)\tag{39}$$

这里$f'(D)$为多项式$f(D)$的形式导数①. 现在式(37)可写为

$$x_A(D)=\frac{f'(D)}{f(D)}\equiv 0(\bmod G(D))\tag{40}$$

由于 $G(D)$不可约，所以$(f(D),G(D))=1$，从而上式化为

$$f'(D)\equiv 0(\bmod G(D))\tag{41}$$

由于基域为 F_2，所以$f'(D)$仅有偶次项. 事实上，设

---

① 设$f(D)=f_nD^n+f_{n-1}D^{n-1}+\cdots+f_1D+f_0$，则形式导数定义为$f'(D)\triangleq nf_nD^{n-1}+(n-1)f_{n-1}D^{n-2}+\cdots+f_1$. 形式导数的其他运算法则与普通微积分类似. 特别地，有

$$[f(D)g(D)]'=f'(D)g(D)+f(D)g'(D)$$

$$f(D) = \sum_{i=0}^{n-1} f_i D_i, f_i \in F_{2^m} \tag{42}$$

则

$$f'(D) \triangleq \sum_{i=1}^{n-1} i f_i D^{i-1} \tag{43}$$

由于域的特征为 2,所以必有

$$i f_i = 0, 当 2 | i \tag{44}$$

这样式(43)中只有 D 的偶次项

$$f'(D) = \sum_{j \geqslant 0} (2j+1) f_{2j+1} D^{2j} \tag{45}$$

于是在特征为 2 的域中,$f'(D)$必是一个多项式的平方,设

$$f'(D) = u^2(D) \tag{46}$$

由式(41)及(46)知

$$G(D) | u^2(D) \tag{47}$$

因 $G(D)$是不可约多项式,必有

$$G(D) | u(D) \tag{48}$$

由式(46)及(48)便得

$$G^2(D) | f'(D)$$

$$f'(D) \equiv 0 (\bmod G^2(D))$$

$$x_A(D) \equiv 0 (\bmod G^2(D)) \tag{49}$$

总之,在定理 2 条件下,我们得到,$\boldsymbol{x} \in \mathscr{C}(A, G)$当且仅当

$$\sum_{i=0}^{n-1} x_i (D - \alpha_i)^{-1} \equiv 0 (\bmod G^2(D)) \tag{50}$$

由此及定理 1(注意$|G^2(D)| = 2t$),便得式(34).

BCH 码是 Goppa 码的一个特例,在 Goppa 码的定义式(18)中取 $q=2, A=\{\alpha_0,\alpha_1,\cdots,\alpha_{n-1}\}$ 为 F_{2^m} 中的全体非零元，$n=2^m-1$，$G(D)=D^{2t}$，Goppa 码 $\mathscr{C}(A,D^{2t})$ 就变成了 BCH 码. 下面介绍 Goppa 码的另一重要特殊情形.

3. Reed-Solomon 码

Reed-Solomon 码(简称 RS 码)是由 I. S. Reed 及 G. Solomon 于 1960 年首先发表的①. 它是 BCH 码的推广,但又是 Goppa 码的特殊情形.

简单地说,RS(n,k,t)码 $\mathscr{C}$ 是 Galois 域 F_{q^m} 上的一个线性码,码长 $n=q^m-1$,维数 $k=n-2t$,码的最小距离 $d_{\min}(\mathscr{C})=2t+1$. 它是一个循环码,生成多项式为

$$g(D)=(D-\alpha)(D-\alpha^2)\cdots(D-\alpha^{2t}) \qquad (51)$$

其中 α 为 F_{q^m} 的一个本原元.

精确些说,RS(n,k,t)码 $\mathscr{C}$ 可以按下列两种形式之一定义

$$\mathscr{C} \triangleq \{\boldsymbol{x} \in V_n(F_{q^m}) \mid \sum_{i=0}^{n-1} x_i \alpha^{ij}=0, j=1,2,\cdots,2t\} \qquad (52)$$

或

$$\mathscr{C} \triangleq \{\boldsymbol{x} \in V_n(F_{q^m}) \mid \sum_{i=0}^{n-1} x_i (D-\alpha^{-i})^{-1} \equiv 0 (\bmod D^{2t})\} \qquad (53)$$

其中 F_{q^m} 是 F_q 的 m 次扩域,α 为 F_{q^m} 的一个本原元.

---

① I. S. Reed and G. Solomon, Polynomial Codes Over Certain Finite Fields, *J. soc. Indust. Appl. Math*, 8, pp. 300-304, 1960.

$n = q^m - 1, 2t < n$.

由前面的知识，不难证明上述(52)及(53)两种定义等价，且与式(51)生成的循环码一致. 从定义式(52)看出 RS 码是 BCH 码的推广($x_i \in F_{q^m}$)；从定义式(53)看出它是 Goppa 码的特例($G(D) = D^{2t}$). 由式(52)还可直接得到 RS 码是循环码，生成元为(51)，因而循环码的一些优点，RS 码都具备. 比如，翻码容易，适于纠突发错误等. 定义式(53)则表现了 RS 码的 Goppa 形式，而 Goppa 码的通用译法已达到实用地步，它当然也适用于 RS 码. 这样一来，RS 码就是实用上特别重要的一类码了. RS 码的实质是一种嵌套形式的循环码，因为它的码字的每个分量 $x_i \in F_{q^m}$，是一个 F_q 上的 m 维向量，所以整个码字$(x_0, x_1, \cdots, x_{n-1})$实际上是 F_q 上的 nm 维向量. 但码字集合 $\mathscr{C}$ 不是以 nm 分量做循环，而是以 m 维为小组按 n 维大组做循环，这是循环码的推广形式.

下面举一个 RS 码的例子.

例 1　设 $F_{q^m} = F_8(q = 2, m = 3)$，$\alpha$ 是 F_8 中的一个本原元，满足 $\alpha^3 + \alpha + 1 = 0$，$F_8$ 中的元素可按 α 的幂及三维二元向量表现如下

$$F_8 = \{0, 1, \alpha, \alpha^2, \alpha^3, \alpha^4, \alpha^5, \alpha^6\} \tag{54}$$

$$= \{000, 001, 010, 100, 011, 110, 111, 101\} \tag{55}$$

取 $n = q^m - 1 = 7, t = 2$，按式(51)，生成元为 $g(D)$，且

$$|g(D)| = n - k = 2t = 4, k = 3$$

$$g(D) = (D - \alpha)(D - \alpha^2)(D - \alpha^3)(D - \alpha^4)$$

$$= D^4 + \alpha^3 D^3 + D^2 + D + \alpha^3 \tag{56}$$

任意$(x_0,x_1,\cdots,x_6)\in V_7(F_8)$是一个 RS(7,3,2)码 $\mathscr{C}$ 的码字,当且仅当它满足

$$\sum_{i=0}^{6} x_i\alpha^{ij}=0, j=1,2,3,4 \tag{57}$$

因 $V_7(F_8)=V_{21}(F_2)$,所以 $\mathscr{C}$ 的码字实际上是一个 21 维二元向量. 比如,F_8 上的 7 长码字 $\boldsymbol{x}=(\alpha^3,\alpha,\alpha,1,0,\alpha^3,1)\in\mathscr{C}$,实际上可写为

$$\boldsymbol{x}=(011,010,010,001,000,011,001)\in V_{21}(F_2)$$

当发送此码字 $\boldsymbol{x}$,收到信号 $\boldsymbol{y}=(\alpha^3,\alpha,1,\alpha^2,0,\alpha^3,1)$时,实际错误图样为 $\boldsymbol{e}=(0,0,\alpha^3,\alpha^6,0,0,0)$. 按 RS(7,3,2)码性能,此 $\boldsymbol{e}$ 有两个错位是能够纠正过来的. 注意到按二元表现,这两个错误可写为$(\alpha^3,\alpha^6)=(011,101)$,实际相当于 6 比特. 这就是说,将 RS(7,3,2)码视为 21 长二元码时,它能纠正长度为 6 的任何突发错误. 这在一般线性码是不易办到的. 因此,RS 码实际常用来纠正突发性错误,而这种错误类型在许多实际信道中是屡见不鲜的.

一类二元容错码的平均Hamming距离

附录1

二元叠加码(Binary Superimposed Code)包括了 d - 析取矩阵(d - disjunct matrix)、d - 分离矩阵(d - separable matrix)、$\bar{d}$ - 分离矩阵($\bar{d}$ - separable matrix)等,这些二元矩阵码于1964年由Kautz和Singleton发表的开创性论文中提出[1],关于这些矩阵码的研究已经有了大量文献[2-5]. 随着后来的深入研究,已经将这些二元叠加码推广到了具有容错能力的(d, z) - 分离矩阵、($\bar{d}$, z) - 分离矩阵、(d,r,z) - 析取矩阵,并应用到了密码学、数据安全、计算分子生物学、计算机数据传输等领域. 下面所研究的二元容错码用(0,1) - 矩阵表示,矩阵的每一列即为一个二元码字,也可以看作是一个二元列向量.

现在韩桂玲,霍丽芳,赵燕冰利用文献[6-7]中特征为2的正交空间 $F_q^{(2v+\delta)}$ 上的全奇异子空间构作具有容错和纠错能力的一类容错码 d - 析取矩阵. 然后计算它们的平均 Hamming 距离. 为此我们先介绍一些基本符号和概念.

1. 概念和相关符号

特征为 2 的有限域 F_q 上 $2v+\delta(\delta=0,1,2)$ 维正交空间 $F_q^{(2v+\delta)}$ 的 m 维 $(m,2s+\gamma,s,\Gamma)$ 型子空间(其中 $\gamma=0,1,2$)的概念可参阅文献[6-7],这里不再给出. 特别地,当 $2s+\gamma=0$ 时,$(m,2s+\gamma,s,\Gamma)$ 型子空间叫作 m 维全奇异子空间.

令 $M(m,2s+\gamma,s,\Gamma;2v+\delta)$ 表示 $F_q^{(2v+\delta)}$ 上 $(m,2s+\gamma,s,\Gamma)$ 型子空间的集合,令

$$N(m,2s+\gamma,s,\Gamma;2v+\delta)=|M(m,2s+\gamma,s,\Gamma;2v+\delta)|$$

令 P 是 $F_q^{(2v+\delta)}$ 上一个给定的 $(m,2s+\gamma,s,\Gamma)$ 型子空间,$M(m_1,2s_1+\gamma,s_1,\Gamma_1;m,2s+\gamma,s,\Gamma;2v+\delta)$ 表示包含在 P 中的 $(m_1,2s_1+\gamma,s_1,\Gamma_1)$ 型子空间集合,且

$$\begin{aligned}&N(m_1,2s_1+\gamma_1,s_1,\Gamma_1;m,2s+\gamma,s,\Gamma;2v+\delta)\\&=|M(m_1,2s_1+\gamma_1,s_1,\Gamma_1;m,2s+\gamma,s,\Gamma;2v+\delta)|\end{aligned}$$

令 P_1 是 $F_q^{(2v+\delta)}$ 上一个给定的 $(m_1,2s_1+\gamma_1,s_1,\Gamma_1)$ 型子空间,$M'(m_1,2s_1+\gamma_1,s_1,\Gamma_1;m,2s+\gamma,s,\Gamma;2v+\delta)$ 表示包含 P_1 的 $(m,2s+\gamma,s,\Gamma)$ 型子空间集合,且

$$\begin{aligned}&N'(m_1,2s_1+\gamma_1,s_1,\Gamma_1;m,2s+\gamma,s,\Gamma;2v+\delta)\\&=|M'(m_1,2s_1+\gamma_1,s_1,\Gamma_1;m,2s+\gamma,s,\Gamma;2v+\delta)|\end{aligned}$$

定义 1[4,8] 设布尔向量 $\boldsymbol{a}=(a_1,a_2,\cdots,a_n)$,$\boldsymbol{b}=(b_1,b_2,\cdots,b_n)$,$\boldsymbol{a}$,$\boldsymbol{b}$ 之间的 Hamming 距离是指它们相异位的个数,表示为 $d_H(\boldsymbol{a},\boldsymbol{b})$.

定义 2[4,5] 一个 $t\times n$ 的二元矩阵 $\boldsymbol{M}$ 叫作一个 d - 析取矩阵,如果任意 d 列并不能包含其他任何一列.

定义 3[8]　设 C 是一个二元 n 长码，码字数目为 M，则码 C 的平均 Hamming 距离定义为

$$\mathrm{dist}(C)=\frac{1}{M^2}\sum_{\boldsymbol{a}\in C}\sum_{\boldsymbol{b}\in C}d_H(\boldsymbol{a},\boldsymbol{b}) \tag{1}$$

2. **主要结论**

引理 1[6,7]　令 $0\leqslant r\leqslant m\leqslant v$. 在 $(2v+\delta)$ 维正交空间上包含一个给定的 r 维全奇异子空间的 m 维全奇异子空间个数是

$$N'(r,0,0;m,0,0;2v+\delta)$$
$$=\prod_{i=1}^{m-r}\frac{(q^{v-i+1-r}-1)(q^{v-i-r+\delta}+1)}{q^i-1} \tag{2}$$

在 $(2v+\delta)$ 维正交空间上一个给定的 m 维全奇异子空间包含 r 维全奇异子空间的个数是

$$N(r,0,0;m,0,0;2v+\delta)$$
$$=\frac{\prod_{i=m-r+1}^{m}(q^i-1)}{\prod_{i=1}^{r}(q^i-1)} \tag{4}$$

引理 2[7]　令 $0\leqslant r\leqslant m\leqslant \nu$，在 $(2v+\delta)$ 维正交空间上 m 维全奇异子空间的个数为

$$N(m,0,0;2v+\delta)$$
$$=\frac{\prod_{i=v-m+1}^{v}(q^i-1)(q^{i+\delta-1}+1)}{\prod_{i=1}^{m}(q^i-1)}$$

定义 4　令 $0<r<m\leqslant v$，二元矩阵 $\boldsymbol{M}(r,m,2v+\delta)$ 的行由特征为 2 的 $2v+\delta$ 维正交空间 $F_q^{(2v+\delta)}$ 上所有 $(r,0,0)$ 型全奇异子空间标定；它的列由所有 $(m,0,0)$

型全奇异子空间标定,矩阵 $\boldsymbol{M}(r,m,2v+\delta)$ 的元素

$$(m_{ij})=\begin{cases}1, & \text{第 } i \text{ 行的}(r,0,0)\text{型全奇异子空间包含于} \\ & \quad \text{第 } j \text{ 列的}(m,0,0)\text{型全奇异子空间} \\ 0, & \text{否则}\end{cases}$$

定理 1 (1) 当 $0<r<m\leqslant v$ 时,矩阵 $\boldsymbol{M}(r,m,2v+\delta)$ 是一个 $N(r,0,0;2v+\delta)\times N(m,0,0;2v+\delta)$ 的二元 $(0,1)$ – 矩阵.

(2) 当 $0<r<m<v$ 时,矩阵 $\boldsymbol{M}(r,m,2v+\delta)$ 是一个 r – 析取矩阵.

证明 (1) 根据定义 4 和引理 2 直接可证.

(2) 从矩阵 $\boldsymbol{M}(r,m,2v+\delta)$ 中任取 $r+1$ 列 $\boldsymbol{C}_0$, $\boldsymbol{C}_1,\cdots,\boldsymbol{C}_r$,从中指定一列如 $\boldsymbol{C}_0$,再取 $\boldsymbol{I}_i\in\boldsymbol{C}_0\backslash\boldsymbol{C}_i$ $(i=1,2,\cdots,r)$,则

$$\dim(\boldsymbol{I}_1\oplus\boldsymbol{I}_2\oplus\cdots\oplus\boldsymbol{I}_r)\leqslant r$$

故在矩阵 $\boldsymbol{M}(r,m,2v+\delta)$ 中存在一行 $(\boldsymbol{I}_1\oplus\boldsymbol{I}_2\oplus\cdots\oplus\boldsymbol{I}_r)\subseteq\boldsymbol{R}\subseteq\boldsymbol{C}_0$,但 $\boldsymbol{C}_i\not\supseteq(\boldsymbol{I}_1\oplus\boldsymbol{I}_2\oplus\cdots\oplus\boldsymbol{I}_r)$,则矩阵 $\boldsymbol{M}(r,m,2v+\delta)$ 是一个 r – 析取矩阵.

定理 2 设 $\boldsymbol{C}_1,\boldsymbol{C}_2$ 是矩阵 $\boldsymbol{M}(r,m,2v+\delta)$ 的任意两列,则 Hamming 距离

$$2(q^m-q^{m-r})\frac{\prod_{i=m-r+1}^{m-1}(q^i-1)}{\prod_{i=1}^{r}(q^i-1)}\leqslant d_H(\boldsymbol{C}_1,\boldsymbol{C}_2)$$

$$\leqslant\frac{2\prod_{i=m-r+1}^{m}(q^i-1)}{\prod_{i=1}^{r}(q^i-1)}$$

证明　当 $0<r<m<v$ 时，由定义 4 及引理 1 可得矩阵 $\boldsymbol{M}(r,m,2v+\delta)$ 的任何一列 $\boldsymbol{C}$ 的列重为 $N(r,0,0;m,0,0;2v+\delta)$，它是 $(m,0,0)$ 型全奇异子空间中包含 $(r,0,0)$ 型全奇异子空间的个数；任何一行 $\boldsymbol{R}$ 的行重为 $N'(r,0,0;m,0,0;2v+\delta)$，它是包含 $(r,0,0)$ 型全奇异子空间的 $(m,0,0)$ 型全奇异子空间的个数.

我们知道如果任意两列 $\boldsymbol{C}_1,\boldsymbol{C}_2$ 的列标（两个 m 维 $(m,0,0)$ 型全奇异子空间）的交最大产生一个 $m-1$ 维 $(m-1,0,0)$ 型全奇异子空间，此时，两列 $\boldsymbol{C}_1,\boldsymbol{C}_2$ 的内积最大为 $N(r,0,0;m-1,0,0;2v+\delta)$；如果任意两列 $\boldsymbol{C}_1,\boldsymbol{C}_2$ 的列标（两个 m 维 $(m,0,0)$ 型全奇异子空间）的交产生一个 0 维 $(0,0,0)$ 型全奇异子空间，此时，两列 $\boldsymbol{C}_1,\boldsymbol{C}_2$ 的内积最小为 0. 所以

$$
\begin{aligned}
&2N(r,0,0;m,0,0;2v+\delta)-2N(r,0,0;m-1,0,0;2v+\delta)\\
\leqslant\ & d_H(C_1,C_2)\\
\leqslant\ & 2N(r,0,0;m,0,0;2v+\delta)
\end{aligned}
$$

将引理 1 的式(3)代入上式得

$$
\frac{2(q^m-q^{m-r})\prod_{i=m-r+1}^{m-1}(q^i-1)}{\prod_{i=1}^{r}(q^i-1)}\leqslant d_H(\boldsymbol{C}_1,\boldsymbol{C}_2)\leqslant\frac{2\prod_{i=m-r+1}^{m}(q^i-1)}{\prod_{i=1}^{r}(q^i-1)}
$$

定理 3　当 $0<r<m\leqslant v$ 时，矩阵 $\boldsymbol{M}(r,m,2v+\delta)$ 的平均 Hamming 距离为

$$d_H(\boldsymbol{M}(r,m,2v))$$
$$=\frac{2N(r,0,0;m,0,0;2v+\delta)}{N(m,0,0,0;2v+\delta)}\cdot$$
$$(N(m,0,0;2v+\delta)-N'(r,0,0;m,0,0;2v+\delta))$$

其中 $N'(r,0,0;m,0,0;2v+\delta)$，$N(r,0,0;m,0,0;2v+\delta)$，$N(m,0,0;2v+\delta)$分别利用式(2)(3)(4)计算.

证明 设 $\boldsymbol{C},\boldsymbol{C}'$为矩阵 $\boldsymbol{M}(r,m,2v+\delta)$的任意两列. 下面约定：$\boldsymbol{M}(r,m,2v+\delta)$简记为 $\boldsymbol{M}$；$\boldsymbol{M}$ 的列数 $N(m,0,0;2v+\delta)$记为 N；$\boldsymbol{C},\boldsymbol{C}'$也表示 $\boldsymbol{M}$ 的列向量，令第 i 列向量 $\boldsymbol{C}_i=(c_{1i},c_{2i},\cdots,C_{Ri})^{\mathrm{T}}$，第 j 列向量 $\boldsymbol{C}_j=(c_{1j},c_{2j},\cdots,c_{Rj})^{\mathrm{T}}$，$R$ 为矩阵 $\boldsymbol{M}$ 的行数且 $R=N(r,0,0;2v+\delta)$. 由定义 3 中式(1)得矩阵 $\boldsymbol{M}(r,m,2v+\delta)$的平均 Hamming 距离为

$$\begin{aligned}\operatorname{dist}(\boldsymbol{M})&=\frac{1}{N^2}\sum_{C\in\boldsymbol{M}}\sum_{C'\in\boldsymbol{M}}d_H(\boldsymbol{C},\boldsymbol{C}')\\&=\frac{1}{N^2}\sum_{i=1}^{N}\sum_{j=1}^{N}d_H(\boldsymbol{C}_i,\boldsymbol{C}_j)\\&=\frac{1}{N^2}\sum_{i=1}^{N}\sum_{j=1}^{N}[w(\boldsymbol{C}_i)+w(\boldsymbol{C}_j)-2w(\boldsymbol{C}_i\cdot\boldsymbol{C}_j)]\\&=2N(r,0,0;m,0,0;2v+\delta)-\\&\quad\frac{2}{N^2}\sum_{i=1}^{N}\sum_{j=1}^{N}w(\boldsymbol{C}_i\cdot\boldsymbol{C}_j)\end{aligned}\tag{5}$$

其中

$$\boldsymbol{C}_i\cdot\boldsymbol{C}_j=(c_{1i}c_{1j},c_{2i}c_{2j},\cdots,c_{Ri}c_{Rj})^{\mathrm{T}}$$

下面我们求 $w(\boldsymbol{C}_i\cdot\boldsymbol{C}_j)$，$w(\boldsymbol{C}_i\cdot\boldsymbol{C}_j)$即为 $\boldsymbol{C}$ 与 $\boldsymbol{C}'$坐标都为 1 的相同位置的个数. 先计算坐标三元对

$$\{(l,i,j)\mid c_{li}=c_{lj}=1;i,j=1,2,\cdots,N;l=1,2,\cdots,R\}$$

的个数，l 表示行，i,j 表示列．下面分两种情形计算．

情形Ⅰ：易知

$$|\{(l,i,i)\mid c_{li}=c_{li}=1;i=1,2,\cdots,N;l=1,2,\cdots,R\}|$$
$$=NN(r,0,0;m,0,0;2v+\delta) \tag{6}$$

情形Ⅱ：计算三元对 $\{(l,i,j)\mid c_{li}=c_{lj}=1;i\neq j,i,j=1,2,\cdots,N;l=1,2,\cdots,R\}$ 的元素个数．现在考虑三元对第 l 行向量为 1 的元素个数，即

$$N_l=\{(l,i,j)\mid c_{li}=c_{lj}=1,i\neq j;i,j=1,2,\cdots,N\}$$

根据引理1，任意一个 r 维子空间包含在 $N'(r,0,0;m,0,0;2v+\delta)$ 个 m 维子空间中（即 $\boldsymbol{M}(r,m,2v+\delta)$ 码的行向量权重为 $N'(r,0,0;m,0,0;2v+\delta)$），所以

$$n_l=|N_l|=N'(r,0,0;m,0,0;2v+\delta)\cdot(N'(r,0,0;m,0,0;2v+\delta)-1) \tag{7}$$

这样由(6)(7)可得式(5)中

$$\begin{aligned}\sum_{i=1}^{N}\sum_{j=1}^{N}w(\boldsymbol{C}_i\cdot\boldsymbol{C}_j) &= n_1N(r,0,0;2v+\delta)+\\ &\quad NN(r,0,0;m,0,0;2v+\delta)\\ &= N(r,0,0;m,0,0;2v+\delta)\cdot\\ &\quad N(m,0,0;2v+\delta)\cdot\\ &\quad N'(r,0,0;m,0,0;2v+\delta)\end{aligned} \tag{8}$$

其中

$$N'(r,0,0;m,0,0;2v+\delta)N(r,0,0;2v+\delta)$$
$$=N(r,0,0;m,0,0;2v+\delta)N(m,0,0;2v+\delta)$$

将式(8)带入(5)得

$$\mathrm{dist}(\boldsymbol{M})=2N(r,0,0;m,0,0;2v+\delta)-\frac{2}{N^2}\sum_{i=1}^{N}\sum_{j=1}^{N}w(\boldsymbol{C}_i\cdot\boldsymbol{C}_j)$$

$$= 2N(r,0,0;m,0,0;2v+\delta) -$$

$$\frac{2N(r,0,0;m,0,0;2v+\delta)N'(r,0,0;m,0,0;2v+\delta)}{N(m,0,0;2v+\delta)}$$

$$= \frac{2N(r,0,0;m,0,0;2v+\delta)}{N(m,0,0;2v+\delta)} \cdot$$

$$(N(m,0,0;2v+\delta) - N'(r,0,0;m,0,0;2v+\delta))$$

其中 $N'(r,0,0;m,0,0;2v+\delta)$，$N(r,0,0;m,0,0;2v+\delta)$，$N(m,0,0;2v+\delta)$分别利用式(2)(3)(4)计算.

由定理 2 及定理 3 的 Hamming 距离可知二元叠加码 $\boldsymbol{M}(r,m,2v+\delta)$具有容错和纠错能力.

参考资料

[1] Kautz W H, Singleton R C. Nonrandom binary superimposed codes[J]. IEEE Trans Inform. Theory, 1964, 10: 363-377.

[2] Cheraghchi M. Improved constructions for non-adaptive threshold group testing[J]. Algorithmica, 2013, 67:384-417.

[3] Damaschke P, Muhammad A S, Wiener G. Strict group testing and the set basis problem[J]. Journal of Combinatorial Theory Series A, 2014, 126: 70-91.

[4] Du D Z, Hwang F K. Pooling Designs and Nonadaptive Group Testing[M]. Word Scientific, Singepore,2006.

[5] D'yachkov A G, Hwang F K, Macula A J, Vilen-

kin P A, Weng C W. A construction of pooling designs with some happy surprises[J]. Journal of Computational Biology, 2005, 12(8):1129-1136.

[6] Wan Z X. Geometry of Classical Groups over Finite Fields[M]. Second Edition Beijing: Science Press, 2002.

[7] 钱国栋,赵燕冰,霍元极. 特征 2 的有限正交空间上全奇异子空间的 Critical 问题[J],数学进展,2011,40(3):339-344.

[8] 夏树涛,符方伟. 二元码的平均 Hamming 距离和方差[J]. 数学物理学报,1999,19(4):368-372.

二元码的平均 Hamming 距离和方差

附录 2

南开大学数学系的夏树涛，符方伟通过对二元 n 长码 C 的对偶距离分布的研究，在码字数为奇数的情况下，改进了 Althöfer-Sillke[1] 和文献[2]关于 C 的码字间平均 Hamming 距离及其均方差的不等式，并在码字数为 2^n-1 或 $2^{n-1}-1$ 时，确定了码 C 的最小平均距离及其均方差的精确值.

§1 引　言

设 $V_n(2)=\{0,1\}^n$ 是二元 n 长向量空间，C 是一个二元 n 长码，码字数目为 M，$d_H(\boldsymbol{a},\boldsymbol{b})$ 表示码字 $\boldsymbol{a},\boldsymbol{b}$ 之间的 Hamming 距离.

定义 1[1]　码 C 的平均距离定义为

$$\mathrm{dist}(C)=\frac{1}{M^2}\sum_{\boldsymbol{a}\in C}\sum_{\boldsymbol{b}\in C}d_H(\boldsymbol{a},\boldsymbol{b}) \tag{1}$$

$\mathrm{dist}(C)$的均方差定义为

$$\mathrm{var}(C)=\frac{1}{M^2}\sum_{\boldsymbol{a}\in C}\sum_{\boldsymbol{b}\in C}[d_H(\boldsymbol{a},\boldsymbol{b})-\mathrm{dist}(C)]^2 \tag{2}$$

定义 2　称码 C 为 $A-S$ 码,若 C 为全空间或全空间的子方体,即 $C=V_n(2)$(此时,$M=2^n$)或存在 $C_0\in V_n(2)$,使 $C=C_0+V_{n-1}(2)\times\{0\}$(此时,$M=2^{n-1}$).

在试图解决 Ahlswede 和 Katona 在文献[3]中提出的一个组合问题的过程中,Althöfer 和 Sillke 证明了下面的不等式.

定理 1[1]

$$\mathrm{dist}(C)\geqslant\frac{n+1}{2}-\frac{2^{n-1}}{M} \tag{3}$$

不等式只在 $M\geqslant\frac{2^n}{n+1}$时有意义,符号成立的充要条件为 C 是一个 $A-S$ 码.

注　文献[1]还证明了 $\mathrm{dist}(C)\leqslant\frac{n}{2}$.

固定正整数 n,M,这里 $M\leqslant 2^n$,记

$$\beta(n,M)=\min\{\mathrm{dist}(C)\mid C\text{ 为一个二元 }n\text{ 长码,码字数为 }M\}$$

定理 1 说明

$$\beta(n,2^n)=\frac{n}{2},\beta(n,2^{n-1})=\frac{n-1}{2}$$

Ahlswede 和 Katona[3], Althöfer 和 Sillke[1]都提出了一

个值得研究的组合问题：对于M的其他值，即$M\neq 2^{n-1}$，2^n 时，如何确定 $\beta(n,M)$ 的精确值，或者给出 $\beta(n,M)$ 更好的下界. Ahlswede 和 Althöfer[4] 研究了 $\beta(n,M)$ 的渐近性质，即当 $\frac{1}{n}\log_2 M_n \to R$ 时，这里 $0<R\leqslant 1$，$\frac{1}{n}\log_2\beta(n,M_n)$ 的极限性质.

对于二元码 C 的平均 Hamming 距离的均方差，文献[2]证明了下面的不等式.

定理 2[2]

$$\frac{n-1}{4}+\frac{2^{n-1}}{M}-\frac{2^{2n-2}}{M^2}\leqslant \operatorname{var}(C)\leqslant \frac{n-2}{4}+\frac{2^{n-1}}{M} \quad (4)$$

当 C 是一个 $A-S$ 码时，$\operatorname{var}(C)$ 达到其下界.

固定正整数 n,M，这里 $M\leqslant 2^n$，记

$$\alpha(n,M)=\min\{\operatorname{var}(C)\mid C\text{ 为一个二元 }n\text{ 长码，码字数为 }M\}$$

定理 2 说明

$$\alpha(n,2^n)=\frac{n}{4},\alpha(n,2^{n-1})=\frac{n-1}{4}$$

§2 预备知识

设 C 为二元(n,M)码，$V_n(2)$ 为二元 n 维向量空间，$\langle\cdot,\cdot\rangle$为向量的内积，$w_H(\cdot)$为向量的 Hamming 重量，称

$$\hat{D}_i = \frac{1}{M^2}\sum_{\substack{\boldsymbol{u}\in V_n(2)\\ w_H(\boldsymbol{u})=i}}\left[\sum_{\boldsymbol{a}\in C}(-1)^{\langle \boldsymbol{u},\boldsymbol{a}\rangle}\right]^2, i=0,1,\cdots,n \tag{5}$$

为码 C 的对偶距离分布.

引理 1[6]　$\hat{D}_i \geqslant 0$.

引理 2[6]　$\hat{D}_0 = 1, \sum_{i=0}^{n}\hat{D}_i = \frac{2^n}{M}$.

引理 3　(文献[5]中引理 2 式(8)和式(16))

$$\frac{1}{M^2}\sum_{\boldsymbol{a},\boldsymbol{b}\in C} d_H(\boldsymbol{a},\boldsymbol{b}) = \frac{n}{2} - \frac{\hat{D}_1}{2}$$

$$\frac{1}{M^2}\sum_{\boldsymbol{a},\boldsymbol{b}\in C} d_H^2(\boldsymbol{a},\boldsymbol{b}) = \frac{n(n+1)}{4} - \frac{n\hat{D}_1}{2} + \frac{\hat{D}_2}{2}$$

引理 4　M 为奇数时，$\hat{D}_i \geqslant \frac{1}{M^2}\binom{n}{i}, i=1,2,\cdots,n$.

证明　$\forall \boldsymbol{u},\boldsymbol{a}\in V_n(2)$，有

$$(-1)^{\langle \boldsymbol{u},\boldsymbol{a}\rangle} = 1 \text{ 或 } -1$$

故 M 为奇数时，$\forall \boldsymbol{u}$，有

$$\left[\sum_{\boldsymbol{a}\in C}(-1)^{\langle \boldsymbol{u},\boldsymbol{a}\rangle}\right]^2 \geqslant 1$$

由于 $V_n(2)$ 中重量为 i 的向量共有 $\binom{n}{i}$ 个，故由式(5)知，$\hat{D}_i \geqslant \frac{1}{M^2}\binom{n}{i}$.

§3　主要结果

由引理2知

$$\hat{D}_1=\frac{2^n}{M}-1-\hat{D}_2-\cdots-\hat{D}_n$$

故再由引理3可得

$$\begin{aligned}\operatorname{dist}(C)&=\frac{n}{2}-\frac{1}{2}\left(\frac{2^n}{M}-1-\hat{D}_2-\cdots-\hat{D}_n\right)\\&=\frac{n+1}{2}-\frac{2^{n-1}}{M}+\frac{1}{2}(\hat{D}_2+\cdots+\hat{D}_n)\end{aligned}$$

则由引理1知定理1的不等式成立，且等号成立的充要条件为 $\hat{D}_2=\hat{D}_3=\cdots=\hat{D}_n=0$，即 $\forall \boldsymbol{u}\in V_n(2)$，$w_H(\boldsymbol{u})\geqslant 2$，有

$$\sum_{\boldsymbol{a}\in C}(-1)^{\langle \boldsymbol{u},\boldsymbol{a}\rangle}=0 \tag{6}$$

与定理1比较知，式(6)是码 C 成为 $A-S$ 码的充要条件.

由引理4得，M 为奇数时，有

$$\hat{D}_2+\cdots+\hat{D}_n\geqslant\frac{1}{M^2}\left[\binom{n}{2}+\cdots+\binom{n}{n}\right]=\frac{2^n-n-1}{M^2}$$

故定理1可加强为：

定理3　M 为奇数时，则

$$\operatorname{dist}(C)\geqslant\frac{n+1}{2}-\frac{2^{n-1}}{M}+\frac{2^n-n-1}{2M^2} \tag{7}$$

等号成立的充要条件为

$$\hat{D}_i=\frac{1}{M}\binom{n}{i},i=2,3,\cdots,n$$

即 $\forall \boldsymbol{u}\in V_n(2)$，且 $w_H(\boldsymbol{u})\geqslant 2$，有

$$\sum_{\boldsymbol{a}\in C}(-1)^{\langle \boldsymbol{u},\boldsymbol{a}\rangle}=1 \text{ 或 } -1$$

注 不等式只在 $M\geqslant\frac{2^n}{n+1}-1$ 时有意义.

设 C 是一个 $A-S$ 码，固定 $a_0\in C$，去掉 C 的码字 $\boldsymbol{a}_0$ 得到 C_0，由式(6)知，$\forall \boldsymbol{u}\in V_n(2)$，且 $w_H(\boldsymbol{u})\geqslant 2$，有

$$\begin{aligned}\sum_{\boldsymbol{a}\in C_0}(-1)^{\langle \boldsymbol{u},\boldsymbol{a}\rangle}&=\sum_{\boldsymbol{a}\in C}(-1)^{\langle \boldsymbol{u},\boldsymbol{a}\rangle}-(-1)^{\langle \boldsymbol{a}_0,\boldsymbol{u}\rangle}\\&=-(-1)^{\langle \boldsymbol{a}_0,\boldsymbol{u}\rangle}=1 \text{ 或 } -1\end{aligned}$$

因而当码 C_0 由一个 $A-S$ 码去掉一个码字得到时，定理3 等号成立. 又由于 $M=2^n-1,2^{n-1}-1$ 时，式(7)右端可以简化为$\frac{n}{2}-\frac{n}{2(2^n-1)^2}$，$\frac{n-1}{2}-\frac{n-1}{2(2^{n-1}-1)^2}$，故有以下定理：

定理4

$$\beta(n,2^n-1)=\frac{n}{2}-\frac{n}{2(2^n-1)^2}$$

$$\beta(n,2^{n-1}-1)=\frac{n-1}{2}-\frac{n-1}{2(2^{n-1}-1)^2}$$

由引理3 及引理4 得

$$\mathrm{dist}(C)=\frac{n}{2}-\frac{\hat{D}_1}{2}\leqslant\frac{n}{2}-\frac{n}{2M^2}$$

这样，我们就得到了 $\mathrm{dist}(C)$ 的一个上界.

定理5 M 为奇数时

$$\operatorname{dist}(C) \leqslant \frac{n}{2} - \frac{n}{2M^2}$$

由引理 3 得

$$\begin{aligned}\operatorname{var}(C) &= \frac{1}{M^2}\sum_{\boldsymbol{a},\boldsymbol{b}\in C}[d_H(\boldsymbol{a},\boldsymbol{b}) - \operatorname{dist}(C)]^2 \\ &= \frac{1}{M^2}\sum_{\boldsymbol{a},\boldsymbol{b}\in C} d_H^2(\boldsymbol{a},\boldsymbol{b}) - \operatorname{dist}^2(C) \\ &= \frac{n(n+1)}{4} - \frac{n}{2}\hat{D}_1 + \frac{\hat{D}_2}{2} - \left(\frac{n}{2} - \frac{\hat{D}_1}{2}\right)^2 \\ &= \frac{n}{4} - \frac{\hat{D}_1^2}{4} + \frac{\hat{D}_2}{2}\end{aligned}$$

同样由引理 4 可得,M 为奇数时,一方面

$$\begin{aligned}\operatorname{var}(C) &= \frac{n}{4} - \frac{\hat{D}_1^2}{4} + \frac{1}{2}\left(\frac{2^n}{M} - 1 - \hat{D}_1 - \hat{D}_3 - \cdots - \hat{D}_n\right) \\ &\leqslant \frac{n}{4} - \frac{1}{4}\left[\frac{1}{M^2}\binom{n}{1}\right]^2 + \\ &\quad \frac{1}{2}\left[\frac{2^n}{M} - 1 - \frac{1}{M^2}\binom{n}{1} - \frac{1}{M^2}\binom{n}{3} - \cdots - \frac{1}{M^2}\binom{n}{n}\right] \\ &= \frac{n-2}{4} + \frac{2^{n-1}}{M} - \Delta_1\end{aligned}$$

其中

$$\Delta_1 = \frac{2^{n+1} - n(n-1) - 2}{4M^2} + \frac{n^2}{4M^4}$$

另一方面,由于

$$\begin{aligned}\hat{D}_1 &= \frac{2^n}{M} - 1 - \hat{D}_2 - \cdots - \hat{D}_n \\ &\leqslant \frac{2^n}{M} - 1 - \frac{1}{M^2}\left[\binom{n}{2} + \binom{n}{3} + \cdots + \binom{n}{n}\right]\end{aligned}$$

$$=\frac{2^n}{M}-1-\frac{1}{M^2}(2^n-1-n)$$

故

$$\begin{aligned}\operatorname{var}(C)&\geqslant\frac{n}{4}-\frac{1}{4}\left[\frac{2^n}{M}-1-\frac{1}{M^2}(2^n-1-n)\right]^2+\frac{1}{2M^2}\binom{n}{2}\\&=\frac{n-1}{4}+\frac{2^{n-1}}{M}-\frac{2^{2n-2}}{M^2}+\Delta_2\end{aligned}$$

其中

$$\Delta_2=\frac{n(n-1)}{4M^2}+\frac{1}{2M^2}(2^n-n-1)$$
$$\left[\frac{2^n}{M}-1-\frac{1}{2M^2}(2^n-1-n)\right]$$

而且,等号在 $\hat{D}_i=\frac{1}{M^2}\binom{n}{i},i=2,3,\cdots,n$ 时成立. 因而,定理2在码字数为奇数的情况下可以改进为:

定理6　M 为奇数时,则

$$\frac{n-1}{4}+\frac{2^{n-1}}{M}-\frac{2^{2n-2}}{M^2}+\Delta_2\leqslant\operatorname{var}(C)\leqslant\frac{n-2}{4}+\frac{2^{n-1}}{M}-\Delta_1$$

C 达到其下界的充要条件为

$$\hat{D}_i=\frac{1}{M^2}\binom{n}{i},i=2,3,\cdots,n$$

即 $\forall\boldsymbol{u}\in V_n(2)$,且 $w_H(\boldsymbol{u})\geqslant 2$,有

$$\sum_{\boldsymbol{a}\in C}(-1)^{\langle\boldsymbol{a},\boldsymbol{u}\rangle}=1\text{ 或 }-1.$$

类似于定理4的证明,我们能够得出:当码 C 由一个 $A-S$ 码去掉一个码字得到时,定理6达到其下界,故对于 $M=2^n-1$ 或 $2^{n-1}-1$,$\alpha(n,M)$ 可以由定理6的下界求得.

定理 7

$$\alpha(n,2^n-1)=\frac{n}{4}+\frac{n(n-1)}{4(2^n-1)^2}-\frac{n^2}{4(2^n-1)^4}$$

$$\alpha(n,2^{n-1}-1)=\frac{n-1}{4}+\frac{(n-1)(n-2)}{4(2^{n-1}-1)^2}-\frac{(n-1)^2}{4(2^{n-1}-1)^4}$$

参考资料

[1] Althöfer I, Sillke T. An average distance inequality for large subsets of the cube[J]. Journal of Combinatorial Theory, Series B, 1992, 56: 296-301.

[2] Fu Fangwei, Shen Shiyi. On the expectation and variance of Hamming distance between two i. i. d [J]. random vectors. Acta Mathematicae Applicate Sinica, 1997, 13: 243-250.

[3] Ahlswede R, Katona G. Contributions to the geometry of Hamming spaces[J]. Discrete Math, 1977, 17: 1-22.

[4] Ahlswede R, Althöfer I. The asymptotic behaviour of diameters in the average[J]. Journal of Combinatorial Theory, Series B, 1994, 61:167-177.

[5] 符方伟. 关于编码理论中 Plotkin 界和 Grey-Rankin 界的几个注记[J]. 南开大学学报(自然科学),1994, 12(4).

[6] Mac Williams F J, Sloan N J A. The Theory of Error-correcting Codes[M]. New York: North-Holland,1977.

神奇的 Leech 格及相关的美妙数学[①]

附录 3

1949 年,贝尔实验室的 Golay 发现了 Golay 码. 这是信息论历史上的一个重要发现,因为它能在信息传输过程中自动发现错误和纠正错误. 1967 年,英国数学家 Leech 在 Golay 码的基础上构造了一个 24 维的格(lattice),即 Leech 格. 1968 年,剑桥大学的 Conway 通过研究 Leech 格的变换群发现了三个散在单群从而一夜成名. 后来,人们又发现:Leech 格不仅能实现 24 维单位球的 Newton 数(与固定单位球同时相切的单位球的最大个数)——196 560,而且还能实现 24 维单位球的最大堆积密度. 注意,在 9 至 23 维空间,我们对相应的堆积问题几乎一无所知. 本附录将介绍这些优美数学及发现的故事.

① 摘自《数学所讲座 2013》,席南华主编,科学出版社,2015.

§1　Hamming 与 Golay 的纠错码

1940 年前后,计算机技术刚刚开始. 那时编码是将信息转换为 0 或 1 数串,也就是二元域 F_2 上的 n 维线性空间 F_2^n 中的点. 比如,将“继续”指令转换为(01011). 由于技术、材料、干扰等原因,传输过程总有出错的可能. 假设传输过程出了错误,对方收到的是(11011),信息还原后他可能会得到完全错误的指令,反映在早期计算机上,就可能是停机或者得出完全错误的结果(图 1).

图 1　信息传输过程示意图

问题　如何使计算机能自动识别错误并且改正错误?

1. 码,码字,线性码

称 F_2^n 中的一个子集合 C 为一个二元码(binary code),称 C 中的元素为码字(codeword). 特别地,当 C 是 F_2^n 的 k 维线性子空间时,称 C 为一个(n,k)-线性码(linear code).

2. Hamming 距离

假设 $\boldsymbol{u}=(u_1,u_2,\cdots,u_n)$ 和 $\boldsymbol{v}=(v_1,v_2,\cdots,v_n)$ 是 C 中的两个码字,称

$$\| \boldsymbol{u}, \boldsymbol{v} \|_H = \sum_{i=1}^{n} | u_i - v_i |$$

为这两个码字之间的 Hamming 距离. 这个距离满足三角不等式. 记 $\| \boldsymbol{u} \|_H = \| \boldsymbol{u}, \mathbf{0} \|_H$, 其中 $\mathbf{0} = (0, 0, \cdots, 0) \in F_2^n$.

3. **纠错码**(error-correcting codes)

假设我们能够设计一个码 C 使得任意两个码字之间的 Hamming 距离都不小于 r. 如果在传输过程中码字 $\boldsymbol{u}$ 变成了 $\boldsymbol{u}'$(注意, $\boldsymbol{u}'$ 可能不在 C 中), 并且假定 $\boldsymbol{u}$ 和 $\boldsymbol{u}'$ 的 Hamming 距离小于等于 $\left\lfloor \frac{r-1}{2} \right\rfloor$(即最多出现 $\left\lfloor \frac{r-1}{2} \right\rfloor$ 个错误), 那么容易证明 $\boldsymbol{u}$ 是 C 中唯一一个与 $\boldsymbol{u}'$ 最近的码字. 也就是说, 在还原的过程中取最近点就可以自动纠错.

例 1　设 C 是由所有 $\boldsymbol{u} \in F_2^n$ 的 r - 重码构成的集合. 显然, C 是 F_2^{nr} 的 n 维线性子空间, 即 r - 重码是线性码. 另外, 易知 C 中的码字之间的 Hamming 距离都不小于 r. 因此, r - 重码具有检测并纠正 $\left\lfloor \frac{r-1}{2} \right\rfloor$ 个错误的功能. 但是, 它的纠错效率太低, 不实用.

4. Hamming **码**

纠错码这一重要思想是 Richard W. Hamming(汉明)于 1948 年发现的. 在此基础上, 他构造出了第一个纠错码 H_7(到了 1950 年才发表). 它是由

$$
\boldsymbol{G}=\begin{pmatrix}
1 & 0 & 0 & 0 & 1 & 1 & 0\\
0 & 1 & 0 & 0 & 1 & 0 & 1\\
0 & 0 & 1 & 0 & 0 & 1 & 1\\
0 & 0 & 0 & 1 & 1 & 1 & 1
\end{pmatrix}
$$

生成的(7,4)-线性码,即

$$H_7=\{\boldsymbol{uG}\mid \boldsymbol{u}\in F_2^4\} \tag{1}$$

显然,H_7 共有 $2^4=16$ 个码字. 另外我们可以验证,其中任意两个码字之间的 Hamming 距离都不小于 3. 所以,H_7 可以自动纠正 1 个错误. 换句话说,假设信息传输过程中每个码字最多出现 1 个错误,那么 H_7 就可以完全自动纠错.

5. Golay 码

1949 年,Marcel J. E. Golay(戈莱)发现了以他的名字命名的纠错码 G_{24}. 这是信息论发展史上的一项重大突破,因为它使信息传输过程中自动纠错成为可行. 该码可由下列矩阵生成

$$
\begin{pmatrix}
1&0&0&0&0&0&0&0&0&0&0&0&1&0&1&0&0&0&1&1&1&0&1&1\\
0&1&0&0&0&0&0&0&0&0&0&0&1&1&0&1&0&0&0&1&1&1&0&1\\
0&0&1&0&0&0&0&0&0&0&0&0&0&1&1&0&1&0&0&0&1&1&1&1\\
0&0&0&1&0&0&0&0&0&0&0&0&1&0&1&1&0&1&0&0&0&1&1&1\\
0&0&0&0&1&0&0&0&0&0&0&0&1&1&0&1&1&0&1&0&0&0&1&1\\
0&0&0&0&0&1&0&0&0&0&0&0&1&1&1&0&1&1&0&1&0&0&0&1\\
0&0&0&0&0&0&1&0&0&0&0&0&0&1&1&1&0&1&1&0&1&0&0&1\\
0&0&0&0&0&0&0&1&0&0&0&0&0&0&1&1&1&0&1&1&0&1&0&1\\
0&0&0&0&0&0&0&0&1&0&0&0&0&0&0&1&1&1&0&1&1&0&1&1\\
0&0&0&0&0&0&0&0&0&1&0&0&1&0&0&0&1&1&1&0&1&1&0&1\\
0&0&0&0&0&0&0&0&0&0&1&0&0&1&0&0&0&1&1&1&0&1&1&1\\
0&0&0&0&0&0&0&0&0&0&0&1&1&1&1&1&1&1&1&1&1&1&1&0
\end{pmatrix}
$$

可以验证 C_{24} 共有 $2^{12}=4\ 096$ 个码字,并且任意两个码字之间的 Hamming 距离都不小于 8,所以它可以自动纠正 3 个错误的码字.

6. Hamming 与 Golay 关于纠错码的优先权之争

1947 年 Hamming 首先发现了纠错码的思想,后来又构造出了 Hamming 码 H_7. 正在申请专利的那段时间,Hamming 把这件事告诉了他的同事 Claude E. Shannon(香农, 1916—2001). 后来,Shannon 在一次报告中提到了这一想法. Golay 当时是一位听众,他觉得这个很神奇. 通过不断地试探,他最后构造出了 Golay 码 G_{24}. 但是 G_{24} 发表的比 H_7 要早,而且它更有用,所以当时很多人都认为,纠错码最早是 Golay 发现的. 纠错码这个概念在信息论里面非常重要,所以就产生了优先权问题. 后来,Shannon 出面澄清,确实是 Hamming 先提出来的. 所以现在大家都公认,纠正码的思想是 Hamming 发现的.

§2　格

1840 年前后,作为整数系统的自然推广,Carl F. Gauss(高斯)引进了格的概念:假设 $\boldsymbol{\alpha}_1,\boldsymbol{\alpha}_2,\cdots,\boldsymbol{\alpha}_n$ 是 n 维欧氏空间 E^n 中的 n 个线性无关的向量. 称

$$\Lambda=\{\sum z_i\boldsymbol{\alpha}_i \mid z_i\in\mathbf{Z}\}$$

为一个 n 维的格(图 2). 称 $\{\boldsymbol{\alpha}_1,\boldsymbol{\alpha}_2,\cdots,\boldsymbol{\alpha}_n\}$ 为 Λ 的一

个基.此时,称

$$P=\{\lambda_1\boldsymbol{\alpha}_1+\cdots+\lambda_n\boldsymbol{\alpha}_n\mid 0\leqslant\lambda_i\leqslant 1\}$$

为格 Λ 的一个基本体.一个格有无穷多组不同的基,也就有无穷多个不同的基本体.但是,所有的基本体都有相同的体积.原因在于,$\{\boldsymbol{u}_1,\boldsymbol{u}_2,\cdots,\boldsymbol{u}_n\}$ 和 $\{\boldsymbol{v}_1,\boldsymbol{v}_2,\cdots,\boldsymbol{v}_n\}$ 是 Λ 的两组基当且仅当存在一个整幺模矩阵 $\boldsymbol{A}$ 使得 $\boldsymbol{u}_i=\boldsymbol{v}_j\boldsymbol{A}$.

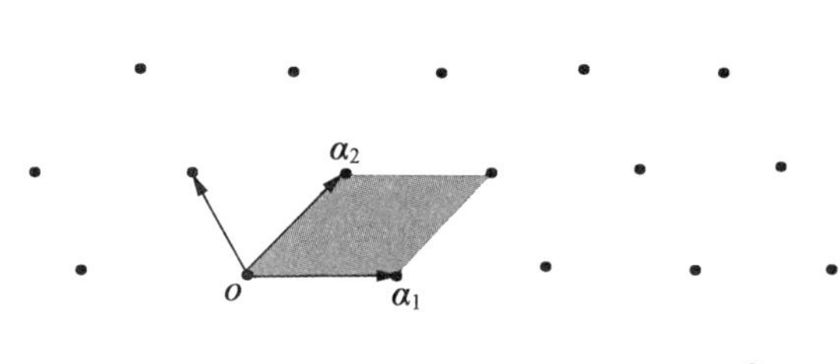

图2 平面上的格

容易看到,一个给定的格 Λ 有4个基本量:

(1)基本体的体积

$$\det(\Lambda)=\mathrm{vol}\{\sum\lambda_i\boldsymbol{\alpha}_i\mid 0\leqslant\lambda_i\leqslant 1\}$$

(2)最短向量的长度

$$\ell(\Lambda)=\min\{\|\boldsymbol{o},\boldsymbol{v}\|\mid\boldsymbol{v}\in\Lambda\setminus\{\boldsymbol{o}\}\}$$

(3)最短向量的个数

$$k(\Lambda)=\#\{\boldsymbol{v}\in\Lambda\setminus\{\boldsymbol{o}\}\mid\|\boldsymbol{o},\boldsymbol{v}\|=\ell(\Lambda)\}$$

(4)最远点的距离

$$\rho(\Lambda)=\max\{\|\boldsymbol{x},\Lambda\|\mid\boldsymbol{x}\in E^n\}$$

1. 格堆积,格覆盖

我们用 B^n 表示 n 维空间中以坐标原点为球心的

单位球,即

$$B^n = \left\{ \boldsymbol{x} = (x_1, \cdots, x_n) \in E^n \mid \sum_{i=1}^{n} x_i^2 \leqslant 1 \right\}$$

在 Λ 的每一个点放置一个单位球,得到一个系统 $B^n + \Lambda$. 如果其中的球两两内部互不相交,那么就称 $B^n + \Lambda$ 为一个格堆积. 如果 $B^n + \Lambda = E^n$,那么就称 $B^n + \Lambda$ 为 E^n 的一个格覆盖.

Gauss, Hermite, Minkowski 等深入研究了如下三个重要的几何常数

$$k_n = \max_{\Lambda} k(\Lambda)$$

$$\delta_n = \max_{B^n + \Lambda \text{是格堆积}} \frac{\mathrm{vol}(B^n)}{\det(\Lambda)}$$

$$\theta_n = \min_{B^n + \Lambda \text{是格覆盖}} \frac{\mathrm{vol}(B^n)}{\det(\Lambda)}$$

这三个常数都有着明显的几何意义. k_n 就是在格堆积中能与一个单位球同时相切的其他单位球的最大个数,而 δ_n 和 θ_n 分别是 n 维单位球的最大格堆积密度和最小格覆盖密度. 不难验证

$$\delta_n = \max_{\Lambda} \frac{\mathrm{vol}\left(\frac{\ell(\Lambda)}{2} B^n \right)}{\det(\Lambda)} = \frac{\omega_n}{2^n} \cdot \max_{\Lambda} \frac{(\ell(\Lambda))^n}{\det(\Lambda)} \quad (2)$$

并且

$$\theta_n = \min_{\Lambda} \frac{\mathrm{vol}(\rho(\Lambda) B^n)}{\det(\Lambda)} = \omega_n \cdot \min_{\Lambda} \frac{(\rho(\Lambda))^n}{\det(\Lambda)}$$

其中的极大和极小均取遍所有的格,$\omega_n = \dfrac{\pi^{\frac{n}{2}}}{\Gamma\left(\frac{n}{2} + 1 \right)}$,即 n 维单位球的体积($\Gamma(x)$ 为 Gamma 函数).

2. 数论形式

用 $F(\boldsymbol{x})=\boldsymbol{xAx}'$表示一个 n 元正定二次型，用 F_n 表示所有这种二次型构成的集合. 定义

$$m(F)=\min\{F(\boldsymbol{x})\mid \boldsymbol{x}\in\mathbf{Z}^n\setminus\{\boldsymbol{o}\}\}$$

和

$$M(F)=\#\{z\mid z\in\mathbf{Z}^n, F(z)=m(F)\}$$

在此基础上，我们定义两个著名的数论常数

$$f_n=\max_{F\in F_n}M(F)$$

以及 Hermite 常数

$$\gamma_n=\max_{F\in F_n}\frac{m(F)}{|\boldsymbol{A}|^{\frac{1}{n}}}$$

这里定义的f_n 和 γ_n 与上面所定义的几何常数有什么关系呢？由于 $\boldsymbol{A}$ 是正定对称矩阵，所以一定存在 n 阶非异矩阵 $\boldsymbol{T}$，使得 $\boldsymbol{A}=\boldsymbol{TT}'$. 这样，我们得到

$$F(\boldsymbol{x})=\boldsymbol{xAx}'=\boldsymbol{xTT}'\boldsymbol{x}'=\langle\boldsymbol{xT},\boldsymbol{xT}\rangle$$

定义格

$$\Lambda=\{z\boldsymbol{T}\mid z\in\mathbf{Z}^n\}$$

显然，$\det(\Lambda)=|\boldsymbol{T}|=|\boldsymbol{A}|^{\frac{1}{2}}$，并且 $\ell(\Lambda)=m(F)^{\frac{1}{2}}$. 因此，结合(2)容易导出

$$k_n=f_n$$

和

$$\delta_n=\frac{\omega_n}{2^n}\gamma_n^{\frac{n}{2}}$$

这就是为什么格堆积问题不仅是几何问题，也是数论问题的原因.

例 2(Lagrange, 1773)　设 $F(\boldsymbol{x})$是一个二元正定

二次型,那么

$$F(z)=m(F)$$

最多有 6 组整数解. 单位圆盘的最大格堆积密度是 $\frac{\pi}{\sqrt{12}}$.

例 3(Gauss,1840) 设 $F(\boldsymbol{x})$ 是一个三元正定二次型,那么

$$F(z)=m(F)$$

最多有 12 组整数解. 单位球的最大格堆积密度是 $\frac{\pi}{\sqrt{18}}$.

§3 Leech 格

纠错码的理念是在 F_2^n 中找到尽量多的点且使这些点之间的 Hamming 距离尽量大. 这让人联想到在一个有限的空间中堆放等半径的球使得球的个数尽量多,半径尽量大. 在这一理念的基础上,John Leech(利奇)于 1967 年首先考虑了 Z^{24} 中模 2 后全在 G_{24} 中并且坐标和能被 4 整除的点构成的格. 两年后,他发现这个格有一类深洞并且将深洞补充到原来的格又产生一个新格,它(经过规范)就是著名的 Leech 格

$$\Lambda_{24}=\frac{1}{2\sqrt{2}}\{z\boldsymbol{A}\mid z\in Z^{24}\}$$

其中

$$
A=\begin{pmatrix}
8&0&0&0&0&0&0&0&0&0&0&0&0&0&0&0&0&0&0&0&0&0&0&0\\
4&4&0&0&0&0&0&0&0&0&0&0&0&0&0&0&0&0&0&0&0&0&0&0\\
4&0&4&0&0&0&0&0&0&0&0&0&0&0&0&0&0&0&0&0&0&0&0&0\\
4&0&0&4&0&0&0&0&0&0&0&0&0&0&0&0&0&0&0&0&0&0&0&0\\
4&0&0&0&4&0&0&0&0&0&0&0&0&0&0&0&0&0&0&0&0&0&0&0\\
4&0&0&0&0&4&0&0&0&0&0&0&0&0&0&0&0&0&0&0&0&0&0&0\\
4&0&0&0&0&0&4&0&0&0&0&0&0&0&0&0&0&0&0&0&0&0&0&0\\
2&2&2&2&2&2&2&2&0&0&0&0&0&0&0&0&0&0&0&0&0&0&0&0\\
4&0&0&0&0&0&0&0&4&0&0&0&0&0&0&0&0&0&0&0&0&0&0&0\\
4&0&0&0&0&0&0&0&0&4&0&0&0&0&0&0&0&0&0&0&0&0&0&0\\
4&0&0&0&0&0&0&0&0&0&4&0&0&0&0&0&0&0&0&0&0&0&0&0\\
2&2&2&2&0&0&0&0&2&2&2&2&0&0&0&0&0&0&0&0&0&0&0&0\\
4&0&0&0&0&0&0&0&0&0&0&0&4&0&0&0&0&0&0&0&0&0&0&0\\
2&2&0&0&2&2&0&0&2&2&0&0&2&2&0&0&0&0&0&0&0&0&0&0\\
2&0&2&0&2&0&2&0&2&0&2&0&2&0&2&0&0&0&0&0&0&0&0&0\\
2&0&0&2&2&0&0&2&2&0&0&2&2&0&0&2&0&0&0&0&0&0&0&0\\
4&0&0&0&0&0&0&0&0&0&0&0&0&0&0&0&4&0&0&0&0&0&0&0\\
2&0&2&0&2&0&0&2&2&2&0&0&0&0&0&0&2&2&0&0&0&0&0&0\\
2&0&0&2&2&2&0&0&2&0&2&0&0&0&0&0&2&0&2&0&0&0&0&0\\
2&2&0&0&2&0&2&0&2&0&0&2&0&0&0&0&2&0&0&2&0&0&0&0\\
0&2&2&2&2&0&0&0&2&0&0&0&2&0&0&0&2&0&0&0&2&0&0&0\\
0&0&0&0&0&0&0&0&2&2&0&0&2&2&0&0&2&2&0&0&2&2&0&0\\
0&0&0&0&0&0&0&0&2&0&2&0&2&0&2&0&2&0&2&0&2&0&2&0\\
-3&1&1&1&1&1&1&1&1&1&1&1&1&1&1&1&1&1&1&1&1&1&1&1
\end{pmatrix}
$$

Leech 发现 Λ_{24} 具有 196 560 个最短向量，其长度

均为 2. 所以, $B^{24}+\Lambda_{24}$ 构成一个格堆积,其密度为 $\frac{\pi^{12}}{12!}$.
这样就得到了

$$k_{24} \geqslant 196\ 560 \tag{3}$$

和

$$\delta_{24} \geqslant \frac{\pi^{12}}{12!} \tag{4}$$

随着人们对 Leech 格的深入了解,它的许多种不同的构造相继被发现. 在 Conway 和 Solane 的名著 *Sphere Packings, Lattices and Groups* 中就列举探讨了多种构造.

John Leech 是一位非常平凡的数学家,他是一位剑桥大学毕业生,曾参与早期计算机的研制,后来一直在苏格兰斯特林大学担任讲师,教授程序设计,直到快退休时才被晋升为副教授. 他于 1992 年去世. 尽管他在世时几乎默默无闻,但在数学史的长河中他会以他的伟大发现永垂不朽.

§4　Conway 群的发现

Leech 注意到 Λ_{24} 具有极好的对称性,也就是说,它到自身且保持原点不变的变换群非常大. 所以,他向多位群论专家建议研究这一变换群.

1. 单群

没有非平凡正规子群的群被称为单群.

2. 有限单群分类定理

有且仅有如下有限单群:

(1) 素数阶的循环群;

(2)$n\geqslant 5$ 的交错群 A_n;

(3)Lie 型单群(16 族);

(4)26 个散在单群.

最早的两个散在单群是由 E. Mathieu 于 1861 年发现的. 截止到 1968 年,人们只知道 8 个散在单群. 1968 年,John H. Conway(康韦)确定了 Leech 格的变换群 Co_0,它可由 6 个元素(24×24 矩阵)$\boldsymbol{\alpha},\boldsymbol{\beta},\boldsymbol{\gamma},\boldsymbol{\delta},\boldsymbol{\varepsilon}$ 和 $\boldsymbol{\zeta}$ 生成,其中,$2\boldsymbol{\zeta}$ 为

$$
\begin{pmatrix}
1 & 0 & 0 & -1 & 0 & 0 & 0 & 0 & 0 & 0 & 0 & 0 & 0 & 0 & 0 & -1 & 0 & 0 & 0 & 0 & 0 & 0 & 0 & -1 \\
0 & 1 & 0 & 0 & 0 & 0 & 0 & 0 & 0 & 0 & 0 & 0 & -1 & 0 & 0 & 0 & 0 & 0 & 0 & 0 & 0 & -1 & -1 & 0 \\
0 & 0 & 1 & 0 & 0 & 0 & 0 & -1 & 0 & 0 & 0 & -1 & 0 & -1 & 0 & 0 & 0 & 0 & 0 & 0 & 0 & 0 & 0 & 0 \\
-1 & 0 & 0 & 1 & 0 & 0 & 0 & 0 & 0 & 0 & 0 & 0 & 0 & 0 & 0 & -1 & 0 & 0 & 0 & 0 & 0 & 0 & 0 & -1 \\
0 & 0 & 0 & 0 & 1 & 0 & 0 & 0 & 0 & 0 & -1 & 0 & 0 & 0 & 0 & 0 & -1 & -1 & 0 & 0 & 0 & 0 & 0 & 0 \\
0 & 0 & 0 & 0 & 0 & 1 & -1 & 0 & 0 & -1 & 0 & 0 & 0 & 0 & 0 & 0 & 0 & 0 & 0 & -1 & 0 & 0 & 0 & 0 \\
0 & 0 & 0 & 0 & 0 & -1 & 1 & 0 & 0 & -1 & 0 & 0 & 0 & 0 & 0 & 0 & 0 & 0 & 0 & -1 & 0 & 0 & 0 & 0 \\
0 & 0 & -1 & 0 & 0 & 0 & 0 & 1 & 0 & 0 & 0 & -1 & 0 & -1 & 0 & 0 & 0 & 0 & 0 & 0 & 0 & 0 & 0 & 0 \\
0 & 0 & 0 & 0 & 0 & 0 & 0 & 0 & 1 & 0 & 0 & 0 & 0 & 0 & -1 & 0 & 0 & 0 & -1 & 0 & -1 & 0 & 0 & 0 \\
0 & 0 & 0 & 0 & 0 & -1 & -1 & 0 & 0 & 1 & 0 & 0 & 0 & 0 & 0 & 0 & 0 & 0 & 0 & -1 & 0 & 0 & 0 & 0 \\
0 & 0 & 0 & 0 & -1 & 0 & 0 & 0 & 0 & 0 & 1 & 0 & 0 & 0 & 0 & 0 & -1 & -1 & 0 & 0 & 0 & 0 & 0 & 0 \\
0 & 0 & -1 & 0 & 0 & 0 & 0 & -1 & 0 & 0 & 0 & 1 & 0 & -1 & 0 & 0 & 0 & 0 & 0 & 0 & 0 & 0 & 0 & 0 \\
0 & -1 & 0 & 0 & 0 & 0 & 0 & 0 & 0 & 0 & 0 & 0 & 1 & 0 & 0 & 0 & 0 & 0 & 0 & 0 & 0 & -1 & -1 & 0 \\
0 & 0 & -1 & 0 & 0 & 0 & 0 & -1 & 0 & 0 & 0 & -1 & 0 & 1 & 0 & 0 & 0 & 0 & 0 & 0 & 0 & 0 & 0 & 0 \\
0 & 0 & 0 & 0 & 0 & 0 & 0 & 0 & -1 & 0 & 0 & 0 & 0 & 0 & 1 & 0 & 0 & 0 & -1 & 0 & -1 & 0 & 0 & 0 \\
-1 & 0 & 0 & -1 & 0 & 0 & 0 & 0 & 0 & 0 & 0 & 0 & 0 & 0 & 0 & 1 & 0 & 0 & 0 & 0 & 0 & 0 & 0 & -1 \\
0 & 0 & 0 & 0 & -1 & 0 & 0 & 0 & 0 & 0 & -1 & 0 & 0 & 0 & 0 & 0 & 1 & -1 & 0 & 0 & 0 & 0 & 0 & 0 \\
0 & 0 & 0 & 0 & -1 & 0 & 0 & 0 & 0 & 0 & -1 & 0 & 0 & 0 & 0 & 0 & -1 & 1 & 0 & 0 & 0 & 0 & 0 & 0 \\
0 & 0 & 0 & 0 & 0 & 0 & 0 & 0 & -1 & 0 & 0 & 0 & 0 & 0 & -1 & 0 & 0 & 0 & 1 & 0 & -1 & 0 & 0 & 0 \\
0 & 0 & 0 & 0 & 0 & -1 & -1 & 0 & 0 & -1 & 0 & 0 & 0 & 0 & 0 & 0 & 0 & 0 & 0 & 1 & 0 & 0 & 0 & 0 \\
0 & 0 & 0 & 0 & 0 & 0 & 0 & 0 & -1 & 0 & 0 & 0 & 0 & 0 & -1 & 0 & 0 & 0 & -1 & 0 & 1 & 0 & 0 & 0 \\
0 & -1 & 0 & 0 & 0 & 0 & 0 & 0 & 0 & 0 & 0 & 0 & -1 & 0 & 0 & 0 & 0 & 0 & 0 & 0 & 0 & 1 & -1 & 0 \\
0 & -1 & 0 & 0 & 0 & 0 & 0 & 0 & 0 & 0 & 0 & 0 & -1 & 0 & 0 & 0 & 0 & 0 & 0 & 0 & 0 & -1 & 1 & 0 \\
-1 & 0 & 0 & -1 & 0 & 0 & 0 & 0 & 0 & 0 & 0 & 0 & 0 & 0 & 0 & -1 & 0 & 0 & 0 & 0 & 0 & 0 & 0 & 1
\end{pmatrix}
$$

这个群的阶数为$|Co_0|=2^{22}\cdot 3^9\cdot 5^4\cdot 7^2\cdot 11\cdot 13\cdot 23$.

在此基础上，他和John G. Thompson（汤普森）发现了它所包含的三个散在单群Co_1，Co_2和Co_3，其中

$$|Co_1|=2^{21}\cdot 3^9\cdot 5^4\cdot 7^2\cdot 11\cdot 13\cdot 23$$

$$|Co_2|=2^{18}\cdot 3^6\cdot 5^3\cdot 7\cdot 11\cdot 23$$

和

$$|Co_3|=2^{10}\cdot 3^7\cdot 5^3\cdot 7\cdot 11\cdot 23$$

Conway一夜成名，成为最有名的群论专家之一.

3. Conway **群的故事**

Leech深信他的格所产生的球堆积既达到最大密度又达到最大相切数. 他曾向许多人建议研究这一格的变换群和球堆积，其中包括Harold S. M. Coxeter（考克斯特），John Todd（托德），Graham Higman（希格曼）和John McKay（麦肯）等. 可惜由于他的名气和影响不大，没有引起重视.

1967年的一天，Mckay到剑桥大学访问，他拜访了Conway和Thompson并向他们提到了确定Leech格的自同构群问题. 那时，Thompson还没有获得菲尔兹奖，但他已是世界公认的群论大家，是剑桥大学的教授. Conway则刚获得博士学位不久，在剑桥任讲师. Thompson表示，若能确定这个群的阶，他将会很感兴趣. 所以，Conway决定试一试.

Conway制定了一个临时计划，每周六中午十二点到午夜、周三晚上六点到午夜来研究这一问题，暂定先试几个月. 这样，一个周六的下午他开始实施他的计划. 他首先观察Leech格的最短向量，根据坐标特征将

它们分成三类,然后考虑它们之间的可能变换. 接近六点的时候他初步确定这个群的阶可能是

$$2^{22}\cdot 3^{9}\cdot 5^{4}\cdot 7^{2}\cdot 11\cdot 13\cdot 23$$

或者是它的两倍. 他马上打电话把这一发现告诉 Thompson,对方对这一发现非常激动,他记下了这两种可能的阶数. 过了一会,Thompson 回电话给 Conway 说,群的阶数就是

$$2^{22}\cdot 3^{9}\cdot 5^{4}\cdot 7^{2}\cdot 11\cdot 13\cdot 23$$

而且它有三个子群是以前所不知道的散在单群. 两人互致晚安.

放下电话后,Conway 希望能把这个群表示出来(否则,还不能证明它的存在). 他列出一些特殊的最短向量,希望从它们的可能变换中找到规律. 晚上十点钟时,Conway 感到疲惫不堪,休息前他又给 Thompson 打了电话,告诉他找到的一些可能生成元(24×24 矩阵).

放下电话后,Conway 怎么也睡不着,他再次来到桌子旁构造他的超级矩阵. 凌晨零点十五分,他终于完成了群的构造. 他再次打电话给 Thompson:我终于找到它了! 这就是 Co_0 的诞生. 按照 Conway 的话说,这十二个小时彻底改变了他的人生.

Conway 出名以后,到很多地方去做报告. 有一次他到牛津去做报告,听众中几位著名的群论专家问他如何证明 Co_1, Co_2 和 Co_3 是散在单群. Conway 回答说:"难道不是显然的吗?"其实,Conway 从来没证过. 当然这三个散在单群也不是他找出来的,而是 Thomp-

son 找到的，而且 Thompson 也没有给出证明. 后来 Higman 写了一篇文章专门证明它们确实是散在单群.

§5　Newton 数与球面码

1. Newton-Gregory 问题(1694)

一个球最多能跟多少个等半径的球同时相切?

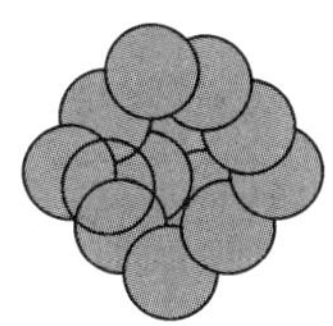

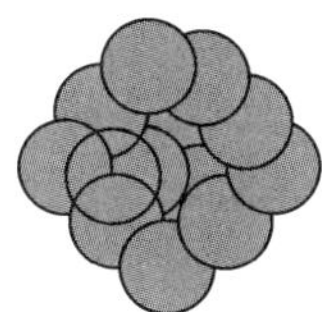

图 3

如图 3(左)所示，可以很容易安排 12 个球同时跟一个球相切. 进一步观察可以发现，左图中 12 个外切球的位置是相对固定的. 图 3(右)中也有 12 个球同时跟中间的一个球相切. 所不同的是，这 12 个球相互都不接触. 事实上，我们知道正二十面体有 12 个顶点. 通过直接验算，容易发现顶点到中心的距离比棱长要短一点. 这样，如果假定顶点到中心的距离为 2 的话，那么在中心放置一个单位球，然后在各个顶点上分别放一个单位球. 此时，我们得到的正好就是右图所显示的. 所以我们有理由相信，通过适当移动这 12 个球可能会腾出足够的空间再加一个跟中间的球相切的球.

那么一个球是否可以跟 13 个球同时相切呢？对于这一问题，David Gregory（格雷戈里）认为答案应该是 13，而 Isaac Newton（牛顿）则认为答案是 12. 这个问题有时也被称为十三球问题.

在许多数学文献中，Hoppe 常被引述为第一个解决十三球问题的数学家. 事实上，他的证明是不完整的. 直到 1953 年，通过运用图论的一些想法，Schütte 和 van der Waerden 才首次解决了这一问题，答案就是 Newton 所预言的 12.

现在我们希望把问题推广到一般的 n 维单位球. 为了方便，我们用 k_n^* 表示能与一个 n 维单位球同时相切的 n 维单位球的最大个数（Newton 数）. 这里所定义的 k_n^* 与前面的 k_n 的差别就在于 k_n 要求球心必须在格点上，而 k_n^* 没有这个限制. 显然，有

$$k_n \leqslant k_n^* \tag{5}$$

2. 球面码

球面上的有限点集合被称为球面码. 假设 θ 是一个介于 0 和 $\frac{\pi}{2}$ 之间的实数. 我们定义 $m(n,\theta)$ 为在单位球的表面上两两之间的球面距离都不小于 θ 的点的最大个数. 确定或估计 $m(n,\theta)$ 是一个著名的难题. 容易看出

$$k_n^* = m\left(n, \frac{\pi}{3}\right)$$

3. Tammes 问题

Tammes 是一位植物学家. 1930 年，他因研究了萌

发孔如何在花粉粒的外壁上分布,而提出了一个问题:在三维单位球的表面上放置 m 个点,求这些点之间的最小球面距离的最大值. 当 $m \leqslant 12$ 或 $m=24$ 时,这个最大距离是已经知道的,但是对于其他的 m 到目前为止都是未知的.

4. **Thomson 的电子分布问题**

Joseph John Thomson(汤姆森,1856—1940)是一位英国物理学家,电子的发现者. 1904 年,Thomson 创立了原子的梅子布丁模型. 简单地说这个模型认为电子非随机地分布于几个同心圆球面上. 随后,他提出了一个问题:在由库仑定律给出的排斥力的作用下,球表面上的 m 个电子在什么样的分布状态下才能使得能量达到最小值. 用数学的语言来讲:设 $\boldsymbol{p}_1,\cdots,\boldsymbol{p}_m$ 是(三维)单位球表面上的 m 个不同的点,其能量函数定义为

$$E(\boldsymbol{p}_1,\cdots,\boldsymbol{p}_m)=\sum_{i<j}\frac{1}{|\boldsymbol{p}_i-\boldsymbol{p}_j|}$$

Thomson 问题等价于确定 $\boldsymbol{p}_1,\cdots,\boldsymbol{p}_m$ 使得其能量 $E(\boldsymbol{p}_1,\cdots,\boldsymbol{p}_m)$ 达到最小值. 更一般地,如果 f 是一个递减的实值函数,那么我们可以定义能量函数

$$E_f(\boldsymbol{p}_1,\cdots,\boldsymbol{p}_m)=\sum_{i<j}f(|\boldsymbol{p}_i-\boldsymbol{p}_j|)$$

由此可以得到广义的 Thomson 问题:确定 $\boldsymbol{p}_1,\cdots,\boldsymbol{p}_m$ 使得 $E_f(\boldsymbol{p}_1,\cdots,\boldsymbol{p}_m)$ 达到最小值. 例如,令 $f(x)=x^{-\alpha}$(其中 $\alpha \geqslant 0$),此时得到能量函数

$$E_\alpha(\boldsymbol{p}_1,\cdots,\boldsymbol{p}_m)=\sum_{i<j}\frac{1}{|\boldsymbol{p}_i-\boldsymbol{p}_j|^\alpha}$$

当 $\alpha=1$ 时就是原始的 Thomson 问题. 当 $\alpha=\infty$ 时,以 E_∞ 作能量函数的广义 Thomson 问题恰好等价于 Tammes 问题.

对于原始的 Thomson 问题,到目前仅知道当 $m=2,3,4,5,6,12$ 的情形. 当 $m=2$ 时,最佳的位置就是对径点;当 $m=3$ 时,这三个点分布在同一个大圆上,并且它们正好构成平面正三角形的三个顶点;当 $m=4$ 时,其分布为正四面体的四个顶点;当 $m=5$ 时,其分布为三角双锥的五个顶点;当 $m=6$ 时,其分布为正八面体的六个顶点;而 $m=12$ 时,其分布为正二十面体的二十个顶点.

1972 年,P. Delsarte(德尔萨特)发现了线性规划方法与 $m(n,\theta)$ 之间的一个深刻联系. 设 α 和 β 均为大于 -1 的给定实数. 那么由

$$P_k^{\alpha,\beta}(x)=\frac{1}{2^k}\sum_{i=0}^{k}\binom{k+\alpha}{i}\binom{k+\beta}{k-i}(x+1)^i(x-1)^{k-i}$$

所定义的一系列函数被称为带参数 α 和 β 的 k 次 Jacobi 多项式. 这是一类非常重要的特殊多项式,有许多好的性质,它们构成多项式空间的一组正交基. Delsarte 发现了如下结论.

Delsarte **引理** 取 $\alpha=\frac{n-3}{2}$,并且定义

$$f(x)=\sum_{i=0}^{k}c_iP_i^{\alpha,\alpha}(x)$$

其中 c_i 均非负且 $c_0>0$. 如果当 $-1\leqslant x\leqslant\cos\theta$ 时均有 $f(x)\leqslant0$,那么

$$m(n,\theta)\leqslant\frac{f(1)}{c_0}$$

这就是球堆积理论中著名的线性规划方法. 1979 年, Vladimir I. Levenštein(列文斯坦,1935—),Andrew M. Odlyzko(奥德列斯库,1949—)和 Neil J. Sloane(斯隆,1939—)分别独立证明了下面的结论. 其方法之精妙,结论之意外,让几乎所有的专家都目瞪口呆.

定理(Levenštein, Odlyzko, Sloane) 一个 24 维单位球能且仅能与 196 560 个单位球同时相切. 换句话说

$$k_{24}=k_{24}^{*}=196\ 560$$

证明 取 $\alpha=\frac{24-3}{2}=10.5$,并且将 $P_i^{\alpha,\alpha}(x)$ 简写为 P_i. 定义

$$\begin{aligned}f(x)&=\frac{1\ 490\ 944}{15}(x+1)\left(x+\frac{1}{2}\right)^2\left(x-\frac{1}{16}\right)^2x^2\left(x-\frac{1}{2}\right)\\&=P_0+\frac{48}{23}P_1+\frac{1\ 144}{425}P_2+\frac{12\ 992}{3\ 825}P_3+\frac{73\ 888}{22\ 185}P_4+\\&\quad\frac{2\ 169\ 856}{687\ 735}P_5+\frac{59\ 062\ 016}{25\ 365\ 285}P_6+\frac{4\ 472\ 832}{2\ 753\ 575}P_7+\\&\quad\frac{23\ 855\ 104}{28\ 956\ 015}P_8+\frac{7\ 340\ 032}{20\ 376\ 455}P_9+\frac{7\ 340\ 032}{80\ 848\ 515}P_{10}\end{aligned}$$

容易验证,当 $\theta=\frac{\pi}{3}$ 时 $f(x)$ 满足 Delsarte 引理的全部条件. 所以

$$k_{24}^{*}=m\left(24,\frac{\pi}{3}\right)\leqslant\frac{f(1)}{c_0}=196\ 560$$

结合(3)和(5),我们得到了

$$k_{24}=k_{24}^*=196\ 560$$

证毕.

5. 二次型形式

假设 $F(\boldsymbol{x})$是一个 24 元正定二次型,那么

$$F(\boldsymbol{x})=m(F)$$

最多有 196 560 组整数解.

定理(Bannai, Sloane) 在线性变换的意义下,能实现 $k_{24}^*=196\ 560$ 的局部结构是唯一的,即 Leech 格的局部结构.

注 当 $n\geqslant5$,我们至今仅仅知道 k_8^* 和 k_{24}^*的精确值,并且 $k_8^*=240$ 和 $k_{24}^*=196\ 560$ 所对的局部结构在线性变换的意义下都是唯一的. 值得注意的是,在三维空间中 $k_3^*=12$ 所对应的最佳结构在旋转和对称等价的意义下不是唯一的. 另外,近半个世纪以来,人们难以确定 k_4^* 是 24 还是 25. 直到 2008 年,才由 O. Musin(穆森)最终证明 $k_4^*=24$. 这一工作的核心方法也是 Delsarte 引理,但技巧却异常复杂.

§6 球堆积密度

早在 1611 年,Kepler 曾研究过堆球问题并提出如下猜想:

1. Kepler 猜想

在三维空间,球堆积的最大密度是$\frac{\pi}{\sqrt{18}}$.

这是一个著名的数学难题，曾被 Hilbert 列入他的二十三个数学问题. 后来，项武义和 T. Hales 分别宣布了对 Kepler 猜想的证明. 感兴趣的读者请参阅他们的论文和书.

现在我们把上面的问题推广到 n 维单位球，我们用 δ_n^* 表示 n 维球的最大堆积密度，它跟 δ_n 的区别就是去掉了格的限制. 显然，有

$$\delta_n \leqslant \delta_n^*$$

2. Leech 格再创奇迹

至此，Leech 格已经创造了两次奇迹：它导致了三个散在单群 Co_1，Co_2 和 Co_3 的发现；它产生了 24 维球的 Newton 数 $k_{24}^* = 196\ 560$. 它还能再次让数学家们震惊吗？

Noam D. Elkies（艾克斯，1966—）是一个数学天才，他 20 岁时就给出了 Euler 猜想的一个反例而一鸣惊人，21 岁获哈佛大学博士学位，25 岁被聘为哈佛大学教授. 他发表的论文不多，但他创造过多项数学奇迹. 他不仅是一位世界著名的数学家，还是一流的象棋大师、杰出的音乐家.

Delsarte 引理已经为堆积理论做出了巨大贡献，但也逐渐地显示出局限性. 受到 Delsarte 引理的启发，人们开始尝试类似的线性规划方法.

首先，我们给出两个概念：Fourier 变换和优函数. 设 $f(\boldsymbol{x})$ 是一个定义在 E^n 上的实值函数，它的 Fourier 变换定义为

$$\widehat{f}(\boldsymbol{y}) = \int_{E^n} f(\boldsymbol{x}) \mathrm{e}^{2\pi \mathrm{i}} \langle \boldsymbol{y}, \boldsymbol{x} \rangle \mathrm{d}\boldsymbol{x}$$

如果存在两个正常数 μ 和 c 满足

$$\frac{\max\{|f(\boldsymbol{x})|,|\hat{f}(\boldsymbol{x})|\}}{(1+|\boldsymbol{x}|)^{-n-\mu}}\leqslant c$$

那么我们就称 $f(\boldsymbol{x})$ 是一个优函数.

2003 年,Elkies 与 Henry Cohn(科恩)证明了如下结论:

Cohn-Elkies 引理 如果优函数 $f(\boldsymbol{x})$ 满足如下条件:

(1) $f(\boldsymbol{o})=\hat{f}(o)$;

(2) 当 $\|\boldsymbol{x}\|\geqslant r$ 时 $f(\boldsymbol{x})$ 非负;

(3) $\hat{f}$ 在整个空间非负.

那么

$$\delta_n^*\leqslant\frac{\pi^{\frac{n}{2}}}{\left(\frac{n}{2}\right)!}\left(\frac{r}{2}\right)^n$$

Cohn 于 2000 年在 Elkies 的指导下获哈佛大学博士学位. 随后到微软研究院的理论部工作,后任高级研究员,并兼任麻省理工学院的教授. 像贝尔实验室一样,微软研究院的理论部也有一些杰出的数学家. 沃尔夫奖得主 László Lovász(罗瓦兹,1948—)和菲尔兹奖得主 Michael H. Freedman(弗里德曼,1951—)都名列其中.

2002 年,22 岁的 Abhinav Kumar(库玛)在 Elkies 的指导下获博士学位. 这也是一位非凡的年轻人,曾获奥林匹克数学竞赛金牌. 他攻读博士学位期间正是 Elkies 与 Cohn 发现上述引理的时候,所以他很快就加入到了这一行列.

在 Cohn-Elkies 引理的基础上,2009 年 Cohn 和

Kumar通过计算机辅助证明了如下结果：

定理　在 24 维空间，堆球的最大密度 δ_{24}^* 满足

$$\frac{\pi^{12}}{12!} \leqslant \delta_{24}^* \leqslant (1+1.65 \cdot 10^{-30}) \cdot \frac{\pi^{12}}{12!}$$

定理　在 24 维空间，球的最大格堆积密度是

$$\delta_{24} = \frac{\pi^{12}}{12!}$$

另外，在等价的意久下，Leech 格也是达到 δ_{24} 的唯一格.

3. 结束语

球堆积理论有三个起源：Kepler 猜想、Newton-Gregory 问题和 Gauss 的格理论. 经过 Davenport, Fejes Toth, Hlawka, Mahler, Minkowski, Rogers, Siegel 等杰出数学家的系统开拓，它已发展成为一个介于数论与几何之间的经典数学分支. 这个附录仅仅讲述了这一优美数学领域中一个非常特别的例子.

参考资料

[1] Thompson T M. From Error Correcting Codes Through Sphere Packings to Simple Groups. The Mathematical Association of America, 1983.

[2] Zong C. Sphere Packings. New York: Springer-Verlag, 1999.

[3] Zong C. What is the Leech lattice. Notices AMS, 2013, 60: 1168-1169.

参考文献

[1] 傅祖芸. 信息论——基础理论与应用[M]. 北京:电子工业出版社,2001.

[2] 常迥. 信息理论基础[M]. 北京:清华大学出版社,1993.

[3] 姜丹. 信息论与编码[M]. 合肥:中国科学技术大学出版社,2001.

[4] 周炯磐. 信息理论基础[M]. 北京:人民邮电出版社,1983.

[5] 朱雪龙. 应用信息论基础[M]. 北京:清华大学出版社,2001.

[6] 钟义信. 信息科学原理[M]. 北京:北京邮电大学出版社,1996.

[7] 周航慈. 信息技术基础[M]. 北京:北京航空航天大学出版社,2002.

[8] 周荫清. 信息理论基础[M]. 北京:北京航空航天大学出版社,2002.

[9] 曹雪虹. 信息论与编码[M]. 北京:北京邮电大学出版社,2001.

[10] 沈世镒. 信息论与编码理论[M]. 北京:科学出版社,2002.

[11] 余成波. 信息论与编码[M]. 重庆:重庆大学出版社,2002.

[12] 陈运. 信息论与编码[M]. 北京:电子工业出版社,2002.

[13] 仇佩亮. 信息论与编码[M]. 北京:高等教育出版社,2003.

[14] 叶中行. 信息论基础[M]. 北京:高等教育出版社,2003.

[15] 吕锋. 信息理论与编码[M]. 北京:人民邮电出版社,2004.

[16] 吴伯修,祝宗泰,钱霖君. 信息论与编码[M]. 南京:东南大学出版社,1993.

[17] 贾世楼. 信息论理论基础[M]. 哈尔滨:哈尔滨工业大学出版社,2001.

[18] 刘云. 信息工程基础[M]. 北京:中国铁道出版社,1997.

[19] 万哲先. 代数和编码[M]. 北京:科学出版社,1976.

[20] 左孝凌,李为铿,刘永才. 离散数学[M]. 上海:上海科学技术文献出版社,1982.

[21] 唐朝京,雷菁. 信息论与编码基础[M]. 长沙:国防科技大学出版社,2003.

[22] Ranjan Bose. 信息论、编码与密码学[M]. 武传坤,译. 北京:机械工业出版社,2005.

[23] 王育民,梁传甲. 信息与编码理论[M]. 西安:西安电讯工程学院出版社,1986.

[24] A. M. Rosie. 信息与通信理论[M]. 钟义信,译. 北京:人民邮电出版社,1979.

[25] R. W. Hamming. 编码和信息理论[M]. 朱雪龙,译. 北京:科学出版社,1984.

[26] 周炯磐,丁晓明. 信源编码原理[M]. 北京:人民邮电出版社,1996.

[27] 林舒,科斯特洛. 差错控制编码——基础和应用[M]. 王育民,王新梅,译. 北京:人民邮电出版社,1986.

[28] 王新梅. 纠错码与差错控制[M]. 北京:人民邮电出版社,1989.

[29] 王新梅,肖国镇. 纠错码——原理与方法[M]. 西安:西安电子科技大学出版社,1991.

[30] 陈宗杰,左孝彪. 纠错编码技术[M]. 北京:人民邮电出版社,1987.

[31] 宋焕章. 计算机纠错编码[M]. 北京:人民邮电出版社,1987.

[32] 归绍升. 纠错编码技术和应用[M]. 上海:上海交通大学出版社,1990.

[33] 曹志刚,钱亚生. 现代通信原理[M]. 北京:清华大学出版社,1993.

[34] 李振玉,卢玉民. 现代通信中的编码技术[M]. 中国铁道出版社,1996.

[35] 王新梅. 计算机中的纠错码技术[M]. 北京:人民邮电出版社,1999.

[36] 章照止,林须端. 信息论与最优编码[M]. 上

海:上海科学技术出版社,1993.

[37] 吴伟陵. 信息处理与编码[M]. 北京:人民邮电出版社,2003.

[38] [日]有本卓. 近代信息论[M]. 杨逢春,译. 北京:人民邮电出版社,1985.

[39] [苏]Φ E 捷莫尼科夫. 信息工程理论基础[M]. 高远,译. 北京:机械工业出版社,1985.

[40] [苏]A M 雅格洛姆. 概率与信息[M]. 吴茂森,译. 上海:上海科学技术出版社,1964.

[41] 张宏基. 信源编码[M]. 北京:人民邮电出版社,1980.